普 通 高 等 教 育 教 材

材 料 化 学

吕凤柱　等 编著

化学工业出版社

·北京·

内容简介

《材料化学》主要介绍了无机粉体制备和改性的原理、方法和技术，材料在制备和应用中涉及的助剂和材料维护。具体内容包括无机粉体合成(普通条件、特殊条件)，多孔材料制备，非金属材料的化学提纯，粉体表面和界面，粉体化学修饰及改性，材料助剂，材料的腐蚀和防护，以及与现代科技紧密结合的新能源材料、环境材料、新型生物医用材料。教材章后的拓展阅读和思考题，有助于加深学生对所学内容的理解。

《材料化学》可作为材料化学、材料物理、材料科学与工程、复合材料与工程、无机非金属材料工程等专业基础课教材使用，也可供材料类专业科技工作者参考。

图书在版编目（CIP）数据

材料化学 / 吕凤柱等编著. -- 北京 ： 化学工业出版社， 2024. 12. --(普通高等教育教材). -- ISBN 978-7-122-47203-8

Ⅰ. TB3

中国国家版本馆 CIP 数据核字第 20240RB681 号

责任编辑：林　媛　窦　臻　　　　　　　　　文字编辑：王晓露
责任校对：李露洁　　　　　　　　　　　　　装帧设计：关　飞

出版发行：化学工业出版社（北京市东城区青年湖南街 13 号　邮政编码 100011）
印　　装：河北鑫兆源印刷有限公司
787mm×1092mm　1/16　印张 19　字数 470 千字　2025 年 10 月北京第 1 版第 1 次印刷

购书咨询：010-64518888　　　　　　　　　　售后服务：010-64518899
网　　址：http://www.cip.com.cn
凡购买本书，如有缺损质量问题，本社销售中心负责调换。

定　　价：58.00 元　　　　　　　　　　　　　　　版权所有　违者必究

前言

材料是人类社会和科学技术发展的物质基础，是人类文明的象征，在漫漫的历史长河中，材料的发展推动着人类文明的发展。从远古的石器时代、青铜器时代，到钢铁时代，再到如今的复合材料时代，材料不仅在组成上更加复杂化，在组成成分间的相互结合方面更加精细化，材料的性能方面要求也更加多功能化、智能化、生态化。因而，需要打破传统材料制备的观念，用化学的手段从分子、原子等微观层面进行设计、制备、研究，以满足社会发展对材料的需求。针对特定性能需求，通过组成设计、结构调控、工艺优化实现材料功能的精准调控。材料化学学科正是在材料与化学交叉融合的过程中蓬勃发展。

材料化学是采用化学手段研究材料设计、制备、性能和应用的一门学科。随着科技的不断进步，材料化学在新型功能材料的开发和应用中扮演着越来越重要的角色，广泛影响着能源、环境、生物医学、电子器件等多个领域。广泛应用的固体材料按组成可以分为金属材料、无机非金属材料、高分子材料和复合材料4大材料。复合材料在组成上最为复杂，是由两种或两种以上物理和化学性质不同的物质组成的一种多相固体材料。高分子无机复合材料又是复合材料的主力军，在其制备和性能研究中，几乎囊括了无机非金属材料、高分子材料所涉及的合成方法、测试手段、性能与应用的方方面面，因而无机非金属材料、高分子材料和复合材料研究中有诸多共性问题。基于此，本教材系统阐述除金属材料外固体材料的相关化学问题。其中第1章介绍现代材料化学学科的研究内容；第2~4章介绍无机粉体合成（普通条件、特殊条件）和多孔材料制备；第5章介绍非金属材料的化学提纯；第6章和第7章介绍粉体表面和界面、粉体化学修饰及改性；第8章和第9章介绍材料助剂化学和材料应用化学（材料的腐蚀和防护）。为了使教材体系更加完善，还加入了能开阔学生视野，与现代科技紧密结合的新材料化学（第10章）。学生能够最大限度地了解除金属材料外固体材料的基本知识、原理、制备方法和技术、应用维护等相关知识，从而形成完整的知识框架，为今后从事材料研究和开发奠定基础。

中国地质大学（北京）材料化学系以矿物材料研究为特色，教师长期从事矿物加工、改性和应用的研究，在合成无机粉体与天然矿物的提纯和改性领域积累了丰富经验。教材中许多研究实例来源于教师科研成果，因而本教材具有鲜明的特色和独特的编撰角度，为读者提供了探索新材料的窗口。教材编写中安琪教授和赵璐副教授主要负责第1~4章的内容，吕凤柱教授和周风山教授主要负责第5~10章的内容。

本教材适用于材料化学、材料物理、材料科学与工程、复合材料与工程、无机非金属材料工程等专业学生使用，是一部适应面较宽的教材，可以作为以上专业的骨干基础课教材使用。

编者
2024 年 10 月

目录

第7章 粉体的化学修饰与改性   **158**

第8章　材料助剂　201

第9章　材料的腐蚀和防护　238

第1章

绪论

1.1　材料研究中的化学问题

　　材料是一切科学技术的物质基础，而各种材料主要来源于化学制造和化学开发。因此，材料化学在整个科学技术体系中占有特别重要的地位。

　　借助近代物理，化学得以迅速发展，但化学学科的使命不变，仍然是一门在分子、原子水平上研究物质组成、结构和性能以及相互转化的学科。长期以来，化学学科久盛不衰的任务是整理天然产物和耕耘元素周期表，从而发现和合成了大量化合物。化学为新材料的开发储备了足够的化合物。

　　在过去近半个世纪中，随着新需求的出现，化学及其各个分支学科都取得了显著的进展。化学已经进入了一个新阶段，能够处理实际且高度复杂的问题。在这个时期，材料科学的出现和发展是对化学领域影响深远的重要事件之一。至此，在原子、分子层次上，化学又增添了新的学科伙伴。

　　从化学学科发展的趋势来讲，一方面要继续重视化学学科的基础理论研究；另一方面要特别注意加强应用化学的研究。即有意识地促使化学理论向化学实践的转化，以适应现代社会中生产和科学技术发展对能源、材料、原料等各方面日益增长的需求。仅从美国《化学文摘》（CA）对化学文献增长量的统计可以看出，在化学门类中发展最为迅速的是应用化学和化学工程学的部分，这反映了化学发展的一种趋势。

　　以当代六大高技术（生物、信息、新材料、新能源、空间技术和海洋技术）以及12项标志技术为基础，派生出来的9个高技术产业，将把人类生产力提高到前所未有的新水平。在材料制造技术方面，化学运用量子化学等理论深入探讨了材料的宏观性能与微观结构之间的关系。这样的研究使得我们能够根据预定的性能设计材料，从而不断满足各种技术发展的需求。例如，微电子技术需要的超纯、超净、超精细的新型材料，空间技术需要的耐高温和热冲击的高强度材料，以及海洋技术需要的耐高压和耐腐蚀材料等。

　　材料科学是当前科学研究的前沿领域，许多国家都将其视为重点学科并给予高度重视。材料研究和发展既是一个古老的领域，也是一个不断涌现新成果的新兴领域。新材料的开发往往会引发人类文化和生活方式的变革。例如，从石器、陶器、青铜器、铁器到玻璃、钢铁、水泥、高分子材料和单晶材料的发明，每一种新材料的出现都为社会发展注入了新动能。科学是人类对自然的认识，技术是这种认识基础上的再创造。材料的发展是科技实现的关键，没有新材料的进步，新的科学技术也难以发展。因此，从这个角度看，材料是先进技术发展的先导。例如，电子技术的核心——信息处理技术和信息记录技术等，如果没有新型半导体和磁性材料的发明和发展，就不会有今日的蓬勃发展；超导材料的实用化也预示着一场新的技术革命。历史上，材料研究的进展确实起到了划时代的作用。例如，高压钠灯的研制成功（关键材料是透明氧化铝陶瓷）开创了新型电光源；氮化硅陶瓷刀具的成功研制，使中国机械工业使用的刀具发生了根本变革。

长期以来，材料研究分散在固体物理、晶体学、无机化学、高分子化学以及冶金、陶瓷和化工等多个领域中进行，这些领域之间缺乏必要的联系，没有形成一个统一的科学体系。传统的材料研究主要基于经验和技艺，依赖于配方筛选和性能测试。这种方法通过研究宏观现象建立的唯象理论，只能提供对材料宏观性能的定性解释，无法准确预测材料性能，也无法明确指导新材料的开发方向。随着科技的快速发展，对材料的要求日益增加，传统方法已难以开发出具有独特性能的新型材料。在这种背景下，人们开始重视对材料基础理论的研究。随着研究的深入和微观分析测试技术的进步，许多材料行为的微观机制被逐渐揭示，为建立统一的材料科学体系奠定了基础。

索斯曼（R.B. Sosman）在讨论化学科学在材料科学中的角色时强调，化学家的首要任务是发现新物质。在现代材料科学中，科学家的工作主要集中在三个领域：制备、表征和性能测试。材料的制备及其科学理解是在进行表征和性能研究之前必须解决的任务。确实，从材料科学的历史来看，一旦在原子或分子层面合成出一种全新的材料，通常都会随之发生重大的科技进展。

在新材料的开发中，尤其是功能材料的领域，涉及大量的化学和物理问题。例如，金属向合金的转变、半导体的掺杂、等离子喷涂技术等，这些过程往往超出了纯物理学的范畴。同时，聚合物类物质从其诞生之始，就不仅仅是化学问题。以物质的超导性研究为例，如果研究对象仅限于金属，它可能完全属于物理学的领域。然而，近年来在液氮温区超导性的突破，主要是通过发现如钇、钡、铜复合氧化物这类超导材料实现的。这些材料的合成和基本性质更多是化学家而非物理学家所熟悉的领域。

任何新材料的获得都离不开化学，仍以超导材料为例，物理学家主要关注超导理论，材料科学家主要测试超导体性能，而化学家的任务则是合成这些新材料，进而研究材料的组成、结构和超导性之间的关系。

几乎在所有新型功能材料的研究中，都体现出这样一些特点：化学与物理相结合、微观与宏观研究相结合、理论与技术相结合。

材料科学的广泛和深入发展催生了材料化学这一应用化学的前沿学科。材料化学特别强调化学、物理学和材料科学之间的交叉融合，这种多学科的交互为理解和创新新材料的性质和应用提供了丰富的理论和实践基础。

材料化学是构成材料科学的重要组成部分。材料化学的学科内容应该包括：采用新技术和工艺方法，包括在高温、高压、低温、高真空、失重以及其他极端情况下，合成新物质和新材料。此外，材料化学还依赖现代化的研究方法来探索物质的组成和结构，这些方法包括电子显微镜、电子（离子）探针、光电子能谱、X 射线结构分析、热分析等，通过这些技术可以深入研究物质的组成、结构（电子结构、晶体结构、显微结构）与性质、性能的关系。在这种研究中又以广泛地应用相平衡、亚稳态和物质结构的理论所提供的工具为手段。

在材料化学中，涉及的材料主要是新材料，这些材料通过应用新的制造技术或先进技术制造而成。这些技术可能涉及将金属、无机物或有机物单独加工或组合，以产生具有新的性能、功能和用途的材料。在这一过程中，决定材料性质的关键因素是其结构。在材料科学中，科学家们寻求设计和改造材料的有效途径。没有明确的设计着力点，科学设计材料几乎是不可能的。材料的组成和制备工艺条件正是这样的着力点，它们是实现材料科学设计的关键。因此，材料化学在材料科学中占据了极其重要的地位，它不仅关注材料的创新与开发，还涵盖了材料性能的优化和实用化。

1.2 从原料到材料——化学过程和材料过程

虽然材料的使用和研究有着悠久的历史，但"材料科学"作为一个明确的科学领域在历史上相对较新。1966 年，国际性杂志《材料科学》的创刊标志着这一领域的学术认可和普及。此外，美国麻省理工学院设立的材料研究中心成立于 1963 年，但直到 1965 年以后，这个研究中心才真正奠定了其基础，开始在材料科学领域内扮演重要角色。

人类为什么长时间以来没有单独地进行材料方面的科学研究呢？我们平常把材料和原料无意识地分开使用，岂不知这两个词的意思有所不同，如在英语中，材料表示用什么制的（make of），原料则表示由什么制成的（make from）。材料在制品中残留其形态，而原料则不然。过去往往将材料与冶金作为同义词，用窑业、冶金术调制材料，而化学则制造新的原料。原料的功能属于化学，在使用过程中自身消失；材料的功能属于物理，在使用中保持原状。

化学工业的生产中，从原料或原材料的制备到产品的生产要经过什么样的中间过程呢？以碳酸钠制造玻璃的工序为例，整个过程大体可分为四步：

① 熔融　碳酸钠分解为 Na_2O，进一步和二氧化硅（SiO_2）反应，Na^+ 把 Si—O 键的一部分拆开，从而使体系的黏度下降（化学反应——化学过程），这样就成为熔融状态并转为透明体（形态变化，物理性质变化——材料化过程）；

② 澄清　除去熔融物中的气泡或杂质等使透明度提高（提高物理性质——材料化过程）；

③ 成型　使之成为便利的形态（形成一定的形状——材料化过程）；

④ 缓冷　缓慢地冷却，消除其内应力（提高强度——材料化过程）。

以上所述工序，除碳酸钠和硅砂之间的反应为化学反应外，那些变成透明固体玻璃或纤维，以及为了适应某种使用目的而须给予体系某种物理性质和强度所进行的种种操作或加工，都属于材料化过程。由含有不纯物质的硅砂（SiO_2）这种天然原料制造人工材料单晶硅，首先将硅砂变成高纯度硅粉，这种工艺称为化学工艺，也是一种化学过程。化学过程或化学反应是物质在分子水平上相互转化的一种过程。接着制得高纯度的单晶硅，最后得到产品硅片，这个过程称为材料化过程，属于材料工艺过程。

材料过程所使用的方法种类繁多，应采用哪种方法，在一定程度上取决于产品所要求的形态。也就是说把由化学过程制得的高纯度的粉体，按其使用目标的不同，制成一定的形态：单晶、非晶态（玻璃）、多晶体等；根据需要，制成薄膜、纤维状物、致密或多孔等多种形态。

这些过程都称为材料过程。

新型材料之所以能作为功能材料或结构材料而加以广泛利用,与材料工艺过程中的技术进步密切相关,特别是在大规模培养高纯度单晶体和压力烧结技术方面。通过巧妙地应用不同的材料制造过程,即使是化学组成相同的物质,也能够被加工成具有完全不同用途的新型材料。材料过程中所使用的方法,除了传统的已广泛使用的固相高温烧结的陶瓷工艺和热压工艺、提拉、坩埚下降、水热、区熔或在熔盐中培养单晶,蒸发和溅射等制膜方法以外,根据新材料发展的需要,又发展了各种合成的新技术。如为了制备薄膜,发展了外延技术、金属有机化学蒸气沉积、LB(Langmuir-Blodgett)膜和急冷高转速制备非晶态薄膜等;利用离子注入法进行掺杂;利用溶胶-凝胶法和辉光放电法制备超细粉末;利用固态电解法制备高纯度稀土金属;利用超高压、超低真空、超高温、超低温、失重、高能粒子轰击、爆炸冲击与强辐照等极端条件进行合成的技术。近年来,利用分子束外延等微观加工技术制备的超晶格,正揭开发展第三代半导体材料的序幕。

当今世界正处于技术革命的新阶段,对新一代材料的需求日益增加,这些材料不仅种类多样,而且必须具备独特的性能。现代社会对新一代材料的要求大致有下列几点。①结构与功能相结合。既要求材料能作为结构材料使用,又能具有特定的功能或多种功能,最近的梯度功能材料的发展就是一个明显的例子。②智能型。要求材料本身具有感知、自我调节和反馈的能力,具有敏感和驱动的双重功能,就如同模仿生命体系的作用一样。③少污染。制造和废弃过程中要尽量减少对环境的污染,以保护人类健康和环境安全。④可再生性。一方面可保护和充分利用自然的资源,另一方面又不积存太多的废料。⑤节约能源。要求制作时能耗尽可能少,同时又能利用或开辟新的能源。⑥长寿命。要求材料能少维修或不维修。这些基本要求构成了新一代材料发展的总趋势。

第2章

普通材料合成化学

　　普通材料合成化学是科学研究和工业应用中至关重要的领域。所谓"普通材料"，通常指那些在日常生活和工业生产中广泛使用的材料，包括建筑材料、金属合金、陶瓷、聚合物等。这些材料无论在物理性质、化学稳定性还是功能性上，都满足了社会对强度、耐久性、成本效益等各方面的需求。在这些普通材料的背后，无机材料和有机材料的合成化学发挥了决定性作用。无机材料，作为普通材料的重要组成部分，广泛用于结构材料、电子元件、光学器件等。它们的合成方法如高温固相反应、水热法、溶胶-凝胶法等，决定了最终材料的微观结构与性能。无机材料的多样性和稳定性使其成为许多基础应用的核心。相比之下，有机材料虽然在普通材料中占比相对较小，但近年来随着柔性电子、传感器和生物材料等领域的崛起，其重要性不断提升。有机材料因其化学设计的灵活性，能够满足越来越多对轻质、柔性和功能化的需求，成为普通材料中不可忽视的一类。

　　因此，无机材料的传统优势与有机材料的现代创新相辅相成，共同推动着材料科学的发展。本章将带领读者深入了解这两类材料的合成过程及其在普通材料中的核心地位。

2.1　无机材料合成概论

　　现代社会的各方面，包括衣、食、住、行，生存环境的保护和改善，乃至国防的现代化，都与化学工业和材料工业的发展紧密相连。其中，合成化学作为技术基础，对化学品与各类材料的制造与开发起着至关重要的作用。美国著名化学家 Stephen J. Lippard 在 1998 年探讨化学未来 25 年的展望中指出"化学最重要的是制造新物"。化学不但研究自然界的本质，而且创造出新分子、新催化剂以及具有特殊反应性的新化合物。化学学科通过合成优美而对称的分子，赋予人们创造的艺术；化学以新方式重排原子的能力，赋予我们从事创造性劳动的机会，而这正是其他学科所不能媲美的。合成化学是化学学科当之无愧的核心，是化学家为改造世界创造社会最有力的手段。合成化学在推动产业革命中起着关键作用，历史上多个重要的技术突破都是由合成化学的进展带动的。例如，19 世纪染料工业的兴起使得人类能够首次制造出合成染料，如茜素红的合成改变了纺织品的着色方式并标志着化学工业的一个重要里程碑；20 世纪中叶高分子的成功合成推动了非金属合成材料工业的发展；20 世纪 50 年代无机固体造孔技术的发展促进了分子筛催化材料的开发，极大提高了石油加工与石化工业的效率和产量，实现了工业过程的革命性进步；近年来纳米态以及团簇的合成与组装技术的开创将大大促进高新技术材料与产业的发展。发展合成化学，不断地创造与开发新的物种，将为研究结构、性能（或功能）与反应以及它们间的关系，揭示新规律与原理提供基础，是推动化学学科与相邻学科发展的主要动力。

现代无机合成作为合成化学中极其重要的一部分，已经成为无机化学的重要分支之一，并且其内涵已大大扩充。它不再仅限于传统的合成方法，而包括了先进的制备与组装科学。每年，国际上都有大量新的无机化合物和新物相被合成和制备出来，这些进展迅速地推动了无机化学及相关学科的发展。随着新兴学科和高技术的蓬勃发展，对无机材料的需求变得更加多样化，新型无机材料已经广泛应用于多个工业和科学领域。这些应用包括但不限于宇航空间、耐高温、高压、低温材料，以及光学、电学、磁性、超导、贮能与能量转换材料等。此外，无机材料在催化材料方面的应用，对石油加工与化学工业的发展也起到了决定性的作用。

无机合成的内容，随着合成化学、特种合成实验技术和结构化学、理论化学等的发展，以及相邻学科如生命、材料、计算机等的交叉、渗透，已从常规经典合成进入大量特种实验技术与方法下的合成，甚至发展到开始研究特定结构和性能无机材料的定向设计合成与仿生合成等。因而它所涉及的面很广，而且与其他学科领域的关系也日益密切。

2.1.1　无机合成和制备的基本问题

2.1.1.1　无机合成（制备）化学与反应规律问题

具有一定结构、性能的新型无机化合物或无机材料合成路线的设计和选择，化合物或材料合成途径和方法的改进及创新是无机合成研究的主要对象。为了开展深入研究，必须具备坚实、广阔的合成化学基础，其中包括化合物的物理和化学性能、反应性、反应规律和特点，它们与结构化学间的关系，以及热力学、动力学等基本化学原理和规律的运用等。无机合成领域的发展紧密跟随着科学家对合成化学及其反应规律理解的加深。这个过程从常规的合成方法开始，逐渐发展到在特殊实验技术条件下的合成，最终演化到定向设计合成。下面举一个具体例子来进行说明。

已为大家所熟知的，具有一定孔道结构的无机化合物-硅铝酸盐（一般称沸石分子筛）晶体，已被广泛应用在催化领域。催化材料不仅与活性组分的结构及其物理化学特性有关，而且往往与其表面性能有关，因而需要合成出具有特定孔道结构的晶体，以满足分子的吸附、解吸、内扩散，反应物、产物与中间体分子结构和反应性能等方面的要求。晶态硅铝酸盐催化材料的发展，开始于无定形硅铝胶，它是一类具有多孔性、内表面大的非晶态固体，不足之处是其孔径和孔道结构不规整。所以当时放在无机合成工作者面前的问题是如何合成出具有规整孔道结构的晶体。当时已发现自然界中存在着天然沸石（特定孔道结构的硅铝酸盐晶体矿物），因而人们开始探索和总结自然界中天然沸石生成的机理和规律，在当时认识的基础上设计出了碱性介质（如 NaOH）中硅酸盐与铝酸盐的聚合成胶、水热晶化的合成路线，并合成出了一系列具有不同孔道结构的沸石分子筛，如 A 型、X 型与 Y 型、丝光沸石等（图 2-1）。

(a) A型分子筛八元环孔口

(b) A型分子筛三维孔道结构

(c) X、Y型分子筛三维孔道结构

(d) 丝光沸石二维孔道结构

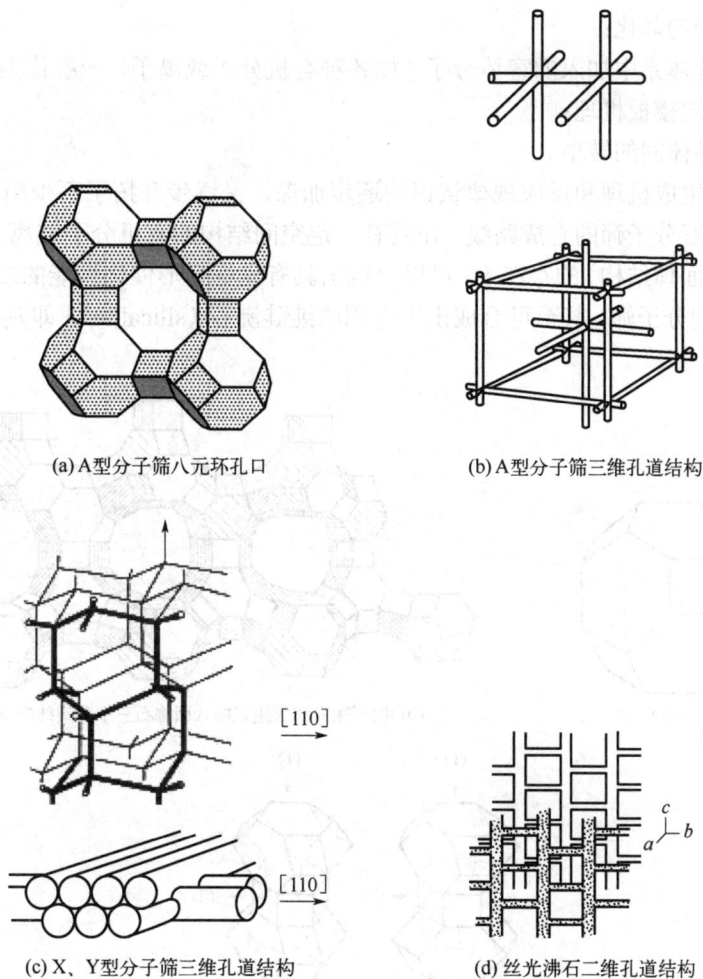

图2-1　沸石分子筛结构

对合成化学工作者来说，首先必须大量总结合成规律与生成产物结构之间的关系。当时就发现了在含 Na^+ 的碱性介质中合成时，易于生成由 β 笼 [图2-2 (a)]、D6R 笼 [图2-2 (c)中 (2)] 等次级结构单元堆积成的具有中孔或大孔（约 8Å，$1Å=10^{-10}m$）三维骨架结构的晶体。在含 K^+ 的碱性介质中合成时，则易于生成由钙霞石笼 [图2-2 (c) 中 (1)] 等次级结构单元堆积成的具有中孔的二维孔道或一维大孔骨架结构的晶态硅铝酸盐。其次是尽力探索这类多孔结构晶态硅铝酸盐的生成机理，以了解究竟哪些反应和因素影响着晶格中孔道结构的生成。

根据当时已合成出来的几十种沸石分子筛来看，其生成机理的基本模式为：

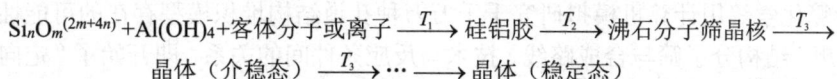

$$Si_nO_m^{(2m+4n)-}+Al(OH)_4^- +客体分子或离子 \xrightarrow{T_1} 硅铝胶 \xrightarrow{T_2} 沸石分子筛晶核 \xrightarrow{T_3}$$
$$晶体（介稳态）\xrightarrow{T_3} \cdots \longrightarrow 晶体（稳定态）$$

此外，还发现除合成时的晶化温度：T_1、T_2、T_3，水热反应的压力和各组分浓度对合成反应和产物有较大影响外，下面一些反应规律严重控制着合成产物的结构和性能，如：

① 液相中多硅酸根离子的存在状态与 $Al(OH)_4^-$ 的聚合；

② 硅铝凝胶的晶化；

③ 晶化过程体系中加入的客体分子（如各种有机分子或离子，一般称为结构导向剂）对成孔的影响与导向模板机理；

④ 介稳态晶体间的转型。

随着对上述生成机理和反应规律认识的逐步加深，又逐步开拓了不少用于合成具有新型组成和结构的沸石分子筛的合成路线。在具有一定空间结构的有机分子或离子，如 $C_1 \sim C_4$ 季铵盐或碱（sp^3 四面体结构）的存在下，可以合成出具有良好择形催化性能的二维垂直中孔（约 5Å）的 ZSM 系列分子筛，甚至可合成出不含铝的纯硅沸石（silicalite），即具有一定孔道结构的 SiO_2 晶体。

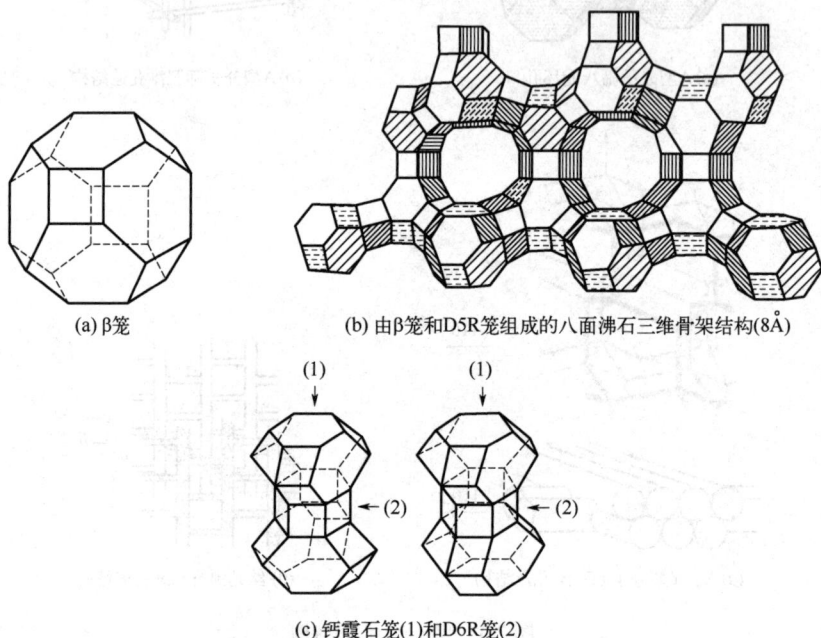

(a) β笼   (b) 由β笼和D5R笼组成的八面沸石三维骨架结构(8Å)

(c) 钙霞石笼(1)和D6R笼(2)

图 2-2　多孔晶态硅铝酸盐

1980 年美国化学家又将上述水热晶化合成路线推广到铝-磷体系，合成出了一系列 $AlPO_{4-n}$、$SiAlPO_{4-n}$、$MeAlPO_{4-n}$ 等新型微孔无机晶体，近年来又开发出了一系列新的 $GaPO_{4-n}$，二价、三价过渡元素磷酸盐，$AlAsO_{4-n}$，$GaAsO_{4-n}$，硼酸盐，钛酸盐，以及氧化物与硫化物型微孔晶体，这样就把具有一定孔道结构的无机化合物的合成推广到了一个更大更新的领域。1988 年后开拓出了一系列具有超大孔道的（extra-largemicropore）的微孔晶体如 VPI-5 型、JDF-20 型与 Cloverite 等，以及在表面活性剂存在下合成出了具有介孔（mesopore）结构的分子筛（孔道在 20～200Å）等，详见后面章节。目前国际上已开始根据结构化学（结构拓扑学）、晶体能量、计算化学等用计算机模拟研究千千万万种孔道结构堆积模型存在的可能性，以及研究各类"理想"结构分子筛与合成路线、技术与反应条件间的关系，即开始了"定向设计合成"的研究。另外，能否将硅铝酸盐的造孔合成反应推广到其他更多的元素，或其他类型的化合物中去等，使得化合物的造孔合成化学有非常广阔的前景。

从这个具体例子中可以看出，无机合成的发展主要取决于人们对其合成化学和反应规律认识的深化。因此，熟练而深入地掌握无机合成化学的反应规律、特点及其原理是非常必要的。设计有效的合成路线对于无机合成领域来说极其重要，这不仅能提高合成效率，还能确保合成过程的成功率和产物的质量。

2.1.1.2　无机合成和制备中的实验技术和方法问题

随着技术进步和应用需求的增长，无机合成领域正逐渐采用各种特殊实验技术和方法来合成具有特殊结构、聚集态（如膜、超微粒、非晶态等）和特殊性能的无机化合物和材料。很多特种结构和特种性能的无机材料以及某些反应路线的合成只能在特殊实验技术条件下才能成功。例如大量由固相反应或界面反应合成的无机材料，其反应只能在高温或高温、高压下进行；具有特种表面结构的固体催化材料和电极材料需要在超高真空下合成；大量低价态化合物和配合物只能在无氧无水的实验条件下合成；晶态物质的"造孔"反应需要在中压水热合成条件下完成；大量非金属间化合物的合成和提纯需要在低温真空下进行等。另一方面由于特种合成技术和操作的应用，大量新的合成路线和方法应运而生。例如高温合成技术的应用极大地推动了一系列特殊反应的发展，这些高温合成方法包括高温固相和界面反应、高温相变、高温熔炼和晶体生长、高温下的化学转移反应、熔盐电解甚至等离子体电弧、激光等条件下的超高温合成。对于未来的无机合成而言，了解和掌握特种合成技术及其相关的反应规律和原理变得越发重要。例如，高温和低温合成、水热与溶剂热合成、高压和超高压合成、放电和光化学合成、电氧化还原合成、无氧无水实验技术、各类CVD（化学气相沉积）技术、溶胶-凝胶技术、单晶的合成和晶体生长、放射性同位素的合成和制备，以及各类重要的分离技术等。

随着科学研究的不断深入，边缘学科领域对新型无机物和物相的需求日益增长。由于起始物料稀缺且昂贵，无机合成中的半微量甚至微量合成在无机合成领域变得越来越重要。这方面的合成技术，有些可借鉴有机合成。然而读者首先需要意识到，半微量操作是常量合成操作的基础，是以常量操作的原理和条件为依据来进行半微量合成途径和方法的选择、操作条件和技术设备的设计。

2.1.1.3　无机合成和制备中的分离问题

合成和分离是两个紧密相连的问题，解决不好分离问题就无法获得满意的合成结果。在任何合成问题中均包含各种各样的分离问题，无机合成中这个问题更为突出。无机材料对组成（包括微量掺杂）和结构均有特定要求，因而使用的分离方法会更多、更复杂。为此，在无机合成中要特别注重反应的定向性与反应原子的经济性，尽力减少副产物与废料，使反应产物的组成、结构符合合成的要求。另一方面，要充分重视分离方法和技术的改进和建立，除去传统的常规分离方法（如重结晶、分级结晶和分级沉淀、升华、分馏、离子交换和色谱分离、萃取分离等），尚需采用一系列特种的分离方法，如低温分馏、低温分级蒸发冷凝、低温吸附分离、高温区域熔融、晶体生长中的分离技术、特殊的色谱分离、电化学分离、渗析、扩散分离等，以及利用性质的差异充分运用化学分离方法等。遇到特殊的分离问题时还需特殊设计方法。

2.1.1.4　无机合成（制备）中的结构鉴定和表征问题

无机材料和化合物的合成对组成和结构有严格的要求，结构的鉴定和表征在无机合成中起着至关重要的指导作用。这不仅包括对合成产物的结构确证，还涉及特殊材料结构中非主要组分的结构状态和物理化学性能的测定。为了进一步指导合成反应的定向性和选择性，还需要对合成反应过程中间产物的结构进行检测。然而，由于无机反应的特殊性，这类问题的解决往往相当困难。例如上面讨论过的关于晶态硅铝酸盐的造孔合成反应，产物孔道结构的生成往往与中间生成的硅铝凝胶的结构以及液相中种类繁多的不同聚合态多硅酸根离子的结构、硅铝配合离子或次级结构单元的结构存在着紧密的关系。然而这些在反应过程中生成的化学个体的结构表征与检测问题却是至今尚未完全解决的难题。因此，为了完成上述这些结构的表征与检测工作，要使用的结构分析仪器和实验技术面往往很广。除去常规的组成分析、X 射线衍射分析，各类光谱技术如可见光谱、紫外光谱、红外光谱、拉曼光谱、顺磁共振、核磁共振等，以及针对不同材料的要求，检测其相应的性能指标外，往往还需应用一些特种的近代检测方法。例如，当制备一定结构性能的固体表面或界面材料（如电极材料、特种催化材料、半导体材料等）时，为了检测其表面结构，包括其中化学个体的电子状态以及在表面进行反应时的结构，需要应用 LEED（低能电子衍射）、AES（俄歇电子能谱）、ESS（低速离子散射光谱），而且测定需要在超高真空下进行。再如 HREMS（高分辨电子显微术）和 AS-NMR（固体魔角自旋核磁共振）、EXAFS（X 射线吸收精细结构谱）以及晶体粉末的XRD（X 射线衍射分析）等近期发展起来的实验技术，已开始大量应用于结构的精细分析，并获得了很好的效果。总之，设计合适和巧妙的结构表征和研究方法，对于近代无机合成是很重要的。

综上所述，可以看到近代无机合成所涉及的范围非常广泛。在这本篇幅有限的书中，我们将主要介绍特殊条件下的合成与制备反应，以及重要类型的无机化合物与材料的合成与制备化学。我们希望在内容上既能反映近代无机合成方面的最新进展，同时又能满足广大读者的实用需求。关于分离方法和技术问题、结构鉴定和表征问题，其内容将适当穿插在相关的章节中。

2.1.2　无机合成与制备化学中若干前沿课题

2.1.2.1　新合成和制备反应、路线与技术的开发以及相关基础理论的研究

现代无机合成与制备往往以下列三类作为研究对象。

（1）特殊结构的无机材料

随着高科技的发展与实际应用的需求，特定结构的无机化合物或无机材料的制备、合成，以及相关技术路线与规律的研究变得越来越重要。所有具有特定性能的无机化合物都有其独特的结构和组成。以缺陷为例，许多物质的性质与晶体内的缺陷密切相关。各种类型的复合氧化物之所以成为广泛应用的功能材料基体，除了具有多种可调节的组分元素外，还因为它们能够形成多种类型的结构缺陷。因此，制备各种结构缺陷，以及研究这些缺陷的制备规律与测定方法，已成为当前无机合成化学的前沿课题之一。

此外，具有特定结构与化学属性的表面与界面的制备，层状化合物与其特定的多型体（polytrpes）、各类层间嵌插（intercalation）结构与特定低维结构无机化合物的制备，混价无机化合物和配合物、低维固体与其他特定结构的配合物或簇合物，以及近期蓬勃发展的分子基材料和具有特种孔道结构的微孔晶体、介孔或多孔材料的合成与制备，都是重要的研究课题。尽管上述个别物质的制备和合成时见报道，这些研究往往仅利用某些反应的特殊性或特种技

术巧妙制备而得。真正值得我们注意的是，必须研究其合成制备规律以及相关的合成技术，这对发展材料产业与材料科学来说至关重要。

（2）特殊聚集态的无机化合物和材料

值得注意的另一个重要的研究对象是特殊聚集态化合物或材料，如超微粒、纳米态、微乳与胶束、团簇、无机膜、非晶态、玻璃态、陶瓷、单晶，以及具有不同晶貌的物质如晶须、纤维等。物质聚集态的不同，往往导致新性质与新功能的出现，因而对目前的科学与材料的发展均具有非常重要的意义。

（3）无机功能材料的复合、组装与杂化

近年来，下列方向深受人们注意。①材料的多相复合。主要包括纤维（或晶须）增强或补强材料的复合、第二相颗粒弥散材料的复合、两（多）相材料的复合、无机物和有机物材料的复合、无机物与金属材料的复合、梯度功能材料的复合以及纳米材料的复合等。②材料组装中的主-客体化学（host-guestchemistry）。这是既令人向往又很复杂的研究领域，如在微孔或介孔骨架宿体中进行不同类型化学个体的组装，如能生成量子点或超晶格的半导体团簇、非线性光学分子、由线性导电高分子形成的分子导体，以及在微孔晶体孔道内自组装生成电子传递链等。所用的组装路线主要通过离子交换、各类 CVD、"瓶中造船"、微波分散等技术。③无机-有机纳米杂化。无机-有机杂化体系的研究是近年来迅速发展的新兴边缘研究领域，它将无机与高分子学科中的加聚、缩聚等化学反应，无机化学中的溶胶-凝胶过程巧妙地配合，研制出新型杂化材料。这些材料具备单纯有机物和无机物所不具备的性质，是一类完全新型的材料，在纤维光学、波导、非线性光学材料等方面具有广泛的应用前景。

无机合成与制备和有机合成不同，后者主要是围绕分子加工，而前者更看重晶体或其他凝聚态结构上的精雕细琢。围绕开发新合成反应、制备路线与技术，把这类材料精雕细琢成具有特定结构与聚集态的无机物或其相关材料，是合成与制备工作者的一个重要任务。从以往的经验来看，开发出一条新合成路线或技术，往往能带动一大片新物质或新材料的出现。如溶胶-凝胶合成路线的出现，为纳米态与纳米复合材料，玻璃态与玻璃复合材料，陶瓷与陶瓷基复合材料，纤维及其复合材料，无机膜与复合膜，溶胶与超细微粒，微晶，以及杂化材料等的开发与新物种的出现，起了极其重要的作用。

这条合成路线的中心化学问题是反应物分子（或离子）母体在水溶液中进行水解和聚合，即分子态→聚合体→溶胶→凝胶→晶态（或非晶态），所以这条合成线路可通过对过程化学上的了解和有效控制来合成一些特定结构和聚集态的固体化合物或材料。遗憾的是，无机分子缩聚反应问题的复杂性（包括理论与实验），使人们对溶胶-凝胶过程的认识还有待提高。这类基础理论问题的研究，更是从事合成与制备的无机化学工作者义不容辞的任务。

2.1.2.2 极端条件下的合成路线、反应方法与制备技术的基础性研究

现阶段的合成，越来越多地应用极端条件下（如超高压、超高温、超高真空、超低温、强磁场与电场、激光、等离子体等）的合成方法与技术来实现通常条件下无法进行的合成，并在这些极端条件下开拓出多种多样在一般条件下无法得到的新化合物、新物相、新物态及新合成路线与方法。例如，在模拟宇宙空间的高真空、无重力的情况下，可能合成出没有位错的高纯度晶体；在超高压下，许多物质的禁带宽度及内外层轨道的距离均会发生变化，从而使元素的稳定价态与通常条件下有所差别，因而有人认为在超高压下，整个元素周期表要进行改写。再如，在中温中压水热条件下，可以晶化出具有特定价态、特殊构型与晶貌的晶

体，以代替与弥补目前大量无机功能材料的高温固相反应合成路线的不足。

我国以往在极端条件下的无机合成基础相当薄弱，因而亟须有重点地选择若干领域，组织力量深入研究其合成与制备化学的基本规律，开发新合成反应与技术。

2.1.2.3　仿生合成与无机合成中生物技术的应用

仿生合成将成为 21 世纪合成化学中的前沿领域。一般用常规方法进行的非常复杂的合成过程，若利用仿生合成则将变为高效、有序、自动进行的合成。例如，生物体对血红素的合成可以从最简单的甘氨酸经过一系列酶的作用，很容易合成出结构极为复杂的血红素；许多生物体的硬组织如乌贼鱼骨是一种目前尚不能用人工合成的具有均匀孔度的多孔晶体。因而，仿生合成从理论及应用来看都将具有非常诱人的前景。精密、复杂无机材料的仿生合成，实质上是模拟生物矿化。所谓生物矿化是指在生物体内形成矿物质（无机生物矿物）的过程。生物矿化区别于一般矿化的显著特征是，它通过有机大分子和无机物离子在界面处的相互作用，从分子水平控制无机矿物相的析出，从而使生物矿物具有特殊的多级结构和组装方式。生物矿化中，由细胞分泌的有机物对无机物的形成起模板作用，使无机矿物具有一定的形状、尺寸、取向和结构。生物矿化一般分为 4 个阶段。①有机大分子预组织。在矿物沉积前构造一个有组织的反应环境，该环境决定了无机物成核的位置。但在实际生物体内的矿化中，有机基质是处于动态的。②界面分子识别。在已形成的有机大分子组装体的控制下，无机物在溶液的有机/无机界面处成核。分子识别表现为有机大分子在界面处通过晶格几何特征、静电势相互作用、极性、立体化学因素、空间对称性和基质形貌等方面影响与控制无机物成核的部位、结晶物质的选择、晶型、取向及形貌。③生长调制。无机相通过晶体生长进行组装得到亚单元，同时形态、大小、取向和结构受到有机分子组装体的控制。④细胞加工。在细胞参与下，亚单元组装成高级的结构。该阶段是造成天然生物矿化材料与人工材料差别的主要原因。

上述 4 个方面给无机复合材料的合成以重要的启示：先形成有机物的自组装体，无机前驱体在自组装聚集体与溶液相的界面处发生化学反应，在自组装体的模板作用下，形成无机/有机复合体，将有机模板去除后即得到有组织的具有一定形状的无机材料。表面活性剂在溶液中可以形成胶束、微乳、液晶、囊泡等自组装体，因此用作模板的有机物往往为表面活性剂，还可利用生物大分子和生物中的有机质作模板。例如利用储铁蛋白（ferritin）的纳米级空腔制备纳米 Fe_3O_4 和 CdS 微粒，利用细菌和红鲍鱼作为完整的生物系统合成高度有序的复合体。将惰性基底（玻璃、云母或 MoS_2）插入红鲍鱼的套膜和贝壳之间，在红鲍鱼中有机质控制下，就可以在基体上生长具有天然生物矿物特点的有序方解石层和文石/蛋白质复合层。

这种模仿生物矿化中无机物在有机物调制下形成过程的无机材料合成，称为仿生合成（bio-mimetic synthesis），也称有机模板法（organic template approach）。近几年无机材料的仿生合成已成为材料化学的研究前沿和热点，已形成一门新的分支学科——仿生材料化学（biominetic materials chemistry）。目前，已经利用仿生合成方法制备了纳米微粒、薄膜、涂层、多孔材料和具有与天然生物矿物相似的复杂形貌的无机材料。

2.1.2.4　绿色（节能、洁净、经济）合成反应与工艺的基础性研究

现有的合成反应，尤其是当今精细化工和医药工业中的合成反应，经常会产生几十倍乃至上百倍的副产品，这给环境带来极大的威胁。为此，研究充分利用原料和试剂中所有的原

子，从而减少甚至完全排除污染环境的副产品的合成反应，已成为追求的目标。这对科学技术必然提出新的要求，对化学，尤其是合成化学更是提出了挑战，同时也提供了学科发展的机会。近年来，绿色化学、环境温和化学、洁净技术、环境友好过程等已成为众多化学家关心的研究领域。绿色合成的目标——理想合成，已成为广大合成化学家所追求的目标，美国Wender教授对理想的合成给出了完整的定义：一种理想的（最终是实效的）合成是指用简单的、安全的、环境友好的、资源有效的操作，快速、定量地把价廉、易得的起始原料转化为天然或设计的目标分子。这些标准的提出实际上已在大方向上指出实现绿色合成的主要途径。下列一些有关的基础性研究方向已引起了众多合成化学家与材料制备化学家的充分重视，如：环境友好催化反应与催化剂的开发研究，电化学合成与其他软化学合成反应的开发，经济、无毒、不危害环境反应介质的研究与开发，以及从理论上研究"理想合成"与高选择性定向合成反应的实现等，都已成为合成化学家们关心与研究的方向。

随着学科交叉渗透的加强以及人类对生存环境的要求日益严格，以上几点已成为极其重要的前沿研究领域。

2.1.2.5 特种结构无机物或特种功能材料的分子设计、裁剪及分子（晶体）工程学

近年来，分子设计和分子工程在化学、材料科学和生命科学中取得了许多成功的案例，并越来越受到重视。应用传统的化学方法开发具有特定结构与优异性能的化合物，依靠的是从成千上万种化合物中筛选。因而，自然而然地会把发展重心放在合成与制备和发现新化合物上。当然，筛选工作在结构化学、理论化学以及生命科学或材料科学的配合下，正在不断减少其盲目性。

分子工程学作为化学的一个新分支或发展中的一个新阶段，其做法与传统化学方法不大相同。它是逆向而行的，根据所需性能对结构进行设计和施工。分子工程学对化学学科最有益的冲击在于它促使化学家对性能、结构和制备三个方面的视野大为开阔，更多地注意生物或材料技术性能与结构的关系，更好地认识到分子结构以外的结构类型和层次，不再将制备工作过多地局限在单个化合物的合成上。就开展这一领域的中、近期任务来看，应选取一些人们对其性质-结构-合成与制备三元关系认识较深，且符合需要的功能体系进行启动，以此为突破口，总结经验，揭示规律与原理，逐步推广开展。下面以微孔晶体功能体系的分子设计与定向合成为例来加以阐述。

微孔晶体具有特定规整的孔道结构，客体分子在孔道中与骨架结构之间的化学作用远大于一般的多孔材料，故其孔道结构特征与性质息息相关，如孔道的大小（3～20Å）、形状、维数、走向、孔壁的性能，以及孔道中腔、笼和缺陷等，将影响孔道中分子的扩散、吸附与脱附、分子间反应的选择性、中间态的生成。微孔晶体是最具特色的，并且从目前发展水平来看又是应用特别广泛的一大类催化材料与吸附材料。近年来，在大量与高技术有关的新型材料开发应用中，微孔晶体显示出广泛的潜力。目前人工合成微孔晶体（如硅酸盐型、磷酸铝型等）的骨架结构已有100多种，人们对其结构特点、骨架结构对其中分子运动与反应的影响、造孔合成反应规律、晶化成孔机理与晶化技术，以及孔道、窗口与内表面的修饰等方面的研究，已有一定基础。因而，从性能与反应的要求出发，进行微孔晶体特定孔道结构的设计与定向合成，既有实用意义，也有可能作为突破口，为进一步发展其他复杂体系的分子工程提供经验和基础。

微孔晶体的设计与定向合成，首先要根据性能的要求，在计算机辅助下，设计出晶体的

孔道模型，然后借结构数据库的帮助来选择与制定理想模型及其稳定存在的条件，最后再借合成反应数据库的指导，选择合成方案和修饰途径。为此，目前亟须开展以下工作。

① 完善结构数据库。开拓新的生长微孔晶体单晶的技术路线，培养可供结构分析的微孔晶体单晶，以发现全新的骨架拓扑结构与新型的一级、二级结构单元。建立比较完整的骨架拓扑结构与相应的理论 XRD 谱图的数据以及它们的数据库，这对大量粉末微孔晶体新相的结构识别以及判别结构存在的稳定性有指导意义。

② 建立与完善造孔合成反应数据库。总结已知的合成反应与晶化产物结构的关系与规律，开展以硅铝分子筛为对象的成孔机制的研究。例如深入研究硅酸盐与铝酸盐在溶液中的聚合状态及其分布；硅酸盐与铝酸盐间的缩聚反应规律；中间态凝胶的结构以及造孔中的模板效应、成核规律、晶体生长与转晶等，使我们能从分子水平上认识与总结造孔反应的规律与细微的控制因素。同时，不断开拓新造孔合成反应及研制大量新型微孔晶体，从中总结成孔合成规律。

③ 根据炼油工业、石化工业与精细化工的实际需要，以相关的催化反应对微孔晶体催化材料结构的要求为导向，在计算机辅助下进行理想结构模型的设计工作。目前国际上对微孔晶体功能材料的分子设计、裁剪与施工的研究正处于蓬勃开展的时期。

④ 根据性能或功能的要求进行微孔结构的修饰。精细地调变微孔孔口和孔道表面的化学属性，并将特定的活性物质（包括离子、金属颗粒、氧化物或盐类、络离子、团簇等）按一定方式组装到（修饰）孔道中或（修饰）表面上。

2.2 材料的气相合成反应

2.2.1 化学气相沉积

化学气相沉积（CVD）是利用气态或蒸气态的物质在气相或气固界面上反应生成固态沉积物的技术，根据沉积过程中主要依靠的是物理过程或化学过程把气相沉积划分为物理气相沉积和化学气相沉积两大类。真空蒸发、溅射、离子镀等属于前者，另外还有直接依靠气体反应或依靠等离子体放电增强气体反应的等离子体增强化学气相沉积。化学气相沉积法是一种历史悠久的合成方法，随科学技术的发展，其内容和手段也在不断更新，物理过程与化学过程日益融合，如利用溅射或离子轰击使金属汽化再通过气相反应生成氧化物或氮化物等就是将这些物理和化学过程相结合的产物，相应地称为反应溅射、反应离子镀及化学离子镀。随半导体和集成电路技术的发展，CVD 技术用于生产半导体材料中的超纯多晶硅，经过掺杂后，在集成电路的生产中经过沉积后生产出多种半导体材料，如各种掺杂的半导体单晶外延薄膜、多晶硅薄膜、半绝缘的掺氧多晶硅薄膜；绝缘的二氧化硅、氮化硅、磷硅玻璃、硼硅玻璃薄膜以及金属钨薄膜等。CVD 从古时的"炼丹术"时代开始，发展到今天已经是日益成熟的合成技术之一。

用于无机合成的 CVD 技术具有以下特点。①沉淀反应，如在气固界面上发生时沉淀物在原固态底基物上包覆一层，不改变原固体底基物的形状，这个特性也称为保形性。根据这一特点，可利用 CVD 技术对刀具表面进行涂层处理，这一特性在超大规模集成电路制造工艺中特别重要，能否在有限量的 0.28μm 线条宽度和 1～2μm 深度的图形上得到令人满意的保形特性，直接影响集成电路产品的性能。CVD 技术保形性的优越性是它广泛用于集成电路制造的关键。它使得我们可以精细地合成出我们所希望的物质，使得无机材料的几何形状符合实际需求。②采用 CVD 技术可以得到单一的无机合成物质，并以此作为原材料，制备出更多的产品，如超纯多晶硅材料的制备。③如果采用的某种基底材料，在沉积物达到一定厚度以后，很容易与基底分离，这样就可以得到各种特定形状的游离沉积物器具。碳化硅器皿和金刚石薄膜部件均可以用这种方式制造。④在 CVD 技术中也可以沉积生成晶体或细粉状的物质，可以用来生产超微粉体，在特定的工艺条件下，甚至可以生产纳米级的微细粉末。

通常情况下，化学气相沉积法对原料、产物及反应类型等有一定的要求，一般是：①反应原料是气态或易于挥发成蒸气的液态或固态物质；②反应易于生成所需要的沉积物，而副产品保留在气相中排出或易于分离；③整个操作较易控制。

2.2.2 化学气相沉积主要类型

2.2.2.1 热分解法

热分解法包括简单热分解和热分解反应沉积，通常ⅣA 族、ⅢA 族和ⅤA 族的一些低周期元素的氢化物，如 CH_4、SiH_4、GeH_4、B_2H_6、PH_3、AsH_3 等都是气态化合物，而且加热后易分解出相应的元素，因此很适合用作 CVD 技术中的原料气。其中 CH_4、SiH_4 分解后直接沉积出固态薄膜，GeH_4 也可以混合在 SiH_4 中，热分解后直接生成 Si-Ge 合金膜。

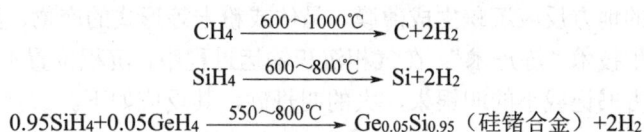

$$CH_4 \xrightarrow{600～1000℃} C+2H_2$$

$$SiH_4 \xrightarrow{600～800℃} Si+2H_2$$

$$0.95SiH_4+0.05GeH_4 \xrightarrow{550～800℃} Ge_{0.05}Si_{0.95}（硅锗合金）+2H_2$$

也有一些有机烷氧基的元素化合物，在高温时不稳定，热分解生成该元素的氧化物，例如：

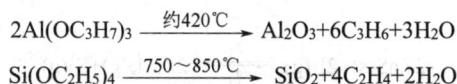

$$2Al(OC_3H_7)_3 \xrightarrow{约420℃} Al_2O_3+6C_3H_6+3H_2O$$

$$Si(OC_2H_5)_4 \xrightarrow{750～850℃} SiO_2+4C_2H_4+2H_2O$$

也可以利用氢化物或有机烷基化合物的不稳定性，经过热分解后立即在气相中和其他原料气反应生成固态沉积物，例如：

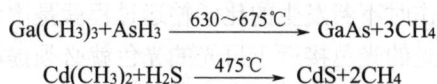

$$Ga(CH_3)_3+AsH_3 \xrightarrow{630～675℃} GaAs+3CH_4$$

$$Cd(CH_3)_2+H_2S \xrightarrow{475℃} CdS+2CH_4$$

此外还有一些金属的羰基化合物，本身是气态或者很容易挥发成蒸气，经过热分解，沉积出金属薄膜并放出 CO 等，适合 CVD 技术使用，例如：

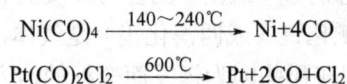

$$Ni(CO)_4 \xrightarrow{140～240℃} Ni+4CO$$

$$Pt(CO)_2Cl_2 \xrightarrow{600℃} Pt+2CO+Cl_2$$

2.2.2.2 化学合成法

一些元素的氢化物或有机烷基化合物常常是气态的或者是易于挥发的液体或固体，这使得它们便于在 CVD 技术中使用。如果同时通入氧气，在反应器中发生氧化反应时就沉积出相应于该元素的氧化物薄膜。例如：

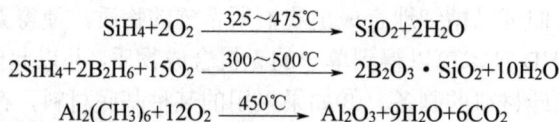

$$SiH_4+2O_2 \xrightarrow{325\sim475℃} SiO_2+2H_2O$$

$$2SiH_4+2B_2H_6+15O_2 \xrightarrow{300\sim500℃} 2B_2O_3 \cdot SiO_2+10H_2O$$

$$Al_2(CH_3)_6+12O_2 \xrightarrow{450℃} Al_2O_3+9H_2O+6CO_2$$

卤素通常是负一价，许多卤化物是气态或易挥发的物质。因此，在 CVD 技术中广泛地将卤化物作为原料气。要得到相应的该元素薄膜常常需采用氢还原的方法。例如：

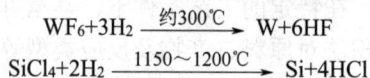

$$WF_6+3H_2 \xrightarrow{约300℃} W+6HF$$

$$SiCl_4+2H_2 \xrightarrow{1150\sim1200℃} Si+4HCl$$

三氯硅烷的氢还原反应是目前工业规模生产半导体级超纯正硅（＞99.99%）的基本方法。

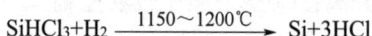

$$SiHCl_3+H_2 \xrightarrow{1150\sim1200℃} Si+3HCl$$

在 CVD 技术中使用最多的反应类型是两种或两种以上的反应原料气在沉积反应器中相互作用合成得到所需要的无机薄膜或其他材料形式。例如：

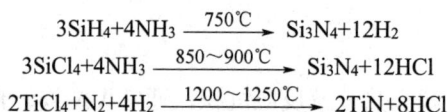

$$3SiH_4+4NH_3 \xrightarrow{750℃} Si_3N_4+12H_2$$

$$3SiCl_4+4NH_3 \xrightarrow{850\sim900℃} Si_3N_4+12HCl$$

$$2TiCl_4+N_2+4H_2 \xrightarrow{1200\sim1250℃} 2TiN+8HCl$$

2.2.2.3 化学转移法

通过化学转移反应的沉积也叫化学反应输运沉积，有一些物质本身在高温下会气化分解，在沉积反应器稍冷的地方反应沉积生成薄膜、晶体或粉末等形式的产物，如 HgS 的反应，是较早的化学气相沉积技术"炼丹术"。在气相沉积输运过程中，沉积位置不同，所形成的晶体颗粒大小不同。据古书记载小的叫银朱，大的叫丹砂，其反应如下。

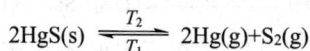

$$2HgS(s) \underset{T_1}{\overset{T_2}{\rightleftharpoons}} 2Hg(g)+S_2(g)$$

有的时候原料物质本身不容易发生分解，需添加另一物质（称为输运剂）来促进输运中间气态产物的生成。例如：

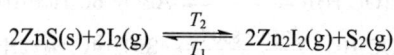

$$2ZnS(s)+2I_2(g) \underset{T_1}{\overset{T_2}{\rightleftharpoons}} 2Zn_2I_2(g)+S_2(g)$$

这类输运反应中通常是 $T_2>T_1$，即生成气态化合物的反应温度 T_2 往往比重新反应沉积时的温度 T_1 要高一些。但这不是固定不变的，有时候沉积反应反而在较高温度的地方发生。例如碘钨灯（或溴钨灯）管工作时不断发生的化学输运过程就是由低温向高温方向进行的。为了使碘钨灯（或溴钨灯）灯光的光色接近于日光的光色就必须提高钨丝的工作温度。提高钨丝的工作温度（2800～3000℃）大大加快了钨丝的挥发，挥发出来的钨冷凝在相对低温（约1400℃）的石英管内壁上，使灯管发黑，也相应地缩短钨丝和灯的寿命。如在灯管中封存着少量碘（或溴），灯管工作时气态的碘（或溴）就会与挥发到石英灯管内壁的钨反应生成四碘化钨（或四溴化钨）。此时，四碘化钨（或四溴化钨）是气体，会在灯管内输运或迁移，遇到高温的钨丝就热分解，把钨沉积在那些因为挥发而变细的地方，使钨丝恢复原来的粗细。四碘化钨（或四溴化钨）在钨丝上热分解沉积钨的同时也释放出碘（或溴），使碘（或溴）又可以不断地循环工作。由于非常巧妙地利用了化学输运反应沉积原理，碘钨灯（或溴钨灯）的钨丝温度得以显著提高，而且寿命也大幅度地延长。

$$W(s)+3I_2(g) \underset{\text{约}3000℃}{\overset{1400℃}{\rightleftharpoons}} WI_6(g)$$

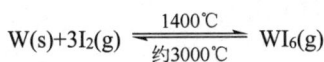

2.2.2.4 等离子体增强的化学沉积

在低真空条件下，利用直流电压（DC）、交流电压（AC）、射频（RF）、微波（MV）或电子回旋共振（ECR）等方法实现气体辉光放电在沉积反应器中产生等离子体。由于等离子体中正离子、电子和中性反应分子相互碰撞，可以大大降低沉积温度。例如在硅烷和氨气的反应在通常条件下，约在 850℃反应并沉积氮化硅，但是在等离子体增强反应的情况下，只需要 350℃左右就可以生成氮化硅。这样就可以拓宽 CVD 技术的应用范围，特别是在集成电路芯片的最后表面钝化工艺中，800℃的高温会使已经有电路的芯片损坏，而 350℃左右沉积氮化硅不仅不会损坏芯片反而使芯片得到钝化保护，提高了器件的稳定性。这些薄膜是在较低温度下沉积的，它们分子式中的原子比不是很确定，同时薄膜中也常含有一定量的氢，因此分子表达式常用 SiO_x（或 SiO_xH_y）来代表。一些常用的等离子体化学气相沉积（PECVD）反应有：

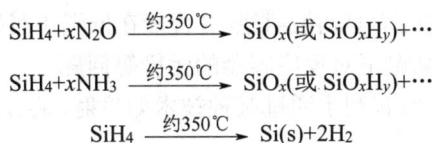

$$SiH_4+xN_2O \xrightarrow{\text{约}350℃} SiO_x(\text{或 } SiO_xH_y)+\cdots$$

$$SiH_4+xNH_3 \xrightarrow{\text{约}350℃} SiO_x(\text{或 } SiO_xH_y)+\cdots$$

$$SiH_4 \xrightarrow{\text{约}350℃} Si(s)+2H_2$$

上面硅烷热分解的反应式可以用来制造非晶硅太阳能电池等。

此外，也有利用其他能源增强的反应沉积，如采用激光来增强化学气相沉积也是一种有效的方法。例如

$$W(CO)_6 \xrightarrow{\text{激光束}} W+6CO$$

通常这一反应发生在 300℃左右的衬底表面。采用激光束平行于衬底表面，激光束与衬底表面的距离约 1mm，处于室温的衬底表面上就会沉积出一层光亮的钨膜。

其他各种能源例如利用火焰燃烧法，或热丝法都可以实现增强沉积反应的目的。不过燃烧法主要不是降低温度而是加快反应速率。利用外界能源输入能量，有时还可以改变沉积物的品种和晶体结构。例如，甲烷或有机碳氢化合物蒸气在高温下裂解生成炭黑，炭黑主要是由非晶碳和细小的石墨颗粒组成。

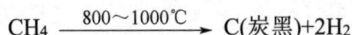

$$CH_4 \xrightarrow{800\sim1000℃} C(\text{炭黑})+2H_2$$

把用氢气稀释的 1%甲烷在高温低压下裂解也可以生成石墨和非晶碳，但是同时利用热丝或等离子体使氢分子解离生成氢原子，那么就有可能在压强 0.1 MPa 左右或更低的压强下沉积出金刚石而不是沉积出石墨来。

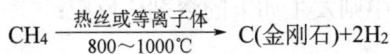

$$CH_4 \xrightarrow[800\sim1000℃]{\text{热丝或等离子体}} C(\text{金刚石})+2H_2$$

在沉积金刚石的同时石墨被腐蚀掉，实现了过去认为不可能实现在低压下从石墨到金刚石的转变。

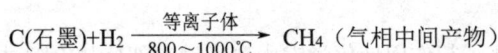

$$C(\text{石墨})+H_2 \xrightarrow[800\sim1000℃]{\text{等离子体}} CH_4 \text{（气相中间产物）}$$

2.3 材料液相合成反应

2.3.1 溶胶-凝胶合成法

2.3.1.1 概论

溶胶-凝胶（sol-gel）方法属于无机合成的一种，所制备的材料化学纯度高、均匀性好，可用于制备玻璃、涂料、纤维和薄膜等多种类型的材料，其技术特点如下：

① 通过各种反应物溶液的混合，很容易获得需要的均相多相分组体系。

② 材料制备所需温度可大幅度降低，从而能在较温和的条件下合成出陶瓷、玻璃、纳米复合材料等功能材料。

③ 溶胶的前驱体可以提纯而且溶胶-凝胶过程能在低温下可控制地进行，因而可制备高纯或超纯物质，且可避免在高温下对反应容器的污染等问题。

④ 溶胶或凝胶的流变性质有利于通过某种技术如喷射、旋涂、浸拉、浸渍等制备各种膜、纤维或沉积材料。

溶胶是指有胶体颗粒分散悬浮其中的液体，而凝胶是指内部呈网络结构，网络间隙中含有液体的固体。按其原料的不同，可分为胶体工艺和聚合工艺。胶体工艺的前驱体是金属盐，利用盐溶液的水解，通过化学反应产生胶体沉淀，利用胶溶作用使沉淀转化为溶胶，并通过控制溶液的温度、pH 值可以控制胶粒的大小。通过使溶胶中的电解质脱水或改变溶胶的浓度，溶胶凝结转变成三维网络状凝胶。聚合工艺的前驱体是金属醇盐，将醇盐溶解在有机溶剂中，加入适量的水，醇盐水解，通过脱水、脱醇反应缩聚合，形成三维网络。反应总体上是经过反应物分子（或离子）在水（醇）溶液中进行水解（醇解）和聚合，由分子态经聚合体、溶胶、凝胶、晶态（或非晶态）的全部过程。对应的化学反应如下：

水解反应：$M(OR)_n + xH_2O \longrightarrow (RO)_{n-x}—M(OH)_x + xROH$

脱水缩聚反应：$—M—OH + HO—M \longrightarrow M—O—M + H_2O$

脱醇缩聚反应：$—M—OH + RO—M \longrightarrow M—O—M + ROH$

R 为烷烃基；M 为金属离子。

2.3.1.2 反应类型

（1）无机盐的水解-聚合法

当阳离子 M^{2+} 溶解在纯水中则发生如下的溶剂化反应：

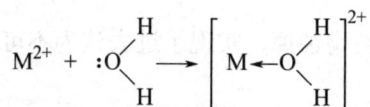

$$M^{2+} + :O\begin{matrix} H \\ H \end{matrix} \longrightarrow \left[M \leftarrow O \begin{matrix} H \\ H \end{matrix} \right]^{2+}$$

溶剂化对过渡金属阳离子起作用使化学键由离子键向部分共价键过渡，水分子变得更加显示相对的酸性，溶剂化分子发生如下变化：

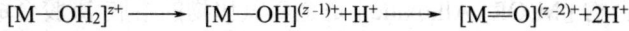

$$[M\text{—}OH_2]^{z+} \longrightarrow [M\text{—}OH]^{(z-1)+}+H^+ \longrightarrow [M\text{=}O]^{(z-2)+}+2H^+$$

在通常的水溶液中，金属离子可能有三种配体，即水（H_2O）、羟基（$OH\text{—}$）和氧基（$\text{=}O$）。若 N 为以共价键方式与阳离子 M^{z+} 键合的水分子数目（配位数），则其粗略分子式可记为：$[MO_NH_{2N-x}]^{(z-x)+}$，式中，x 定义为水解摩尔比。当 $x=0$ 时，母体是水合离子 $[M(OH_2)_N]^{z+}$；当 $x=2N$ 时，母体为氧合离子 $[MO_N]^{(2N-z)-}$；当 $0<x<N$ 时，母体为羟基-水配合物 $[M(OH)_x(H_2O)_{N-x}]^{(z-x)+}$，这表示部分配位点被羟基占据，其余为水分子；当 $x=N$ 时，母体为羟基配合物 $[M(OH)_N]^{(z-N)+}$，这表示所有配位点都被羟基占据；当 $N<x<2N$ 时，母体为氧-羟基配合物 $[MO_{x-N}(OH)_{2N-x}]^{(z-2N)+}$，这表示部分配位点被氧基占据，其余为羟基。金属离子的水解产物（母体）一般可借"电荷-pH 图"进行粗略判断。

在不同条件下，这些配合物可通过不同方式聚合形成二聚体或多聚体，有些可聚合进一步形成骨架结构。如按亲核取代方式（S_N1）形成羟桥 $M\text{—}OH\text{—}M$，羟基-水配合物 $[M(OH)_x \cdot (OH_2)_{N-x}]^{(z-x)+}$（$x<N$）之间的反应可按 S_N1 机理进行。带电荷的母体（$z-x \geqslant 1$）不能无限制地聚合形成固体，这主要是由于在缩合期间羟基的亲核强度（部分电荷 J）是变化的。如 Cr（Ⅲ）的二聚反应：

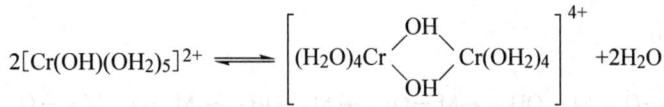

$$2[Cr(OH)(OH_2)_5]^{2+} \rightleftharpoons \left[(H_2O)_4Cr \begin{smallmatrix} OH \\ \\ OH \end{smallmatrix} Cr(OH_2)_4 \right]^{4+} +2H_2O$$

这是因为在单聚体中 OH 上的部分电荷是负的（$J_{(OH)}=-0.02$），而在二聚体中的 $J_{(OH)}=+0.01$，这意味着二聚体中的 OH 已经失去了再聚合的能力。零电荷母体（$x=z$）可通过羟基无限缩聚形成固体，最终产物为氢氧化物 $M(OH)_z$。

采用水羟基配位的无机母体来制备凝胶时，取决于诸多因素，如 pH 梯度、浓度、加料方式、控制的成胶速度、温度等。成核和生长主要是羟桥聚合反应，而且是扩散控制过程，所以需要对所有的因素加以考虑。有些金属可形成稳定的羟桥，进而生成一种很好并具有确定结构的 $M(OH)_z$，而有些金属不能形成稳定的羟桥，因而当加入碱时只能生成水合的无定形凝胶沉淀 $MO_{x/2}(OH)_{z-x} \cdot yH_2O$。这类无确定结构的沉淀当连续失水时，通过氧聚合最后形成 $MO_{x/2}$。对多价元素如 Mn、Fe 和 Co，情况更复杂一些，因为电子转移可发生在溶液固相中，甚至在氧化物和水的界面上。

聚合反应的另一种方式是氧基聚合，形成氧桥 $M\text{—}O\text{—}M$。这种聚合过程要求在金属的配位层中没有水配体，即如氧-羟基母体 $[MO_x(OH)_{N-x}]^{(N+x-z)-}$（$x<N$）。如 $[MO_3(OH)]$ 单体（$M=W$、Mo）按亲核加成机理（A_N）形成四聚体 $[M_4O_{12}(OH)_4]^{4-}$，反应中形成边桥氧或面桥氧。再如按加成消去机理（A_NB、E_1 和 A_NBE_2）聚合的反应如 Cr（Ⅵ）的二聚反应（$x=7$）：

$$[HCrO_4]^-+[HCrO_4]^- \longrightarrow [Cr_2O_7]^{2-}+H_2O$$

又如钒酸盐的聚合反应：

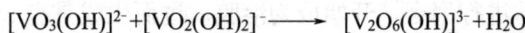

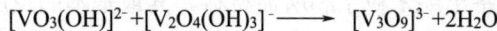

$$[VO_3(OH)]^{2-}+[VO_2(OH)_2]^- \longrightarrow [V_2O_6(OH)]^{3-}+H_2O$$

$$[VO_3(OH)]^{2-}+[V_2O_4(OH)_3]^- \longrightarrow [V_3O_9]^{3-}+2H_2O$$

（2）金属有机分子的水解-聚合法

金属烷氧基化合物［M(OR)$_n$Alkoxide］是金属氧化物的溶胶-凝胶合成中常用的反应分子母体，几乎所有金属（包括镧系金属）均可形成这类化合物。M(OR)$_n$与水充分反应可形成氢氧化物或水合氧化物。

$$M(OR)_n + nH_2O \longrightarrow M(OH)_n + nROH$$

实际上，反应中伴随的水解和聚合反应是十分复杂的。水解一般在水、水和醇的溶剂中进行并生成活性的 M—OH。反应可分为三步：

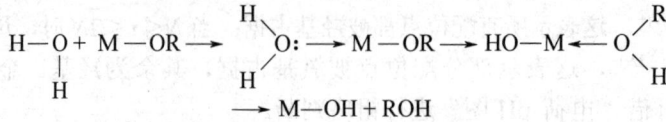

随着烃基的生成，进一步发生聚合作用。随实验条件的不同，可按照三种聚合方式进行：

① 烷氧基化作用

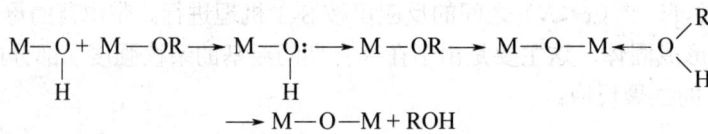

② 氧桥合作用

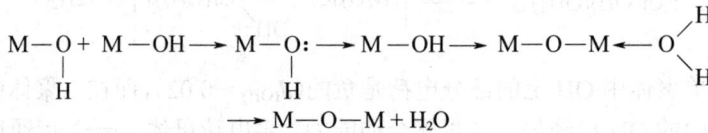

③ 羟桥合作用

$$2M—OR + H_2O \longrightarrow M—O—M + 2ROH$$

2.3.1.3 溶胶-凝胶法在无机材料合成中的应用

（1）高纯精细陶瓷粉体的制备

溶胶-凝胶法制备的无机粉体具有均匀性高、合成温度低等特点，是一种借助于胶体分散系的制粉方法。胶体的粒径较小，通常在几十纳米以下，所以溶胶有透明性，且十分稳定，可以使多种金属离子均匀稳定地分布于其中，经脱水后变成凝胶，凝胶再经过干燥、煅烧，就可以获得活性极高的超细粉。常用的干燥方法是喷雾干燥、液体干燥、冷冻干燥等。煅烧可除去微粉中残留的有机成分和羟基等杂质。此法广泛用于莫来石、蕴青石、Al_2O_3、ZrO_2均匀化，所以制得的原料性能相当均匀，具有非常窄的颗粒分布，团聚性小，同时此法易在制备过程中控制粉末颗粒尺度。例如此法可制备出平均粒径为 0.4μm 的 α-Al_2O_3 粉末、粒度为 0.1～0.5μm 的 $NaZr_2P_3O_{12}$ 及 0.08～0.15μm 的钛酸铝晶相粉末。

（2）纳米粒子的制备

溶胶-凝胶法制备纳米粒子的化学过程是首先将原料分散在溶剂中，经过水解反应生成活性单体，然后，活性单体进行聚合，开始成为溶胶，进而生成具有一定空间结构的凝胶，最后经过干燥和热处理，制备出纳米粒子和所需材料。其最基本的反应如下。

① 水解反应

$$M(OR)_n + xH_2O \longrightarrow M(OH)_x(OR)_{n-x} + xROH$$

② 缩合反应

$$—M—OH+HO—M \longrightarrow —M—O—M— +H_2O$$
$$—M—OR+HO—M \longrightarrow —M—O—M— +ROH$$

同一般的纳米粒子制备方法相比有以下的优点。

① 溶胶-凝胶法中所用的原料被分散在溶剂中而形成低黏度的溶液，因此，可以在很短的时间内获得分子水平上的均匀混合。

② 由于经过溶液反应，很容易均匀定量地掺入一些微量元素，实现分子水平上的均匀掺杂。

③ 与固相反应相比，化学反应较容易进行，而且仅需要较低的合成温度。

④ 选择合适的条件可以制备各种新型纳米级的材料。如采用溶胶-凝胶法可制备 CeO_2 纳米粒子。以草酸铈为原料，经水溶解成糊状后加入浓 HNO_3 和 H_2O_2 溶液，溶解完全后再加入柠檬酸，在 70℃以上缓慢蒸发形成溶胶，经干燥后变成凝胶，再经高温处理，可制成 CeO_2 纳米粉体。经检测，CeO_2 的晶粒大小与烧结温度和烧结时间有关，纳米 CeO_2 粒子是球形的，250℃时生成的纳米粒子的平均粒径为 8nm，在 250～800℃之间，均可生成单相的萤石型结构的 CeO_2 纳米粒子材料。

（3）干凝胶法合成分子筛

利用溶胶-凝胶法制成的干凝胶可以合成沸石或全硅分子筛，利用氧化硅凝胶和结构导向剂在充分混合后，混合物中的水使聚合过程活化，因为氧化硅凝胶中含有大量的硅羟基，而硅羟基又具有很高的反应活性，在一定的温度下（150℃/200℃），在反应釜中进行合成。一般合成沸石和分子筛在铝（Al）源条件下进行属于碱性体系，而这种方法也可应用于酸性氟离子体系。如果使用高浓度的结构导向剂，可得到高孔隙度的材料，如 BEA 沸石等。

2.3.2 水热与溶剂热合成

水热与溶剂热合成是无机合成化学的一个重要分支。水热合成研究最初从模拟地矿生成开始到沸石分子筛和其他晶体材料的合成已经历了一百多年的历史。无机晶体材料的溶剂热合成研究是近二十年发展起来的，主要指在非水有机溶剂热条件下的合成，用于区别水热合成。水热与溶剂热合成研究工作近百年经久不衰，并逐步演化出新的研究课题，如水热条件下的生命起源问题以及与环境友好的超临界氧化过程。在基础理论研究方面，从整个领域来看其研究重点仍然是新化合物的合成、新合成方法的开拓和新合成理论的建立。人们开始注意到水热与溶剂热非平衡条件下的机理问题以及对于高温高压条件下合成反应机理的研究。由于水热与溶剂热合成化学对技术材料领域的广泛应用，特别是高温高压水热与溶剂热合成化学的重要性，世界各国都越来越重视这一领域的研究。

2.3.2.1 水热与溶剂热合成基础

（1）水热与溶剂热简介

水热与溶剂热合成化学与溶液化学不同，它是研究物质在高温和密闭或高压条件下溶液中的化学行为与规律的化学分支。合成反应在高温和高压下进行，所以产生对水热与溶剂热合成化学反应体系的特殊技术要求，如耐高温高压与化学腐蚀的反应釜等。水热与溶剂热合成是指在一定温度（100～1000℃）和压强（1～100MPa）条件下利用溶液中物质的化学反应所进行的合成。水热合成化学侧重于研究水热合成条件下物质的反应性、合成规律以及合成产物的结构与性质。

水热与溶剂热合成与固相合成研究的差别在于"反应性"不同。这种"反应性"不同主要反映在反应机理上，固相反应的机理主要以界面扩散为特点，而水热与溶剂热反应主要以液相反应为特点。显然，不同的反应机理首先可能导致不同结构的生成，此外即使生成相同的结构也有可能由于最初的生成机理的差异而为合成材料引入不同的"基因"。

材料的微结构和性能与材料的来源有关，因此不同的合成体系和方法可能为最终材料引入不同的"基因"。水热与溶剂热化学侧重于溶剂热条件下特殊化合物与材料的制备、合成和组装。重要的是，通过水热与溶剂热反应可以制得固相反应无法制得的物相或物种，或者使反应在相对温和的溶剂热条件下进行。

（2）合成的特点

水热与溶剂热合成研究特点之一是研究体系一般处于非理想、非平衡状态，因此应用非平衡热力学研究合成化学问题。在高温高压条件下，水或其他溶剂处于临界或超临界状态，反应活性提高。物质在溶剂中的物理性质和化学反应性能均有很大改变，因此溶剂热化学反应大大异于常温反应。因而高温高压水热反应的开拓及其在此基础上开发出来的水热合成，已成为目前多数无机功能材料、特种组成与结构的无机化合物以及特种凝聚态材料，如超微粒、溶胶与凝胶、非晶态、无机膜、单晶等合成的越来越重要的途径。

水热与溶剂热合成研究的另一个特点是由于水热与溶剂热化学的可操作性和可调变性，其成为衔接合成化学和合成材料的物理性质之间的桥梁。随着水热与溶剂热合成化学研究的深入，开发的水热与溶剂热合成反应已有多种类型。基于这些反应而发展的水热与溶剂热合成方法与技术具有其他合成方法无法替代的特点。应用水热与溶剂热合成方法可以制备大多数技术领域的材料和晶体，而且制备的材料和晶体的物理与化学性质也具有其本身的特异性和优良性，因此已显示出广阔的发展前景。

水热与溶剂热合成化学可总结有如下特点。

① 由于在水热与溶剂热条件下反应物反应性能的改变、活性的提高，水热与溶剂热合成方法有可能代替固相反应以及难以进行的合成反应，并产生一系列新的合成方法。

② 在水热与溶剂热条件下中间态、介稳态以及特殊物相易于生成，因此能合成与开发一系列特种介稳结构、特种凝聚态的新合成产物。

③ 能够使低熔点化合物、不能在熔体中生成的物质以及高温分解相在水热与溶剂热低温条件下晶化生成。

④ 水热与溶剂热的低温、等压、溶液条件，有利于生长极少缺陷、取向好、完美的晶体，且合成产物结晶度高，易于控制产物晶体的粒度。

⑤ 由于易于调节水热与溶剂热条件下的环境气氛，因而有利于低价态、中间价态与特殊价态化合物的生成，并能均匀地进行掺杂。

（3）反应的基本类型

与高温高压水溶液或其他有机溶剂有关的反应称为水热反应或溶剂热反应。水热与溶剂热反应的基本类型总结如下。

① 合成反应：通过数种组分在水热或溶剂热条件下直接化合或经中间态发生化合反应。利用此类反应可合成各种多晶或单晶材料。例如：

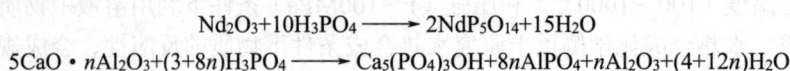

$$Nd_2O_3+10H_3PO_4 \longrightarrow 2NdP_5O_{14}+15H_2O$$

$$5CaO \cdot nAl_2O_3+(3+8n)H_3PO_4 \longrightarrow Ca_5(PO_4)_3OH+8nAlPO_4+nAl_2O_3+(4+12n)H_2O$$

$$La_2O_3+Fe_2O_3+2SrCl_2 \longrightarrow 2(La,Sr)FeO_3+2Cl_2$$

$$4FeTiO_3+2KOH \longrightarrow K_2O \cdot 4TiO_2+4FeO+H_2O$$

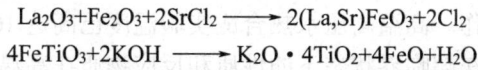

② 热处理反应：利用水热与溶剂热条件处理一般晶体而得到具有特定性能晶体的反应。例如：人工氟石棉→人工氟云母。

③ 转晶反应：利用水热与溶剂热条件下物质热力学和动力学稳定性差异进行的反应。例如：长石→高岭石；橄榄石→蛇纹石。

④ 离子交换反应：沸石阳离子交换；硬水的软化、长石中的离子交换；高岭石、白云母、温石棉的 OH^- 交换为 F^-。

⑤ 单晶培育：在高温高压水热与溶剂热条件下，从籽晶培养大单晶。例如 SiO_2 单晶生长，反应条件为 0.5mol/L NaOH，温度梯度 410～300℃，压力 120MPa，生长速率 1～2mm/d；若在反应介质 0.25mol/L Na_2CO_3 中，则温度梯度为 400～370℃，装满度为 70%，生长速率 1～2.5mm/d。

⑥ 脱水反应：在一定温度、一定压力下物质脱水结晶的反应。例如：

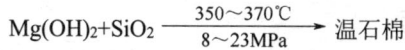

$$Mg(OH)_2+SiO_2 \xrightarrow[8\sim23MPa]{350\sim370℃} 温石棉$$

⑦ 分解反应：在水热与溶剂热条件下分解化合物得到结晶的反应。例如：

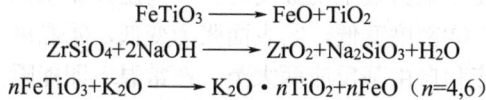

$$FeTiO_3 \longrightarrow FeO+TiO_2$$

$$ZrSiO_4+2NaOH \longrightarrow ZrO_2+Na_2SiO_3+H_2O$$

$$nFeTiO_3+K_2O \longrightarrow K_2O \cdot nTiO_2+nFeO（n=4,6）$$

⑧ 提取反应：在水热与溶剂热条件下从化合物（或矿物）中提取金属的反应。例如：钾矿石中钾的水热提取，重灰石中钨的水热提取。

⑨ 氧化反应：金属和高温高压的纯水、水溶液、有机溶剂得到新氧化物、配合物、金属有机化合物的反应以及超临界有机物种的全氧化反应。例如：

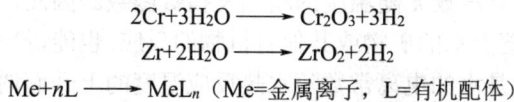

$$2Cr+3H_2O \longrightarrow Cr_2O_3+3H_2$$

$$Zr+2H_2O \longrightarrow ZrO_2+2H_2$$

$$Me+nL \longrightarrow MeL_n（Me=金属离子，L=有机配体）$$

⑩ 沉淀反应：水热与溶剂热条件下生成沉淀得到新化合物的反应。例如：

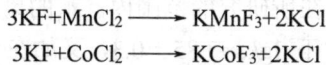

$$3KF+MnCl_2 \longrightarrow KMnF_3+2KCl$$

$$3KF+CoCl_2 \longrightarrow KCoF_3+2KCl$$

⑪ 晶化反应：在水热与溶剂热条件下，使溶胶、凝胶等非晶态物质晶化的反应，例如：

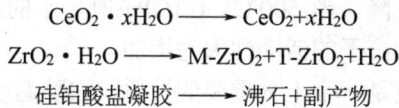

$$CeO_2 \cdot xH_2O \longrightarrow CeO_2+xH_2O$$

$$ZrO_2 \cdot H_2O \longrightarrow M\text{-}ZrO_2+T\text{-}ZrO_2+H_2O$$

$$硅铝酸盐凝胶 \longrightarrow 沸石+副产物$$

⑫ 水解反应：在水热与溶剂热条件下，进行加水分解的反应。例如：醇盐水解等。

⑬ 烧结反应：在水热与溶剂热条件下，实现烧结的反应，例如：制备含有 OH^-、F^-、S^{2-} 等挥发性物质的陶瓷材料。

⑭ 水热热压反应：在水热热压条件下，材料固化与复合材料的生成反应。例如：放射性废料处理、特殊材料的固化成型、特种复合材料的制备。

水热与溶剂热反应按反应温度进行分类，则可分为亚临界和超临界合成反应。如多数沸石分子筛晶体的水热合成即为典型的亚临界合成反应。这类亚临界反应在温度范围 100～240℃

之间适于工业或实验室操作。高温高压水热合成实验温度已高达 1000℃，压强高达 0.3GPa。它利用作为反应介质的水在超临界状态下的性质和反应物质在高温高压水热条件下的特殊性质进行合成反应。利用高温高压水热合成制备无机物的单晶，值得指出的是，有的单晶是无法用其他晶体制备方法得到的。例如，CrO_2 的水热合成是一明显的实例。随着研究工作的深入，水热合成方法也开始用于复杂的无机化合物的合成，高温高压水热合成和生长的 $NaZr_2P_3O_{12}$ 和 $AlPO_4$ 等都是应用广泛的非线性光学材料。此外，声光晶体铝酸锌锂，激光晶体和多功能的 $LiNbO_3$ 和 $LiTaO_3$ 等都能通过这种方法来制备。某些具有特殊功能的氧化物晶体如 ZnO_2、ZrO_2、GeO_2、CrO_2 要通过高温高压水热方法来合成，高温高压水热合成方法适用于制备许多铁电、磁电、光电固体材料[例如 $LaFeO_3$、$LiH_3(SeO_2)_2$]。现代许多人工宝石材料，也都是在高温高压水热条件下制备的。1965 年美国 Linde 公司首次在水热条件下合成出 17g 的 [$BeAl_2(SiO_2)_6$]（祖母绿宝石）。

2.3.2.2　反应介质的性质

（1）作为溶剂时水的性质

高温加压下水热反应具有三个特征：第一是使重要离子间的反应加速；第二是使水解反应加剧；第三是使其氧化还原电势发生明显变化。在高温高压水热体系中，水的性质将产生下列变化：①蒸气压变高，②密度变低，③表面张力变低，④黏度变低，⑤离子积变高。一般化学反应可分为离子反应和自由基反应两大类。在常温下即能瞬间完成离子反应的无机化合物复分解反应，以及具有典型自由基反应的有机化合物爆炸反应。其他任何反应均可具有以上的某一性质。在有机反应中，正如电子理论说明的，具有极性键的有机化合物，其反应往往也具有某种程度的离子性。水是离子反应的主要介质。以水为介质，在密闭加压条件下加热到沸点以上时，离子反应的速率自然会增大，即按 Arrhenius（阿伦尼乌斯）方程式：$dlnk/dT=E/(RT^2)$，反应速率常数 k 随温度的增加呈指数函数。因此，在加压高温水热反应条件下，即使是在常温下不溶于水的矿物或其他有机物的反应，也能诱发离子反应或促进反应。水热反应加剧的主要原因是水的电离常数随水热反应温度的上升而增加。

水的 p-T 图在温度高达 1000℃，压强为 1GPa 时已测得相当准确，其测定误差在 1% 以内。图 2-3 是水的温度-密度图。在所研究的范围内，水的离子积（k_w）随 p 和 T 的增加迅速增大。例如，1000℃，1GPa 条件下 $-lgk_w=7.85\pm0.3$，又如在 1000℃，15～20GPa 条件下，水的密度等于 $1.7～1.9g/cm^3$，如完全解离成 H_3O^+ 和 OH^-，则当时的 H_2O 几乎类同于熔融盐。

水的黏度随温度升高而下降。当 500℃、0.1GPa 时，水的黏度仅为平常条件下的 10%。因此，在超临界区域内分子和离子的活动性大为增加。

以水为溶剂时，介电常数是一个十分重要的性质。它随温度升高而下降，随压力增加而升高。图 2-4 是介电常数随温度和压力变化关系，前者的影响是主要的。根据 Franck 的工作，在超临界区域内介电常数在 10～20 之间。通常情况下，电解质在水溶液中完全解离，然而随着温度的上升电解质趋向于重新结合。对于大多数物质，这种转变常常在 200～500℃之间发生。

图 2-5 是 NaBr 的解离常数 K 与温度的关系图（在恒定密度和压强下）。图 2-6 是不同填充度下水的压强-温度图（p-T 图）。

对于水热合成实验，水的 p-T 图是很重要的。在工作条件下，压强依赖于反应容器中原始溶剂的填充度。填充度通常在 50%～80%为宜。压强为 0.02～0.3GPa。

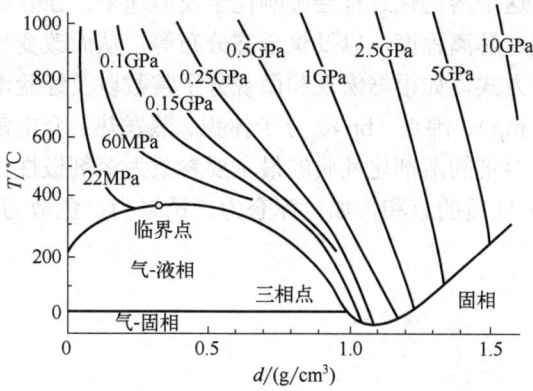

图 2-3　水的温度-密度图

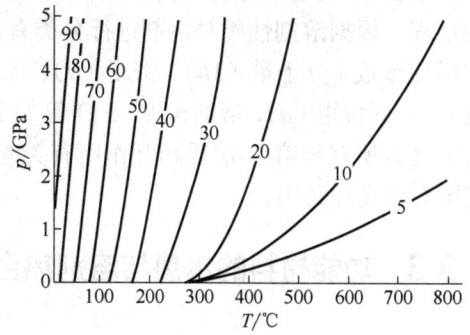

图 2-4　介电常数随温度和压力变化关系图

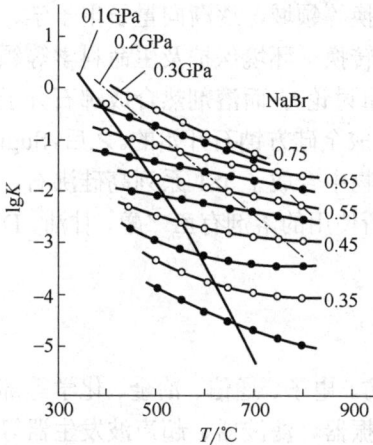

图 2-5　NaBr 的解离常数 K 与温度的关系图
（在恒定密度和压强下）

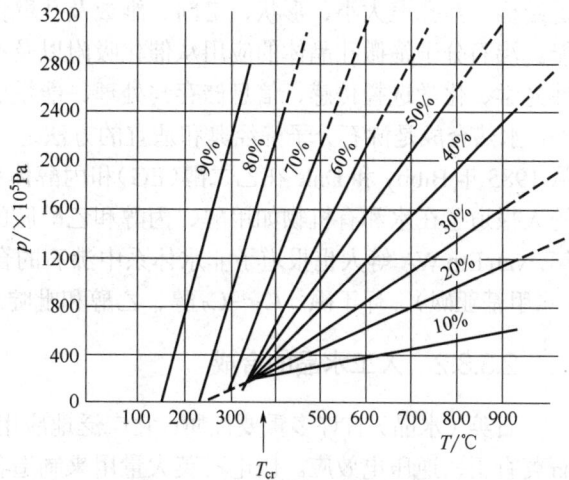

图 2-6　不同填充度下水的压强-温度图（p-T 图）

　　高温高压水热密闭条件下物质的化学行为与该条件下水的物化性质有密切关系，因此有关水的物理化学性质的基础数据的积累是十分必要的，以便了解高温高压水及与水共存的气相的性质，确定高温高压水热条件下各相（氧化物、氢氧化物、流体）间的稳定范围、固溶体等的相关系，寻找并确定合成单晶体的最佳条件，明确水热条件下合成产物的诸多性质，以及测定固相在水热条件下的溶解度及稳定性等。

　　高温高压下水的作用可归纳如下：①有时作为化学组分起化学反应；②反应和重排的促进剂；③起压力传递介质的作用；④起溶剂作用；⑤起低熔点物质的作用；⑥提高物质的溶解度；⑦有时与容器反应；⑧无毒。

（2）有机溶剂的性质标度

　　在有机溶剂中进行合成时，溶剂种类繁多，性质差异很大，为合成提供了更多的选择机会。如与水性质最接近的醇类，作为合成溶剂的也有几十种，可供选择的余地是很大的。因此，我们有必要先考虑溶剂作用，再进行溶剂的选择。溶剂不仅为反应提供一个场所，而且会使反应物溶解或部分溶解，生成溶剂合物，这个溶剂化过程会影响化学反应速率。在合成体系中会影响反应物活性物种在液相中的浓度、解离程度，以及聚合态分布等，从而改变反应过程。根据溶剂性质对溶剂进行分类有许多方式，如根据宏观和微观分子常数以及经验溶剂极性参数［分子量（M_r）、密度（d）、冰点（mp）、沸点（bp）、分子体积、蒸发热、介电常数（ε）、偶极矩（μ）、溶剂极性（E_T）等］。反应溶剂的溶剂化性质的最主要参数为溶剂极性，其定义为所有与溶剂-溶质相互作用有关的分子性质的总和，如：库仑力、诱导力、色散力、氢键和电荷迁移力。

2.3.3　功能材料的水热与溶剂热合成

2.3.3.1　介稳材料的合成

沸石分子筛是一类典型的介稳微孔晶体材料，这类材料具有分子尺寸、周期性排布的孔道结构，其孔道大小、形状、走向、维数及孔壁性质等多种因素为它们提供了各种可能的功能。沸石分子筛微孔晶体的应用从催化吸附以及离子交换等领域，逐渐向量子电子学、非线性光学、化学选择传感、信息储存与处理、能量储存与转换、环境保护及生命科学等领域扩展。水热合成是沸石分子筛经典和适宜的方法之一（另章讨论），而溶剂热合成沸石分子筛是从 1985 年 Bibby 和 Dale 在乙二醇（EG）和丙醇体系中合成全硅方钠石开始的。之后，Sugimoto 等人报道了在水和有机物如甲醇、丙醇和乙醇胺的混合物中合成了 ISI 系列高硅沸石。1987 年，van Erp WA 等人也报道了非水体系中沸石的合成，所使用的溶剂有乙二醇、甘油、DMSO（二甲基亚砜）、环丁砜、$C_5 \sim C_7$ 醇、乙醇和吡啶。

2.3.3.2　人工水晶的合成

石英（水晶）有许多重要性质，它广泛地应用于国防、电子、通信、冶金、化学等部门。石英有正、逆压电效应。压电石英大量用来制造各种谐振器、滤波器、超声波发生器等。石英谐振器是无线电子设备中非常关键的一个元件，它具有高度的稳定性（即受温度、时间和其他外界因素的影响极小）、敏锐的选择性（即从许多信号与干扰中把有用的信号选出来的能力很强）、灵敏性（即对微弱信号响应能力强）、相当宽的频率范围（从几百赫到几兆频），人造地球卫星、导弹、飞机、电子计算机等均需石英谐振器才能正常工作。石英滤波器比一般电感电容做的滤波器体积小、成本低、质量好。在有线电通信中用石英滤波器安装各种载波装置，在载波多路通信装置（载波电话、载波电视等）的一根导线上可以同时使用几对、几百对，甚至几千对电话互不干扰。利用石英可透过红外线、紫外线和具有旋光性等的特点，在化学仪器上可做各种光学镜头、光谱仪棱镜等。除石英外，许多工业上重要的晶体都可通过水热法生长（见表 2-1）。

表 2-1　水热法生长的几种单晶

材料	温度/℃	压强/GPa	矿化剂
Al_2O_3	400	0.2	Na_2CO_3
Al_2O_3	500	0.4	K_2CO_3
ZrO_2	600~650	0.17	KF

材料	温度/℃	压强/GPa	矿化剂
TiO_2	600	0.2	NH_4F
GeO_2	500	0.4	
CdO_2	500	0.13	

2.4 材料的固相合成反应

2.4.1 高温固相反应

高温固相反应是一类很重要的高温合成反应。一大批具有特种性能的无机功能材料和化合物，如各类复合氧化物、含氧酸盐类、二元或多元金属陶瓷化合物（碳、硼、硅、磷、硫族等化合物）等，都是通过高温下（一般 1000～1500℃）反应物固相间的直接合成而得到的。因而这类合成反应不仅有其重要的实际应用背景，且从反应来看有明显特点。下面举一实例：

$MgO(s)+Al_2O_3(s) \longrightarrow MgAl_2O_4(s)$（尖晶石型）比较详细地说明此类在高温下发生的固相反应的机制和特点，以及作为合成反应时的有关问题，使读者对这方面有初步的认识。

2.4.1.1 固相反应的机制和特点

从热力学上讲，$MgO(s)+Al_2O_3(s) \longrightarrow MgAl_2O_4(s)$完全可以进行，然而实际上在 1200℃下反应几乎不能进行，1500℃下反应也需数天才能完成。为什么这类反应对温度的要求如此高？这可从下面的简单图示中得到初步说明。

在一定的高温条件下，MgO 与 Al_2O_3 的晶粒界面间将产生反应而生成尖晶石型 $MgAl_2O_4$ 层，这种反应的第一阶段是在晶粒界面上或界面邻近的反应物晶格中生成 $MgAl_2O_4$ 晶核，实现这步是相当困难的，因为生成的晶核与反应物的结构不同。因此，成核反应需要通过反应物界面结构的重新排列，其中包括结构中阴、阳离子键的断裂和重新结合，MgO 和 Al_2O_3 晶格中 Mg^{2+} 和 Al^{3+} 的脱出、扩散和进入缺位。高温下有利于这些过程的进行，有利于晶核的生成。同样，进一步实现在晶核上的晶体生长也相当困难，因为对原料中的 Mg^{2+} 和 Al^{3+} 来讲，需要横跨两个界面的扩散才有可能在核上发生晶体生长反应，并使原料界面间的产物层加厚。因此很明显地可以看到，决定此反应的控制步骤应该是晶格中 Mg^{2+} 和 Al^{3+} 的扩散，而升高温度是有利于晶格中离子扩散的，明显有利于促进反应。另一方面，随着反应物层厚度的增加，反应速率是会随之而减慢的。曾经有人详细地研究过另一种尖晶石型 $NiAl_2O_4$ 的固相反应动力学关系，也发现阳离子 Ni^{2+}、Al^{3+} 通过 $NiAl_2O_4$ 产物层的内扩散是反应的控制步骤，按一般的规律，它应服从下列关系：

$$dx/dt = kx^{-1}$$

$$x = kt^{1/2}$$

式中，x 为 $NiAl_2O_4$ 产物层的厚度；t 为反应时间；k 为反应速率常数。

实验验证 $NiAl_2O_4$ 的生成反应的确符合上述规律。

根据上述的分析和实验的验证，$MgAl_2O_4$ 生成反应的机制应该可由下列（a）、（b）二式表示：

（a）$MgO/MgAl_2O_4$ 界面

$$2Al^{3+}+4MgO \longrightarrow MgAl_2O_4+3Mg^{2+}$$

（b）$MgAl_2O_4/Al_2O_3$ 界面

$$3Mg^{2+}+4Al_2O_3 \longrightarrow 3MgAl_2O_4+2Al^{3+}$$

总反应为

$$MgO+Al_2O_3 \longrightarrow MgAl_2O_4$$

综上所述，可以得出影响这类固相反应速率的主要因素应有下列三个：①反应物固体表面积和反应物间的接触面积；②生成物相的成核速度；③相界面间特别是通过生成物相层的离子扩散速率。

2.4.1.2 固相反应合成中的几个问题

（1）关于反应物固体的表面积和接触面积

通过充分破碎和研磨，或通过各种化学途径制备粒度细、比表面积大、表面活性高的反应物原料，再通过加压成片，甚至热压成型使反应物颗粒充分均匀接触或通过化学方法使反应物组分事先共沉淀或通过化学反应制成反应物前驱体（precursor）。这些方法将有利于固相合成反应的进一步发生。如：尖晶石型 MCr_2O_4（M=Mg，Ni，Mn，Co，Cu，Zn）的固相反应原料前驱体的制备。$MnCr_2O_4$ 可用沉淀法制得的 $MnCr_2O_7 \cdot 4C_5H_5N$ 作为前驱体在 1100℃下灼烧而制得，同时可保证全部 Mn 以+2 氧化态存在。方法如下：当 1100℃高温下灼烧时，$Cr_2O_7^{2-}$ 中的 $Cr^{6+} \rightarrow Cr^{3+}$。最后将混合物在 H_2 气氛中 1100℃下灼烧以保证 Mn^{2+} 的生成。合成计量（stolchiomelric chromites）尖晶石型铬酸盐的前驱体和其灼烧条件如表 2-2 所示。

表 2-2　合成计量尖晶石型铬酸盐的前驱体和其灼烧条件

铬酸盐	前驱体	灼烧温度/℃
$MgCr_2O_4$	$(NH_4)_2Mg(CrO_4)_2 \cdot 6H_2O$	1100～1200
$NiCr_2O_4$	$(NH_4)_2Ni(CrO_4)_2 \cdot 6H_2O$	1100
$MnCr_2O_4$	$MnCr_2O_7 \cdot 4C_5H_5N$	1100
$CoCr_2O_4$	$CoCr_2O_7 \cdot 4C_5H_5N$	1200
$CuCr_2O_4$	$(NH_4)_2Cu(Cr_2O_4)_2 \cdot 2NH_3$	700～800
$ZnCr_2O_4$	$(NH_4)_2Zn(Cr_2O_4)_2 \cdot 2NH_3$	1400
$FeCr_2O_4$	$NH_4Fe(Cr_2O_4)_2$	1150

（2）关于固体原料的反应性

如果原料固体结构与生成物结构相似，则结构重排较方便，成核较易。上述反应中 MgO 和尖晶石型 $MgAl_2O_4$ 结构中氧离子排列结构相似，因此易在 MgO 界面上或界面邻近的格内通过局部规正反应（topotaetic reaction）或取向规正反应（epitactic reaction）生成 $MgAl_2O_4$ 晶核或进一步晶体生长。其次反应物的反应性还与反应物的来源和制备条件、存在状态特别是其表面的结构情况有密切关系。反应物一般均为多晶粉末，由于晶体的不完整，如 MgO 理想晶体属 NaCl 型立方格子，(100) 晶面中 Mg^{2+}、O^{2-} 交替排列。当多晶不完整时，如下列晶形，则晶粒表面同时出现 (100) 和 (111) 晶面。(111) 面既可全部由 Mg^{2+} 也可全部由 O^{2-} 组成，如图 2-7 所示。从图中可明显看出晶体不同部分的表面具有不同的结构，因此具有不同的反应性。其次，固体的反应性和晶体中缺陷的存在也有相当大的关系，限于篇幅，在此不详细介绍。制备方法、反应条件和反应物来源的选取等方面应着眼于原料反应性的提高以及促进固相反应的进行。例如在固相反应进行以前制取具有高反应性的原料，如粒度细、高比表面积、非晶态或介稳相，新沉淀、新分解、新氧化还原或新相变的新生态反应原料，这些反应物往往由于结构的不稳定性而呈现很高的反应活性。如上述生成 $MgAl_2O_4$ 的固相反应中以 $MgCO_3$ 代替 MgO，以 $Al(OH)_3$（新沉淀）代替 $\alpha\text{-}Al_2O_3$ 为原料，在固相反应的进行过程中（600～900℃）使其分解而生成新生相 MgO 和 Al_2O_3，则可促进 $MgAl_2O_4$ 生成的固相反应。

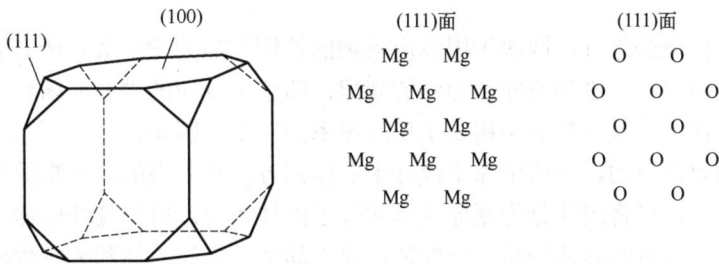

图 2-7　MgO（111）晶面结构

（3）关于固相反应产物的性质

固相反应是复相反应，反应主要在界面间进行，反应的控制步骤即离子的相间扩散受到不少未定因素的制约，因而此类反应生成物的组成和结构往往呈现非计量性和非均匀性。再以 $MgO\text{-}Al_2O_3$ 体系为例来说明，在约 1500℃下反应产物是组成为 $MgAl_2O_4\text{-}Mg_{0.75}Al_{2.18}O_4$ 的固溶体，或者可以说在该温度下固相反应初级阶段的产物尖晶石 $MgAl_3O_4$ 的组成在一定范围是可变的。在 $MgO/MgAl_2O_4$ 界面旁生成的尖晶石相富镁 $MgAl_2O_4$，反之在 $MgAl_2O_4/Al_2O_3$ 界面旁生成的尖晶石相缺镁 $Mg_{0.75}Al_{2.18}O_4$，这造成了组成和结构的非均匀性。如继续进行反应，即使持续很长时间也难以使其组成趋向计量的 1：3。这种现象几乎普遍存在于高温固相反应的产物中。

2.4.2　低热固相合成

2.4.2.1　传统的固相合成

固相化学反应是人类最早使用的化学反应之一，我们的祖先早就掌握了制陶工艺，将制得的陶器用作生活日用品，如陶罐用作集水、储粮等，将精美的瓷器用作装饰品等。固相反应不使用溶剂，具有高选择性、高产率、工艺过程简单等优点，已成为人们制备新型固体材料的主要手段之一。但长期以来，由于传统的材料主要涉及一些高熔点的无机固体，如硅酸盐、氧化物、金属合金等，这些材料一般都具有三维网络结构、原子间隙小和牢固的化学键等特征，通常合成反应多在高温下进行，因而在人们的观念中室温或近室温下的低热固相反应几乎很难进行。正如英国化学家 West 在其《固体化学及其应用》一书中所写"在室温下经历一段合理时间，固体间一般并不能相互反应"。欲使反应以显著速率发生，必须将它们加热至甚高温度，通常是 1000～1500℃。事实上，许多固相反应在低温条件下便可发生。研究低温固相反应并开发其合成应用价值的意义是不言而喻的，正如 1993 年 Mallouk 教授在 Science 上的评述中指出的：传统固相化学反应合成所得到的是热力学稳定的产物，而那些介稳中间物或动力学控制的化合物往往只能在较低温度下存在，它们在高温时分解或重组成热力学稳定产物。为了得到介稳态固相反应产物，扩大材料的选择范围，有必要降低固相反应温度，可见，降低反应温度不仅可获得更新的化合物，为人类创造出更加丰富的物质财富，而且可最直接地提供了解固相反应机理所需的实验佐证，为人类尽早地实现能动、合理地利用固相化学反应进行定向合成和分子组装，最大限度地发掘固相反应的内在潜力创造了条件。

2.4.2.2　固体的结构和固相化学反应

固相化学反应能否进行，取决于固体反应物的结构和热力学函数。所有固相化学反应和溶液中的化学反应一样，必须遵守热力学的规律，即整个反应的吉布斯函数改变小于零。在满足热力学的条件下，反应物的结构成了反应速率的决定性因素。

晶体结构的研究表明，固体中原子或分子的排列方式是有限的。根据固体中连续的化学键作用的分布范围，可将固体分为延伸固体和分子固体两类。所谓延伸固体是指化学键作用无间断地贯穿整个晶格的固体物质。一般地，原子晶体、金属晶体和大多数离子晶体中的化学键（即共价键、金属键、离子键）连续贯穿整个晶格，属于延伸固体。分子晶体中物质的分子靠比化学键弱得多的分子间力结合而成，化学键作用只在局部范围内（分子范围内）是连续的，绝大多数有机化合物、无机分子形成的固体物质以及许多固体配合物均属于分子固体。在有大阴离子存在的配合物中，电荷被分散且被配体分开，因此离子之间的相互作用被大大削弱，从而削弱了离子键，导致其性质表现得如同分子晶体一样，故也把它归类于分子固体。

延伸固体按连续的化学键作用的空间分布可分为一维、二维和三维固体。一维和二维固体合称为低维固体。分子固体中，由于化学键只在分子内部是连续的，固体中分子间只靠弱得多的分子间力联系，故可看作零维晶体。以碳元素的几种单质和化合物的结构为例：金刚石是由共价键将各碳原子连接成具有三维空间无限延伸的网状结构的物质，每个碳原子与相邻的四个碳原子相连，因而它属三维晶体；石墨中每个碳原子则与同一平面内的另外三个碳原子以共价键相连，形成二维无限延伸的片，片与片之间以范德华力结合形成一种层状结构，故为二维晶体；聚乙炔中，每个 CH 单元与同在一条直线上的另外两个 CH 单元以共价键结合形成一维无限延伸的链，链与链之间靠范德华力连接形成晶格，此为一维晶体；C_{60} 的结构与上述所有结构都不同，其中每 60 个碳原子首先连接形成一个"巴基球"，而后这些球体靠范德华力结合形成面心立方晶格，这是零维晶体。

固体在结构上的此种差异对其化学性质产生了巨大的影响。三维固体具有致密的结构，所有的原子被强烈的化学键紧紧地束缚，导致晶格组分很难移动,外界物质也很难扩散进去，所以它们的反应性最弱；低维固体中，层间或链间靠较化学键弱得多的分子间力（范德华力）相连，晶格容易变形，这使一些分子很容易地嵌入层间或链间。因此，与三维固体相比，低维固体的反应性要强得多；分子固体比所有延伸固体中的作用都弱，分子的可移动性很强，这在其物理性质上表现为低熔点和低硬度，它们的化学反应性最强。

仍然以碳元素组成的四种骨架结构为例来说明固体结构与反应性的关系。金刚石属于三维晶体，它在一定的温度范围内几乎对所有试剂都是稳定的；石墨具有层状结构，在室温到4500℃的温度范围内很容易与其他物质发生嵌入反应，生成层状嵌入化合物，当然这种反应是可逆的：

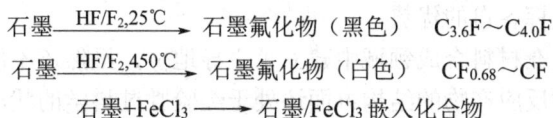

$$石墨 \xrightarrow{\text{HF/F}_2,25℃} 石墨氟化物（黑色） \quad C_{3.6}F \sim C_{4.0}F$$

$$石墨 \xrightarrow{\text{HF/F}_2,450℃} 石墨氟化物（白色） \quad CF_{0.68} \sim CF$$

$$石墨 + FeCl_3 \longrightarrow 石墨/FeCl_3 嵌入化合物$$

聚乙炔是一维的，很容易被掺杂（类似于嵌入反应）而具有良好的导电性，例如：

$$[C_2H_2]_n + x/2I_2 \longrightarrow [C_2H_2]_nI_x$$

在室温时，聚乙炔非常容易吸收空气中的氧，首先生成嵌入化合物，而后氧攻击聚乙炔链使之降解，这是限制聚乙炔获得广泛应用的主要原因。聚乙炔在 300℃即分解，主要产物为苯。

C_{60} 是分子固体，其化学反应性是近几年广泛研究的课题。在固相中，它也和碘发生反应，生成加合物。其固体的电化学性质也是近年来研究的一个热点。

比较这四种同样以碳元素组成的四种骨架结构的单质或化合物的反应性可以看出：零维结构＞一维结构＞二维结构＞三维结构，即分子固体具有最强的反应性。

固体的结构对其固相化学反应性的影响也可以从发生反应所需温度的高低看出。固体要发生反应，反应物的分子必须能长程移动而相互碰撞，因此，固体中束缚力越弱，固体的反应温度越低。

固体的熔点实际上体现了固体成分摆脱晶格束缚的能力，因此，固体中的束缚力的大小可以从固体的熔点看出。固体成分在低于熔点的温度下就有了一定长程迁移（即扩散）能力，其中发生在固体表面的扩散要比发生在体相中的扩散容易。以 Ag 晶体中的各类扩散的扩散系数为例：1000K 时，Ag 的体扩散系数约为 10^{-9}，活化能为 192.3kJ/mol；晶界扩散系数在 800K 时为 10^{-7}，活化能为 84.4kJ/mol；表面扩散系数在 500K 时为 10^{-5}，活化能仅为 43.1kJ/mol。因此，固体表面扩散在比熔点低得多的温度下就有显著的速率。

一般认为，固相反应能够进行的温度是由反应物中的 Tammann（塔曼）温度较低者决定的。Tammann 温度是指固体中自扩散变得显著时的温度。Tammann 等首先指出，该温度与固体的熔点 T_m（以热力学温标表示）有关：金属是 $0.3T_m$；无机物为 $0.5T_m$；有机物为 $0.9T_m$。实际上，为了使反应有较快的速率，通常使用较高的反应温度，例如，无机物的反应温度常为 $2/3T_m$。因此，熔点通常在 2000 K 以上的无机氧化物之间的反应一般在 1300 K 以上的温度才能较快进行，而熔点不高于 300 K 的分子固体之间的反应一般在室温附近就可进行。对于固相配位化学反应，由于配合物比较容易分解，所以即使反应中不存在低熔点的有机固体，反应同样也能在室温附近进行，这是因为在固体相变温度（包括固体的分解温度）附近，固体组分通常容易移动，故反应容易进行，此即所谓 Hedvall（海德华）效应。

由于固相化学反应的特殊性，为了使之在尽量低的温度下发生，已经做了大量的工作。例如，在反应前尽量将反应物研磨混匀以改善反应物的接触状况并增加有利于反应的缺陷浓度，用微波或各种波长的光等预处理反应物以活化反应物等，从而发展了各种降低固相反应温度的方法。已见文献报道的有如下十一种方法：①前体法；②置换法；③共沉淀法；④熔化法；⑤水热法；⑥微波法；⑦气相输运法；⑧软化学法；⑨自蔓延法；⑩机械力化学法；⑪分子固体反应法（也称固相配位化学法）。

根据固相化学反应发生的温度将固相化学反应分为三类，即反应温度低于 100℃ 的低热固相反应，反应温度介于 100～600℃ 之间的中热固相反应，以及反应温度高于 600℃ 的高热固相反应。虽然这仅是一种人为的划分，但每一类固相反应的特征各有所别，不可替代，在合成化学中必将充分发挥各自的优势。

高温固相反应已经在材料合成领域中建立了主导地位，虽然还不能完全按照人们的愿望进行目标合成，在预测反应产物的结构方面还处于经验胜过科学的状况，但人们一直致力于它的研究，积累了丰富的实践经验。中热固相反应虽然起步较晚，但由于可以提供重要的机理信息，并可获得动力学控制的、只能在较低温度下稳定存在而在高温下分解的介稳化合物，甚至在中热固相反应中可使产物保留反应物的结构特征，由此而发展起来的前体合成法、熔化合成法、水热合成法的研究特别活跃，对指导人们按照所需设计并实现反应意义重大。例如，人们利用前体合成法制备了 TiO_2 的一种新的同质异形体，即高温下 KNO_3 和 TiO_2 固相反应得层状结构前体 $K_2Ti_4O_9$，然后用酸性水溶液进行离子交换得 $H_2Ti_4O_9 \cdot H_2O$。缓缓地加热除去其中的 H_2O 而将 $H_2Ti_4O_9 \cdot H_2O$ 的层状结构保留至最终所得的 TiO_2 固体中，这种介稳晶体在高温下变成常见的金红石结构。相对于前两者而言，低热固相反应的研究一直未受到重视，几乎处在刚起步的阶段，许多工作有待进一步开展。

2.4.2.3　低热固相化学反应

一个室温固-固反应的实例：固体 4-甲基苯胺与固体 $CoCl_2 \cdot 6H_2O$ 按 2：1 摩尔比在室温（20℃）下混合，一旦接触，界面即刻变蓝，稍加研磨反应完全，该反应甚至在 0℃ 同样瞬间变色。但在 $CoCl_2$ 的水溶液中加入 4-甲基苯胺（摩尔比同上），无论是加热煮沸还是研磨、搅拌都不能使白色的 4-甲基苯胺表面变蓝，即使在饱和的 $CoCl_2$ 水溶液中也是如此。这表明虽然使用同样的起始反应物、同样的摩尔比，由于反应微环境的不同使固、液反应有明显的差别。有的甚至如上一样，换一种状态进行，反应根本不发生；有的固、液反应的产物不同，所有这些正是合成化学家所孜孜以求的。

（1）固相反应机理

与液相反应一样，固相反应的发生起始于两个反应物分子的扩散接触，接着发生化学作用，生成产物分子。此时生成的产物分子分散在母体反应物中，只能当作一种杂质或缺陷分散存在，只有当产物分子集积到一定大小，才能出现产物的晶核，从而完成成核过程。随着晶核的长大，达到一定的大小后出现产物的独立晶相。可见，固相反应经历四个阶段，即扩散—反应—成核—生长，但各阶段进行的速率在不同的反应体系或同一反应体系不同的反应条件下不尽相同，使得各个阶段的特征并非清晰可辨，总反应特征只表现为反应的决速步。长期以来，一直认为高温固相反应的决速步是扩散和成核生长，原因就是在很高的反应温度下化学反应这一步速率极快，无法成为整个固相反应的决速步。在低热条件下，化学反应这一步也可能是速率的控制步。

（2）低热固相化学反应的特有规律

固相化学反应与溶液反应一样，种类繁多，按照参加反应的物种数可将固相反应体系分为单组分固相反应和多组分固相反应。到目前为止，已经研究的多组分固相反应有如下十五类：①中和反应；②氧化还原反应；③配位反应；④分解反应；⑤离子交换反应；⑥成簇反应；⑦嵌入反应；⑧催化反应；⑨取代反应；⑩加成反应；⑪异构化反应；⑫有机重排反应；⑬偶联反应；⑭缩合或聚合反应；⑮主客体包合反应。从上述各类反应的研究中，可以发现低热固相化学与溶液化学有许多不同，遵循其独有的规律。

① 存在潜伏期。多组分固相化学反应开始于两相的接触部分，反应产物层一旦生成，为了使反应继续进行，反应物以扩散方式通过生成物进行物质输运，而这种扩散对大多数固体是较慢的。同时，反应物只有集积到一定大小时才能成核，而成核需要一定温度，低于某一温度 T_n，反应则不能发生。这种固体反应物间的扩散及产物成核过程便构成了固相反应特有的潜伏期。这两种过程均受温度的显著影响，温度越高，扩散越快，产物成核越快，反应的潜伏期就越短；反之，则潜伏期就越长。当低于成核温度 T_n 时，固相反应就不能发生。

② 无化学平衡。根据热力学知识，若反应 $0 = \sum_{B=1}^{N} \nu_B \mu_B$ 发生微小变化 $d\xi$，则引起的反应体系吉布斯函数改变为：$dG = -SdT + Vdp + \left(\sum_{B=1}^{N} \nu_B \mu_B \right) d\xi$。式中，$S$ 为熵；T 为温度；V 为体积；p 为压力；ν_B 为物质 B 的化学计量数；μ_B 为物质 B 的化学势。若反应是在等温等压下进行的，则 $dG = \left(\sum_{B=1}^{N} \nu_B \mu_B \right) d\xi$，从而得该反应的摩尔吉布斯函数改变为 $\Delta_r G_m = \left(\dfrac{\partial G}{\partial \xi} \right)_{T,p} = \sum_{B=1}^{N} \nu_B \mu_B$，它是反应进行的推动力。

设参加反应的 N 种物质中有种是气体，其余的是纯凝聚相（纯固体或纯液体），且气体的压力不大，视为理想气体，则将上式中的气体物质与凝聚相分开书写，有公式：

$$\Delta_r G_m = \sum_{B=1}^{N} \nu_B \mu_B = \sum_{B=1}^{n} \nu_B \mu_B + \sum_{B=n+1}^{N} \nu_B \mu_B = \sum_{B=1}^{n} \nu_B \left(\mu_B^{\ominus} + RT \ln \frac{p_B}{p^{\ominus}} \right) + \sum_{B=n+1}^{N} \nu_B \mu_B^{\ominus}$$

$$= \sum_{B=1}^{N} \nu_B \mu_B + RT \ln \left[\prod_{B=1}^{n} \left(\frac{p_B}{p^{\ominus}} \right)^{\nu^B} \right]$$

式中，$\mu_B^{\ominus}$ 为标准状态下的化学势；R 为气体常数；T 为温度；p_B 为气体 B 的分压；$p^{\ominus}$ 为标准压力。

很显然，当反应中有气态物质参与时，确实对 $\Delta_r G_m$ 有影响。如果这些气体组分作为产物，随着气体的逸出，毫无疑问，这些气体组分的分压较小，因而反应一旦能开始，则 $\Delta_r G_m < 0$ 便可一直维持到所有反应物全部消耗掉，亦即反应进行到底；若这些气体组分都作为反应物，只要它们有一定的分压，而且在反应开始之后仍能维持，同样道理 $\Delta_r G_m <$ 0 也可一直维持到反应进行到底，使所有反应物全部转化为产物；若这些气体组分有的作为反应物，有的作为产物，则只要维持气体反应物组分有一定分压，气体产物组分及时逸出反应体系，则同样可使反应进行到底。因此，固相反应一旦发生即可进行完全，不存在化学平衡。当然，若反应中的凝聚相是以固溶体或溶液形式存在，则又当别论。不过，这样的体系仅具理论意义，实际上由于产物以固溶体形式存在或溶解在液体中而增加了分离的负担，这不是我们所希望的。

③ 拓扑化学控制原理。溶液中反应分子处于溶剂的包围中，分子碰撞机会各向均等，因而反应主要由反应物的分子结构决定。但在固相反应中，各固体反应物的晶格是高度有序排列的，因而晶格分子的移动较困难，只有合适取向的晶面上的分子足够地靠近，才能提供

合适的反应中心，使固相反应得以进行，这就是固相反应特有的拓扑化学控制原理。它赋予了固相反应以其他方法无法比拟的优越性，提供了合成新化合物的独特途径。例如，Sukenik 等研究对二甲氨基苯磺酸甲酯的热重排反应，发现在室温下即可发生甲基的迁移，生成重排反应产物（内盐）：

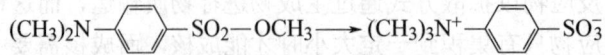

$$(CH_3)_2N\text{—}\boxed{}\text{—}SO_2\text{—}OCH_3 \longrightarrow (CH_3)_3N^+\text{—}\boxed{}\text{—}SO_3^-$$

该反应随着温度的升高，速率加快。然而，在熔融状态下，反应速率减慢，在溶液中反应不发生。该重排反应是分子间的甲基迁移过程。晶体结构表明甲基 C 与另一分子 N 之间的距离为 0.354nm，与 C 和 N 的范德华半径和（0.355nm）相近，这种结构是该固相反应得以发生的关键。

④ 分步反应。溶液中配位化合物存在逐级平衡，各种配位比的化合物平衡共存，如金属离子 M 与配体 L 有下列平衡（略去可能有的电荷）：

$$M+L \underset{L}{\overset{L}{\rightleftharpoons}} ML \underset{L}{\overset{L}{\rightleftharpoons}} ML_2 \underset{L}{\overset{L}{\rightleftharpoons}} ML_3 \underset{L}{\overset{L}{\rightleftharpoons}} ML_4 \underset{L}{\overset{L}{\rightleftharpoons}} \cdots$$

各种型体的浓度与配体浓度、溶液 pH 等有关。固相化学反应一般不存在化学平衡，因此可以通过精确控制反应物的配比等条件，实现分步反应，得到所需的目标化合物。

⑤ 嵌入反应。具有层状或夹层状结构的固体，如石墨、MoS_2、TiS_2 等都可以发生嵌入反应，生成嵌入化合物，这是因为层与层之间具有足以让其他原子或分子嵌入的距离，容易形成嵌入化合物。

$Mn(OAc)_2$ 与草酸的反应就是首先发生嵌入反应，形成的中间态嵌入化合物进一步反应便生成最终产物。固体的层状结构只有在固体存在时才拥有，一旦固体溶解在溶剂中，层状结构便不复存在，因而溶液化学中不存在嵌入反应。

（3）固相反应与液相反应的差别

固相化学反应与液相反应相比，尽管绝大多数得到相同的产物，但也有很多例外。即虽然使用同样摩尔比的反应物，但产物却不同，其是两种情况下反应的微环境的差异造成的。具体地，可将原因归纳为以下几点。

① 反应物或产物溶解度的影响：在溶液反应中反应物或产物的溶解性影响反应的发生，而固相反应不存在这方面的问题。如 4-甲基苯胺与 $CoCl_2 \cdot 6H_2O$ 在水溶液中不反应，原因就是 4-甲基苯胺不溶于水中，而在乙醇或乙醚中两者便可发生反应。Cu_2S 与 $(NH_4)_2MoS_4$、$n\text{-}Bu_4NBr$ 在 CH_2Cl_2 中反应产物是 $(n\text{-}Bu_4N)_2MoS_4$，而得不到固相中合成的 $(n\text{-}Bu_4N)_4[Mo_8Cu_{12}S_{32}]$，原因是 Cu_2S 在 CH_2Cl_2 中不溶解。

② 热力学状态函数的差别：$K_3[Fc(CN)_6]$ 与 I 在溶液中不反应，但在固相中反应可以生成 $K_4[Fe(CN)_6]$ 和 I_2，原因是各物质尤其是 I 处于固态和溶液中的热力学函数不同，加上 $I_2(s)$ 的易升华挥发性，从而导致反应方向上的截然不同。

③ 控制反应的因素不同：溶液反应受热力学控制，而低热固相反应往往受动力学和拓扑化学原理控制。因此，固相反应很容易得到动力学控制的中间态化合物，利用固相反应的拓扑化学控制原理，通过与光学活性的主体化合物形成包结物控制反应物分子构型，实现对映选择性的固态不对称合成。

④ 溶液反应体系受到化学平衡的制约，而固相反应中在不生成固溶体的情形下，反应完全进行，因此固相反应的产率往往都很高。

2.4.2.4 低热固相反应在合成化学中的应用

低热固相反应由于其独有的特点，在合成化学中已经得到许多成功的应用，获得了许多新化合物，有的已经或即将步入工业化的行列，显示出它应有的生机和活力。

（1）合成原子簇化合物

原子簇化合物合成是无机化学的边缘领域，它在理论和应用方面都处于化学学科的前沿。$Mo(W,V)$-$Cu(Ag)$-$S(Se)$簇合物由于其结构的多样性以及具有良好的催化性能、生物活性和非线性光学性等而格外引人注目。传统的$Mo(W,V)$-$Cu(Ag)$-$S(Se)$簇合物的合成都是在溶液中进行的，但低热固相反应合成方法利用较高温度有利于簇合物的生成，而低沸点溶剂（如CH_2Cl_2）有利于晶体生长的特点，开辟了合成原子簇化合物的新途径。例如，二十核笼状结构的(n-$Bu_4N)_4[Mo_8Cu_{12}S_{32}]$，这种簇合物具有独特的电子性质，可能在电子传输或作为新型电子材料的基础方面具有潜在应用。它的稳定性和电子特性使其成为电子材料研究的候选，其结构由Mo和Cu原子构成二十核笼状核心，外围由硫原子包围。此外，鸟巢状结构的$MoOS_3Cu_3(py)_5X$在生物活性方面显示出潜在的应用，例如作为抗菌或抗病毒药物的候选分子。其中心是由Mo、O和S原子构成的核心，周围环绕着Cu和吡啶配体，形成了类似鸟巢的结构。双鸟巢状结构的($Et_4N)_2[Mo_2Cu_6S_6O_2Br_2I_4]$，由两个相互连接的鸟巢状结构组成，形成了更为复杂的双鸟巢结构，在非线性光学领域具有潜在的应用，例如用在光限幅器或光开关中。这些簇合物的合成展示了化学合成技术的创新，也体现了无机化学在材料科学、催化化学和生物化学等领域的交叉融合和应用潜力。化学家们通过精确控制合成条件和选择合适的配体，能够设计和合成出具有特定功能和结构的簇合物，为未来的科学研究和技术开发提供了丰富的资源。

该法典型的合成路线如下：将四硫代钼酸铵（或四硫代钨酸铵等）与其他化学试剂（如$CuCl$、$AgCl$、n-Bu_4NBr或PPh_3等）以一定的摩尔比混合研细，移入一反应管中油浴加热（一般控制温度低于$100℃$），N_2保护下反应数小时，然后以适当的溶剂萃取固相产物，过滤，在滤液中加入适当的扩散剂，放置数日，即得到簇合物的晶体，这是直接的低热固相反应合成原子簇化合物。还有一种间接的低热固相反应合成法，即将上述固相反应生成的一种簇合物，再与另一配体进行取代反应，获得一种新的簇合物。

到目前为止，已合成并解析晶体结构的$Mo(W,V)$-$Cu(Ag)$-$S(Se)$簇合物有190余个，分属23种骨架类型。其中液相合成的有120余个，分属20种骨架结构；通过固相合成的有70余个，从中发现了3种新的骨架结构。迄今已解结构的190余个$Mo(W,V)$-$Cu(Ag)$-$S(Se)$簇合物中最大的二十核簇合物(n-$Bu_4N)_4[Mo_8Cu_{12}S_{32}]$（$M$=$Mo,W$）就是固相合成的，其结构中20个金属原子组成立方金属笼，8个Mo原子（或W原子）位于立方体的8个顶点，12个Cu原子位于各边的中点。

（2）合成新的多酸化合物

多酸化合物因具有抗病毒、抗癌和抗艾滋病等生物活性作用以及作为多种反应的催化剂而引起了人们的广泛兴趣，这类化合物通常由溶液反应制得。目前，利用低热固相反应方法，已制备出多个具有特色的新的多酸化合物。例如，汤卡罗等用固相反应方法合成了结构独特的多酸化合物(n-$Bu_4N)_2[Mo_2O_2(OH)_2Cl_4(C_2O_4)]$以及($n$-$Bu_4N)_6(H_3O)_2[Mo_{13}O_{40}][Mo_{13}O_{40}]$，并测定了它们的晶体结构，后者结构中含有两个组成相同而对称性不同的簇阴离子$[Mo_{13}O_{40}]_4$，且都具有Keggin型结构，由中心微微扭曲的Mo四面体和外围12个MoO_6八面体连接而成。

（3）合成新的配合物

应用低热固相反应方法可以方便地合成单核和多核配合物$[C_5H_4N(C_{16}H_{33})]_4[Cu_4Br_8]$，$[Cu_{0.84}Au_{0.16}(SC(Ph)NHPh)(Ph_3P)_2Cl]$，$[Cu_2(PPh_3)_4(NCS)_2]$，$[Cu(SC(Ph)NHPh)(PPh_3)_2X](X=Cl, Br, I)$，$[Cu(HOC_6H_4CHNNHCSNH_2)(PPh_3)_2X]$（X=Br,I）等，并测定了它们的晶体结构。

（4）合成固配化合物

低热固相配位化学反应中生成的有些配合物只能稳定地存在于固相中，遇到溶剂后不能稳定存在而转变为其他产物，无法得到它们的晶体，因此表征这些物质的存在主要依据谱学手段推测，这也是这类化合物迄今未被化学家接受的主要原因。这一类化合物称为固配化合物，例如，$CuCl_2 \cdot 2H_2O$ 与 α-氨基嘧啶（AP）在溶液中反应只能得到摩尔比为 1∶1 的产物 $Cu(AP)Cl_2$。利用固相反应可以得到 1∶2 的反应产物 $Cu(AP)_2Cl_2$。分析测试表明，$Cu(AP)_2Cl_2$ 不是 $Cu(AP)Cl_2$ 与 AP 的简单混合物，而是一种稳定的新固相化合物，它对于溶剂的洗涤均是不稳定的。

某些有机配体（例如醛），它们的配位能力很弱，并且容易在金属离子的催化下发生转化。已知醛的配合物主要是一些重过渡金属与螯合配体（如水杨醛及其衍生物）的配合物，而过渡金属卤化物与简单醛的配合物数目很少，且制备均是在严格的无水条件下利用液相反应进行的。用低热固相反应的方法可以方便地合成 $CoCl_2$、$NiCl_2$、$CuCl_2$、$MnCl_2$ 等过渡金属卤化物与芳香醛的配合物，如对二甲氨基苯甲醛（p-DMABA）和 $CoCl_2 \cdot 6H_2O$ 通过固相反应可以得到暗纤色配合物 $Co(p\text{-}DMABA)_2Cl_2 \cdot 2H_2O$，测试表明配体是以醛的羰基与金属配位的，这个化合物对溶剂不稳定，用水或有机溶剂都会使其分解为原来的原料。

具有层状结构的固体参加固相反应时，可以得到溶液中无法生成的嵌入化合物，如 $Mn(OAc)_2 \cdot 4H_2O$ 的晶体为层状结构，层间距为 9.7Å。当 $Mn(OAc)_2 \cdot 4H_2O$ 与 $H_2C_2O_4$ 以 2∶1 摩尔比发生固相反应时，$H_2C_2O_4$ 先进入 $Mn(OAc)_2 \cdot 4H_2O$ 的层间，取代部分 H_2O 分子而形成层状嵌入化合物，在温度不高时，它具有一定的稳定性。XRD 谱显示它有层状结构特征，新层间距为 11.4Å；红外谱表明该化合物中既存在 OAc^-，又存在 $H_2C_2O_4$。但当用乙醇、乙醚等溶剂洗涤后，XRD 谱和红外谱都发生明显变化，层间距又缩小到 9.7Å，表明嵌入 $Mn(OAc)_2 \cdot 4H_2O$ 层间的 $H_2C_2O_4$ 已被洗脱出去。$Mn(OAc)_2 \cdot 4H_2O$ 的层状结构只存在于固态中，因此，同样摩尔比的液相反应无法得到嵌入化合物。

利用低热固相反应分步进行和无化学平衡的特点，可以通过控制固相反应发生的条件而进行目标合成或实现分子组装，这是化学家梦寐以求的目标，也是低热固相化学的魅力所在。如 $CuCl_2 \cdot 2H_2O$ 与 8-羟基喹啉以 1∶1 摩尔比固相反应，可得到稳定的中间产物 $Cu(HQ)Cl_2$，以 1∶2 摩尔比固相反应则得到液相中以任意摩尔比反应所得的稳定产物 $Cu(HQ)_2Cl_2$；$AgNO_3$ 与 2,2-联吡啶（bpy）以 1∶1 摩尔比于 60℃固相反应时可得到浅棕色的中间态配合物 $Ag(bpy)NO_3$，它可以与 bpy 进一步固相反应生成黄色产物 $Ag(bpy)_2NO_3$。

利用低热固相配位反应中所得到的中间产物作为前体，使之在第二或第三配体的环境下继续发生固相反应，从而合成所需的混配化合物，成功实现分子组装。例如，将 $Co(bpy)Cl_2$ 和 phen·H_2O（phen 为 1,10-菲罗啉）以 1∶1 或 1∶2 摩尔比混合研磨后分别获得了 $Co(bpy)(phen)Cl_2$ 和 $Co(bpy)(phen)_2Cl_2$，将 $Co(phen)Cl_2$ 和 bpy 按 1∶2 摩尔比反应得到 $Co(bpy)_2(phen)Cl_2$。

总之，低热固相反应可以获得高温固相反应及液相反应无法合成的固配化合物，但是这类新颖的配合物的纯化、表征及其性质、应用研究均需要更多化学家的重视和投入。

2.4.2.5　低热固相化学反应在生产中的应用

人们虽然逐渐懂得了固体的反应性，掌握了控制固相反应的基本方法，但整体上仍没有较好的系统理论，因而发展固相反应的工业化过程耗时费力，尚未形成一门科学。尽管如此，人们对固相反应的期盼仍一如既往，因为它是工业上绿色生产的一条理想通道。

（1）固相热分解反应在印刷线路板制造工业中的应用

工业上，传统的制造印刷线路板的方法是在 20 世纪 50 年代提出的，其基本过程包括绝缘板在一系列水溶液中的连续处理，即：①在 $SnCl_2$ 水溶液中的敏化和沉积钯微粒的表面活化阶段；②化学镀铜阶段，即沉积有钯微粒的绝缘板在甲醛的存在下表面沉积铜；③电镀铜阶段。这些阶段中交替地用水洗涤，废水和废液中的重金属离子如 Cu^{2+}、Sn^{2+}、Pd^{2+} 等严重地污染了环境。虽然电镀阶段废液中的铜可以回收，但化学镀铜阶段留在废液中的铜却无法回收，因为该废液中的铜是以配合物形式存在，且浓度很稀，几乎没有既经济又实用的回收技术。此外，板的刻蚀、敏化、化学镀铜、电镀后洗涤板的废水也产生了污染。制作 $1m^2$ 的线路板，因洗涤会损失>0.1g 的钯，它虽未严重污染环境，但却使生产极不经济。虽然采用了特殊的收集装置回收钯，但仍有 30%的钯随洗涤的水而流失。从生态环境角度看，该制造工艺中主要的污染不是钯而是铜离子，因为铜离子在人体内会累积，导致诱发病变的中毒，而制作 $1m^2$ 的线路板可产生 18g 的铜污染物，考虑工业规模生产的话，该工艺过程造成的环境污染是多么令人可怕！

新的制造印刷线路板的核心步骤是一个固相反应，即次磷酸铜的热分解反应。此步产生的活泼铜沉积在绝缘板上，然后便可电镀铜，因而废除了传统工艺中的 $SnCl_2$ 溶液的预处理、钯盐溶液中的表面活化和洗涤以及化学镀铜等一半多的湿法步骤，不仅大大减少了对环境的污染，而且也更经济，平均每块板子比原来便宜了两倍。可以预料，通过对热分解反应机理的研究，人们有可能设法控制工艺过程的速度及分解产物的催化、导电等性质，最终实现整个过程的全自动化。

（2）固相热分解反应在工业催化剂制备中的应用——前体分解法

固相反应的特征之一拓扑控制原理有着非常好的应用前景，因为产物的结构中哪怕是最小限度地保持反应物的特征亦会节省大量能源，而且可以通过选择生成不同的前体而对最终产物进行分子设计，实现目标合成，这已在一些重要的工业催化剂的制备中得以体现。例如，无定形 V_2O_5 在工业上广泛用作 SO_2 氧化为 SO_3 的催化剂。传统的制备是通过 NH_4VO_3 的热分解，NH_4VO_3 结构中 VO_3 四面体形成长链，因而其热分解所得产物 V_2O_5 结构中保留了该长链，且呈晶态结构，因此还需采用其他方法将 V_2O_5 从晶态变成无定形态。无定形 V_2O_5 中的 VO_3 四面体是互相隔开的，没有形成长链结构，Oswald 等人选择符合该结构特征的配合物前体——$(NH_3—CH_2—CH_2—CH_2—NH_3)_{22}^+(V_2O_7)_4 \cdot 3H_2O$ 进行热分解，一步即得粒子平均大小为 100nm 的高活性准无定形 V_2O_7，因为在该配合物的结构中，阴离子 $(V_2O_7)_4^-$ 是被较大的 $(NH_3—CH_2—CH_2—CH_2—NH_3)_{22}^+$ 阳离子隔开的，在它的热分解过程中该特征保留在产物结构中。

（3）低热固相反应在颜料制造业中的应用

通常，镉黄颜料的工业生产有两种方法。一种方法将均匀混合的镉和硫装入封管中于 500~600℃高温下反应而得，该法中产生了大量污染环境的副产物——挥发性的硫化物。第二种方法是在中性的镉盐溶液中加入碱金属硫化物沉淀出硫化镉，然后经洗涤、80℃干燥及 400℃晶化获得稳定产品。在这些过程中要消耗大量的水，且产生大量污染环境的废水。此外，还需专门的过滤及干燥装置，长时间的高温（400℃）晶化更使该法不受人们欢迎。作为上述两种方法的替代方法，将镉盐（如碳酸镉）和硫化钠的固态混合物在球磨机中球磨 2～4h［若加入 1%的$(NH_4)_2S$，则球磨反应时间可更短］，所得产品性能可与传统方法的产品相媲美。

（4）低热固相反应在制药中的应用

苯甲酸钠在制药业中是一种重要的产品。传统的制法是用 NaOH 来中和苯甲酸的水溶液，一个标准的生产工序由六步构成，生产周期为 60h，每生产 500kg 的苯甲酸钠需 3000L 的水。然而改用低热固相法，将苯甲酸和 NaOH 固体均匀混合反应，生产同样 500kg 的产品只需 5～8h，根本不需要消耗大量的水，消除了大量污水造成的环境污染，同时大大缩短了生产周期。

低热固相反应用于工业中，其引入之处不仅在于缩短生产周期，无需使用溶剂及减少对环境的污染，而且还在于反应选择性高、副反应少、产品的纯度高，使最后的产品分离、纯化操作大大简化。例如，传统制药中生产邻苯二甲酸噻唑是加热邻苯二甲酸或邻苯二甲酸酐与磺胺噻唑的乙醇（或水-乙醇）溶液。

可见，除了主产品之外，难以避免地还有副反应产物的生成，必须进行后期分离才得产品。直接固相反应法可得无杂质的纯品，不需要分离。

（5）在工业中的其他应用

工业上采用加热苯胺磺酸盐（或邻位，间位的 *C*-烷基取代苯胺磺酸盐）制备对氨基苯磺酸（或相应的取代苯磺酸）；采用固相反应制备比色指数为瓮黑 25 的染料；利用 CO_2 与尿素在高压容器内发生固相反应高效制备三聚氰胺，此合成方法实际上在第二次世界大战前德国已工业化生产，1-(2-吡啶偶氮)-2-萘酚固相季铵化也已工业化。还有一些新的固相反应如今已在工业规模上使用。

将低热固相反应原理应用于工业生产中，已有蛋白素、高氏净水剂、高氏凝絮剂、MUST-4B 配位催化剂、金属保护剂等低热固相反应产品问世。

2.5 先进陶瓷材料的制备化学

先进陶瓷材料（或称无机非金属材料）作为材料科学的组成部分之一。其是一个年轻的学科，加之研究对象的复杂性，有许多问题、许多新内容有待于人们去解决、去研究、去探索。先进陶瓷材料是凝聚态物理、固态化学、结晶化学、胶体化学以及各有关工程科学等多学科的边缘学科，其主要内涵包括材料的合成与制备、组成与结构、材料的性能与使用效能四方面，它们之间存在着强烈的相互依赖关系。其中合成与制备主要研究促使原子、分子结合而构成有用材料的一系列化学、物理连续过程。对合成与制备过程中每个阶段所发生的化学、物理过程认真加以研究，可以揭示其过程的本质，为改进制备方法，建立新的制备技术提供科学基础，在更为宏观的尺度上或以更大的规模控制材料的结构，使之具备所需的性能和使用效能，从而使材料的性能具有重复性、可靠性，并在成本与价格上有竞争力。

2.5.1 超微粉体的制备化学

先进陶瓷材料是由晶粒和晶界组成的多晶烧结体，超微粉体的合成是制备高性能先进陶瓷材料乃至纳米陶瓷首先面临的问题。涉及的合成方法有低温粉碎法、超声波粉碎法、热分解法（有机盐类热分解）、固相法-爆炸法（利用瞬间的高温高压）、高能球磨法、超声空穴法、自蔓燃法、固态置换方法，其中绝大多数涉及化学问题。现在看来，要想合成超微的粉料是可以找到合适的方法的，但要做到少团聚或无团聚的粉料就不是易事了，规模化生产的难度更大。下面详细介绍其中几种合成方法。

粉体的固相合成法是一类从固体原料经化学反应而获得超微粉体的方法。其中主要有热分解法、固相化学反应法、自蔓高温燃烧合成法及固态置换法。

① 热分解法。它是加热分解氢氧化物、草酸盐、硫酸盐而获得氧化物固体粉料的方法。通常按下列方程式进行：

$$A(s) \Longrightarrow B(s)+C(g)$$

热分解分两步进行，先在固相 A 中生成新相 B 的核，然后接着新相 B 核成长。通常点分解率与时间的关系呈现 S 形曲线。原料 A 非常细小时，每个颗粒中 B 核生成的速率主要受控于成核速率，且成核速率与时间一般为一次方关系。

例如，$Mg(OH)_2$ 的脱水反应，按下列反应方程式生成 MgO 粉体，是吸热型的分解反应：

$$Mg(OH)_2 \longrightarrow MgO+H_2O$$

热分解的温度和时间对粉体的晶粒生长和烧结性有很大影响，气氛和杂质的影响也是很大的。为获得超微粉体（比表面积大），希望在低温和短时间内进行热分解。方法之一是采用金属化合物的溶液或悬浮液喷雾热分解方法。为防止热分解过程中核生成和成长时晶粒的固结需使用各种方法予以克服。例如，在针状 γ-Fe_2O_3 超微粉体制备时，为防止针状粉件间的固结而添加 SiO_2。

用硫酸铝铵制备高纯度 Al_2O_3 粉体，其分解过程为：

$$2(NH_4)Al(SO_4)_2 \cdot 18H_2O \xrightarrow{1000℃} Al_2O_3+4SO_3\uparrow+19H_2O\uparrow+2NH_3\uparrow$$

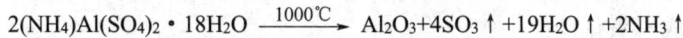

其不足之处是分解过程中产生大量 SO_3 有害气体，造成环境污染，而且硫酸铝铵加热时发生的自溶解现象，会影响粉体的性能和生产效率。为此，近来提出了用碳酸铝铵 $[NH_4AlO(OH)HCO_3]$ 热分解制备 α-Al_2O_3，其分解过程为：

$$2(NH_4)AlO(OH)HCO_3 \xrightarrow{1000℃} Al_2O_3+2CO_2\uparrow+3H_2O\uparrow+2NH_3\uparrow$$

调节工艺参数，使获得的 α-Al_2O_3 粉具有良好的烧结活性。碳酸铝铵是将硫酸铝铵溶液在室温下以一定的速度（<1.2L/h）滴入剧烈搅拌的碳酸氢铵溶液生成的，化学反应过程为：

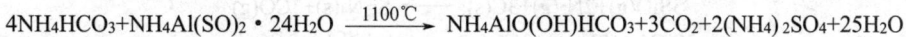

$$4NH_4HCO_3+NH_4Al(SO)_2 \cdot 24H_2O \xrightarrow{1100℃} NH_4AlO(OH)HCO_3+3CO_2+2(NH_4)_2SO_4+25H_2O$$

生成的碳酸铝铵升温过程中的相变过程为：碳酸铝铵→无定形 Al_2O_3→θ-Al_2O_3→α-Al_2O_3（图 2-8）。

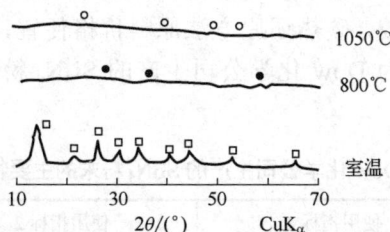

图 2-8 碳酸铝铵的相变过程

○—α-Al_2O_3；●—θ-Al_2O_3；□—不定形 Al_2O_3

θ-Al_2O_3 的生成温度为 800℃，α-Al_2O_3 开始形成温度为 1050℃，经 1100℃，1h 煅烧，碳酸铝铵可完全转化为α-Al_2O_3。

盐类的热分解方法对制备一些高纯度的单组分氧化物粉体比较适用。在热分解过程中最重要的是分解温度的选择，在热分解进行完全的基础上温度应尽量低，且应注意一些有机盐热分解时常伴有氧化，故尚需控制氧分压。

② 固相化学反应法。高温下使两种以上的金属氧化物或盐类的混合物发生反应而制备粉体的方法，可以分为两种类型：

$$A(s)+B(s) \longrightarrow C(s)$$
$$A(s)+B(s) \longrightarrow C(s)+D(g)$$

固相化学反应时，在 A(s) 和 B(s) 的接触面开始反应，反应靠生成物 C(s) 中的离子扩散进行。通常，固相中的离子扩散速率慢，所以在高温下长时间的加热是必要的，起始粉料的超微粒度以及它们之间均匀混合是十分重要的。

固相化学反应法近来用于制备单相 $Ba_2Ti_9O_{20}$ 粉体。当选用纯度高、颗粒＜1μm 的 $BaTiO_3$ 及 TiO_2 为起始原料时，应用固相化学反应法，在 1000～1150℃、保温 4～32h 时制备出单相的 $Ba_2Ti_9O_{20}$ 粉体，除了 $Ba_2Ti_9O_{20}$ 本身高的表面能及结构应力引起的势垒影响生成外，制备工艺中，Ba、Ti 组成均匀性亦是影响 $Ba_2Ti_9O_{20}$ 生成的另一重要因素。固相化学反应中碳热还原和粉末涂碳法应用较多。碳热还原法是制备非氧化物超微粉体的一种廉价工艺过程，20世纪 80 年代曾用 SiO_2、Al_2O_3 在 N_2 或 Ar 下同碳直接反应制备了高纯超细 Si_3N_4、AlN 和 SiC 粉末。以 Si_3N_4 的碳热还原为例，它的反应方程式为：

$$3SiO_2(s)+2N_2(g)+6C(s) \longrightarrow Si_3N_4(s)+6CO(g)$$

反应方程式实际上是分四步完成的：

（ⅰ）首先生成一氧化硅：

$$SiO_2(s)+C(g) \longrightarrow SiO(g)+CO(g)$$

（ⅱ）生成的 CO(g) 与 SiO_2(s)反应，亦生成 SiO：

$$SiO_2(s)+CO(g) \longrightarrow SiO(g)+CO_2(g)$$

（ⅲ）生成的 CO_2 又与 C(s)反应生成一氧化碳，进一步促进反应进行：

$$CO_2(g)+C(s) \longrightarrow 2CO(g)$$

（ⅳ）生成的 CO(g) 和 SiO(g) 生成 Si_3N_4：

$$3SiO(g)+2N_2(g)+3C(s) \longrightarrow Si_3N_4(s)+3CO(g)$$
$$3SiO(g)+2N_2(g)+3CO(g) \longrightarrow Si_3N_4(s)+3CO_2(g)$$

美国 Dow 化学公司，在 DOE 资助下开展了用碳热还原氢化工艺生产热机部件的高质量、低价位的 Si_3N_4 粉末。以 SiO_2 为起始原料进行碳热还原作为规模生产的途径，并与二酰亚胺分解和直接氮化途径进行比较，碳热还原方法原料价格便宜，且颗粒尺寸、尺寸分布以及比表面积均可控制，表 2-3 为 Dow 化学公司生产的 Si_3N_4 粉末的主要物理性质，α-Si_3N_4 含量大于 95%。

表 2-3　Dow 化学公司生产的 Si_3N_4 粉末的主要物理性质

项目	使用指标 1	使用指标 2	合同目标
O_2 的质量分数/%	1.80	1.68	＜2.5

项目	使用指标 1	使用指标 2	合同目标
C 的质量分数/%	0.48	0.46	<0.6
Ca/（μg/g）	697	65	<1000
Fe/（μg/g）	33	26	<2000
Al/（μg/g）	112	Nd(50)	<1300
Mg/（μg/g）	Nd(100)	Nd(100)	<50
K/（μg/g）	Nd(5)	Nd(5)	<10
Cl/（μg/g）	Nd(10)	Nd(10)	<100
F/（μg/g）	Nd(10)	Nd(10)	<100
比表面积/（m2/g）	10.0	10.4	5～20
中位粒径/μm	7.8	0.82	<0.80

粉体涂碳法首先是由 Glatmaierand Koc 提出的。由涂碳 SiO_2 通过碳热还原和氮化方法制备 Si_3N_4 粉末，如用 Si_3N_4 粉末作为种子添加到涂碳前驱体中将大大加速氮化反应。丙烯（C_3H_6）作为涂层气体，所得颗粒尺寸 0.3～0.7μm，比表面积 $4.5m^2/g$，氧的质量分数为 1.2%。

③ 自蔓延高温燃烧合成法。自蔓延高温燃烧合成法又称为 SHS 法。它是利用物质反应热的自传导作用，使不同的物质之间发生化学反应并在极短的瞬间形成化合物的一种高温合成方法。反应物一旦引燃，反应则以燃烧波的方式向尚未反应的区域迅速推进，放出大量热，可达到 1500～4000℃ 的高温，直至反应物耗尽。根据燃烧波蔓延方式，可分为稳态和不稳态燃烧两种。一般认为反应绝热温度低于 1527℃ 的反应不能自行维持。自蔓延高温合成方法的主要优点有：（ⅰ）节省时间，能源利用充分；（ⅱ）设备、工艺简单，便于从实验室到工厂的扩大生产；（ⅲ）产品纯度高、产量高等。张宝林等人详细研究了硅粉在高压氮气中自蔓延燃烧合成 Si_3N_4 粉，认为：（ⅰ）在适当条件下，硅粉在 100～200s 内的自蔓延燃烧过程中可以完全氮化，产物含氮量达 39%（质量分数）以上，氧含量为 0.33%（质量分数），生成 β-Si_3N_4 相；（ⅱ）在硅粉的自蔓延燃烧反应中，必须加入适量的 Si_3N_4 晶种；（ⅲ）硅粉的 SHS 燃烧波的传播速度随氮气压力升高、反应物填装密度减小而增大，但与反应物组成无关。文献提出采用预热方法可解决：

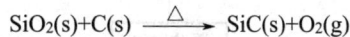

$$SiO_2(s)+C(s) \xrightarrow{\triangle} SiC(s)+O_2(g)$$

弱放热反应热量不足，当预热温度 $T_0 > 750℃$ 时，预热 SHS 可直接合成出 SiC 粉末，且在反应过程中 Si 以液相形式参加反应。在 $P_{N_2}=0.1MPa$ 条件下，燃烧波阵面前的热影响区有 β-Si_3N_4 生成。当燃烧波阵面通过时，因燃烧温度高于 Si_3N_4 的分解温度，β-Si_3N_4 很快分解，最终产物中氮含量很少。

④ 固态置换法。这是由美国加利福尼亚大学化学和生物化学系及固态化学中心 Lin Rao 和 Rihard B Kmner 于 1994 年提出的制备先进陶瓷粉体的一种方法，它通过控制固态前驱体反应因素，按下式反应进行：

$$MX+AY \longrightarrow MY+AX$$

通常，MX 是金属（M）的卤化物（X），AY 是碱性金属元素（A）的氮化物（Y）。反应通常在氢气氛下进行，反应生成物通过洗涤与碱性卤化物副产品分离，反应是通过添加像盐一类的惰性添加物来控制产物结晶。如反应的活化能低，可局部加热使反应开始然后按自燃烧方式进行直至生成产物。文献指出，通过选择合适前驱体，可以在几秒内很容易生成结晶的 BN、AlN 以及 TiB$_2$-TiN-BN 超微粉体，其反应的方程式分别为：

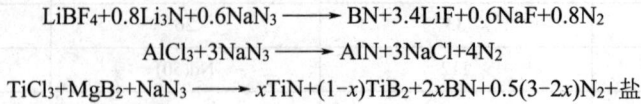

$$LiBF_4+0.8Li_3N+0.6NaN_3 \longrightarrow BN+3.4LiF+0.6NaF+0.8N_2$$

$$AlCl_3+3NaN_3 \longrightarrow AlN+3NaCl+4N_2$$

$$TiCl_3+MgB_2+NaN_3 \longrightarrow xTiN+(1-x)TiB_2+2xBN+0.5(3-2x)N_2+盐$$

2.5.2 陶瓷成型和基于烧结过程的制备化学

（1）陶瓷成型

成型在整个陶瓷材料的制备科学中起着承上启下的作用，是制备高性能陶瓷及其部件的关键。成型过程所造成的缺陷往往是陶瓷材料的主要缺陷，而且很难在烧结过程中消除。因此控制和消除成型过程中缺陷的产生，促使人们深入研究成型新工艺。除干法成型、注浆成型等传统工艺外，新的湿法成型工艺还有注凝成型和直接凝固注模成型。

① 注凝成型。注凝成型又称凝胶铸成型，是一种新的陶瓷成型技术。它是传统的注浆成型工艺与有机化学理论的结合。具体地说，将陶瓷粉料分散于含有有机单体的溶液中，制备成高固相体积分数的悬浮体（体积分数>50%）。然后注入一定形状的模具中，通过大分子的原位网状聚合，粉体颗粒聚集在一起，以使单体溶液成为负载陶瓷粉体的低黏度载体，通过交联作用使浆料形成聚合物的凝胶。因采用水系而适合于大多数粉体，便于操作，成本较低。

由此可见，影响注凝成型的主要因素有催化剂、引发剂用量以及泥浆制备时的分散剂和pH，制备低黏度、流变性良好的高固相体积分数的浆料是注凝成型工艺的关键。图 2-9 是注凝成型的工艺流程图。

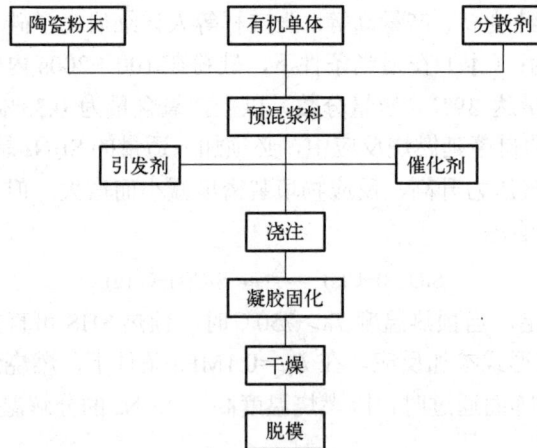

图 2-9　注凝成型的工艺流程图

注凝成型是一种接近净尺寸的原位成型方法，已成功地用于 Al$_2$O$_3$、Si$_3$N$_4$ 和 Sialon 等陶瓷成型。注凝成型的胶凝时间由加入浆料中的引发剂和催化剂量以及制备过程的温度所控制，在干燥过程中 Al$_2$O$_3$ 浆料的总线收缩仅为 0.5% 左右，其缺点是脱模工艺复杂，一般需 3～4d，并造成收缩变形，所以不适用于大尺寸部件的成型。

② 直接凝固注模成型。直接凝固注模成型（direct coagulation casting，DDC）是一种具有创造性的陶瓷异形部件的成型技术。在陶瓷工艺中采用生物酶催化陶瓷浆料的化学反应，使浇注到模具中的高固相含量、低黏度的浆料靠范德华引力产生原位凝固，凝固的陶瓷坯体有足够的强度可以脱模。

DCC的基本原理：按照胶体化学理论，陶瓷微粒在浆料中存在两种相互作用力。一是颗粒之间的范德华吸引力，受它的作用，微粒之间有相互团聚的倾向；二是固体与液体相接触时，两者之间即有电位产生，固体表面带一种电荷，与固体相接触的液体带符号相反的电荷，产生双电层，所存在的动电位也称为 ζ 电位。当双电层排斥能很小时，范德华吸引力将起主导作用，颗粒之间相互吸引靠近产生团聚；双电层排斥能增大时，排斥能形成势垒，颗粒无法越过而不能靠近，从而呈分散状态。

颗粒间的范德华吸引力受外界影响较小，而颗粒间相互作用双电层排斥能（即ζ电位）则与陶瓷浆料的 pH 值以及所含电解质的浓度和种类有关。DCC 工艺的基本原理就是以受控的酶催化反应来调节陶瓷浆料的 pH 值以及增加电解质浓度使双电层的 ζ 电位接近于零，从而使高固含量的陶瓷浆料注模前反应缓慢进行，浆料保持低黏度，注模后反应加快进行，浆料凝固，使流态的浆料转变成固态的坯体。图 2-10 是氮化硅陶瓷 DCC 成型原理示意图。

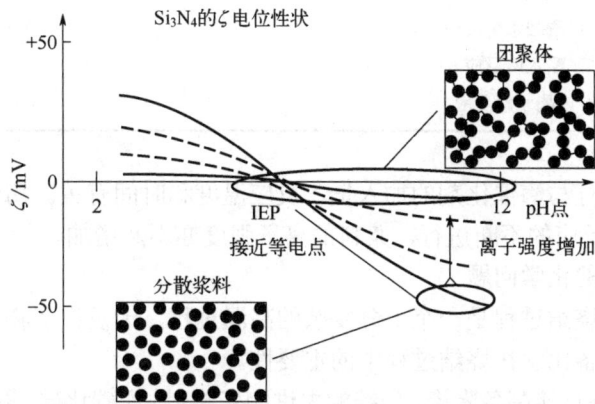

图 2-10　Si₃N₄陶瓷 DCC 成型原理示意图

Si₃N₄ 陶瓷，一般可在碱性范围（pH=10～12）制备低黏度浆料，注模后可采用使浆料的 pH 值变至等电点或增加浆料的电解质浓度方法，使浆料凝固，因 Si₃N₄ 陶瓷的等电点仅为 4～9，所以通过浆料内部的反应，使浆料 pH 值降至等电点是困难的，只能采用增加浆料电解质浓度的方法来凝固。具体地说，利用尿素酶催化尿素水解增加浆料中 NH_4^+ 和 HCO_3^- 浓度：

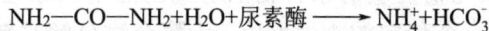

$$NH_2-CO-NH_2 + H_2O + 尿素酶 \longrightarrow NH_4^+ + HCO_3^-$$

上述反应式的反应速率由温度及尿素酶的加入量决定。在低于 5℃时，尿素酶的活性很小，反应速率很慢，在 10～60℃下，反应速率随温度的升高而加快。在室温的反应速率可用于 DCC 成型。因此可在低温下（低于 5℃）制备浆料，而浆料注模后浆料温度回升到室温，凝固反应加快进行，使浆料凝固。

DCC 的工艺流程：在高固含量、低黏度浆料混合后加入催化作用的酶。在注模后浆料凝固而生成湿而坚硬的素坯。由此可见，DCC 工艺过程关键有两个：一是高固相含量浆料的制备；二是酶催化凝固反应的选择和控制。

高固含量、低黏度的浆料有利于浆料中的气泡排除和复杂形状的浇注。浆料的固相含量影响成型坯体的强度和密度，只有当固含量大于 55%（体积分数）时，凝固后的坯体才具有足够的强度脱模，而相应的黏度应小于 1Pa·s。现已可做到固含量的体积分数可大于 60%，甚至可大于 70%。表 2-4 列出了一些可供选择的酶催化反应和自催化反应及其所能改变 pH 的范围，较多选用的是尿素酶对尿素水解的催化反应。

表 2-4　陶瓷浆料内部反应可改变的 pH 值范围

酶催化反应	pH 值变化
尿素酶引起尿素水解反应	4→9 或 12→9
酰胺酶引起酰胺水解反应	3→7 或 11→7
酯酶引起酯水解反应	10→5
葡萄糖氧化酶引起葡萄糖氧化	10→4
自催化反应	pH 值变化
尿素水解反应	3→7
甲酰胺水解反应	3→7 或 12→7
酯水解反应	11→7
内酯水解反应	9→4

酶催化反应的进行与酶催化剂的加入量、反应温度和时间有关。酶催化反应不仅改变浆料的 pH 值，而且随反应的不断进行，浆料的离子强度亦不断增加。

（2）烧结过程中的化学问题

块体陶瓷材料的烧结过程是一个十分复杂的高温过程，涉及许多物理、化学问题。限于篇幅，本处仅介绍制备化学在烧结过程中的重要性。

① 从聚合物热解直接制备陶瓷。传统的先进陶瓷材料，如碳化硅（SiC）、氮化硅（Si_3N_4）等硅基陶瓷材料，采用无压、热压或热等静压等方法烧结。Si—C 和 Si—N 的共价特性和 SiC 及 Si_3N_4 低的扩散系数导致高的烧结温度和必须添加烧结助剂才能致密化。在致密化过程中，烧结助剂生成的第二相往往残留在晶界处，从而使材料的力学性能和物理性能，尤其是高温下的性能大为降低。1992 年 Riedel R 等人首先提出金属有机前驱体低温直接制备致密的硅基非氧化物陶瓷（相对密度大于 93%）工艺。它不需添加任何烧结助剂而且在 1000℃ 下制成陶瓷部件或基体复合材料。

Creil P 提出了活性填充物控制的聚合物热解工艺的基本原理（图 2-11）。在低黏度聚合物中，填充物颗粒生成一个稳定的刚性网络，为聚合物分解时转换成陶瓷提供一个大的交界区域，并认为反应生成碳化物、氮化物和氧化物的元素或化合物是 Al、B、Si、$CrSi_2$、$MoSi_2$ 等。

② Si_3N_4/SiC 纳米复合陶瓷原位生成。首先将 Si_3N_4 纳米粉料分散于可生成纳米相的有机前驱体的溶液中，经干燥、浓缩、预成型，最后在热处理或烧结过程生成纳米相复合材料，这种纳米复合陶瓷的理论密度可达 96.7%。该方法生成的纳米颗粒不存在分散和团聚问题，

这是因为生成的 SiC 纳米颗粒是靠有机前驱体高温热解而生成的，该方法是一种工艺过程不复杂可望得到致密而性能优良材料的方法，关键是选择适当前驱体。

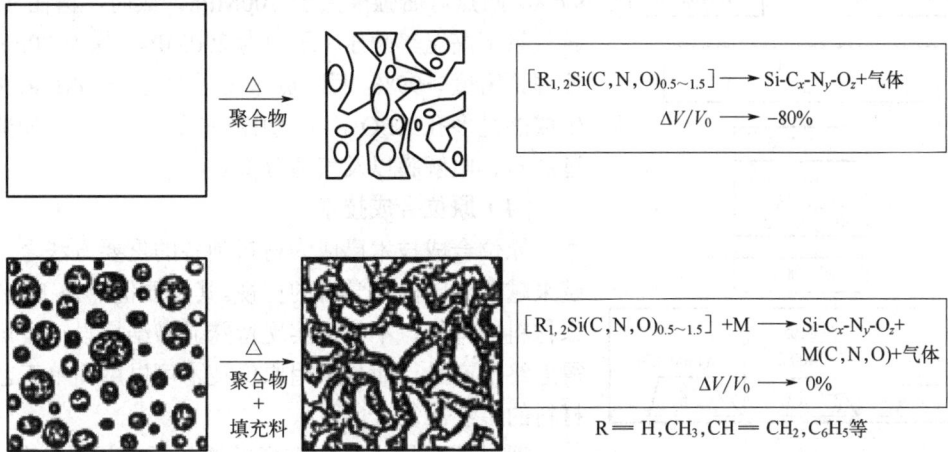

$$[R_{1,2}Si(C,N,O)_{0.5\sim1.5}] \longrightarrow Si\text{-}C_x\text{-}N_y\text{-}O_z + 气体$$
$$\Delta V/V_0 \longrightarrow -80\%$$

$$[R_{1,2}Si(C,N,O)_{0.5\sim1.5}] + M \longrightarrow Si\text{-}C_x\text{-}N_y\text{-}O_z +$$
$$M(C,N,O) + 气体$$
$$\Delta V/V_0 \longrightarrow 0\%$$

$$R = H, CH_3, CH = CH_2, C_6H_5 等$$

图 2-11 聚合物热解工艺基本原理

（3）氧化烧结技术

① 熔融金属直接氧化。这是美国兰克赛德（Lanxide）公司于 20 世纪 80 年代中期发明的一种制备陶瓷基复合材料的方法，又称 Lanxide 工艺。用这方法制得的一大类材料称为 Lanxide 材料。它基于金属熔体在高温下与气、液或固态氧化剂，在特定条件下发生氧化反应，生成以固体产物（氧化物、氮化物和硼化物）为骨架体，并含有质量分数为 5%～30% 三维连通金属的复合材料。例如，用熔融金属 Zr 与碳化硼颗粒无压直接反应，可以烧结成 $ZrB_2/ZrC_x/ZrC_y$ 致密陶瓷复合材料。金属 Zr 的体积分数变化在 1%～30% 范围。复合材料的室温断裂强度达 800～1030MPa，断裂韧性为 11～23MPa·$m^{1/2}$，热导率达 50～70W/（m·K）。其增韧是因生成的 ZrB_2 板状和残余的 Zr 金属相的随机分布叠加而成。这种复合材料可用于火箭发动机部件、耐磨部件以及生物材料。

② 氧化物的反应烧结。非氧化物陶瓷材料的反应烧结，如 Si_3N_4、SiC 早在 20 世纪 70 年代前后均已成为成熟工艺。与其他烧结方法相比，反应烧结的最大特点是烧成收缩几乎接近于零，使用原料价格低廉以及晶界处无玻璃相存在。图 2-12 为氧化铝的反应烧结（reaction bonding of alumium oxide，RBAO）工艺的示意图。起始的粉末为金属 Al 粉（通常体积分数为 30%～60%）和 Al_2O_3 粉末组成的混合物，Al 粉粒径为 20～200μm，经球磨而成 1μm 的细小颗粒，为改善显微结构和力学性能往往加入体积分数为 5%～20% 的 ZrO_2 微粉，并用 3Y-TZP 磨球混机。金属 Al 较好的塑性使素坯强度比普通陶瓷材料的素坯高一个数量级。在第二个反应阶段，金属 Al 转变为纳米尺寸的α-Al_2O_3 颗粒，并伴随有 28% 的体积膨胀。在 1200℃ 以上的烧结阶段，坯体收缩抵消膨胀。原始混合物中的"老" Al_2O_3 颗粒为"新" Al_2O_3 颗粒所结合并使晶粒生长，而最终反应烧结的制品中，"新"和"老"颗粒不再能区分。

事实上，RBAO 工艺是通过固气和液气反应进行的，反应速率是由氧扩散控制的，服从抛物线反应规律并与金属 Al 颗粒尺寸有很强的关系。应该指出，氧化物的反应烧结工艺、产物以及反应机理与草酸-甲酯（DMO）完全不同，ZrO_2 的添加对 Al/Al_2O_3 混合物的反应烧结体显微结构和力学性能改善有很大影响。ZrO_2 的添加可抑制晶粒生长并使显微结构更趋均质，因此显示出高的强度。RBAO 陶瓷的强度大于普通 Al_2O_3 和 ZrO_2 增韧的 Al_2O_3，ZrO_2 体积分数为 20%（3Y-TZP）的 RBAO 在 1550℃ 理论密度达到 97%，四点弯曲强度大于 700MPa。然而，再在 1500℃ 氩气氛下高温等静压（压力为 200MPa，保温 20min）可使理论密度 >99%，而四点弯曲强度达 1100MPa。RBAO 生成的是多孔 Al_2O_3，可应用在许多工业中，例如催化剂过滤器、电解膜以及气体分离。

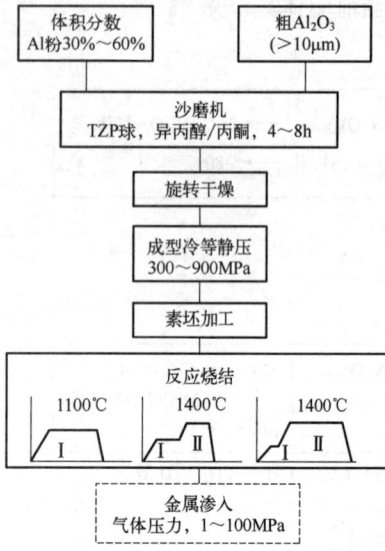

图 2-12 RBAO 工艺的示意图

（4）原位合成技术

原位合成技术已成为材料制备的重要方法之一，并越来越受到国内外学者的重视。其主要优点是工艺简单，原材料成本低，不仅可实现特殊显微结构设计，可以获得近终形产品，而且采用原位技术可以用简单工艺实现材料的多层次复合。

现以板晶增强复相陶瓷的原位反应设计为例介绍，材料系统为 $TiB_2-TiC_xN_{1-x}-SiC$ 三元系统，其中包括 3 个二元系统，即 $TiB_2-TiC_xN_{1-x}$、TiB_2-SiC 和 $TiC_xN_{1-x}-SiC$，原始化学反应通式为：

$$(2a+3x+3)Ti+aSi+2(1-x)BN+(a+2x)B_4C \longrightarrow (2a+3x+1)TiB_2+2TiC_xN_{1-x}+aSiC$$

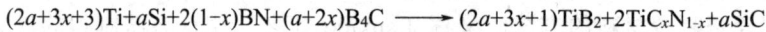

式中，$x=0\sim1$；a 为任意正整数。反应式包含的子反应有：

$$3Ti+2BN \longrightarrow TiB_2+2TiN$$

$$3Ti+B_4C \longrightarrow 2TiB_2+TiC$$

$$2Ti+Si+B_4C \longrightarrow 2TiB_2+SiC$$

材料原位合成技术中，根据所使用的工艺不同又有原位化学反应热压、原位燃烧合成等之分。

陶瓷的制备工艺，是一个综合的物理与化学过程，但其中更多的是牵涉化学问题。21 世纪的材料研究更多地趋向于多学科的跨越，多相材料诸如陶瓷/金属、陶瓷/聚合物、金属/聚合物，以及它们各自的精细复合将是新材料开拓的方向。以陶瓷的制备工艺为基础，再结合其他材料的工艺方法，是适应开拓新材料工艺的捷径和有效途径。化学合成的可变性和适应性的特征，使它更有利于多相材料初始原料的合成和更容易满足结构设计上的要求。

📖 拓展阅读

水热条件下的海底是生命的摇篮吗？

水热条件下生命起源的问题受到广泛关注，目前的研究提供了微生物学、地质学、分子系统树、海洋考察等方面的证据。

（1）温暖的池塘——水热海底

1952 年，芝加哥大学的米勒（StanleyMiller）根据奥巴林的早期地球还原性大气圈假设，由 CH_4、NH_3、H_2、H_2O 在放电情况下合成了多种氨基酸等有机物。随后有的学者用 HCN 合成了 5 种碱基，用甲醛合成了多种糖和氨基酸，还进行了核苷酸的无酶聚合实验。"温暖的池塘"——水热海底，这个化学进化模型应运而生，即生命起源于地表、光和闪电供能，使无机水分子反应，得到有机小分子，有机小分子在地表水中富集，随着水的蒸发，有机小分子浓度升高，进一步反应生成大分子，大分子自组织，最后演变为有复制功能、有膜的细胞形式。20 世纪 70 年代，美国伍兹霍海洋研究所阿尔文等海洋考察潜艇发现了太平洋东部洋嵴上的"硫化物烟囱"的特殊生态系统（$20\sim30MPa$，最高水温 350℃）。John Corliss 等基于上述事实，首先提出了生命的水热起源模式。这个理论由于地质证据、同源性分析、实地考察而逐步完善。大致模型如下：生命起始初期，地球处于强还原性环境，在板块构造活动带上有许多水热系统，海水与水热活动喷出物之间存在物质与能量交换，形成 $0\sim350℃$ 的温床梯度和化学梯度，靠还原性物质的氧化供能，驱使无机小分子向有机分子的非生物合成，从而逐步演化为生命形式，最初的生命形式过着厌氧的化学自养生活，后又向厌氧异养生活进化，生命之轮慢慢前进。

两种观点在驱使进化的能量来源上存在着根本性分歧，一种观点是太阳能，另一种是地热和化学能。越来越多的证据支持后一种观点，如宇宙学、地质学证据、分子系统树、化学进化的模拟。然而，由 CO、H_2 在溶液状态通过 Fischer-Tropsch（费托）反应合成有机化合物并未获得成功，并且水热条件下浓度较高的 H_2S 会使催化剂中毒。250℃以上，许多氨基酸的消旋化速率甚至大于分解速率，大量水的存在不利于成肽，即使成肽了，肽的分解也很快。RNA 在 pH=7，350℃的水中半衰期为 4 s，高能磷酸键在 250℃以上会很快被破坏，糖基也会迅速分解。当然，这仅仅是孤立地讨论有机物的热稳定性，没有考虑盐效应、高压影响、矿物对有机物的稳定化作用等。实际上，有机物自身也有热稳定机制。有些嗜热菌的蛋白质由于在亚基间有离子对作用，有相对少的暴露给溶剂的面积及强的核心憎水性等而稳定。对 DNA 的研究揭示超螺旋的稳定化作用。在 113℃下嗜热菌的生存证明有机分子的热稳定机制有待阐明。

（2）时间的证明与水热条件

人们研究地球早期的地理、化学条件，发现地球起始于 46 亿年前左右。原始地球温度很高，直到 38 亿年前还不断受到外行星、彗星等猛烈撞击，火热的地球上千疮百痍，地球经脱气形成大气层。那时地表温度为 85℃，直到 20 亿年前突然形成氧气。Kelvin A Maher 通过天文学计算，认为海底水热系统在 $40\sim42$ 亿年前就可以开始生命的前化学合成，而地表上只能在 $37\sim40$ 亿年前发生。确凿的证据表明 35 亿年前就存在光合作用细菌，更有学者通过 C 同位素分析，认为 38.5 亿年前就存在生命。综合分析看，要想在还原性气氛不强（富含 CO_2、N_2），不断受行星撞击的地表环境中开始生命前化学合成无疑是相当困难的。然而海底则可以提供生命起源的温床。1977 年，深海探测船 Alvin 号考察了东赤道太平洋 2.5km 深的海底水热活动，发现了大量化学自氧细菌等生物，细菌浓度达 $10^8\sim10^9$ 个/mL。1991 年，Alvin 号考察了东太平洋洋嵴深 2500 m 处的火山活动，观察到了温度高于 360℃的喷出流（含过饱和的还原性气体和金属）与低温扩散流（<30℃），还有厚达 5cm 的絮状"雪暴"——有机物残渣。1992 年 3 月，Alvin 号故地重游，这次发现了喷口处的细菌菌落，更发现了管虫，长达 30cm。1993 年 12 月，Alvin 号再次造访该地，这一次发现了长达 1.5m 长的管虫。这表明水热条件下生物生长非常快。生命在水热海底的存在已是不争的事实。

对海底水热喷口的地球化学研究表明，海底喷口温度最高达 380℃，压力为 $20\sim30MPa$，富含还原性气体，尤其是 H_2S 含量非常高，矿物的还原性也很强。在西南太平洋一水热喷口，喷口处350℃水各组分组成（μmol/kg）如下：

$\sum H_2S$: 7450；H_2: 380；CH_4: 53；CO: 0.67；NH_3: <10；NO_2^-: 0.06，

Fe^{2+}: 750；Mn^{2+}: 699；$\sum CO_2$: 5720；O_2: 0；SO_4^{2-}: 0。

水热喷口高达350℃的水与周围海水、矿物进行热交换，形成一个0～350℃之间的温度梯度，同时有丰富的化学反应发生。

通过近30年的研究，人们对生命的水热起源可能性有了相当深的认识，水热的海底可能孕育最原始生命的研究会继续下去。在没有阳光、没有氧气、高温高压的还原性的水热条件下，从无机物到有机物的反应确实可以发生，生物可以生长繁殖。地热和化学能提供了能量，最初的生命是化学自养的。探索生命的水热起源，对于寻找外星生命，从而扩展人类的生存空间无疑具有重大意义。在水热起源理论下，实现水热条件下CO_2的固定，对于研究温室效应，开发新能源也是有益的探索。

思考题

1. 溶胶-凝胶法在材料科学中具有广泛应用。请结合溶胶-凝胶法的原理和其在不同材料合成中的具体应用，讨论其优势和局限性。并探讨在未来材料科学的发展中，溶胶-凝胶法可能的改进方向和潜在应用领域。

2. 水热与溶剂热合成在高温高压条件下进行，具有独特的反应机理和生成机制。请分析水热与溶剂热合成相较于固相合成的主要优势是什么。并举例说明在这些优势下合成出的特殊材料及其在实际应用中的重要性。

3. 考虑到水热与溶剂热合成技术的历史、原理和应用，分析这两种合成方法在现代材料科学中的优势和挑战。请从以下几个方面进行探讨：

① 合成新材料的能力：比较水热与溶剂热合成方法在制备新型无机化合物和材料方面的优势。

② 环境与经济因素：讨论高温高压条件下的能源消耗和环境影响，以及其在工业应用中的成本效益。

③ 应用前景：预测未来十年水热与溶剂热合成在科技和工业中的应用发展方向。

4. 为什么高温是固相反应中关键的控制因素？请解释MgO和Al_2O_3反应生成$MgAl_2O_4$的机制，并讨论如何通过改变反应条件来促进该反应的进行。

5. 在低温固相合成化学中，反应物的结构对反应速率有重要影响。请比较延伸固体和分子固体的结构特点，并讨论它们在固相反应中的不同反应性。举例说明如何利用这些结构特点在实际应用中实现低温合成。

6. 高温下的固相反应与常温下的固相反应有何不同？

7. 先进陶瓷材料的制备化学有哪些关键因素？

8. 如何通过固相合成反应优化材料的性能？

9. 固相合成反应的局限性有哪些，如何克服这些局限性？

10. 固相合成反应在纳米材料制备中的作用是什么？

11. 固相合成反应与传统熔融合成反应相比，有哪些优势和劣势？

参考文献

［1］Hench L L，West J K．The sol-gel process［J］．Chem．Rev，**1990**，90（1）：33-72.

［2］Mackenzie J D，Bescher E P．Chemical routes in the synthesis of nanomaterials using the sol-gel process［J］．Acc．Chem．Res，**2007**，40（9）：810-818.

［3］Demazeau G．Solvothermal reactions：an original route for the synthesis of novel materials［J］．J. Mater. Sci，**2008**，43（7）：2104-2110.

［4］Guo H Y，Li Z H，Li X Y，et al．Solvothermal synthesis and crystal structure of a novel inorganic-organic hybrid material，$Fe_2O(OH)(C_5H_4NCOO)SO_4$［J］．Chin. J. Chem．**2003**，21（4）：466-470.

［5］Neckers D C．Solid phase synthesis［J］．J. Chem．Educ，**1975**，52（11）：695.

［6］忻新泉，郑丽敏．室温和低热温度固-固相反应合成化学［J］．大学化学，1994，9（6）：1-7.

［7］兰晓琳，郑红星，张依帆，等．常压高温固相反应制备 SiC 陶瓷粉体的研究进展［J］．应用化学，2023，40（4）：476-485.

［8］周益明，忻新泉．低热固相合成化学［J］．无机化学学报，2004，15（3）：273-292.

［9］Mihaela I，Anisoara O，Irina P，et al．Nasicon membrane with high ionic conductivity synthesized by high-temperature solid-state reaction［J］．Materials，2024，17（4）：823.

［10］陆益民，李大光，贺铁山．低热固相化学反应研究进展［J］．无机盐工业，2009，41（9）：11-14.

第3章

特殊材料合成化学

与普通材料相比，特殊材料代表了材料科学的前沿，通常具有独特的结构或性能，能够在极端环境或高度专业化的应用中发挥作用。普通材料通常应用于广泛的工业和生活领域，注重经济性、耐久性和通用性；而特殊材料则是为满足特定需求而设计，往往具有优异的力学、电学、光学、磁学或化学性质。特殊材料的一个显著特点是它们在合成过程中所需的复杂性和精度。例如，超导材料、功能性陶瓷、形状记忆合金、超轻复合材料等，都是通过精密的合成技术和严苛的控制条件制造出来的。相比之下，普通材料的合成方法通常相对成熟且易于大规模生产，而特殊材料往往对应高温高压等特殊条件，故本章从合成条件的角度介绍特殊材料合成。此外，特殊材料的应用场景更加独特。它们通常用于航空航天、生物医学、国防、先进电子设备等领域，因而需要具备在高温、极寒、强腐蚀性环境下保持稳定性能的能力。诸如超材料、纳米材料、智能材料等，都是推动技术进步的重要基础，而这些材料的合成方法包括纳米加工、分子自组装和精密沉积等，与传统合成方法有很大差异。

本章将重点介绍特殊材料的合成化学，探讨如何通过先进的技术手段控制材料的微观结构，以实现特定的功能性需求。与普通材料不同，特殊材料的合成不仅是一项技术挑战，更是推动新兴技术发展的关键所在。

3.1 高压合成

3.1.1 高压合成定义

高压作为一种特殊的研究手段，在物理、化学及材料合成方面具有特殊的重要性。这是因为高压作为一种典型的极端物理条件能够有效地改变物质的原子间距和原子壳层状态，因而作为一种原子间距调制、信息探针和其他特殊应用的手段，几乎渗透到绝大多数的前沿课题的研究中。利用高压手段不仅可以帮助人们从更深的层次去了解常压条件下的物理现象和性质，而且可以发现常规条件下难以产生，只在高压环境才能出现的新现象、新规律、新物质、新性能、新材料。

高压合成，就是利用外加的高压力，使物质产生多型相变或发生不同物质间的化合，而得到新相、新化合物或新材料。众所周知，施加在物质上的高压卸掉以后，大多数物质的结构和行为产生可逆的变化，失去高压状态的结构和性质。因此，通常的高压合成都采用高压和高温两种条件交加的高压高温合成法，目的是寻求经卸压降温以后的高压高温合成产物能够在常压常温下保持其高压高温状态的特殊结构和性能的新材料。

通常，需要高压手段进行合成的有以下几种情况。

① 在大气压（0.1MPa）条件下不能生长出满意的晶体。

② 要求有特殊的晶型结构。

③ 晶体生长需要有高的蒸气压。

④ 生长或合成的物质在大气压下或在熔点以下会发生分解。

⑤ 在常压条件下不能发生化学反应，而只有在高压条件下才能发生化学反应。

⑥ 要求有某些高压条件下才能出现的高价态（或低价态）以及其他的特殊的电子态。

⑦ 要求有某些高压条件下才能出现的特殊性能等。针对不同的情况可以采用不同的压力范围进行合成。目前通常所采用的高压固态反应合成范围一般从 1~10MPa 的低压力合成到几十个 GPa（1GPa 约等于 1 万大气压）的高压力合成。本文所指的高压合成为 1GPa 以上的合成。

3.1.2　高压合成技术

从高压合成产物的状态变化看，合成产物有两类。一是某种物质经过高压作用后其产物的组成（成分）保持不变，但发生了晶体结构的多型相转变，形成新相物质。二是某种物质体系，经过高压高温作用后，发生了元素间或不同物质间的化合，形成新化合物、新物质。人们可以利用多种高压高温合成方法来获得新相物质、新化合物和新材料。

3.1.2.1　静高压合成技术

（1）超高压激光加热合成技术

利用微型金刚石对顶砧高压装置，配合激光直接加热方法，压力可达 100GPa 以上，温度可达 $(2\sim5)\times10^3$K。合成温度和压力范围很宽，加上 DAC（钻石对顶砧）可同时与多种测试装置联用，进行原位测试，对新物质合成的研究和探索有重要的作用。

（2）静高压（大腔体）合成技术

实验室和工业生产中常用的静高压高温合成，是利用具有较大尺寸的高压腔体和试样的两面顶和六面顶高压设备来进行的。按照合成路线和合成组装的不同，这类方法还可细分成许多种。

① 静高压高温直接转变合成法，在合成中，除了所需的合成起始材料外，不加其他催化剂，而让起始材料在高压高温作用下直接转变（或化合）成新物质。

② 静高压高温催化剂合成法，在起始材料中加入催化剂，由于催化剂的作用，可以大大降低合成的压力、温度和缩短合成时间。

③ 非晶晶化合成法，以非晶材料为起始材料，在高压高温作用下，使之晶化成结晶良好的新材料。与此相反，也可将结晶良好的起始材料，经高压高温作用，转变成为非晶材料。

④ 前驱体高压转变合成法，对一些不易转变，或不适于转变成所需的合成物质，可以通过其他方法，将起始材料预先制成前驱体，然后进行高压高温合成，这种方法十分有效。

⑤ 与此类似，将起始材料进行预处理，如：常压高温处理，其他的极端条件处理，包括高压条件，然后再进行高压高温合成的混合型合成法。

⑥ 高压熔态淬火方法，将起始材料施加高压，然后加高温直至全部熔化，保温保压，最后在固定压力下实行淬火，迅速冻结高压高温状态的结构。这种方法可以获得准晶、非晶、纳米晶，特别是可以截获各种中间亚稳相，是研究和获取中间亚稳相的行之有效的方法。

3.1.2.2　动高压合成技术

（1）动高压合成技术的基本原理和分类

当炸药爆炸时会产生冲击波。所谓冲击波，就是一种以超音速在物体中传播的波，冲击波的中心处于强烈的压缩状态，这种压缩状态称为"冲击压缩"。当炸药爆炸时伴有化学反应的冲击波，则称为"爆轰波"，"冲击压缩"是冲击波到达的瞬间产生的，不会使热传导出去，因此它是一种绝热现象。当固体物质被冲击波扫过时，就会急剧地向冲击波方向压缩，当这种压缩超过某一压力极限时，组成固体的粒子（原子群）就像流体一样飞舞起来。若此时用X光观察"冲击压缩"中的原子排列，就会发现结晶是一种几百纳米以下的微结晶，且呈镶嵌状排列。当固体粉末受到冲击波冲击压缩时，伴随粉末粒子间的移动摩擦，以及粉末间气体压缩产生的超高温，使粉末表面得到加热，并在其内部瞬间产生局部的高温分布，此现象在多孔质物体中亦会发生。通常把这种"冲击压缩"产生的瞬态高温高压用于人工合成超硬材料，或用于固化粉状物的技术，均称为动高压合成技术。

动高压合成技术可分成两大类。第一类为爆轰产物法，它在瞬时的高温高压下伴随化学反应，生成物料不同的另一种物质。第二类为冲击波瞬态高压高温法，它利用冲击压力产生新的结晶结构。

（2）动高压合成技术的爆炸冲击方法

为进行有效的冲击压缩，获得人工合成超硬材料所必要的高温高压和平面性良好的冲击波，可采用炸药透镜来满足这一要求。

使用炸药透镜进行动高压合成的典型处理装置是美国桑迪亚实验室研制的。铜质密封盒内以50%密度装上冲击压缩物（粉末），TNT（三硝基甲苯）和酸钡（通常为硝酸钡）按3：3（即1：1）的质量比混合而成的爆炸物，对粉末的最大压力为11GPa。另一种方法是把冲击压缩物装入圆筒状的密封容器内，容器周围装上炸药并使之爆炸冲击，大部分固化金属、固化陶瓷都采用这种方法。但由于达不到足够的高压，需要在密封容器中心插一根芯棒，用来反射冲击波而对入射波产生干扰，使压力增大。日本的荒木正任等人，使用这种方法，在密封容器内装入石墨型氮化硼和铁粉，成功合成了纤锌矿型（立方）氮化硼。

利用爆炸等方法产生的冲击波，在物质中引起瞬间的高压高温来合成新材料的动态高压合成法，也称为冲击波合成法或爆炸合成法。至今，利用这种方法，已合成出人造金刚石和闪锌矿型氮化硼（c-N）以及纤锌矿型氮化硼（w-N）微粉，还有一些其他的新相、新化合物。

3.2　电解合成

在水溶液、熔融盐和非水溶剂（如有机溶剂、液氨等）中，通过电氧化或电还原过程可以合成出多种类型与不同聚集状态的化合物和材料，主要有以下方面：

① 电解盐的水溶液和熔融盐以制备金属、某些合金和镀层。

② 通过电化学氧化过程制备最高价和特殊高价的化合物。

③ 含中间价态或特殊低价元素化合物的合成。

④ C、B、Si、P、S、Se 等二元或多元金属陶瓷型化合物的合成。

⑤ 非金属元素间化合物的合成。

⑥ 混合价态化合物、簇合物、嵌插型化合物、非计量氧化物等难以用其他方法合成的物质。

电解合成反应在无机合成中的作用和地位日益重要，究其原因是电氧化还原过程与传统的化学反应过程相比有下列一些优点：①在电解中能提供高电子转移的功能，这种功能可以使之达到一般化学试剂所不具有的氧化还原能力。例如特种高氧化态和还原态的化合物可被电解合成出来。②合成反应体系及其产物不会被还原剂（或氧化剂）及其相应的氧化产物（或还原产物）所污染。③由于能方便地控制电极电势和电极的材质，因而可选择性地进行氧化或还原，从而制备出许多特定价态的化合物，这是其他化学方法所不及的。④由于电氧化还原过程的特殊性，因而能制备出其他方法不能制备的许多物质和聚集态。近年来无机化合物的电解合成应用和开发的面愈来愈广，发表的文章也日益增多。

3.2.1　水溶液电解

3.2.1.1　分解电压和超电压

进行电解过程必须在两极上通电，即加一电压到电解池的两极。由于电解过程中，电解池的两极组成新的原电池，所产生的电位方向与通入电解池的电流方向相反。例如，在氯化镉溶液中，浸入两个铂极则电解池构成如下体系：$Pt^-|CdCl_2|Pt^+$。

在进行电解时，Cd 在负极析出，Cl_2 在正极析出，转变为新的体系$(Pt)Cd|CdCl_2|Cl_2(Pt)^+$，由此产生反电压。

在进行电解过程时，电解池两极上所加的电压不得小于电解过程中自身产生的反电压，否则电解过程就不能进行。引起电解质开始分解的电压叫分解电压。理论上分解电压只要比反电压大一个无限小的数值，电解就可进行，从这个意义上讲分解电压在数值上等于反电压。实际上这两个数值常常不相符合。我们把两者的差称为超电压。

例如，电解 0.1mol/L NaOH 溶液，阴极上产生 H_2，阳极上产生 O_2。由氢电极和氧电极组成新的原电池，计算得电动势为 1.23V，而溶液的电解电压为 1.70V，这之间相差 0.47V，这是由电极上的超电压所致。超电压包括两部分，即阴极上的超电压 U_c 和阳极上的超电压 U_a，实验指出 U_a 和 U_c 的绝对值随电流密度增大而变大，所以只有在确定的电流密度下超电压才有确定的数值。

电极上产生超电压的原因：

① 浓差过电位　电解过程中在电极上发生了化学反应，这使得电极附近的浓度和远离电极的电解液的浓度（本体浓度）发生了变化。例如电解 $CuSO_4$ 溶液，在阴极上析出铜，使得阴极附近的 Cu^{2+} 浓度不断降低，而电解液本体中的 Cu^{2+} 扩散到阴极补充的速率抵不上沉积的速率，这就使得阴极附近的 Cu^{2+} 浓度低于电解液中 Cu^{2+} 的本体浓度，由这种浓度差所引起

的过电位称为浓差过电位。

② 电阻过电位 由电解过程中在电极表面形成一层氧化物的薄膜或其他物质，对电流的通过产生阻力而引起的过电位称为电阻过电位。

③ 活化过电位 在电极上进行的电化学反应，它的速率往往不大，在这种情况下就出现了另一种极化，称为电化学极化，由电化学极化引起的过电位称为活化过电位。在电极上有氢或氧形成时，活化过电位更为显著。

一般在电解时，所观察到的过电位，常不是单纯的某一种，可以是三种都出现，应根据具体反应和实际情况而定。

影响超电位的因素：

① 电极材料 氢在各种电极上的超电压不同，在镀铂的铂黑电极上氢的超电压很小，氢在铂黑电极上析出的电极电位在数值上接近于理论计算值。若以其他金属作阴极，要析出氢必须使电极电位较理论值更负。

② 析出物质的形态 一般说来金属的超电压较小，而气体物质的超电压比较大。

③ 电流密度 一般规律是电流密度增大，超电压也随之增大。

超电压的发生常使我们电解某些化合物时要消耗较多的电能，另一方面超电压在理论研究和实际生产中，都具有重要的意义。如利用超电压现象，建立汞阴极电解法等。Na^+的理论放电电位比 H^+高得多，当以铁为阴极时，即便加上氢的过电位，Na^+的放电电位仍较 H^+高。因此，在采用铁为阴极时氢总是先在电极上放电析出。但是如果采用汞为阴极，并且增高电流密度，H_2 在汞上具有很高的过电位，因而能使 Na^+在汞阴极上先放电析出而变成钠汞齐，利用汞电解槽制备金属钠及工业上生产高纯烧碱就是这个道理。

3.2.1.2 水溶液中金属的电沉积

在实验室中用水溶液电解法提纯或提取金属往往是为了下列目的：①在市场上难以得到的特殊金属；②比市售品更高纯度的金属；③粉状和其他具有特别形状和性能的金属；④在实验室的其他废物中回收金属。更具意义的是为工业上的水法冶金进行重要的基础研究实验。

通过电解金属盐水溶液而在阴极沉积纯金属的方法，其原料的供给有下列两类：①用粗金属为原料作阳极进行电解，在阴极获得纯金属的电解提纯法；②以金属化合物为原料，以不溶性阳极进行电解的电解提取法。无论是前者还是后者，电解液的组成（包括浓度）是决定金属电沉积的主要因素。

（1）电解液的组成

电解液必须合乎以下几个要求：①含有一定浓度的欲得金属的离子，性质稳定；②导电性能好；③具有适于在阴极析出金属的 pH 值；④能出现金属收率好的电沉积状态；⑤尽可能少地产生有毒和有害气体。为了满足上述条件，一般认为硫酸盐较好，氯化物也可以用。近年来用磺酸盐也可得到良好结果。制取高纯金属时，电解液需用反复提纯的金属化合物配置。提高欲得金属离子浓度，可使阴极附近的浓度降得到及时补充，可抵消高电流密度造成的不良影响。表 3-1 中列出了一些常见金属在一定的电解条件下，电解液的组成及其沉积金属产物的状态。从中可以看出，除电解液组成和浓度外，电流密度、温度等均影响电沉积金属的性质（如聚集态等），下面将做一些讨论。

表 3-1　水溶液中金属电沉积实例的电解条件（以 1L 溶液为计）

电解金属	电解液组成	温度/℃	阳极	阴极	阳极电流密度/(A/dm²)	沉积金属状态
Cu	40g $CuSO_4$·$5H_2O$+45g H_2SO_4+80g $NaSO_4$·$10H_2O$	54			15.3	粉末
Cd	100g $CdCl_2$·$2.5H_2O$+300g NaCl pH=6.5	20			0.5	沉淀
In	600 mL 30%（质量分数）H_2SO_4，200g In_2O_3+250g 柠檬酸钠，并用水稀释至 1L		Pt	Fe	2	沉淀
Pb	77.2g 铅酸钠+102g NaOH+120g Na_2CO_3	18～20	Pb	Fe	30～40	高分散粉末
Sb	（阴）10%NaOH+Sb_2O_3；（阳）饱和 Na_2CO_3	60～65	Pb	Fe	2～2.5	沉淀
Cr	250g CrO_3+3g $Cr_2(SO_4)_3$+H_2O	42	Pb	黄铜	10	沉淀
Mo	20g H_2MoO_4·H_2O+100mL 28%氨水+95mL 冰 HAc　pH=6.0	30～50	石墨或铂	Fe，Cu或 Ni	80～300	细晶粒致密沉淀

（2）电流密度

当电流密度低时，晶核生长有充分的时间，而不去形成新核，特别当电解液浓度大，温度高时，在这种情况下，能生成大的晶状沉积物（沉淀）。当电流密度较高时，促进核的生成，成核速率往往胜于晶体生长，从而生成了微晶，因此沉积物一般是十分细的晶粒或粉末状。然而在电流密度很高时，晶体多半趋向于朝着金属离子十分浓集的那边生长，结果晶体长成树状或团粒状。同时，高电流密度也能导致 H_2 的析出，在极板上生成斑点，并且由于 pH 值的局部增高会沉淀出一些氢氧化物或碱式盐。

（3）温度

对电解沉积物来讲，温度对它们的影响是不尽相同的。当提高温度时，可能会产生对立的影响，如提高温度有利于向阴极的扩散并使电沉积均匀，但同时也有利于加快成核速率反而使沉积粗糙。

除上述外，电解液中加入添加剂和络合剂也将对金属的电沉积产生影响。

（4）添加剂

添加少量的有机物质如糖、樟脑、明胶等往往可使沉积物晶态由粗晶粒变细晶粒。同时使金属表面光滑，这可能是添加剂被晶体表面吸附并覆盖住晶核，抑制晶核生长而促进新晶核的生成，结果导致细晶粒沉积。

（5）金属离子的配位作用

通常，当简单的金属盐溶液电解时，往往得不到理想的沉积物。如从 $AgNO_3$ 溶液电解 Ag 时，其沉积物由大晶体组成，经常黏附不住。当加入 CN^-，用 AgCN 电解时，则沉积物坚固、光滑。因此电解 Au、Cu、Zn、Cd 等时均用含氰电解液，其他金属沉积时也往往使用加入配合物的方法以改进沉积物状态，如加 F^-、PO_4^{3-}、酒石酸、柠檬酸盐等。

3.2.2　熔盐电解和熔盐技术

3.2.2.1　熔盐特性

熔盐种类浩繁，离子多样，与水和有机物质这两类多由共价键组成的常温分子溶剂比较，作为离子化高温特殊溶剂的熔盐类具有下列特性。

① 高温离子熔盐对其他物质具有非凡的溶解能力，例如用一般湿法不能进行化学反应的矿石、难熔氧化物以及超强超硬耐高温难熔物质，可望在高温熔盐中进行处理。

② 熔盐中的离子浓度高、黏度低、扩散快和电导率大，从而使高温化学反应过程中传质、传热、传能速率快，效率高。

③ 金属/熔盐离子电极界面间的交换电流很高，达 $1\sim10A/cm^2$（而金属/水溶液离子电极界面间的电流只有 $10^{-4}\sim10^{-1}A/cm^2$），使电解过程中的阳极氧化和阴极还原不仅可在高温高速下进行，而且所需能耗低；动力学迟缓过程引起的活化过电位和扩散过程引起的逆浓度差过电位都较低；熔盐电解生产合金时往往伴随去极化现象。

④ 常用熔盐溶剂，如碱（碱土）金属的氟（氯）化物的生成自由能负值很大，分解电压高，水溶液电解在阴极得不到金属（氢先析出）和在阳极得不到元素氟（氧先析出）的许多过程，可以用熔盐电解法来实现。

⑤ 不少熔盐在一定温度范围内具有良好的热稳定性，它可使用的温度区间为 $100\sim1100℃$（有的更高），可根据需要进行选择。

⑥ 熔盐的热容量大、贮热和导热性能好，在科研和工业上用作蓄热剂、载热剂和冷却剂。

⑦ 某些熔盐耐辐射，以碱金属和碱土金属氟化物及其混合熔盐为代表，它们很少或几乎不受放射线辐射损伤，因而在核工业中有广泛应用。

⑧ 熔盐的腐蚀性较强，熔盐能与许多物质互相作用，熔盐喷溅和挥发会对人体和环境产生危害，这给使用熔盐的材料选择（如容器材料、电极材料、绝缘材料、工具材料等）和工艺技术操作带来不少麻烦。

3.2.2.2 熔盐的应用

具有特异性能、种类众多的熔盐，早已作为一门科学技术在不少领域获得应用。在下面将以稀土熔盐电解为例进行专题讨论，这里只对涉及的应用方面进行条目式简介，旨在对熔盐的主要应用领域有一概括了解。

（1）熔盐在无机合成中的应用

① 合成新材料。熔盐法或提拉法生长激光晶体，如 YAG：$2Nd^{3+}$（掺钕的钇铝石榴石），YAP：Nd^{3+}（掺钕的铝酸钇），GSGG：Nd^{3+}、Cr^{3+}（掺钕和铬的钆钪镓石榴石），以及氟化物激光晶体基质材料等。

单晶薄膜磁光材料的制备，如用稀土石榴石单晶在等温熔盐浸渍液相以外延法生长单晶薄膜。

玻璃激光材料的制取，目前输出脉冲能量最大、输出功率最高的固体激光材料是稀土玻璃，其中有稀土硅酸盐玻璃、磷酸盐玻璃、氟磷酸盐玻璃、氟锆酸盐玻璃和硼酸盐玻璃等。

稀土发光材料的制备，比如 Gd_2SiO_5：Ce 闪烁体就是用提拉法单晶生长工艺制备的；新的闪烁体 BaF_2：Ce、CeF_3 和 LaF_3：Ce 也是用提拉法或熔剂法生长出来的。

阴极发射材料和超硬材料的制备，如 LaB_6 粉末可通过熔盐电解法制取，LaB_6 单晶也是借熔剂生长法、熔盐电解法或悬浮区域熔炼法获得；通过含硼化物、碳化物或氮化物的熔盐介质，可以分别合成硼化物、氮化物和碳化物超硬材料。

合成超低损耗的氟化物玻璃光纤，它们是将无水氟化物按比例配好的原料，在 $800\sim1000℃$ 下熔化成混合熔盐，而后浇注成型。已被应用的有氟锆酸盐玻璃（$57ZrF_4 \cdot 34BaF_2 \cdot 5LaF_3 \cdot$

$4AlF_3$）、氟铍酸盐玻璃以及由氟化钍和稀土氟化物为基质组成的玻璃（BaF_2-ZnF_2-YbF_3-ThF_4）。

② 非金属元素 F_2、B 和 Si 等的制取。比如工业生产氟气就是通过中温（80～110℃）电解 KF·2HF（低共熔点68.3℃）或高温（250～260℃）电解 KF·HF（低共熔点229.5℃）来实现的。

③ 在熔盐中合成氟化物。在上述制氟过程中对有机化合物如 $CH_3(CH_2)_nSO_2Cl$ 进行电化学氟化反应，而生成所需氟化物 $CF_3(CF_2)_nSO_2F$ 产品。

④ 合成非常规价态化合物。低价、高价、原子簇化合物和复杂无机晶体都可望用熔盐反应加以合成。

（2）熔盐在冶金中的应用

① 作为熔盐电解生产金属、合金的电解质，金属铝、镁、锂、钠、钙、稀土以及它们的某些合金都是用熔盐电解法制取的。该法也是提纯某些金属的一种有效方式，例如纯度为99.9%～99.99%的铝就是采用三层电解精炼法来实现的；一些粗金属或其合金如钇、钆、钛、铀等用作可溶性阳极，通过熔盐电解在阴极上获得较纯的金属；也可用这种方式从这些金属的废旧合金或其加工碎屑中回收有价值元素，如从钛或钛合金废屑中回收金属钛。

② 在热还原法生产金属过程中，多以熔融卤化物为原料，同时加入适量的熔盐助熔剂，如中、重稀土金属（含钇、钪），锕系金属和钛、锆、铪等都是这样来完成的。

③ 熔盐电镀、熔盐电化学表面合金化、熔盐热处理、熔盐或熔盐电解渗碳（硼、氮、稀土及其共渗）以及熔盐钎焊，都离不开熔盐。

④ 熔盐脱水和熔盐萃取及熔炼金属、合金用的熔盐精炼剂和熔盐覆盖剂，顾名思义，这些工艺技术中熔盐都不可或缺。

（3）熔盐在能源中的应用

① 熔盐用于金属铀、钍、钚和其他锕系元素的生产。无论用金属热还原法，还是用熔盐电解法生产金属核燃料以及核裂变产物，干法后处理大多要用氟化物混合熔盐。

均相反应堆要用混合熔盐作燃料溶剂，熔盐增殖堆要用熔盐作核燃料如 LiF-Na_2BF_5-ThF_4-UF_4（有的还含 ZrF_4）熔盐体系。

在核工业中用熔盐作传热介质，比如 LiF-BeF_2 或 $NaBF_4$-NaF 混合熔盐。

② 在电池中的应用。用作熔盐二次电池（即蓄电池）的电解质，如 LiAl/LiCl-KCl/FeS（或 FeS_2）电池。

用作熔盐燃料电池的电解质，如以天然气或水煤气为燃料的碳酸盐燃料电池：

$$Ni/Li_2CO_3\text{-}K_2CO_3/\text{银（或镍）}$$

（多孔）　　（多孔）

用作热电池的电解质。炮弹和导弹用的引信能源——热电池，多用 LiCl-KCl 混合盐为电解质，在贮存时它是固态，使用时加热呈液态。常用 Ca 或 Mg 作为热电池负极活性物质，用 $CaCd_4$ 或 V_2O_5 作为正极活性物质。

③ 熔盐在太阳能中的应用。主要用熔盐作光吸收剂、热贮存和热传递介质。

3.3　无机光化学合成

近年来随着研究手段的发展，电子转移理论的建立，人们对新型材料的追求、太阳能的利用，以及对光物理过程的深入理解，光化学研究又迈进了新的一步。展现在人们面前的是研究领域的扩展以及新型分支学科的形成。光化学研究按照化合物的种类可分为无机分子光化学和有机分子光化学。按照分子的大小可分为小分子光化学和较大分子的光化学，以及聚合物的光化学。如果按照激发态分子的寿命，又可划分为秒、毫秒、微秒和纳秒时间内的光化学。按照发光类型或跃迁机制又有荧光、磷光以及化学发光之分。配位化学、催化化学与光化学结合产生了有机金属配合物光催化。表面化学与光化学结合产生了表面（界面）光化学。在这些光化学研究中，有的是侧重于研究基元反应，诸如小分子光化学，使之对分子分裂成原子的过程以及电子转移的机理有更深刻的认识。有的是研究光合作用或与之相关的现象如能量转移和电子转移，使之对光合作用的本质有更深入的了解。在光催化中，催化活性中心的产生是光化学反应的直接结果。

光化学合成是把光化学研究中得到的知识、成果加以利用，把光化学反应作为合成化合物的手段。与其他的合成方法相比，光化学合成的独到之处在于此方法可以得到其他方法难以得到的新颖结构的化合物。众多高应力的有机化合物的光化学合成以及某些生物活性分子的光化学合成等就是这方面的例子。本章着重介绍的是无机分子的光化学合成及其基本方法。

3.3.1 光化学合成

光化学合成的主要特点在于为某些新颖结构化合物的合成开辟新的合成途径。某些化合物在通常热活化的条件下得不到或很难得到，而在光化学反应中则能够得到或很容易得到。某些合成途径在热活化的反应过程中需要许多步骤，经过许多中间过程，而在光的作用下，反应可以全新的过程实现。这些方面我们将在下面的讨论中看到。

理论上，一个光化学反应只要产率足够高就可以用作合成手段来制备化合物，但实际上，现在光化学合成主要是用来制备那些由其他的方法很难或不可能得到的某些化合物或具有特征结构的化合物。光化学合成主要的研究工作集中在有机金属配合物的合成，无机化合物如金属、半导体以及绝缘体等的激光光助镀膜，光催化分解水制取氢气和氧气，以及汞的光敏化制取硅烷、硼烷等化合物。

有机金属配合物的光化学合成涉及如下一些反应：①光取代反应；②光异构化反应；③光敏金属—金属键断裂反应；④光敏电子转移反应；⑤光氧化还原反应。下面主要介绍光取代反应及其特点。

光取代反应的绝大多数研究集中在对热不活泼的某些配合物上。这些配合物主要是 d^3 构型，低自旋的 d^5 和 d^6 构型的金属离子六配位配合物和 d^8 构型的平面配合物以及 Mo（IV）和 W（IV）的八氰配合物，其取代反应类型和取代程度依赖于以下几个方面：①中心金属离子和配位场的性质；②电子激发产生的激发态类型；③反应条件（温度、压强、溶剂以及其他作用物等）。这些配合物对热不活泼，因而得不到某些内配位层被取代的配位取代产物，但在光的作用下，通过配位场激发态则得到了这些取代产物。

许多光取代反应可表示为激发态的简单一步反应：

$$\left([ML_x]^{n+}\right)^* + S \longrightarrow [ML_{x-1}S]^{n+} + L$$

这里 L 表示配体；M 表示中心金属离子；S 表示另一种取代基；*表示激发态。这样的反应对 d^3 和 d^6 构型的过渡金属配合物是较常见的。根据配合物的种类以及取代基的不同，光取代反应也具有不同类别。其中，光水合反应对过渡金属 Cr（Ⅲ）离子配合物的光水合反应研究得较多，在光的作用下，反应按照完全不同于热反应的方式发生对配体的取代反应：

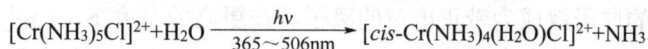

$$[Cr(NH_3)_5Cl]^{2+}+H_2O \xrightarrow[365\sim506nm]{hv} [cis\text{-}Cr(NH_3)_4(H_2O)Cl]^{2+}+NH_3$$

在配位场带受激发的情况下，水合反应主要是对 NH_3 基的取代，对 Cl^- 基的取代仅有 2%，而对 Cl^- 基的取代是热反应的主要产物。这里反映出的不同取代其实质是基态反应与激发态反应的不同。

3.3.2 光解水制备 H_2 和 O_2

光解水制备 H_2 和 O_2 是光致电子转移和氧化还原反应研究相当多的领域。在光解水的氧化还原反应中，主要的步骤是光致强氧化剂、还原剂的生成，以及在催化剂存在下，这些光致生成的强氧化剂、还原剂对水的催化氧化还原分解。为防止光致产生的强氧化剂和还原剂之间发生反应回到原始状态，控制和分离光致产生的氧化剂、还原剂就成为关键的步骤。为实现光致产物的分离或存留，有许多方法可以利用。

①利用其他的（第三组分）氧化剂或还原剂去防止光致产生的强氧化剂和还原剂反应，达到光致产物的分离或存留。②利用一定结构的分子聚集体实现光致电荷分离。这种方法的思想是利用反应物和产物亲油性和亲水性的固有差别，通过导入带电界面，在微观尺度上把它分开。③利用半导体悬散粒子体系和胶体作为光吸收体。利用半导体的好处在于光致的氧化还原反应常常是不可逆的。

光解水制取氢气和氧气主要反应可描述为：

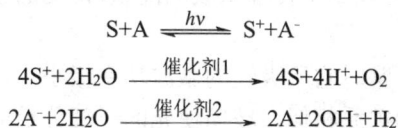

$$S+A \underset{\longleftarrow}{\overset{hv}{\longrightarrow}} S^++A^-$$

$$4S^++2H_2O \xrightarrow{催化剂1} 4S+4H^++O_2$$

$$2A^-+2H_2O \xrightarrow{催化剂2} 2A+2OH^-+H_2$$

这里 S 可以是配合物离子、金属离子或半导体的光照产生的空穴；A^- 可以是配合物离子或半导体的光照产生的电子。第一个反应主要是光致产生强氧化剂和还原剂的过程；第二、三个反应是其后对水的氧化还原反应。在半导体粒子体系中，发生的反应可以 TiO_2 为例描述：

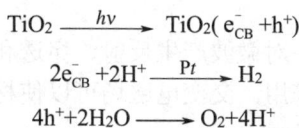

$$TiO_2 \xrightarrow{hv} TiO_2(e^-_{CB}+h^+)$$

$$2e^-_{CB}+2H^+ \xrightarrow{Pt} H_2$$

$$4h^++2H_2O \longrightarrow O_2+4H^+$$

3.4 微波与等离子体合成

微波是指波长 0.1mm～1m 范围内的电磁波，频率范围是 300MHz～3000GHz。微波可以用来加热，这在日常生活的微波炉上已得到了很好的应用。同时，微波作为一种安全的能源，也能加热陶瓷与无机物，它可以使无机物在短时间内急剧升温到 1800℃，所以可用于微波化学合成，如超导材料的合成、沸石分子筛的合成及超微粉体的制备等。

随着温度的升高，物质的聚集状态可由固态变为液态，再变为气态。高温气体分子平均动能很大，经过激烈的相互碰撞，使外层电子获得足够的动能，摆脱原子核的束缚而成为自由电子，失去电子的原子就成为带正电荷的离子。在更高的温度下，当外界所供给的能量足以破坏气体分子中的原子核和电子的结合时，气体就电离成自由电子和正离子组成的电离气体，即等离子体。等离子体实际上是高度电离的气体，无论部分电离还是完全电离，其中的负电荷总数等于正电荷总数，所以叫等离子体，等离子体称为物质的第四种态。等离子体可以通过放电方法制得，也可以通过微波加热、激光加热，高能粒子束轰击等方法产生。

微波与等离子合成应用于各种类型的反应，如有机合成及聚合物合成，金刚石薄膜、太阳能电池、超导薄膜、导电膜的微波等离子体化学气相沉积，半导体芯片的微波等离子体注入和亚微级刻蚀，光导纤维的微波等离子体快速制备。微波等离子体作为一种强有力的光源在原子发射、原子吸收、原子荧光等光谱分析中被广泛应用，并成功用于色谱中的微波等离子体离子化检测器、精细陶瓷的快速高温烧结和连接、微波等离子高效率激发强功率激光等科学领域。

3.4.1 微波与材料的相互作用

根据材料对微波的反射和吸收的情况不同可将其分成四种情况，即良导体、绝缘体、微波介质和磁性化合物四种材料。

（1）良导体

金属物质（如银、铜等）为良导体，它们能反射微波，如同可见光从镜面上反射一样，金属导体可用作微波屏蔽，也可以用于传播微波的能量，常见的波导管一般由黄铜或铝制成。

（2）绝缘体

绝缘体可被微波穿透，正常时它所吸收的微波功率极小，可忽略不计。微波与绝缘体相互间的作用，与光线和玻璃的关系相似，玻璃使光的一部分反射，但大部分被透过，吸收则很少，玻璃、云母及聚四氟乙烯等和部分陶瓷属于此类。

（3）微波介质

介质的性能介于金属和绝缘体之间，能不同程度吸收微波能而被加热，特别是含水和脂肪的物质，吸能升温效果明显。

（4）磁性化合物

磁性化合物一般类似于介质，对微波产生反射、穿透和吸收的效果。微波的加热效果主要来自交变电磁场对材料的极化作用。交变电磁场可以使材料内部的偶极子反复调转，产生更强的振动和摩擦，从而使材料升温。

酒精和水以及有机溶剂的加热，主要是偶极子的弛豫效应，高浓度盐的存在会产生电导分布，从而产生介电损耗。

材料内可极化的因子，依不同层次有电子极化、原子极化、分子极化、晶格极化、电（磁）畴极化及晶粒极化、晶界极化和表面极化等。由于极化区域尺度不同，采用不同的频率耦合而在技术上加以区别。材料吸收微波引起的升温主要是由于分子极化和晶格极化，也就是说，在分子和晶格尺度的极化反转越容易，该材料就越容易吸收微波场能而升温。

在微波加热过程中，处于微波电磁场中的陶瓷制品加热难易与材料对微波吸收能力大小有关。影响微波加热效果的因素首先是微波加热装置的输出功率和耦合频率，其次是材料的内部本征状态。微波加热所用的频率一般被限定为 915MHz 和 2450MHz，微波装置的输出功率一般为 500～5000W，单模腔体的微波能量比较集中，输出功率在 1000W 左右，对于多模腔的加热装置，微波能量在较大范围内均匀分布，因而需要更高的功率（实验室装置大约 2000W）。

在指定的加热装置上，材料的微波吸收能力与材料的介电常数和介电损耗有关，真空的介电常数为 1，水的介电常数大约为 80，而多数陶瓷类材料的室温介电损耗一般比较小。所以，对无机陶瓷类材料的加热，一般要采用比家用微波炉功率更大的微波源。

正如前面所述，微波能够穿透绝缘体而不损耗能量，微波不能穿过金属等良导体只能被反射回去，对于介质材料，微波穿过其内部时能量衰减并转化成热能和非热能。材料的介电损耗越大越容易加热，但是许多材料的介电损耗是随温度而变化的。由于大多数材料的介电损耗随温度的增加而增加，许多在室温和低温下不能被微波加热的材料，在高温下可显著吸收微波而升温。

3.4.2　微波等离子体的特点

等离子体在自然界是大量存在的，宇宙中绝大多数（或 99% 以上）的物质均是以等离子状态存在的。气态物质可以呈电中性的电离。若把微波加到气态物质中，在一定条件下，形成的电离气体（例如电离度＞0.1%）称为微波等离子气体。等离子体一般可分为热等离子体和冷等离子体，也称为高温等离子体或低温等离子体。

高温等离子体（如焊弧、电弧炉、等离子体炬等）一般接近于局部热力学平衡状态，组成等离子体的各种粒子如电子、离子、中性粒子的速度或动能均服从 Maxwell（麦克斯韦）分布。粒子的激发或电离主要通过碰撞实现，所以激发态的数目服从 Boltzman（玻尔兹曼）分布。另外，等离子性质的空间变化（梯度）也很小，体系的动力学温度、激发温度和电离温度都相等。

低温等离子体（如辉光放电和等离子体辅助化学气相沉积中所遇到的情况）中，离子和电子间的碰撞频率要小得多。微波等离子体属于低温等离子体，电离度高、电子浓度大，具有电子和气体的许多独特的优点。微波等离子体在金刚石薄膜、非晶硅太阳能电池薄膜及 YBa_2CuO、超导薄膜和导电膜等的低温化学气相沉积（CVD），光导纤维的快速制备，芯片的亚微米级刻蚀，强功率激光的高效激发，合成氮氧化物、氨等无机化合物，进行高分子材料的表面修饰和微电子材料的加工等方面获得了许多令人瞩目的成就。

3.4.3　等离子反应过程

由微波产生等离子的过程中有许多相应的基元过程存在，主要包括电离过程，分子中电子的激发过程和复合过程，也就是电离的逆过程等。同时，放电等离子体中的荷电粒子，除了电子和正离子外，还会有负离子，这样还存在着原子或分子捕获电子生成负离子或释放电子的附着和离脱过程。

产生微波等离子的化学反应有很多，从目前等离子化学发展水平看，比较有用的等离子体反应主要有以下四种类型，即

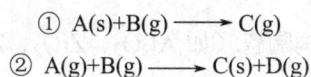

$$① \quad A(s)+B(g) \longrightarrow C(g)$$
$$② \quad A(g)+B(g) \longrightarrow C(s)+D(g)$$

③ A(s)+B(g) $\longrightarrow$ C(s)

④ A(s)+B(g)+M(s) $\longrightarrow$ AB(g)+M(s)

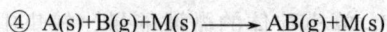

针对上述第①类反应，在工艺技术中，如果选择适当的气体与固体材料 A(s)进行辉光放电反应，可以使得材料的全部或部分表面转化为挥发性产物并被移除。这一过程在半导体集成电路制造中被称为等离子体刻蚀（plasma etching，PE）。同样，利用此类反应，还可以通过氧气放电将有机物质中的碳氢成分转化为 CO_2 和 H_2O 等挥发性物质。在半导体干法工艺中，这种方法常用于去除光刻胶，这个过程称为等离子体灰化（plasma ashing）。在分析化学领域，该技术被用于对有机样品进行"低温"灰化处理，以便对残留的无机成分进行分析。此外，如果在反应器的另一端能够使反应中生成的气态物质发生逆反应，从而让 A(s)重新析出，那么这个过程就被称为等离子体化学气相输运（plasma chemical vapor transport，PCVT）。

第②类反应描述了在等离子体状态下，两种或更多气体相互反应的过程。在这类反应中，新生成的固体物质通常以薄膜的形式沉积在基片上。这一过程是等离子体化学气相沉积（plasma chemical vapor deposition，PCVD）技术的基础，广泛应用于薄膜制造领域。如果反应过程中涉及的物种之一是通过电荷能量从靶材上溅射下来的，然后这些粒子再参与反应形成薄膜，那么这种技术被称为溅射制膜技术。此外，在这类反应中，反应物也可以是有机单体，这种情况下发生的是等离子体聚合反应。

第③类反应表示气体放电等离子体与固体表面反应并在表面上生成新的化合物。由此能使表面性质发生显著变化，所以称为表面改性或者表面处理。表面改性可以在金属表面，也可以在高分子材料表面进行。前者如金属的表面氧化和表面氮化等，后者即为高分子材料的表面改性。

第④类反应中，固体物质 M 的表面起催化作用，促进气体分子的解离和复合等。

3.4.4 微波与等离子体合成及应用实例

（1）沸石分子筛的微波合成

与传统的加热法合成分子筛相比，微波辐射法的反应条件温和、耗能低，反应速率快，粒度均匀。

NaX 是低硅铝比的八面沸石，一般在低温水热条件下合成。因反应混合物配比不同，以及采用的反应温度不同，晶化时间为数小时至数十小时不等。

用微波辐射法合成 NaX 沸石，是以工业水玻璃作硅源，以铝酸钠作铝源，以氢氧化钠调节反应混合物的碱度，具体配比（物质的量的比）为：

$$SiO_2/Al_2O_3=2.3，Na_2O/SiO_2=1.4，H_2O/SiO_2=57。$$

将反应物料搅拌均匀后，封在聚四氟乙烯反应釜中，将釜置于微波中接受辐射。微波功率 650W，微波频率 2450MHz，在 1～3 挡下（相当于总功率的 10%～30%）使用。辐射约 30min 后，冷却、过滤、洗涤、干燥得 NaX 分子筛原粉，其 X 射线粉末衍射图与文献完全一致。用同样配比的反应混合物，采用传统的电烘箱加热方法，在 100℃下晶化，17h 得 NaX 分子筛。比较反应的时间，可清楚地看出微波辐射方法的优越性，不仅节省了时间，更重要的是大幅度地降低了能耗。

（2）微波烧结

微波烧结不仅可适用于结构陶瓷（如 Al_2O_3、ZrO_2、ZTA-Si_3N_4、AIN、BC 等）、电子陶

瓷（$BaTiO_3$、Pb-Zr-Ti-O）和超导材料的制备，而且也可用于金刚石薄膜沉积和光导纤维棒的气相沉积。微波烧结可降低烧结温度，缩短烧结时间，在性能上也与传统方法制备的样品相比有很大区别，可以形成致密均匀的陶瓷制品。此外，导电金属中加入一定量的陶瓷介质颗粒后，可用微波加热烧结，也可以对不同性能的陶瓷用微波将其烧结在一起。继陶瓷烧结及陶瓷接合之后，利用微波合成陶瓷材料粉料的研究也在增多，Kozuka 等人利用氧化物加热反应，在微波场中分别合成 SiC、TiC、NbC、TaC 等超硬粉料，只要 $10\sim15min$。

材料的合成过程中使用微波加热，可以使化学反应远离平衡态，也就是说，利用微波可以获得许多常用高温固相反应难以得到的反应产物。研究发现，一般加热的 ZrC-TiC 的固溶反应，固溶量只在 5%以内，而采用微波加热的固相反应，可以使相互固溶量超过 10%，这是微波能够将固溶相快速冷却的结果。Patil 等人用微波合成了尖晶石（$MgO+Al_2O_3 \longrightarrow MgAl_2O_4$），研究结果发现，用微波能合成单相的尖晶石，几乎不含其他相，表明了微波可促进合成反应和增加固溶相的稳定性。Ahainad 等人的研究也发现，ZrO 与 Al_2O_3 反应生成尖晶石时，微波加热有利于反应进行得更完全。

（3）微波辐射法制备无机物

① Pb_3O_4 的制备。Pb_3O_4 属于四方晶系，是二价、四价铅的混合价态氧化物，传统制备方法是把 PbO 在 470℃下加热 30h。如果采用微波辐射方法由 PbO_2 为原料制备 Pb_3O_4，微波功率为 500W，只需 30min 就可定量地制备出 Pb_3O_4。X 射线粉末衍射的结果表明其与 JCPDS 卡片吻合得很好，重要的是 PbO_2 能强烈地吸收微波，而 Pb_3O_4 不吸收微波，随着产物的生成，体系温度下降，这样就可有选择地控制 PbO_2 的热分解反应，使反应只生成 Pb_3O_4，而不生成 PbO 和金属铅。

② 碱金属偏钒酸盐的制备。传统制备碱金属偏钒酸盐的方法是制陶法，反应式为 $X_2CO_3+V_2O_5 \rightarrow 2XVO_3+CO_2\uparrow$（X=Li，Na，K），在称量前首先在 200℃预加热碱金属碳酸盐 2h，按计量称取干燥过的粉末与 V_2O_5 充分研磨混匀，混合物转移至铂坩埚中，慢慢升温到 $700\sim950℃$，熔融烧结 $12\sim14h$。

微波辐射法制备碱金属偏钒酸盐的步骤是称取 $0.5\sim5.0g$ 的 V_2O_5，与按化学计量的碱金属碳酸盐混合后在玛瑙研钵中研磨均匀，放入刚玉坩埚中置于家用微波炉中，在 $200\sim500W$ 微波功率下作用，制备出 $LiVO_3$ 只需 2min，制备出 $NaVO_3$ 只需 3.5min，制备出 KVO_3 只需 6.5min，样品的 X 射线粉末图谱与文献完全一致。

③ $CuFe_2O_4$ 的制备。$CuFe_2O_4$ 属于立方晶系，反应原料是 CuO 及 Fe_2O_3，采用传统的方法制备出产物 $CuFe_2O_4$ 需要 23h，用微波加热方法，在微波功率为 350W 下，只需 20min。

④ MPCVD（微波等离子体化学气相沉积）制备高 T_c（临界温度）超导薄膜和金刚石薄膜。高 T_c 超导薄膜的制备将为微电子学超高速超导计算机的突破带来福音，在现有的许多方法中，MPCVD 的优点是成膜温度低，在 400℃左右合成钇系超导薄膜的可行性已经得到证实。1989 年，日本一家公司用 MPCVD 法在单晶 MgO 底上成功获得了 $YBa_2Cu_3O_{7-x}$ 超导薄膜生长速率达 $0.15\mu m/h$，同年中国科学技术大学也用此法获得了初步实验结果。

1977 年，苏联的 Deijaguin 第一次用 MPCVD 法成功合成了金刚石薄膜并在 1981 年发表，日本材料研究部的科学家重复了苏联学者的工作，1984 年用改进的 MPCVD 法获得了更好的结果。此后，美国宾州大学的 Roy 和 Messire 教授模仿日本的方法，借助海军研究实验室的资助很快取得了成果。他们都是在石英管中充以恰当比例的 CH_4 和 H_2（0.5%和 95%，体积分数），在 13.33Pa 的低气压下，用 1kW 左右的微波功率激发产生等离子体，数小时后便在 900℃左右的基片上沉积形成了金刚石薄膜，方法简便，重复性好。到了 20 世纪 80 年代末期，经过若干改进，沉积速率不断提高，厚度增加。俄罗斯至今已实现 10μm/h 的速度沉积出 1mm 厚的金刚石薄膜，日本大阪大学用 MPCVD 沉积出了半径 70～80mm 的大面积金刚石薄膜，美国的 Roy 等在 Si 片、MgO 石英玻璃片等多种基片上于低温（365℃）、低气压（799.8Pa）条件下合成了光滑透明的金刚石薄膜。MPCVD 法相较于其他沉积方法如直流热丝 PCVD、高频 PCVD、离子束法、喷射法等更能沉积出纯净的金刚石薄膜，而且沉积温度低，适应压强范围宽，容易实现自动控制而广泛被采用，近年出现的直流喷射 PCVD、微波喷射 PCVD 方法沉积速度很高，具有很大发展前途。

吉林大学从 1987 年开始这方面研究，采用 Surfatron 表面波激发放电产生微波等离子体合成了金刚石和金刚石膜。用微波等离子体法合成金刚石或金刚石膜具有设备简单，操作方便，较容易控制反应条件，沉积速度快等特点。但是如何获得附着力强、大面积平滑均匀的金刚石膜，降低基片速度，仍是目前研究所面临的一大问题。

3.5 仿生合成技术

3.5.1 仿生合成技术简介

仿生（biomimetics）通常指模仿或利用生物体结构、生化功能和生化过程的技术。把这种技术用到材料设计中以便获得接近或超过生物材料优异性能的新材料，或用天然生物合成的方法获得所需材料，如制备具有蜘蛛牵引丝强度的纤维，制备具有海洋贝类韧性的陶瓷或贝类结构的复合材料等。自 1960 年 T. Steele 正式提出仿生学概念以来，仿生研究逐渐为人们所重视。近年来，随着相关学科的发展及现代技术，尤其是微观技术的进步，更促进了仿生研究的发展。虽然不同学者对仿生材料科学的定名各有不同，但其主要研究内容的观点是一致的，即仿生材料工程主要研究内容分为两方面，一方面是采用生物矿化的原理制作优异的材料，另一方面是采用其他的方法制作类似生物矿物结构的材料。

20 世纪 90 年代中期，当科学家们注意到生物矿化进程中分子识别、分子自组装和复制构成了五彩缤纷的自然界，并开始有意识地利用这一自然原理来指导特殊材料的合成时，仿生合成的概念才被提出。仿生合成技术模仿了无机物在有机物调制下形成的机理，合成过程中先形成有机物的自组装体，使无机前驱体于自组装聚集体和溶液的相界面发生化学反应，在自组装体的模板作用下，形成无机有机复合体，再将有机物模板去除后即可得到具有一定形状的有组织的无机材料。模板在仿生合成技术中具有举足轻重的地位，板的千变万化是制备结构、性能迥异的无机材料的前提。目前用作模板的物质主要是表面活性剂，因为它们在溶液中可以形成胶束、微乳、液晶和囊泡等自组装体，生物大分子和生物中的有机质也是被选择的模板，此外利用先进光电技术制造的模板也被用来合成特殊的无机材料。仿生合成技术的出现与应用为制备具有各种特殊物理、化学性能的无机材料提供了广阔的前景。利用有机大分子作模板控制无机材料结构的仿生技术被视为近年来 sol-gel 化学发展的新动态，通过调整聚合物的大小和修饰胶体颗粒表面对无机材料形成初期实行"裁剪"，soft 化学（软化学）途径能够获得介观尺度的无机-有机材料。近几年无机材料的仿生合成已成为材料化学的研究前沿和热点,尽管目前有关仿生合成的机理尚有待进一步证实和探索,但相信在不久的将来,通过仿生合成技术,更多的多功能无机材料将会诞生。

3.5.2 仿生合成过程中分子作用的机理

(1)机理模型的提出

深入了解生物矿化和仿生合成过程中固体基底(担载膜)、无机离子与有机大分子之间的作用机理,可为不断开辟合成优质无机复合材料的新途径提供理论依据。至今,对这些机理的理解还不甚清晰,有些方面还存在争议。近几年不少科研工作者在做了深入研究后提出了相关的机理模型,为不同的仿生合成路径提供了相应的理论基础。所有的机理模型均认为有自组装能力的表面活性剂的加入能够调制无机结构的形成;就无机前驱体、固体基底与表面活性剂之间如何作用却达不成共识,因为它们之间作用力类型的不同会导致合成路径、复合物形状以及无机材料尺寸级别的不同。

(2)固体基底对结构的影响

基底与表面活性剂分子间作用力的不同,会影响被吸附的表面活性剂层的结构。AKSAYIA 在不同固-液界面上发现了形如圆柱管和球体等不同三维表面活性剂结构的形成,如在非定向排列的不定形基底石英的表面发现了被吸附的表面活性剂的半胶束结构,由于云母、石墨的表面对活性剂有分子定向吸附作用,在它们表面上就出现了表面活性剂的同轴柱管结构。生物矿化过程中,有机基质对无机相沉积的晶体形状并无决定作用,它与无机离子和有机模板间的相互作用诱导了无机晶体的成核并进而确定了晶体的生长形态与方向,前期研究成果与 BELCHERAM 等人对贝壳的生物矿化形成过程的研究结果均为此提供了不同的依据。

(3)表面活性剂分子与无机离子间作用机理

1992 年 Mobil-发展公司的研究者们基于表面活性剂自组装液晶与介孔分子筛 M41S 之间的相似性提出了液晶模板机理模型,指出了无机离子与有机模板间两种可能的作用路径。路径 1 认为表面活性剂预先组装成所需结构,无机相随后沉积于其中间区域;路径 2 则认为无机相的加入在一定程度上调制了表面活性剂自组装体结构的形成。在 LCT(液晶模板)理论的基础上,科学家们分别对介孔分子筛 MCM-41 的合成过程进行了实验研究并提出了各自的理论见解。

① DAVIS 等人提出了硅酸盐的棒状组装理论。在 Mobil 所说的 MCM-41 合成条件下,发现在过程中并未出现六边形液晶相,认为 MCM-41 的形成始于硅酸盐前驱体在独立的表面活性剂胶棒上的沉积,在 2~3 层后,包有无机相的分散排列的棒状物开始并最终形成六边形的中间结构,加热陈化完成了硅酸盐的缩聚,使 MCM-41 结构得以形成。

② STEEL 等人提出了与 DAVIS 观点相悖的层状硅酸盐的起褶变形理论。在没加入硅酸盐之前,表面活性剂分子直接组装成六边形 LC(液晶)相,硅酸盐排列成层状,成排的圆柱棒夹在层与层之间,陈化混合物致使层状结构开始起褶皱并团聚于棒周围,便转化成了 MCM-41 的结构。MONNIER 等人却认为层状结构是由阴性的硅酸盐与阳性的表面活性剂头基间的静电引力形成的,随着无机前驱体的缩聚,头基电荷密度减少,为保持与活性剂头基间的电荷密度平衡,层状结构开始变形弯曲,最终形成六边形的中间结构,这种结构转变同样出现在用夹层法制取介孔分子筛 FSM 的过程中。

③ SLC（silicatropic liquid crystal）理论。FIROUZI 等人发现在诸如低温、高 pH 值能够避免硅酸盐水解的条件下，无机相-有机相共同合作进行自组装，硅酸盐阴离子的加入把 CTAB（十六烷基三甲基溴化铵）胶束转变为六边形相态，硅酸盐阴离子与表面活性剂卤化反离子进行离子交换，形成含有包裹着硅酸盐的圆柱胶束的 SLC 相态。

④ 硅酸盐棒状胶束团簇理论。REGEV 据其研究结果认为，在硅酸盐前驱体开始沉积之前，MCM-41 的中间结构是棒状胶束形成的胶棒簇，外表覆有硅酸盐薄层。随着反应的进行，硅酸盐分散并沉积到簇团中的每个胶束表面，直至形成由无机相包裹的胶束组成的簇团，为 MCM-41 的形成提供成核位置。

以上的研究成果分别就不同方面回答了探讨分子机理时所面对的问题，虽不够完整、全面，但为仿生合成的研究和应用提供了初步的理论基础。基于对仿生合成概念的理解和分子作用机理的研究，为促使仿生合成技术的进一步发展，科研工作者们对仿生合成技术的实际应用做了大量的研究。

3.5.3 典型的生物矿物材料

生物矿物材料从概念上来讲应是生物材料的一部分，它是指由生物在生命过程中通过一系列的过程形成的含有无机矿物相的材料。目前，自然界的生物能合成 60 余种矿物材料，含钙矿物（磷酸钙和碳酸钙）约占整个生物矿物的 50%，其中碳酸钙主要构成无脊椎动物的体内外骨骼，磷酸钙是脊椎动物骨骼和牙齿的重要成分，其次为非晶质氧化硅，含量较少的有铁锰氧化物、硫化物、硫酸盐、钙镁有机酸盐等。生物矿物及其组合体的结构极其复杂多样。下面对几种研究较详细的典型生物矿物材料即骨材料、珍珠层材料、纳米磁铁矿晶体的特征进行简单的描述。

（1）骨材料

骨材料是一族生物矿物材料的总称，主要发育于脊椎动物中。虽然每一种类型的骨的结构和组成稍微有些变化，但都有一个共同的特点，它们主要成分都是由胶原纤维、羟基磷灰石和水组成，三者在骨中所占的质量分数随动物种类及年龄的不同而不同，一般分别约为 65%、24% 及 10%。骨是最复杂的生物矿化系统之一，也是最典型的天然有机-无机复合材料。骨在动物中主要承担力学的功能及储存各种各样代谢活动所需的钙和磷酸盐。

（2）珍珠层材料

珍珠层是软体动物贝壳中普遍发育的一种结构单元，尤其在双壳类、腹足类及头足类的贝壳中最为发达。相对而言，珍珠层的结构比骨要简单得多，因此珍珠层是生物矿化中研究最多的典型的生物矿物材料。目前仿生材料工程中许多有关的理论来自对珍珠层材料的研究。珍珠层是一种优异的天然有机-无机复合材料。其明显特点是高的抗破裂能力，其弯曲强度达到了理论的强度（在人造材料中是不可能达到的），即其结构达到了完美的程度。此外珍珠层另一个突出的特点是具有阻止裂隙扩展的能力。其主要组成为无机相的文石（95% 以上），因此，其独特的力学性能与其独特的结构和微量的有机质有关。晶体粒径小、结构均匀（包括粒径均匀、晶形一致、微层厚度均匀等）及微量的有机质（相对硬度小）是阻止裂隙扩展的重要原因。现代分子生物学研究证实珍珠层中的不溶有机质具有分子延展器的功能。此外，原子力显微镜研究表明珍珠层在形变时，有机分子对无机晶体有强的黏结作用，且具有强的延展能力，表明有机质是珍珠层高韧性和高强度的重要原因。

（3）纳米磁铁矿晶体

目前，在软体动物、部分鱼类、蜜蜂、鸽子及人体中皆发现了生物成因的磁铁矿，但较重要的是 1975 年 Blackemore 在趋磁细菌中发现的纳米级磁铁矿晶体，它为研究磁铁矿的生物功能及形成过程提供了典型示例。磁小体（magneto-some）常沿细菌长轴呈链状排列。在特定的细胞种类中，磁小体的粒径、结晶形态及在细胞内的排列都是一致的。在不同种类的细胞中皆有自己独有的特征，但有一个共同的特点是磁小体的大小均在 40~120nm 范围内，即磁小体的大小正好在单个的磁性畴范围内，这样晶体链就提供了一个足够强的永磁矩使细菌在地磁场中取向。

3.5.4 无机晶体形成的模板

调制利用各类模板与无机晶相之间存在的立体化学匹配、电荷互补和结构对应等关系，来影响晶体颗粒的形状、大小、晶形和取向等，以制备出纳米微粒、无孔薄膜和涂层。清华大学材料科学与工程系的崔福斋等人在钙磷酸盐溶液沉积系统中，利用水-气界面上的十八碳烷酸单层分子膜作为有机模板，得到了与自发沉积不同的实验结果，将其解释为 HAP（羟基磷灰石）基面上的 Ca^{2+} 与十八碳烷酸呈负电的羧化头基之间的晶格相匹配，并设想出两步沉积和异种晶形组成的多层微观结构的原因。BELCHER 对珠母贝中碳酸钙晶形转变的研究，发现通过转变不同的模板（即不同的蛋白质群）可以形成多种晶形的微米层压结构的复合物。MANN 等人在气-液界面上用压紧的表面活性剂单分子层作模板，诱导了特定形态的 $CaCO_3$ 晶体的取向生长，通过改变表面活性剂的种类或单分子层的紧压程度可以得到不同的晶体状态和生长方向。JENNI FERNC 等人在类似生物系统中的条件下利用具有生物体中硅蛋白特征的半胱氨酸-赖氨酸合成物作模板诱导调制了 TEOS（正硅酸乙酯）的水解缩聚，在还原与氧化的气氛中分别得到了硬球状的 SiO_2 和无定形 SiO_2 的柱状排列。AKIKAZUM 等人利用大分子预组装特性对复杂固体结构进行合理设计，在晶体中引用功能团使得有机固体可被设计用于分子识别、分离和催化得到高化学选择性的物质。在固-液、气-液界面生长的无机晶体的相态、特征均可通过对界面的化学改性来控制。PNNL（pacific northwest national laboratiories）的研究者通过对不同的固体基底如金属、塑料或氧化物的表面进行化学修饰，可以在不同的固-液界面上对沉积无机相的晶体形态和排列方向进行选择，从而形成薄膜与涂层。

3.5.5 纳米材料仿生合成

生物通过有机模板的调节，使无机晶体的结晶成核、形貌和晶体结晶学定向受到严格的控制，从而形成性能优异的有机-无机复合材料（如骨和珍珠层）或纳米晶体材料（如趋磁细菌中的磁小体）等。通过对生物矿化的研究，认识到有机分子可以改变无机晶体的生长形貌和结构，因而提供了强大的工具用来设计和制造新的材料。目前已成功仿生合成了纳米晶体材料、仿生薄膜及薄膜涂层材料、中孔分子筛材料等。最近 20 余年的研究表明，基于生物矿化的原理合成无机材料，即仿生材料工程，是一种全新的材料设计和制造策略。

（1）纳米微粒的仿生合成

仿生方法即采用有机分子在水溶液中形成的逆向胶束、微乳液、磷脂囊泡及表面活性剂囊泡作为无机底物材料的空间受体和反应界面，将无机材料的合成限制在有限的纳米级空间，从而合成无机纳米材料。纳米微粒的仿生合成思路主要有两类：一是利用表面活性剂在溶液中形成反相胶束、微乳或囊泡。这相当于生物矿化中有机大分子的预组织。其内部的纳米级水相区域限制了无机物成核的位置和空间，相当于纳米尺寸的反应器，在此反应器中发生化学反应即可合成出纳米微粒。表面活性剂头基对产物的晶形、形状、大小等有影响。二是利用表面活性剂在溶液表面自组装形成 Langmuir（朗缪尔）单层膜（L 膜）或在固体表面用 Langmuir-Blodget（LB）技术形成 LB 膜，利用单层膜或 LB 膜的有序模板效应在膜中生长纳米尺寸的无机晶体。L 膜与 LB 膜中的表面活性剂头基与晶相之间存在立体化学匹配、电荷互补和结构对应等关系，从而影响晶体颗粒的形状、大小、晶形和取向等。目前已合成了半导体、催化剂和磁性材料的纳米粒子，如 CdS、ZnS、Pt、Co、Al_2O_4 和 Fe_3O_4 等。

人工有机模板的稳定性较差。直接采用生物体内的模板可克服上述缺点，例如铁蛋白是许多生物体内的一种可储存铁的蛋白质，它由一个球形的多肽壳和铁氧化物水铁矿（ferrihydrite）的核心组成，壳内部的孔隙 8~9nm（铁蛋白笼），原位的化学反替代其核心可形成一系列的纳米级非天然氧化物矿物，如非晶氧化锰、磁铁矿等，在铁蛋白笼中形成的纳米材料粒径均匀，粒度 6~8nm。

（2）仿生陶瓷薄膜和陶瓷薄膜涂层

仿生合成制膜可以在合成过程中方便地控制孔径，对孔径分布、孔结构进行检测，对膜进行评价，克服了 sol-gel 法制膜的缺点。

Yang 等人在云母基片底面上合成了有序多孔的 SiO_2 膜，经过 TEM（透射电子显微镜）分析发现了平行于云母表面的扭曲的六边形柱状排列的孔道，并且在灼烧过程中孔径收缩了 3~6pm，他指出这是由于模板的脱除和随之而来的 SiOH 基团的缩合。Aksay 等人在 Yang 工作的基础上把固体基底从亲水性的云母表面拓展到了其他介质表面，结果在憎水性的石墨表面得到了连续的中孔 SiO_2 膜，并在石英表面得到了具有等级结构的中孔 SiO_x 膜。经过理论研究，Aksay 指出仿生制膜过程是一种层层复制的过程：首先表面活性剂在云母表面上自组装形成扭曲柱管状；然后 SiOH 单体在胶束表面聚合，随着聚合的进行，更多的表面活性剂被吸附到新形成的无机表面上，如此层层复制直至溶液内部。对于非担载膜的仿生合成，Yang 又在不用固体基底的条件下，于空气溶液表面用 CTAC（十六烷基三甲基氯化铵）形成的胶束为模板合成了多孔膜，该膜可以转移到不同形状的基片上而不受破坏。非担载膜的制备也是层层复制的过程，只是为前驱体水解产物提供聚合位置的是水-空气界面上半胶束边缘结构中的表面活性剂头基。Alexanderk 等人考虑非共价键的嵌入会导致位置的不均匀，于是利用带有 3 个侧链的芳香环，通过化学键把侧链上的功能团嵌入 SiO_2 网络的孔壁中。

仿生陶瓷薄膜主要采用单层膜诱导无机晶体生长。在此研究领域，Mann、Heywood 等作者做了大量开拓性的工作，对了解生物矿化的机理及制作仿生材料有重要的指导意义。无机晶体的成核密度低，晶体在垂直模板方向的生长不易控制，无法形成连续致密的薄膜，因此离实际应用还有很长一段距离。Xu Guofeng（1998）等的工作具有重要意义，该作者利用生物矿化的有机质对无机晶体的双重控制原理（即抑制和诱导相结合来控制晶体形貌），采用两亲的卟啉类有机物自组织成半刚性的 L 膜作为模板，诱导无机晶体成核及生长，并在水溶液中添加聚丙烯酸作为抑制剂，抑制晶体在垂直模板方向生长。由于无机方解石晶体在横向上（平行模板方向）生长受到诱导，纵向上（薄膜垂直模板方向）受到抑制，最终形成致密连续的薄膜，厚度为 0.4~0.6μm，晶体（001）面平行模板方向，薄膜可以卷曲，透明且具有彩虹色，极类似许多生物体中的方解石薄层。采用诱导-抑制相结合的技术将是仿生陶瓷薄膜合成的主要发展方向。

仿生陶瓷薄膜涂层。传统的陶瓷处理技术如高温烧结在许多应用领域（例如塑料涂层）并不适用，较新的"溶胶-凝胶"技术（包括热处理前驱体）的处理温度需要超过 400℃（很多塑料不能承受 100℃以上的温度），且容易产生微裂纹等缺陷。同时，多晶陶瓷薄膜中的单个晶粒的粒径、形状及结晶学定向等对磁、光及电学性能有重要的影响，它们必须得到控制以使薄膜的各种性能达到最优化。采用生物矿化的原理制造陶瓷薄膜涂层可以有效地克服上述传统薄膜制造技术的弱点。生物陶瓷材料均是在常温常压条件下形成，且对晶体结晶粒径、形态及结晶学定向进行严格的控制，目前仿生陶瓷薄膜涂层制造技术已成为仿生材料工程的重要研究方向之一。生物矿化中诱导无机相结晶的有机质一般富含阴离子基团，因此将功能化基团引入基体表面是仿生薄膜合成的首要步骤，然后将带上功能基团的基体浸入过饱和溶液中，通过控制陶瓷薄膜前驱体溶液的 pH 值、超饱和度及温度等条件，前驱体在功能化表面发生异相成核作用，晶核和功能化表面的界面识别使晶体的定向及形貌得到控制。

（3）复杂结构无机材料的仿生合成

显微结构决定材料的许多特性，如传输行为、催化活性、黏附、储存和释放动力学。材料的表面形貌修饰和引入特殊的显微结构特点（如中孔、多孔）将大大改善材料的上述特性，使材料可用作催化剂、分离膜、多孔生物医用植入体和药物载体等领域。自然界生物合成的多孔材料结构优越，结构类型多样，为合成这类材料提供了丰富的素材。

① SiO_2 多孔分子筛的合成。SiO_2 多孔分子筛是近几年研究最多的一种多孔材料，1992 年美国某公司的研究人员 Kresage 等首先报道利用表面活性剂的液晶模板合成了具有介晶结构的中孔（meso-porous）二氧化硅和硅酸铝分子筛（孔径 1.5～10nm）。这种分子筛突破了传统分子筛的孔径范围（＜2.0nm），从而得到人们的极大关注。Kresage 等（1992）合成中孔 SiO_2 分子筛（材料名称为 MCM-41）的主要步骤如下。将含十六烷基三甲胺（作为表面活性剂）的溶液和 SiO_2 的前驱体等物种混合，在水热容器中反应 48h（温度 150℃），冷却至室温，用水冲洗，干燥。原合成的产物[约含 40%（质量分数）的表面活性剂]在温度 450℃，流动的氮气中煅烧 1h，最后形成规则六方排列的多孔 SiO_2 分子筛材料 MCM-41，孔径约为 4nm。通过改变表面活性剂烷基链的长度和辅助添加剂的组成，孔径可在 3～10nm 范围内变化。

② 类生物矿物结构材料的仿生合成。生物矿物的独特结构使其具有独特的性能，因此合成出具有生物矿物结构的材料本身也是仿生材料工程的重要内容。英国贝兹大学 Mann 领导的小组从 $Ca(HCO_3)_2$-水溶液-十四烷-DDAB（十二烷基二甲基溴化铵）构成的双连续微乳胶出发，仿生合成了类海藻小球（coccosphere）的多孔文石球。Sellinger（1998）等采用浸入涂覆和有机-无机连续自组装技术合成了 PDM（聚十二烷基异丁烯酸盐）/氧化硅间层的类珍珠层结构材料，Oliver 等合成了与海藻和放射虫贝壳极为相似的磷酸铝盐等类生物矿物材料。

📖 **拓展阅读**

从仿生矿化到仿生骨材料

天然矿化材料如骨，从纳米尺度到宏观尺度表现出有机/无机多级组装的精细结构，该结构赋予了天然矿化材料优异的力学性能。仿生矿化（biomimetic mineralization）是生物物理学中的一个重要概念，它指的是生命体通过调控无机矿物的成核、取向、生长和组装来制造有机-无机复合材料的过程。生物矿化过程中，无机物在合成时受到生物体的精密调控，产生精细的微观结构，具有优异的力学性能，如高强度和韧性。仿生矿化借鉴了生物矿化的原理，利用有机基质实现无机材料的可控合成，制备出性能优异的新型复合材料。

骨是一种典型的天然矿化材料，由胶原分子和纳米羟基磷灰石从纳米尺度到宏观尺度的多级组装而成，其复杂的有序层级结构赋予了天然骨材料优异的强度和韧性。仿生矿化技术在骨修复中的应用主要体现在其能够模拟天然骨的矿化过程，这种技术使胶原蛋白及羟基磷灰石有序排列，形成主要成分及微观结构均与人体天然骨近似的人工骨修复材料。这种材料具有以下优势和特点。

① 良好的生物相容性和骨整合能力：仿生矿化胶原骨材料具有良好的诱导成骨能力，能够实现新骨再生和骨整合，这对于儿童颅骨缺损修复尤为重要，因为它能满足儿童颅骨不断长大和变形的需求。

② 优异的生物可吸收性：这种材料具有优异的生物可吸收性、骨传导性和明显高于传统胶原材料的机械强度。在引导性骨再生术中广泛应用，并凭借其良好的生物可吸收性和较少的术后并发症而逐渐取代传统的不可吸收膜。

③ 高度仿生的结构和成分：体外仿生矿化技术使这种材料的主要成分及微观结构与人体天然骨近似，能够聚焦于骨缺损修复领域，实现快速营收增长。

随着材料科学和生物制造的不断发展，仿生矿化技术已逐步迈向临床研究。具体应该主要有以下三方面。

① 在引导骨再生（GBR）技术中，仿生矿化胶原材料因其优异的生物可吸收性、骨传导性和明显高于传统胶原材料的机械强度而被广泛应用。这些材料在修饰了生物活性因子后，能够激活相关信号通路、调节成骨相关基因表达、诱导干细胞的成骨分化。它们通常以屏障膜的形式使用，凭借良好的生物可吸收性和较少的术后并发症逐渐成为 GBR 技术中的优选材料。

② 对于颅骨、胫骨等缺损修复，仿生矿化胶原骨材料作为一种在微纳尺度上模拟天然骨最小结构单元的纳米复合材料，具有良好的成骨活性和可降解性能。这种材料实现新骨再生和骨整合，同时维持足够的力学强度以避免应力集中，易于塑形以满足美学需求。

③ 在牙釉质修复方面，浙江大学唐睿康教授团队利用超小尺寸的磷酸钙纳米簇在人牙釉质表面仿生构建矿化结晶前沿，实现了牙釉质多级结构的重新构筑和高仿真的全牙牙釉质修复。这种突破性的研究利用了生物矿化的原理，通过诱发牙釉质自发外延生长，展示了仿生矿化技术在口腔硬组织缺损修复中的应用潜力。

这些进展不仅展示了仿生矿化材料在骨修复领域的广泛应用，也为解决临床上的骨缺损问题提供了新的解决方案。

综上所述，仿生矿化技术在骨修复中的应用是通过模拟天然骨的矿化过程，开发出具有良好生物相容性、可降解性、骨整合能力和高度仿生结构的人工骨修复材料，从而有效地促进骨缺损的修复和再生。

思考题

1. 什么是高压合成？并解释它在材料科学中的重要性。
2. 高压合成与传统合成方法相比有哪些优势和局限性？
3. 描述高压合成在零维和一维材料制备中的作用。
4. 列举并解释高压合成中常用的几种技术。
5. 高压合成技术如何影响材料的微观结构和宏观性能？
6. 讨论高压合成技术在特定材料制备中的应用实例，并分析其效果。
7. 熔盐具有哪些典型特性？并介绍熔盐都有哪些重要应用。
8. 描述一下由微波产生等离子的过程中相应的基元过程。
9. 什么是仿生合成技术？介绍一下典型的仿生材料并解释它们在相关领域的重要性。

参考文献

[1] 王遥，马红安，杨志强，等. 籽晶{100}面形状对高温高压合成金刚石大单晶的影响 [J]. 高压物理学报，2019，33（4）：043301.

[2] 邵静茹，李方宜，刘永奇，等. 高温高压触媒法金刚石合成块电解过程影响因素探讨 [J]. 金刚石与磨料磨具工程，2018，38（2）：12.

[3] 孙毅. 高温高压合成掺杂镓酸镧固体电解质材料的输运性质研究 [D]. 长春：吉林大学，2019.

[4] Liu Y J，He D W，Wang P，et al. Syntheses and studies of superhard composites under high pressure [J]. Acta Physica Sinica，2017，66（3）：038103.

[5] Zhang L J，Wang Y C，Lv J，et al. Materials discovery at high pressures [J]. Nature Reviews Materials，2017，2，17005.

[6] Zhang W，Wang J F，Chen M L，et al. Sustainable synthesis：Unlocking potential with plasma-assisted conversion [J]. Matter，2024，7（8）：2764.

[7] Gao Y，Lin Y Z，Zou D L. Microwave-assisted synthesis and environmental remediation：a review [J]. Environmental Chemistry Letters，2023，21（4）：2399.

[8] Li S L，Song J X，Che Y S，et al. Advances in molten salt synthesis of non-oxide materials [J]. Energy & Environmental Materials，2023，6（2）：e12339.

[9] Skubi K L，Blum T R，Yoon T P. Dual catalysis strategies in photochemical synthesis [J]. Chemical reviews 2016，116（17）：10035.

[10] Zan G T，Wu Q S. Biomimetic and bioinspired synthesis of nanomaterials/nanostructures [J]. Advanced Materials，2016，28（11）：2099.

第4章

多孔材料合成化学

多孔材料是材料科学中一类独具特色的材料，因其内部含有大量孔隙结构而得名。这些孔隙不仅赋予材料轻质、高比表面积的特性，还使其在催化、吸附、分离、储能等领域展现出极大的应用潜力。与普通材料相比，多孔材料的独特性在于其结构，而非单纯的化学成分或功能表现。区分多孔材料与其他材料的关键在于孔隙的尺度和分布，这些微观结构的调控决定了多孔材料在不同应用中的表现。本章将探讨多孔材料的合成化学，从而实现对性能的定向优化。多孔材料因其高度可调控的结构和广泛的应用前景，成为现代材料科学中不可或缺的一类，区别于传统的普通材料和专门的特殊材料。

4.1 多孔材料及其分类

多孔无机固体材料，无论是以晶态的规整展现，还是呈现为无定形的自由结构，均展现出广泛的应用潜力，特别是在吸附剂、非均相催化体系、多样化载体及高效离子交换剂等领域中。其独特的空旷骨架结构与表面积（融合了内表面与外表面的广阔空间），增强了其在催化反应中的促进效能与吸附过程中的捕获能力。

按照国际纯粹和应用化学联合会（IUPAC）的标准化定义，多孔材料（porousmaterial）依据其孔径尺寸被明确划分为三个类别：微孔（micropore），其孔径小于 2nm；介孔（mesopore），孔径范围在 2~50nm 之间；大孔（macropore），孔径大于 50nm。微孔的孔径进一步细化至小于 0.7nm，这类微孔有时也被称为超微孔，以体现其极端的微小性。从结构特征的角度出发，多孔材料可以划分为三种类型：无定形、次晶和晶体。这一分类基于材料内部原子或分子的排列有序度。为了准确鉴定不同类型的多孔材料，衍射方法尤其是 X 射线衍射技术，成为了最为常用的手段之一。在工业应用领域，无定形和次晶材料已经被使用多年。以无定形氧化硅凝胶和氧化铝凝胶为例，这两类材料缺乏长程有序性（可能是局部有序），其孔道结构不规则，导致了孔径大小的非均一性和较宽的孔径分布范围。相比之下，次晶材料则展现出一种介于无定形与晶体之间的过渡状态。它们内部包含了许多小的有序区域，这些区域之间可能相互连接或分离，从而形成了复杂的孔道网络。然而，由于整体有序性的不足，次晶材料的孔径分布同样较为宽泛。结晶材料则以其高度有序的晶体结构而著称。该材料中孔道的形状和尺寸严格由晶体结构决定，因此孔径大小均一且分布极窄。通过选择合适的晶体结构，可以精确地控制孔道的形状和尺寸，从而满足各种复杂的工业需求。由于多孔晶体材料在孔径控制、孔道形状、有序性等方面的显著优势，许多应用领域中的多孔无定形材料正逐渐被多孔晶体材料所取代，如许多反应的无定形氧化硅凝胶催化剂载体已经被微孔材料沸石分子筛所取代。

常见的无定形多孔材料有硅胶、氧化铝胶、交联黏土、层柱状结构材料、活性炭分子筛等。主要的晶体材料（有序孔结构材料）有沸石、分子筛、类沸石材料、氧化硅等介孔材料、氧化硅等大材料。

常用的多孔无机材料制备方法有：

① 沉淀法，其基本原理是通过化学反应在溶液中生成不溶性的固体颗粒，这些颗粒随后沉淀出来形成多孔结构；

② 水热晶化法，在高温高压水溶液中进行的化学反应过程，常用于沸石等晶体多孔材料的合成；

③ 热分解方法，通过加热处理使前驱体中的可挥发组分（如水、有机溶剂、气体等）分解并逸出，从而在固体基体中留下孔隙结构，进而形成多孔材料；

④ 刻蚀法，利用不同组分在化学环境中的稳定性差异，通过选择性溶解掉前驱体或已合成材料中的部分组分，从而在固体基体中创造出孔隙结构；

⑤ 在制备具有特定形态的材料（如薄膜、片状、球块状等）时，通过特定的工艺条件在材料内部或表面生成二次孔隙结构。

本章将聚焦于结晶性多孔材料。主要讨论微孔材料沸石、分子筛和 MOF（金属有机框架）材料，同时也拓宽至介孔与大孔材料的范畴，特别是以 M41S 家族（如 MCM-41 等）为代表的介孔材料。尽管在原子层面上，介孔与大孔材料的内部结构呈现出一种无序的无定形态，但它们有序的孔道排列以及极为狭窄的孔径分布，却展现出了长程有序性的特质。这种高层次的有序性，赋予了介孔与大孔材料以一般晶体所特有的某些性质与功能。借助于先进的衍射技术能够捕捉到这些材料内部结构的微妙线索，从而深入揭示其独特的结构信息。

4.1.1 微孔材料合成新进展和特殊合成方法

4.1.1.1 合成新方法：新材料与新结构

在材料科学领域，最新的合成研究多建立在对既有体系的优化与改进之上。研究者们通过引入不同种类的原料、添加剂，并精确调控合成条件，成功地合成了具有新颖组成与结构特征的材料。这一过程不仅丰富了材料科学的知识体系，而且发现了一些新的实验现象，微孔材料的合成也主要体现在模板剂的改进上。

稳定的金属有机化合物被广泛用作模板剂，以引导结构化合成。具体而言，环戊二烯钴（Ⅲ）离子作为模板剂，用于制备具有特定结构的 $AlPO_4$-5 材料。类似地，在合成具有 14 元环高硅沸石 UTD-1 的过程中，甲基环戊二烯钴同样展现出模板功能。该合成反应体系由精确配比的 $(CoMe_5)_2Co(OH)$、水、NaOH 及 SiO_2 组成，其摩尔比严格控制在 $0.125:1:0.1:60$，陈化 1 小时，175℃晶化 2 天。

MCM-22（一种具有 10 元环和 MWW 拓扑结构的沸石）的合成采用六亚甲基亚胺（$C_6H_{12}NH$）作为模板剂。此过程中，无定形氧化硅和铝酸钠分别作为硅源和铝源。在 423K 温度下，通过连续搅拌反应混合物 12 天，可获得 SiO_2/Al_2O_3 摩尔比为 22 的 MCM-22 前驱体，该前驱体展现出层状结构。若直接对前驱体进行焙烧处理，将促使其转化为 MCM-22 沸石。另一方面，若采用长链有机胺嵌入前驱体的层状结构中，随后加入正硅酸甲酯（TMOS）进行水解以生成氧化硅柱子，再经焙烧，则可制备出具有大孔道结构的 MCM-36 材料。通过 X 射线粉末衍射、程序升温脱附及 ^{29}Si MAS NMR（魔角旋转核磁共振）等表征手段的研究，揭示了前驱体表面硅羟基在加热过程中发生聚合形成三维有序结构的 MCM-22 的机制。此外，当调整反应混合物中模板剂与无机阳离子的比例至较低水平时，可得到一种在焙烧前即展现出类似 MCM-22 XRD 图谱的新材料，该材料被命名为 MCM-49。

ZSM-10 的合成有些特殊，采用有机阳离子 1,4-二甲基重氮[2.2.2]二环辛烷作为模板剂。近期的研究揭示了该模板剂的独特作用：它主要在成核和陈化阶段发挥关键作用，而非传统上认为的贯穿整个晶化过程。具体而言，若直接跳过室温下的陈化步骤，将反应混合物迅速加热至晶化温度（如 373K 或 413K），则无法成功合成 ZSM-10。这一现象很可能是由于模板剂在相对温和的条件下即已开始分解，从而无法有效引导沸石骨架的形成。相反，当反应混合物在室温下进行适当时间的陈化或采用缓慢加热的方式逐渐升至晶化温度（如 2 天加热至所需温度），则能够成功获得 ZSM-10 沸石。即一旦成核过程完成，模板剂在后续的生长阶段中便不再发挥直接作用。这意味着 ZSM-10 沸石的生长并不依赖于模板剂的持续存在，且最终产物中通常不含有模板剂的残留。

尽管许多被归类为大孔（孔径大于 10 元环）的高硅沸石并不完全拥有真正的三维大孔体系，而是展现出一维孔道或是由 12 元环孔道与较小孔道（如 8 元环）交织而成的多维孔道架构。然而，UCSB-6、UCSB-8 和 UCSB-10 等沸石作为 FAU（八面沸石）之后的重要发现，成功展示了具有三维 12 元环结构的实例，它们是由二价元素（如 Co、Mg、Mn 或 Zn）和三价元素（如 Al 或 Ga）混合而成的磷酸盐体系。在这些合成过程中，二胺类化合物作为模板剂发挥了关键作用。模板剂与无机物种之间的特殊相互作用，尤其是有机胺阳离子与 TO_4（T 代表 Si 或 Al 等四面体中心原子）四面体中的氧阴离子之间的相互作用，是形成特定沸石结构的重要驱动力。这种相互作用在固体产物形成过程中逐渐演变为骨架内的主体-客体 N—H—O 氢键相互作用，进一步稳定了沸石的结构。

通常碱金属离子对磷酸铝分子筛合成有不利影响，但通过选择合适的体系和条件，无机阳离子可以与有机阳离子一起作为结构导向剂，如在 Na（或 K）与 TEAOH（四乙基氢氧化铵）混合体系中合成具有 12 元环的 UiO-6（OSI）。

4.1.1.2 模板机理新概念

在沸石和分子筛的合成过程中，无机骨架主体与有机客体之间的电荷匹配是模板作用不可或缺的一部分。具体来说，有机模板剂能够选择性地与无机骨架中的特定位置发生相互作用，从而引导骨架的生长和排列。为了与模板剂实现电荷匹配，无机骨架会相应地调整其结构，产生扩展的或中断的笼状结构，以改变模板剂周围的局部骨架曲率和电荷密度。此外，当合成过程中存在多种可选择的 TO_4 四面体原子（如 Al^{3+} 和 Co^{2+}）时，通过调整骨架的组成，既改变局部骨架的电荷密度，也可以达到与模板剂电荷匹配的目的。

大的多环有机胺因其特定的结构和性质，被广泛应用于合成二维或三维孔道高硅沸石分子筛。这类有机胺能够有效地稳定高硅沸石内部的疏水表面，SSZ-n 系列沸石就是这一策略的典型代表。为了匹配高硅沸石较低的骨架电荷密度，倾向于选择低电荷的有机胺作为模板剂。然而，在这种情况下，有机胺更多地扮演了孔道填充物的角色，而非传统意义上的模板剂。这种选择往往导致合成产物呈现出一维孔道结构，因为低电荷的有机胺对骨架生长的导向作用相对较弱。与此相反，UCSB-n 系列的合成则采用了不同的策略。研究者们利用主体（无机骨架）和客体（有机模板剂）之间的电荷匹配来合成具有三维孔道结构的沸石。在这一过程中，二胺 $H_2N(CH_2)_nNH_2$（$n \geqslant 7$）作为模板剂，UCSB-n（$n=6,8,10$）三个新的 12 元环多维孔道结构的磷酸盐被成功合成出来。在这些结构中，双四元环作为稳定结构的基本单元起到了重要作用。氟离子的存在进一步增强了这些基本单元的稳定性。事实上，许多具有复杂孔道结构的沸石和分子筛都包含这样的基本单元，如 20 元环的 cloverite、LTA 磷酸镓、MU-1、MU-7 和 MU-20 等。

4.1.1.3 非水体系合成

在水热合成沸石的过程中，水作为溶剂的同时，也作为孔道填充物来稳定多孔结构。此外，水还直接参与了 T—O—T 键（其中 T 代表四面体中心的原子，如硅或铝）的水解和生成过程。另一方面，水还通过降低反应混合物的黏度来增大反应物的活性。因此从某种意义上说，水不仅是溶剂也是反应物和催化剂。非水溶剂合成体系是用有机溶剂代替溶剂水，只允许少量的水作为反应物存在，整个体系具有非水溶液的性质。

在水热合成体系观察到的模板作用原理和生成机理也适于非水溶剂体系。在分子筛的合成过程中，溶剂的性质是合成成功的关键。溶剂与反应物之间的相互作用是分子筛晶化的核心驱动力之一。对于模板剂而言，其与溶剂之间的相互作用同样重要。模板剂与溶剂之间的相互作用不应该太强，以免妨碍模板剂与无机物种之间的有效结合。在选择溶剂时，中等氢键强度的有机溶剂通常被认为是较为合适的选择。

从 1985 年 Bibby 和 Dale 首次在乙二醇体系中成功合成全硅方钠石开始，这一领域便引起了广泛的关注和研究。徐如人等研究者进一步扩展了非水溶剂合成的应用范围，他们使用多种有机溶剂合成了各种形貌的方钠石。这一过程中，他们发现生成方钠石需要尺寸合适的模板剂，这些模板剂可以是有机溶剂本身，也可以是额外加入的另一种有机物。此外，他们还首次引入了季铵盐模板剂，成功合成了 silicalite-1、ZSM-39 和 ZSM-48 等分子筛材料。随着研究的深入，非水溶剂合成体系被进一步扩展到低硅沸石的合成中。徐文畅等研究者使用有机胺作为溶剂，成功地合成了 ZSM-48 等沸石材料。Ozin 等研究者则将氟离子引入非水合成体系，通过在吡啶和烷基胺溶剂中合成 ZSM-35 等特大晶体，进一步拓展了非水溶剂合成体系的应用范围。在多数非水溶剂合成体系中，少量的水是必要的。水在这里主要起到帮助硅酸盐溶解的作用，尤其是在有机胺溶剂体系中。虽然水的存在没有改变溶剂的非水性质，但它却对反应物的溶解、水解、扩散和聚合等过程产生了重要的影响。

直到现在还没有在非水体系中得到新的沸石或全硅分子筛。目前非水合成的最大优势是能容易地得到大单晶，因为高硅沸石在非水体系中的成核速度很慢，而生长速度与水体系相似。

将非水合成方法引入磷酸盐体系，获得了很大的成功。使用的溶剂主要有二醇和醇类化合物，最初的结果是合成不同孔径的磷酸铝分子筛 $AlPO_4$-5、$AlPO_4$-11 和 $AlPO_4$-21，后来在非水体系得到了一系列新结构，包括一维链、二维层和三维骨架结构，并且它们多数都能得到大单晶。在这些新结构中 JDF-20 是最为引人注目的。JDF-20 含有 20 元环的磷酸铝骨架，其 P/Al（摩尔比）是 6：5，而不是通常的 1：1，这是因为骨架中含有 P—OH，JDF-20 骨架是一阻断结构（有些磷连有 OH，因此只与 3 个铝相连）。DF-20 合成使用了一个很简单的模板剂：三乙胺。但是 JDF-20 合成需要较小极性的溶剂，如二乙二醇、三乙二醇、四乙二醇或 1,4-丁二醇，而高极性的溶剂（如乙二醇或乙醇）在相同的合成条件下，使用同样的反应组成得到 $AlPO_4$-5。另一个值得注意的是 JDF-20 在焙烧过程中发生固相转晶生成 $AlPO_4$-5。

磷酸铝分子筛结构从四元环链转化而来的观点揭示了这些复杂结构形成的一种可能路径。在非水溶剂如四乙二醇中，水的加入对产物的结构和类型产生了显著影响。随着水量的逐渐增加，产物从链状磷酸铝、JDF-20、片状磷酸铝到 $AlPO_4$-5 依次变化，这些结构之间存在着密切的联系和转化关系。这种变化主要归因于水对铝源溶解度和无机物种水解的影响。在没有或只有少量水存在时，铝源和磷源在溶液中的主要存在形式是链状结构的 $[AlP_2O_8H_2]^-$。这种链状结构与质子化的有机胺 Et_3NH^+ 相互作用，形成固体产物。然而，随着水量的增加，$[AlP_2O_8H_2]^-$ 开始发生水解反应，生成了具有不同结构和形态的新物种。具体来说，当水量适中时，水解反应生成的梯形链状结构与原始的 $[AlP_2O_9H_2]^-$ 链一起，共同构成了 JDF-20 这种特殊结构的基础。而当水量进一步增加时，曲轴状的链状结构成为主导，这种结构是最终形成 $AlPO_4$-5 所需的前驱体。

当以二甲胺作为模板剂时，$AlPO_4$-21 在乙二醇、二乙二醇、1,4-丁二醇和乙二醇单甲醚中形成。在 $AlPO_4$-n 的合成过程中，一个关键的反应是生成 Al—O—P 键的脱水反应。研究发现，有机溶剂的极性对晶化速率有显著影响。具体来说，$AlPO_4$-21 在纯水中的晶化速率明显快于在任何有机溶剂中的速率。按照溶剂化效应的规则，如果反应速率随着溶剂极性的增加而增加，那么该反应通常被认为是亲电过程。然而，在徐如人等人的实验中，他们发现 $AlPO_4$-21 的晶化速率实际上随着溶剂介电常数的增加而降低（水作为例外）。这一结果表明，$AlPO_4$-21 的生成过程是一个亲核过程，而不是亲电过程。在亲核过程中，电子通常从溶剂或模板剂向反应物转移。有机胺模板剂在这个过程中起到了关键作用，它帮助扩散电子，促进了 Al—O—P 键的形成和晶体的生长。

4.1.1.4　大单晶体合成

对于沸石大晶体的需求广泛存在于结构解析、晶体生长机制探究、吸附与扩散性能研究、光电特性测定以及功能材料应用等多个方面。

沸石大单晶的合成要求严格控制影响晶化过程的多种因素。一般而言，水热或溶剂热法合成沸石大单晶主要经历以下关键步骤：①原料混合后，通过适当的反应条件促使反应活性物种达到过饱和状态；②成核；③晶体生长。为了成功合成沸石大单晶，研究焦点应聚焦于晶化过程的精细控制。首先，过饱和度作为晶化过程中的一个重要参数，对成核和晶体生长（包括生长速率及最终晶体尺寸）具有显著影响。然而，在多数沸石合成体系中，过饱和度并非一个可独立调节的变量，而是由无定形凝胶前驱体的溶解度所决定，后者又受到反应混合物组成及反应条件（如温度、压力、溶剂性质等）的共同影响。其次，成核步骤是晶化过程中的核心环节。无论是均相成核还是非均相成核，控制成核数量对于实现沸石大单晶的合成至关重要。少量的成核能够确保反应体系中剩余的反应活性物种足以支持晶核持续生长至最大尺寸，从而避免由成核过多而导致的晶体尺寸减小和晶体聚集体的形成。

大单晶制备过程中用到的策略主要体现在以下方面。

① 通过加入成核抑制剂和优化合成条件可以合成均匀的 A 型沸石（LTA）和 X 型沸石（FAU）大单晶。加入三乙醇胺到反应混合再到增大 LTA 和 X 型沸石的晶体尺寸。在这样的体系中，晶体能够较稳定地悬在含有丰富营养的凝胶当中，各个可能的生长面都有机会得到生长。另外，三乙醇胺对铝有一定的络合作用，铝的活性成分在整个晶化过程得以缓慢释放，因此成核受到抑制。使用高纯度的反应物能够抑制非均相成核和避免杂质引起的晶面缺陷，有利于获得尺寸均一、外形完美的大晶体。

② 使用多硅源技术可以得到丝光沸石（MOR）和 MFI 等结构。多硅源技术是指使用一种以上的含硅化合物作为硅源，如硅酸钠溶液和干 SiO_2 粉末联合用作硅源。活性较高的硅酸钠先被耗尽（控制成核数量），而活性较低的 SiO_2 会慢慢地释放出活性物种供给晶体生长。

③ 氟离子体系反应。在氟离子体系中，获得了一系列大尺寸的单晶体，这些晶体涵盖了silicalite-1、B-MFI、Ti-MFI 以及多种磷酸盐如 $AlPO_4$-5、$AlPO_4$-11、$AlPO_4$-34，还有磷酸镓和磷酸铟等。氟离子在此体系中扮演了矿化剂角色，它使得沸石能够在接近中性的条件下进行晶化，这一特性显著区别于传统上所需的强碱性介质。氟离子体系中的过饱和度相对较低，成核和晶化过程均变得缓慢，这为晶体的充分生长提供了有利条件，因此更容易获得大尺寸的晶体。此外，氟离子对硅、硼、钛、铝、磷等多种元素展现出一定的络合能力，这种络合作用有效地减缓了这些活性物种的释放速度，使得它们在晶化过程中能够逐渐且稳定地补给到晶体生长的前沿，从而促进了大尺寸晶体的形成。

④ 清澈溶液中结晶。清溶液中可以直接合成 FAU 和 LTA 等硅铝沸石，在均匀溶液中容易晶化出 AFI 大单晶。将此方法应用到磷酸铝分子筛合成，从清澈溶液中获得了 $AlPO_4$-5 大单晶。用此方法，B、Fe、Ni、Co 及其他元素能够容易地引入磷酸铝骨架。与传统的凝胶法相比，清液法较容易控制溶液的过饱和度。

⑤ 醇体系是一个非常有效的获得一些沸石和金属磷酸盐大单晶的方法。吉林大学徐等人发展了这一方法，在广泛的体系中合成出一系列沸石和磷酸铝分子筛,其中多数是大单晶。

4.1.1.5　超微分子筛晶体的合成

位于晶体表面的原子的性质与晶体内部的原子会有所不同，随着晶体尺寸的缩小，更多的原子暴露在晶体的表面，尤其是纳米级晶体材料，晶体外表面的原子数量已不能被忽略。为合成较小的沸石晶体，控制晶化过程是很重要的，成核速度和生长速度决定晶体的大小，这两个速度都随过饱和度提高而提高，但是成核速度增加比生长速度快得多，因此在高过饱和度合成条件下能很快得到较小的晶体。

沸石的纳米级晶体很早就被合成出来了，现在，能得到的微晶沸石有羟基方钠石、A 型沸石、Y 型沸石、ZSM-2、ZSM-5、TS-1、β 沸石和 L 型沸石。

稳定的沸石晶体（<100nm）胶体能够得到，例如含钛的硅沸石-1 胶体悬浮液是通过加热反应混合物的清溶液得到的 [较低的温度（100℃），2 天]。采用类似的条件也可以合成 A 型沸石、Y 型沸石和 silicalite-1 的胶体悬浮液。

4.1.1.6　二次合成与骨架修饰

几乎所有的沸石合成，其反应组成和条件都有一定的限制，如高硅 Y 型沸石和低硅 ZSM-5 等特定材料，其合成过程往往受到诸多限制，需要采用更为复杂的二次合成策略来对沸石骨架进行必要的修饰。对于某些难以直接合成的硅铝沸石，可以首先合成具有相似结构的硅硼沸石作为前驱体，随后通过铝原子对硼原子的取代反应，成功制备出目标硅铝沸石。例如，Al-SSZ-24（AFI）和 Al-CIT-1（CON）等沸石的合成便采用了这一策略。沸石骨架的修饰通常具有不可逆性，这与简单的离子交换或吸附过程存在本质区别。此外，直接合成法也是实现沸石骨架修饰的重要手段之一。通过在设计合成体系时引入特定的非硅铝元素（如磷、钛、镓等），可以直接合成出含有这些杂原子的沸石材料。

二次合成最成功的例子，是能够改变骨架硅铝比的沸石铝化和脱铝过程。针对低硅沸石的脱铝处理及其后续热处理的方法与机制，已进行了详尽而深入的研究，旨在提升其结构稳定性和酸性特性。常见的脱铝策略包括：①酸处理，有选择地将铝从骨架上移走；②NH_4^+交换沸石的热处理；③高温水蒸气处理；④络合剂萃取骨架铝；⑤采用硅化合物处理。相比之下，沸石铝化的研究相对较少。例如，通过 $AlCl_3$ 蒸气处理 ZSM-5 沸石，实现了铝元素的再引入；利用 KOH 或 NaOH 溶液对脱铝 Y 型沸石进行处理，促进了非骨架铝向骨架铝的转化；而采用 $NaAlO_2$ 或 $KAlO_2$ 溶液进行铝化处理，则能更有效地提升铝化效果。特别地，使用 $NaAlO_2$ 溶液对 β 沸石进行铝化处理，显著降低了其 Si/Al 比，从 19 降至 3～4，这一变化对沸石的物理化学性质产生了深远影响。

4.1.1.7 转晶

沸石的转晶现象，作为一种独特的合成技术，既可在液相环境中进行，也可在固相条件下实现。在此过程中，一种沸石常被用作另一种沸石的合成原料，例如，含硼的 B 沸石即可作为起始材料，通过特定的合成路径转化为含硼的 SSZ-24。

具体到 Li-Losod（LOS）沸石的转晶，实验表明，在 0.1 mol/L 的 NaOH 溶液中，于 353 K 的温度下，Li-Losod 能够成功转化为 Li-钙霞石（CAN）。这一转化过程涉及沸石骨架中特定化学键的断裂与重组。另一方面，Na-EAB（EAB）沸石在高温条件下则倾向于转化为方钠石（SOD）。然而，当 EAB 沸石中的阳离子由 Na^+ 替换为 K^+ 时，即形成 K 型 EAB，其结构在高温下表现出极高的稳定性，即使在高温条件下也难以转化为方钠石。这一现象可归因于 K^+ 在 EAB 沸石 8 元环中的稳定作用，它有效地增强了沸石结构的刚性，从而抑制了向方钠石的转化。值得注意的是，这一转化过程通常只需要断开 1/12 的 T—O—T 键，并随后形成新的化学键即可完成。此外，水分子在这一过程中起到了催化作用，加速了反应的进行。除了上述例子外，磷酸铝体系中也发现了更多的固相转晶现象。例如，$AlPO_4$-21 可以转化为 $AlPO_4$-25，VPI-5 可以转化为 $AlPO_4$-8，以及 JDF-20 转化为 $AlPO_4$-5 等。

一些非沸石结构可以转晶为沸石结构，下面是一些例子。

① Kanemite（$NaH[Si_2O_5] \cdot 3H_2O$），作为一种层状结构的水合硅酸钠，其核心特征在于其独特的层间结构，即由船式构型的六元环 Q^3 硅酸盐层所构成，其中"Q^{3n}"表示每个硅酸盐四面体与三个其他四面体相连形成的环状结构。这些硅酸盐层之间，通过八面体[NaO]单元以共享角和边的方式相互连接，形成了稳定的层状架构。为了将 Kanemite 转化为 ZSM-5 沸石，采用了一种固相转化方法。首先，对 Kanemite 进行预处理，即将其嵌入四丙基氢氧化铵（TPAOH）中，作为模板剂以引导后续的结构重排。随后，将嵌入 TPAOH 的 Kanemite 进行干燥，以去除多余的水分。接下来，将干燥后的 Kanemite-TPAOH 复合物与干燥的硅酸盐凝胶进行均匀混合，并通过研磨和压片工艺，将混合物制成厚度为 1.0～1.5mm 的片状样品。随后，将压制好的片状样品置于封闭的反应体系中，于 573K 的温度下加热 69h。最后，将温度

提升至 773K 进行灼烧处理，以彻底去除样品中的有机物（主要是 TPAOH 模板剂）和其他挥发性成分。

② 一个含水层状的硅酸盐（层之间是有机模板剂）在 550℃能转化成纯硅镁碱沸石（FER），X 射线粉末衍射表明这个层状相已经含有 FER 的二维结构片。与此类似的有 MCM-22 的合成。

③ 磷酸铝体系也有类似的例子，如在高温下从二维结构转晶生成三维结构 $AlPO_4$-5。

4.1.1.8 高温快速晶化合成

通过高温快速晶化合成直接合成特定结构沸石或分子筛的例子确实较为罕见。在三乙二醇溶剂中，以三乙胺为模板剂，通过直接加热磷酸铝凝胶至高温（约 600℃，需严格注意操作安全）可制备 $AlPO_4$-5 分子筛。这一方法仅需几分钟即可完成，且直接获得了不含模板剂的纯净产物，从而省去了传统合成过程中必需的焙烧步骤以去除有机模板剂。然而，关于此合成路径中 $AlPO_4$-5 的晶化过程，目前尚缺乏详尽的机理解释。

4.1.1.9 干凝胶法可用于合成高硅沸石或全硅分子筛

干凝胶法合成过程始于氧化硅凝胶与结构导向剂（通常也称为模板剂）的充分混合。混合物中需含有适量的水分，这些水分不仅有助于活化聚合过程，还能促进硅羟基（氧化硅凝胶表面的主要官能团）之间的反应。随后，将混合物置于反应釜中，在 150～200℃的温度范围内进行反应。这一温度区间以充分利用硅羟基的高反应活性，促进硅氧键的形成和重排。该方法具有广泛的适用性，既可用于碱性体系，也可在酸性氟离子体系中进行。当使用高浓度的结构导向剂时，可以得到高孔隙度的沸石材料。此外，干凝胶合成法作为一种创新的合成策略，具有减少结构导向剂用量和便于沸石形体合成的优点。通过干凝胶法，可以更加灵活地控制合成条件，如温度、压力、反应时间等，以制备出具有特定形状（如薄膜、片、管、球等）和性质的沸石材料。干凝胶方法合成沸石的条件与一般的合成方法相比会有所不同。

4.1.1.10 分子筛膜及各种型体的合成

沸石在附着于载体上时，能够显著提升其机械强度、传热性能及催化活性。常用的沸石类型包括 Y 型沸石、镁碱沸石（FER）、丝光沸石（MOR）、ZSM-5（MFI 结构）以及 β 沸石（BEA）。其中，一种直接而有效的方法是将惰性载体直接引入沸石合成混合物中，使沸石在载体表面或孔隙内原位生长。这种方法简化了合成步骤，提高了生产效率。另一种策略则利用营养源界面处的晶体生长机制，即通过载体提供所需的硅源（全部或部分），以促进沸石晶体的定向生长。在此方法中，石英、玻璃、硅片等合适的载体材料被广泛采用。例如，将多孔氧化铝载体置于合成混合物的清澈溶液表面，在水热条件（448K）下，ZSM-5 沸石薄膜能够在载体表面连续生长，形成多晶薄膜，多数晶体其 c 轴方向倾向垂直于薄膜表面。

沸石薄膜的合成通常涉及将沸石相沉积在多孔载体上，该过程中面临的主要挑战包括确保沸石薄膜的无缺陷性以及精确控制薄膜的厚度。此外，有时还需调控沸石薄膜中晶体的特定取向（如孔道取向）。近年来，最新沸石薄膜合成进展包括：一是通过优化合成条件，实现沸石相在载体表面上的连续且均匀地生长，同时降低沸石薄膜的厚度；二是探索和应用多种先进的合成方法与技术，以拓宽沸石薄膜的合成路径；三是引入新型载体材料，如碳纤维等，利用其独特的物理化学性质，为沸石薄膜的合成提供新的平台与机遇；四是深入研究沸石薄膜的生成机理，从分子层面揭示其生长规律。

应用时要将分子筛成型，通常需要加入黏结剂，这会降低分子筛含量并影响效率。一步合成法是将无定形原料预先成型，然后进行水热处理或热处理，可以制得无黏结剂的沸石。另一种合成"无黏结剂"的沸石的方法是用黏土作为黏结剂使沸石粉末成型，然后用碱液处理（二次合成）将黏土转化成沸石。

4.1.1.11　微波加热合成分子筛

传统的烘箱或水浴加热方式依赖于反应器间接传递热量至反应混合物，而微波加热技术则实现了对反应物的直接加热，这一特性赋予了其升温迅速且均匀的优势。由于微波加热能够促使反应物内部快速且均一地达到所需温度，它显著促进了成核过程的均匀性，从而大幅缩短了晶化时间。由于加热机制的根本性差异，微波加热可能会改变晶化过程，因此，在采用该技术时，需要重新评估并优化反应物的组成以及反应条件。已成功应用微波加热技术合成的分子筛及沸石材料包括但不限于 CoAPO-5、CoAPO-44、$AlPO_4$-5、A 型沸石、Y 型沸石以及 ZSM-5 等。

在分子筛膜合成领域，微波加热同样展现出了独特的优势。例如，在 α-Al_2O_3 载体上生长 NaA 沸石膜的过程中，微波加热技术使得整个合成过程缩短至 15～20min，提高了合成效率。同时，由于微波加热的均匀性，所合成的沸石膜厚度更易于控制。

4.1.1.12　太空中合成分子筛

为了探索更大、更纯净、更完美的晶体，研究人员尝试在太空环境中进行沸石和分子筛的晶化实验。在微重力条件下，差异主要体现在以下两个方面。首先，太空中微重力环境抑制了对流现象，导致传质速率显著降低。因此，若实验时间不足，可能会导致晶体产量较低且晶化不完全的问题。其次，微重力环境还有效避免了晶体间的相互黏结以及沉积在反应器底部的现象。这一优势有助于形成更加分散、均匀的晶体结构，从而提高了晶体的纯净度和完整性。

4.1.2　介孔材料

沸石在脱铝过程中能够产生一定数量的介孔。然而，介孔孔径的大小和数量难以精确控制。另一方面，黏土和层状磷酸盐等层状材料，其层间结构具有被大无机物种（如聚合阳离子或硅脂等）撑开的潜力，从而生成介孔分子筛。尽管这些原始材料本身是结晶的，但撑开层间结构所引入的柱子往往不是规则排列的，这导致了生成的介孔尺寸分布不均一，呈现出无序状态。为了克服这一难题，研究人员致力于通过严格控制制备条件来优化介孔硅铝凝胶的孔分布。通过精细调控合成过程中的各种参数，如温度、时间、原料比例等。然而，即使在这样的严格控制下，所生成的介孔仍然保持无序状态，难以达到完全规则排列的理想效果。

本节所讨论的介孔材料与以上几种为代表的无序介孔（无定形）材料不同，是以 M41S 为代表的有序（结晶的）介孔材料。

4.1.2.1　全硅及硅铝介孔材料

事实上，有序介孔材料的合成是 1992 年 Mobil 公司合成的 M41S 系列介孔材料，这一成就与 20 世纪 70 年代合成的另一标志性材料 ZSM-5 同样重要。M41S 系列介孔材料以其独特的孔道结构著称，包括 MCM-41（具有六方对称性的孔道结构）、MCM-48（拥有复杂立方相孔道网络）以及 MCM-50（层状结构）。通过精确控制孔道的尺寸和形状，科学家们能够制备出具有特定功能的多孔材料，这一策略与 ZSM-5 的合成理念不谋而合，共同推动了多孔材料科学的发展。值得注意的是，传统沸石材料的微孔结构限制了反应物分子的尺寸，通常要求小于约 12Å，这在一定程度上阻碍了孔道修饰改性技术的发展。然而，介孔材料的出现打破了这一限制，其孔径大小范围在 15~300Å 之间，为孔道改性、功能化以及催化、吸附等领域的研究提供了更为广阔的空间和机遇。

在合成 M41S 系列介孔材料的过程中，表面活性剂主要是带正电荷的季铵盐，它们具有一个亲水的正电荷头部和一个疏水的长链尾部。这种独特的分子结构使得季铵盐表面活性剂在水溶液中能够形成复杂的超分子结构。具体来说，在较低浓度时，它们会聚集成胶束；而当浓度升高时，则会进一步组织成液晶相。与沸石合成中常用的有机模板剂不同，季铵盐表面活性剂不仅作为模板剂引导硅酸盐物种的排列，还通过自组装过程与硅酸盐物种共同构建出有序的结构。这一自组装过程与液致液晶的生成过程高度相似，都涉及了分子间的有序排列和相互作用。在自组装完成后，通过进一步的化学处理，如焙烧或萃取，可以去除表面活性剂模板，从而留下具有介孔结构的硅酸盐骨架。

4.1.2.2　生成机理

介孔材料的合成确实在许多方面展现出了与传统液晶学和生命科学之间的相似性。首先，介孔材料合成中使用的表面活性剂，其分子结构通常包含一个或多个极性头部和一个长链的疏水尾部。相比之下，生命科学中常见的磷脂类化合物（如细胞膜的主要成分磷脂双分子层）则具有两个长链的疏水尾部和一个亲水的头部。至于液晶材料，它们通常需要在长链尾部上引入特殊的基团（如含有苯环的基团），这些基团之间的相互作用以及它们与溶剂分子之间的相互作用共同决定了液晶材料的相行为和物理性质。

MCM-41 作为 M41S 介孔家族中的核心成员，其孔道结构以六方排列著称。关于 MCM-41 的最早合成方法，关键在于将表面活性剂 $C_{16}H_{33}(CH_3)_3NBr$ 的溶液与硅酸钠溶液混合，进而在水热条件下（如 100℃加热数天）形成具有有序介孔结构的水合凝胶。若要合成含铝的 MCM-41，即引入铝元素以调整材料的性质，只需在反应混合物中额外加入铝源，如铝酸钠、氯化铝等。铝的加入会改变硅酸盐骨架的组成，进而影响介孔材料的酸性、催化活性等特性。

MCM-41 较普遍的合成机理是在加入无机反应物后形成液晶相，其中 Davis 和 Stucky 提出的两种机理尤为具有代表性。Davis 的机理侧重于描述了一个从无序到有序的转变过程。首先，无序的棒状胶束与硅酸盐物种在溶液中发生相互作用。在这一阶段，硅酸盐物种开始在棒状胶束的周围沉积，形成二至三原子层的 SiO_2 壳层。随后，这些包裹了 SiO_2 壳层的棒状胶束开始自发地聚集在一起，通过分子间的相互作用力（如范德华力、静电作用等）逐渐排列成具有长程有序性的六方结构。经过一段时间的聚集和重排，硅酸盐物种在棒状胶束模板上的聚合程度逐渐加深，直至达到一定的临界点，此时硅酸盐骨架的刚性和稳定性足以支撑起整个介孔结构，从而形成了具有六方排列孔道的 MCM-41 相。

Stucky 认为是无机和有机分子级的物种之间的协同合作共组生成三维有序排列结构。多聚的硅酸盐阴离子与表面活性剂阳离子发生相互作用，在界面区域的硅酸根聚合改变了无机层的电荷密度，这使得表面活性剂的长链相互接近，无机物种和有机物种之间的电荷匹配控制表面活性剂的排列方式。预先有序的有机表面活性剂的排列（如棒状胶束）不是必需的。反应的进行将改变无机层的电荷密度，整个无机和有机组成的固相也随之而改变。最终的物相则由反应进行的程度（无机部分的聚合程度）而定（参见图4-1）。Davis的机理在解释MCM-41等介孔材料的合成时确实存在一些局限性，特别是在涉及孔道长度、胶束形态多样性以及不同介孔相的生成方面。首先，Davis的机理难以直接解释MCM-41为何具有相对较长的孔道。此外，溶液中的胶束形态是多样的，除了棒状胶束外，还可能存在球状等其他形态的胶束。如果仅依靠无序棒状胶束周围 SiO_2 的沉积和自发聚集来解释长程有序相的形成，那么理论上除了六方相MCM-41外，还应该能够生成其他多种物相，但实际情况并非如此。其次，Davis的机理在解释立方相MCM-48和层状相MCM-50的生成时也显得力不从心。MCM-48的介孔结构可以视为由等长的短棒交叉而成，但在表面活性剂溶液中，棒状胶束的长度并不均匀。同样地，低浓度的表面活性剂溶液中也不存在生成MCM-50所需的板状胶束。

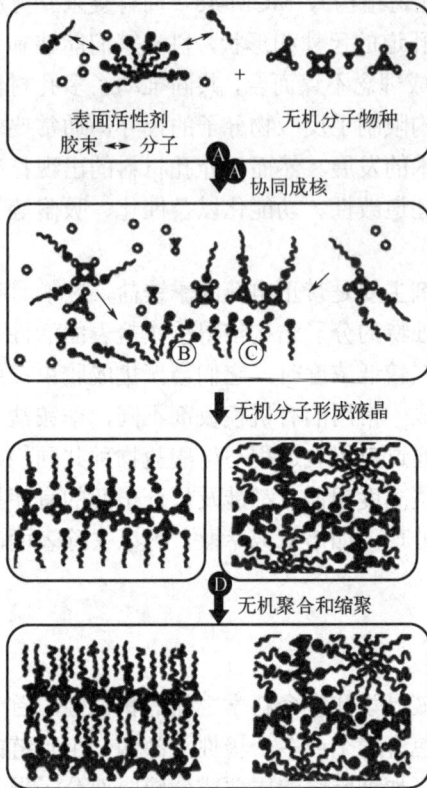

图4-1 介孔材料生成机理

Stucky 机理在材料科学领域展现出了相当的普遍性，经过持续的完善与发展，它能够有效地解释多种合成体系及其相应的实验结果。这一机理不仅提供了理论框架，还在一定程度上指导了实验设计与优化。

4.1.2.3 有机和无机物之间的相互作用方式

在介孔材料的合成过程中，有机与无机组分之间的相互作用，特别是电荷匹配机制，扮演着重要角色，它不仅是整个形成过程的主导因素，还决定了合成路径的可行性与产物的特性。

在介孔材料的合成策略中，调整表面活性剂头部基团的化学性质以匹配并促进与无机组分的相互作用是至关重要的。首先，考虑在特定 pH 范围内的水溶液中，低寡聚的无机阳离子或阴离子能够进一步聚合形成更复杂的结构。以在碱溶液中合成硅酸盐介孔材料为例，此时的无机物种主要是低寡聚的硅酸根阴离子（I^-）。为了引导这些带负电荷的无机物种有序排列，使用带有正电荷的表面活性剂阳离子（S^+）成为了一种有效方法。这种通过 S^+ 与 I^- 之间的相互作用形成的有机-无机介孔结构被称为 S^+I^- 结构，它依赖于 S^+I^- 作用来实现结构的自组装。另一方面，也存在 S^-I^+ 结构的例子，如阳离子的高聚铝 Keggin 离子与阴离子表面活性剂（如烷基磺酸盐）之间的相互作用。尽管这种组合涉及相同种类的电荷，但在实际合成中，通常需要一相反电荷离子（如 Cl^-）的存在来平衡电荷并促进相互作用。类似地，$S^+X^-I^+$ 介孔材料结构也展示了相同电荷种类有机-无机组合的可能性，其中 S^+ 代表季铵盐表面活性剂，X 为卤素离子（如 Cl⁻），而 I⁺则是在强酸性溶液中形成的带正电荷的氧化硅物种。特别地，在酸性介质中合成全硅介孔材料时，合成过程可能从 S⁺X⁻I⁺（如 CTMA⁺Cl⁻SiO⁺ 和 CTMA⁺NO₃⁻SiO⁺）开始，并随着反应的进行逐渐转变为 IX⁻S⁺结构。此外，还存在一类基本上没有电荷直接参与的介孔结构生成方式，即 S⁰T⁰ 组合。在这种方法中，使用中性的有机胺表面活性剂 S⁰ 或非离子的聚乙二醇氧化物表面活性剂 N⁰ 作为模板剂。这种方法具有广泛的适用性，可用于合成包括氧化硅、氧化铝、氧化钛等在内的多种介孔材料。

除了电荷匹配外，氢键作用也是 S/I 界面上一种可能存在的弱相互作用力。这种弱作用力使得在合成后，可以使用有机溶剂直接萃取中性的模板剂来去除模板，从而避免了传统高温焙烧法可能带来的结构破坏和性能损失。另一方面，有机物和无机物之间也可以通过共价键连接（S—I 键）来构建介孔结构。例如，乙氧基铌（V）与长链烷基胺在无水条件下可以发生反应，生成一种通过共价键连接的过渡金属氧化物介孔结构。这种方法不仅增强了有机模板剂与无机物种之间的结合力，还有助于形成更加稳定和有序的介孔结构。此外，还有一种方法是利用含硅的表面活性剂作为模板剂。这类表面活性剂本身含有硅元素，因此可以与来自其他硅源的氧化硅物种发生反应，直接生成介孔材料。

4.1.2.4　合成规律

决定介孔产物晶相的因素有：浓度、温度、表面活性剂的分子堆积参数等。最初认为只有表面活性剂浓度能控制产物的结构，其根据是在表面活性剂浓度足够大时生成六方液晶相，再大时则转变成立方液晶相。后来发现表面活性剂的分子堆积参数 g 成为一个关键性的预测工具。该参数可通过简单的几何计算得出，即 $g = V/(a_0 l)$，其中 V 为表面活性剂分子的总体积，a_0 为表面活性剂头部基团的有效占据面积，l 为表面活性剂长链的有效长度。尽管这一计算看似基础，但它却能够深刻地揭示在特定合成条件下，何种液晶相将占据主导地位。在介孔材料的合成过程中，通过调控 g 值可以有效地控制合成条件与参数，从而定向合成出目标物相。具体而言，当 g 值小于 1/3 时，倾向于生成笼状堆积的介孔材料，如 SBA-1（$Pm3n$ 立方相）和 SBA-2（$P6_3/mmc$ 三维六方相）。随着 g 值的增加，当处于 1/3～1/2 之间时，则有利于 MCM-41（$p6m$ 二维六方相）的形成。进一步增加 g 值至 1/2～2/3 的范围内，则 MCM-48（$Ia3d$ 立方相）成为主导产物。当 g 值接近 1 时，则倾向于生成层状相的 MCM-50。

在介孔材料的合成中，尽管相似的合成条件可能使得整个反应体系和无机物种对表面活性剂排列方式的影响趋于一致，但表面活性剂本身的性质（如形状、电荷和结构）却成为决定最终物相的关键因素。这种差异性的体现，为我们通过选择或改性表面活性剂来控制特定物相的生成提供了可能。

以烷基三甲基铵 [$C_nH_{2n+1}(C_2H_5)_3N^+$，$n=10\sim18$] 为模板剂，在典型合成条件下，倾向于生成 MCM-41。然而，当使用具有较大头部的表面活性剂（如烷基三乙基铵）时，头部基团的增大使 g 值减小，使得表面活性剂更倾向于形成具有最大曲率的球形结构，从而生成 SBA-1。这一实例充分说明了表面活性剂头部大小对产物结构的重要影响。其次，表面活性剂碳氢链的长度对产生的物相影响相对较小，这是因为 V/l（即分子体积与链长的比值）几乎不随碳氢链长度的变化而变化，导致 g 值保持相对稳定。然而，当碳氢链长到一定程度（如多于 20 个碳原子）时，链的卷曲效应开始显现，使得 V 稍增大而 l 减小，进而引起 g 值的增大。这种变化有利于层状结构的生成，因此 $C_nH_{2n+1}(C_2H_5)_3N^+$（$n=20$、22）等表面活性剂容易合成出层状结构的产物。

4.1.2.5 二次合成

在催化剂的应用中，稳定性是至关重要的性能指标之一。为了提升催化剂的稳定性，可以采取的策略包括增强孔壁厚度或促进局部结构的有序化。这些改进措施可以通过移植法或重结晶技术来实现。具体而言，利用 MCM-41 与三氯化铝之间的反应能够有效稳定 MCM-41，相较于其原始母体材料，处理后的 MCM-41 展现出更优的机械稳定性与水热稳定性，这主要归因于孔壁厚度的增加及缺陷的有效修复。此外，经高温水蒸气处理后，该材料还表现出增强的 Bronsted（布朗斯特）酸性特征。

重结晶技术有助于介孔材料相结构的完善。多数介孔材料合成产物在水热处理（即在接近中性的介质中，将固体样品与水混合，并于约 100℃ 下加热数日）后，其有序性、热稳定性等质量指标均显著提升，部分情况下还会伴随孔径的扩大。

在介孔材料的内外表面上，可以灵活装载各类功能基团，以拓宽其应用范畴。实现这一目标的方法主要包括：一是通过化学反应将功能基团直接接枝到材料表面的羟基上；二是先对材料表面进行卤化处理，随后再用目标基团取代卤素；三是采用共聚直接合成法，在合成过程中将功能基团作为反应物的一部分引入；四是利用活性有机基团与介孔材料表面的化学反应进行修饰改性。

4.1.2.6 MCM-48

MCM-48 作为一种具有特殊三维孔道体系的介孔材料，尽管其合成难度相对较大，但科学家们通过不断探索和创新，已经成功开发出多种有效的合成策略。以下是对这些成功实例的详细分析。

① 使用正硅酸乙酯作为硅源：正硅酸乙酯水解产生的乙醇分子由于其极性适中，能够进入表面活性剂胶束的疏水区域外围，但不会深入核心部分。这种外围的占据作用有助于稳定胶束结构，从而有利于 MCM-48 的形成。

② 加入中等极性的分子到合成体系中，如三乙醇胺，这些分子容易停留在胶束的疏水区域的外围，即使使用硅酸钠作为硅源也可以得到 MCM-48。

③ 使用特殊表面活性剂：在特殊表面活性剂头部连接长链或苯环等疏水基团，使得这些基团能够倾向进入胶束的疏水区域外围。这种设计不仅增大了 g 值，还提高了表面活性剂在溶液中的稳定性，从而有利于 MCM-48 的合成。特别是 C22-12-22 等表面活性剂，在极低浓度下也能高效合成高质量的 MCM-48。

④ 加入少量带负电荷的表面活性剂：通过引入带负电荷的表面活性剂与带正电的模板剂形成离子对，这些离子对具有较小的亲水性，更倾向于进入胶束的疏水区域。这种策略有效地扩大了 g 值，为 MCM-48 的合成提供了有利条件。

⑤ 通过精确控制转晶过程中的各种参数，如温度、pH 值、反应时间等，可以实现 MCM-48 的高效合成。这种方法不仅简化了合成步骤，还提高了产物的纯度和结晶度。

4.1.2.7 其他组成介孔材料

杂原子取代的 MCM-41 因其作为载体、高效吸附剂及催化剂的潜在应用而备受瞩目。研究者们已成功合成了多种取代型 MCM-41 及 SBA-n 系列材料，同时，TiO_2、ZrO_2、Al_2O_3、

Ga₂O₃ 等以及其他非硅基介孔材料也相继问世。以 Ga₂O₃ 介孔材料的合成为例，该过程涉及 GaCl₃ 与十二烷基磺酸钠的混合，并利用尿素缓慢调节溶液 pH 值，因尿素在 60℃ 以上能逐步释放 NH₃，避免了直接使用 NH₃ 导致的非介孔 GaOOH 产物生成。Keggin 型阳离子是合成此类介孔材料的关键。此外，通过调整钒的氧化物状态以改变无机阴离子电荷密度，实现了与带正电表面活性剂的电荷匹配，成功合成了六方相磷酸钒。

在锰氧化物介孔材料的新家族中，部分 Mn(OH)₂ 与表面活性剂胶束的结合为合成路径之一。焙烧过程中，表面活性剂被去除，同时 Mn（Ⅱ）被氧化为 Mn（Ⅳ）和 Mn（Ⅲ），形成可能包含 MnO₆ 八面体基本单元的介孔壁。此类介孔材料展现出优异的热稳定性，孔径约为 3.0nm，孔壁厚度约 1.7nm，具备半导体特性及催化活性。

4.1.2.8　不同形态介孔材料合成

介孔材料在多种应用中常需以薄膜等特定形态存在，因此发展了一系列方法来制备这些特殊形态的介孔材料。例如，Ozin 成功在溶液表面及云母载体上合成了介孔分子筛膜；Askay 则在水-云母、水-石墨、水-石英等界面制备了介孔材料薄膜。在介孔 SiO₂ 纤维的制备方面，研究者们开发出了一步合成法，该法以正硅酸丁酯（TBOS）为硅源，在油水双相静止体系中实现。同样地，介孔 SiO₂ 小球也能通过一步法制备，这主要依赖于 TBOS 和丁醇（BuOH）的疏水性质来控制产物的形态。具体步骤涉及将表面活性剂（如十四烷基三甲基溴化铵）作为介孔结构导向剂，与碱源（NaOH、KOH 或四甲基氢氧化铵中的任意一种）、TBOS 和水混合，在室温下以约 300r/min 的速率搅拌一天，随后过滤得到透明的 SiO₂ 小球前驱体。经过室温干燥并焙烧去除表面活性剂后，即可获得介孔 SiO₂ 小球。

4.1.2.9　介孔和大孔材料的孔径控制与主要合成方法

现在有许多合成方法可被用来合成介孔和大孔材料，如按产物的孔直径分类，主要有以下几种：

2～5nm，使用不同链长的表面活性剂（长链季铵盐和中性有机胺）作为模板剂；

2～7nm，高温合成；

4～7nm，二次合成（合成后水热处理）；

4～10nm，使用带电的表面活性剂和中性有机物（三甲苯，中长链胺等）；

4～11nm，二次合成（水一胺合成后处理）；

2～30nm，聚合物作为模板剂；

＞50nm，乳浊液作为模板剂（大孔材料的合成将在下节讨论）；

＞150nm，胶体颗粒（模板剂）晶化（大孔材料的合成将在下节讨论）。

4.1.2.10　介孔材料研究新进展

介孔材料的合成研究在多个方面取得了显著进展，主要包括以下几个方面：一是对介孔材料生成机理的深入理解，这为优化合成条件提供了理论基础；二是探索新的合成路线，以制备具有特定结构和性能的介孔材料；三是扩展了取代硅酸盐材料和非硅材料的合成范围，特别是含各种过渡金属的材料，这些材料在催化、吸附等领域展现出巨大潜力；四是实现了各种形体的介孔材料的直接合成，如薄膜、纤维、微球、球块等，满足了不同应用场景的需求；五是深入开展了介孔材料的潜在应用研究，特别是在催化领域的应用探索。

在氧化硅介孔材料的合成方面，酸性合成体系中采用共聚物（如非离子的三嵌段共聚物：聚氧乙烯-聚氧丙烯-聚氧乙烯）作为模板剂，实现了有序度极高的六方相 SBA-15 的制备。该材料在 500℃ 焙烧后仍保持多孔结构，孔径尺寸可调范围宽（4.6～30nm），孔体积大（可达 0.85cm^3/g），孔壁厚度适中（3.1～6.0nm）。此外，通过溶剂萃取法也能有效去除聚合物模板剂，且处理后的材料在高温和热水中均表现出良好的稳定性。若在合成体系中引入大量非极性有机物（如三甲苯），则可制备出介孔硅酸盐泡沫，这种材料同样具备优异的热稳定性。

在介孔材料的合成与改性研究中，针对 MCM-41 和 MCM-48 等材料热稳定性高但水稳定性低的问题，研究者们提出了多种解决方案。其中，一种有效的方法是在合成过程中加入适量的盐，这一措施显著提高了产物的热稳定性和对水的稳定性。这是因为盐的加入可能影响了介孔材料的结构排列或增强了孔壁的强度，从而使其更能抵抗水和热的不良影响。此外，关于 MCM-41 的合成机理，研究发现在极稀的表面活性剂溶液中，室温条件下即可通过沉积机理生成具有六角形外貌和高有序度的纯硅 MCM-41。在 Al-MCM-41 的合成方面，研究者们实现了这些金属取代的 MCM-41 材料的直接合成，省去了传统的离子交换步骤。最后，超临界液体萃取技术被应用于介孔材料合成后的表面活性剂去除过程。该技术利用超临界流体的特殊性质，在温和条件下有效去除了表面活性剂，并且实现了表面活性剂的回收利用。例如，甲醇-干冰混合物在 85℃ 和 35MPa 下处理 3h 即可取得较好的萃取效果。这一技术的应用不仅降低了生产成本，还减少了对环境的污染，是介孔材料合成后处理领域的一项重要进展。

介孔分子筛材料以其巨大的比表面积和孔道体积成为材料科学领域的一大亮点。尽管其无定形的孔壁结构在某些方面存在劣势，但正是这种结构赋予了介孔材料独特的优势，即其骨架原子的限制远小于沸石，理论上允许任何氧化物、氧化物混合物、其他无机化合物甚至金属都能被整合进介孔材料的结构中，形成多样化的介孔材料化合物。在介孔材料的典型结构中，MCM-41（二维六方，*P6m*）、MCM-48（立方 *Ia*3*d*）、MCM-50（层状结构）、SBA-1（立方 *Pm*3*n*）、SBA-2（三维六方 *P*6$_3$/*mmc*）、SBA-11（立方 *Pm*3*m*）和 SBA-16（立方 *Im*3*m*）等因其高度有序的结构而备受关注。这些材料不仅结构独特，而且具有窄的孔道分布和组成的灵活性，这些特性使得介孔材料成为理想的催化剂载体。它们可以负载金属、氧化物、配合物、有机基团等多种活性组分，从而应用于氧化、氢化、酸性催化、碱催化、卤化、生物催化、聚合和光催化等多种催化反应中。

此外，介孔材料还是研究介孔吸附现象的模型化合物，其独特的孔道结构使得它们在分离生物大分子方面展现出巨大的潜力。同时，在微电子和光学领域，介孔材料也可能作为优良的主体材料。然而，介孔材料的应用前景仍然难以准确预测。随着科学技术的不断进步和人们对介孔材料认识的不断深入，相信介孔材料将在更多领域展现出其独特的魅力和广泛的应用价值。

4.1.3　大孔材料

孔径处于光波长量级的有序大孔材料展现出独特的光学性质及其他物理特性。目前，针对有序大孔材料的合成尚处于起步阶段，尚未形成普遍适用的合成策略。以下将介绍几种大孔材料合成的示例。

利用经修饰的胶体晶体模板法成功合成了氧化硅大孔材料，所得材料具备均匀一致的孔径，尺寸范围跨越次微米级。这些模板由带负电荷（如硫酸根修饰）或正电荷（如胺基修饰）的聚苯乙烯乳液微球构成，微球尺寸介于 200～1000nm 之间。通过微球的有序紧密堆积，随后与表面活性剂和氧化硅前驱体溶液相互作用，最终生成大孔材料固体。经高温煅烧去除模板剂后，可得到孔径可控（150～1000nm）的球形大孔结构。类似方法亦被成功应用于大孔 TiO_2 材料的合成，通过化学反应将目标材料前驱体引入模板孔隙中，随后去除模板，获得孔径范围为 240～2000nm 的大孔材料。

此外，基于细菌细丝模板的矿化技术被探索用于定向大孔结构的生成。将该技术引入介孔材料合成体系，获得了兼具介孔与大孔特性的复合材料，其中大孔形态为平行长通道，孔径达微米级，孔壁厚度在 50～200nm 之间。另一创新途径是利用乳浊液模板法，通过溶胶-凝胶过程在乳浊液滴外表面沉积无机氧化物，制备出孔径从 50 纳米至数微米不等的大孔材料。以甲酰胺中稳定分散的油滴乳浊液为例，利用高分子化合物（如聚乙二醇与聚丙二醇的三嵌段共聚物）作为稳定剂，已成功合成了具有球形大孔结构的氧化钛、氧化硅及氧化锆等材料。

在沸石合成领域，寻找具有大孔（孔径大于 12 元环）的沸石和分子筛材料一直是科学家们追求的重要目标。经过多年的努力，科学家们已经成功发现并合成了多种具有大孔道结构的沸石和分子筛材料。

直到现在，许多工业应用仍然受限制于沸石或分子筛的孔径，某些超大孔磷酸盐分子筛却因为低热稳定性和水热稳定性以及较低的酸性而很难得到应用。针对这一挑战，科学家们持续探索新的硅酸盐分子筛材料，以期克服现有材料的局限性。其中，14 元环的 UTD-1 和 CIT-5 是两个备受关注的典型例子。然而，UTD-1 的合成依赖于昂贵的金属有机化合物作为模板剂，这增加了其生产成本。相比之下，CIT-5 的合成则采用了更为经济且易于获取结构导向剂。在 CIT-5 的合成过程中，使用搅拌的反应釜并在 150℃下进行反应有利于其生成。此外，研究表明，Li^+ 的存在可以加速晶化过程，但并非合成 CIT-5 所必需。CIT-5 作为第一个使用有机模板剂成功合成的 14 元环沸石，其结构存在一定的扭曲，导致实际孔径与 12 元环相差不大。

4.2 沸石类材料的合成化学

4.2.1 沸石类材料及其结构特征

4.2.1.1 沸石（zeolite）与分子筛

沸石是微孔材料家族中最为人熟知的一员。分子筛，这一概念由 McBain 于 1932 年提出，旨在描述一类具有选择性吸附特性的材料（此类材料既可以是结晶态，亦可以是无定形态）。彼时，已知的分子筛材料仅限于天然沸石与活性炭两类。随后，研究范围不断拓展，涵盖了硅酸盐、磷酸盐、氧化物等多种新型分子筛材料。

文献中"沸石"一词常被泛化用于描述各类多孔化合物，然而，从严格意义上讲，沸石应专指一类具有特定结构的结晶硅铝酸盐微孔晶体，既包含天然产物也涵盖人工合成品。那些结构相似但成分不同的磷酸盐、纯硅酸盐等材料，则应归类为类沸石材料，无论其是否具备已知的沸石结构或展现出全新的结构形态。此外，能够展现吸附性能（即能够去除客体分子如水或模板剂）的材料，可被界定为微孔材料或分子筛。

当前，部分化合物因无法有效去除其内部的有机模板剂，故不被视为分子筛。然而，未来若开发出新的技术手段以实现这一目的，则这些化合物或将重新归入分子筛范畴。在此，我们主要遵循该领域的通用规则与习惯，尽管某些情况下这些规则可能并不完全适用。

天然沸石的矿物名称往往与其发现地点及发现者的名字紧密相连，而人工合成的沸石则常以发明者所在的工作单位或研究机构来命名，如 ZSM 系列即源自 Zeolite Socony Mobil（现埃克森美孚公司）的研究工作。截至目前，沸石类化合物（包括天然与人工合成）的种类已超过 600 种，且这一数字仍在持续增长。然而，这些化合物并非全然不同，例如 ZSM-5 等二十余种材料，尽管它们拥有各自独特的名称，但实际上却共享着相同的骨架结构，仅因合成条件或研究者的不同而有所区分。所有类沸石材料可依据其骨架结构特征划分为一百余种不同的类型。为了统一标识这些结构，国际沸石协会（IZA）遵循国际纯粹与应用化学联合会（IUPAC）的命名原则，为每一种已确认的骨架结构分配了一个由三个英文字母组成的代码。例如，FAU 代表八面沸石的骨架结构，而 MFI 则对应于 ZSM-5 的骨架类型。值得注意的是，相同的骨架结构可以承载不同的化学组成。以 FAU 结构为例，X 型沸石（低硅八面沸石）、Y 型沸石（高硅八面沸石）以及 SAPO-37（磷酸硅铝分子筛）虽在化学组成上大相径庭，但它们的骨架结构却同属 FAU 类型。

4.2.1.2　沸石和分子筛的性质

沸石与类沸石分子筛作为催化剂与吸附剂的应用极为广泛，其规则的晶体结构使得沸石的性能在很大程度上具有可预测性。相较于其他无机氧化物，沸石展现出以下独特性质：①骨架组成的可调变性；②极高的比表面积与吸附容量；③吸附性质的可控性，实现从亲水性到疏水性的调节；④酸性或其他活性中心的强度和浓度可调；⑤孔道结构规整，孔径大小适中（通常位于 5～12Å 范围内），适宜多数分子的吸附与扩散；⑥孔腔内可能形成较强的电场；⑦复杂的孔道结构赋予沸石与分子筛对产物、反应物或中间物的形状选择性，有效抑制副反应的发生；⑧阳离子的可交换性；⑨分子筛分特性，即沸石能够基于分子的大小、形状、极性、不饱和度等特性对混合物进行分离；⑩优异的热稳定性与水热稳定性，多数沸石的热稳定性可超过 500℃；⑪良好的化学稳定性，富铝沸石在碱性条件下表现稳定，而富硅沸石则在酸性介质中展现出较高的稳定性；⑫沸石易于再生，通过加热、减压或离子交换等方法可有效去除吸附的分子与阳离子，恢复其性能。

4.2.1.3　沸石与分子筛的骨架结构

沸石展现了一种独特的三维空旷骨架结构，该骨架由硅氧四面体（$[SiO_4]^{4-}$）和铝氧四面体（$[AlO_4]^{5-}$）通过共享氧原子相互连接而成，这些四面体单元统称为 TO_4 四面体（基本结构单元）。所有 TO_4 四面体进一步通过共享氧原子排列成多元环和笼状结构，这些较大的结构单元被称为次级结构单元（SBUs）。这些 SBUs 共同构筑了沸石的三维骨架，其中由环构成的孔道是沸石结构的核心特征。在骨架中，硅氧四面体保持电中性，而铝氧四面体则因铝的化合价差异而带有负电荷，这些负电荷由骨架外的阳离子所平衡。骨架内部的空腔（即分子筛的孔道和笼）可被阳离子、水分子或其他客体分子占据，这些占据物具有一定的移动性，且阳离子可与其他阳离子发生交换反应。分子筛骨架中硅原子与铝原子的摩尔比，即硅铝比（Si/Al，有时也表示为SiO_2/Al_2O_3），是描述其化学组成的重要参数。例如，在A型沸石分子筛结构中，存在4元和6元环（此处的4和6指环中T原子的数目），其硅铝比Si/Al=1，平衡电荷的阳离子Na^+位于A沸石的笼状结构中。

在典型的沸石结构中，每个T原子（代表硅或铝）均被四个氧原子环绕，形成稳定的四面体配位，同时每个氧原子连接两个T原子，这种连接模式可以简化为（4:2）连接。然而，也存在一些特殊结构，其中氧原子可能与一个、三个T原子相连，或T原子与五个、六个氧原子相连。大多数沸石和分子筛展现出（4:2）连接的基本结构，或经过适当简化后可视为（4:2）结构，如在某些磷酸铝（如$AlPO_4$-n系列）结构中，忽略五配位铝中来自水分子或有机客体的额外氧原子后，其骨架即呈现出（4:2）连接特征。为便于描述，分子筛骨架的拓扑结构图通常仅展示T原子（以点或线段交点表示）的连接方式，T-T之间的线段则隐含表示了氧原子的存在及其连接作用。一个骨架结构可以被视为由一个或多个次级结构单元（SBUs）通过特定方式连接而成。图4-2展示了几种常见的SBUs，它们作为基本的建筑块，在构建复杂骨架结构时发挥着关键作用。笼状结构可以看作是更高级别的建筑块，通过不同SBUs之间的连接与组合，可以衍生出众多甚至无限多的结构类型。以β笼（也称为方钠石笼）为例，通过不同的连接方式，可以形成多种典型的沸石结构。例如，两个β笼直接相连可构成方钠石（SOD）结构；通过双4元环相连则形成A型沸石（LTA）；而通过双6元环相连，则可以得到八面沸石（FAU）及其六方变体（EMT），后者代表了另一种双6元环的连接方式（见图4-3）。在A型沸石中，β笼围绕形成一个直径为11.4Å的大笼，但其最大窗口仅为8元环，尺寸约为4.1Å。相比之下，在八面沸石（FAU）中，β笼围绕的超笼直径达到11.8Å，且其最大窗口为12元环，尺寸显著增大至约7.4Å。高硅沸石结构的一个显著特征是包含五元环，其中ZSM-5是这一类型的典型代表。图4-4详细描绘了ZSM-5结构的基本组成单元、链状结构、片状结构、三维骨架结构，以及其独特的二维孔道走向。此外，许多骨架结构也可以从链状结构的视角进行理解，如由各种4元环构成的链状结构，它们在构建复杂骨架时同样扮演着重要角色。

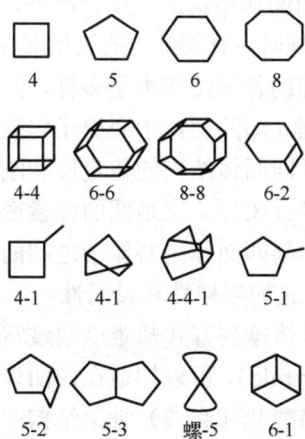

图4-2 常见的次级结构单元

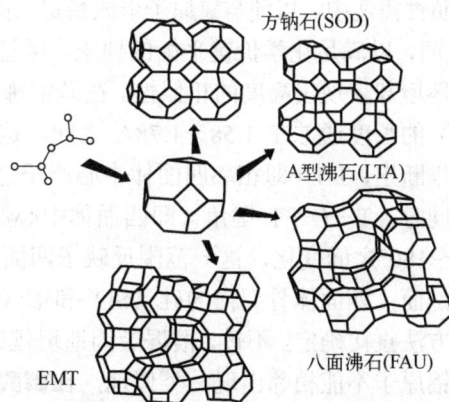

图4-3 由方钠石笼组成的沸石结构

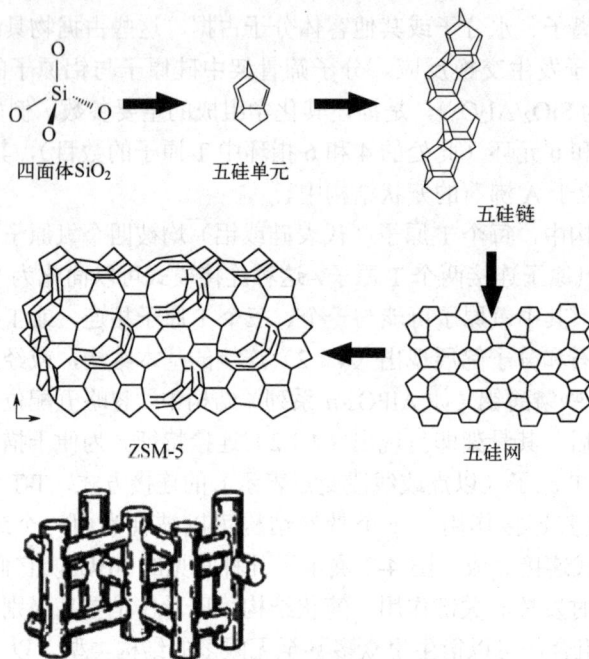

图 4-4　ZSM-5 结构与孔道走向图

磷酸铝（$AlPO_4$-n）是分子筛材料家族中的另一重要成员，其骨架结构由铝氧四面体（AlO_4）和磷氧四面体（PO_4）通过共享氧原子相互连接而成。从理论构建的角度来看，磷酸铝骨架可以视为在中性的纯硅分子筛结构中，每两个硅原子（Si）被一个铝原子（Al）和一个磷原子（P）所取代，从而保持了骨架的电中性。此外，磷酸铝骨架中的铝（Al）或磷（P）元素并非固定不变，它们可以被其他元素所取代，进而生成一系列新的分子筛材料。

对于典型的沸石结构，其骨架由四面体（主要为硅氧四面体和铝氧四面体）作为基本结构单元构成。这些骨架原子需满足特定的化学和物理条件，以确保结构的稳定性和功能性。首先，根据 Pauling（鲍林）规则，骨架原子（T 原子，代表硅或铝）与氧原子之间的半径之比（R_T/R_O）应在 0.225～0.414 的范围内，这是形成稳定四面体结构的关键。此外，骨架原子的电负性需适中，以便与氧原子形成稳定的离子-共价键。同时，骨架原子的氧化态应介于+2～+5 之间，以满足化学价键平衡的要求。尽管沸石和分子筛的骨架结构类型多样，但 T 原子的局部环境却表现出高度的相似性。在硅铝沸石中，T—O 键（即四面体中心原子与氧原子之间的键）的长度通常在 1.58～1.78Å 之间，这一范围确保了四面体结构的稳定性和刚性。由此可以推断出，T-T（即相邻四面体中心原子之间）的距离接近 3.1Å，这是四面体紧密堆积的结果。同时，T—O—T 键角（即四面体中心原子-氧原子-相邻四面体中心原子之间的夹角）在130°～180°之间变化，这一范围反映了四面体之间连接方式的多样性和灵活性。

然而，四面体骨架内的硅（Si）和铝（Al）原子的具体排列方式却难以通过常规的结构测定方法直接确定。不过，根据劳因斯坦规则（Lowenstein rule），可以知道在四面体位置上，两个铝原子不能相邻出现。类似地，在磷酸盐及取代的磷酸盐（4：2）骨架结构中，铝原子也不能与二价或三价金属原子相邻，而磷原子则不能与硅原子或另一个磷原子相邻，这些规则都是基于电荷平衡和结构稳定性的考虑。

不同结构的沸石和分子筛具有不同的孔径和孔道形状，这是它们在催化、吸附、分离等领域具有广泛应用的基础。图 4-5 给出了典型沸石和近期合成的大孔分子筛的孔径大小以及一些常见探针分子的尺寸参考值。详细的沸石结构资料可以通过查阅相关文献和访问国际沸石协会（IZA）结构委员会的官方网页来获得。

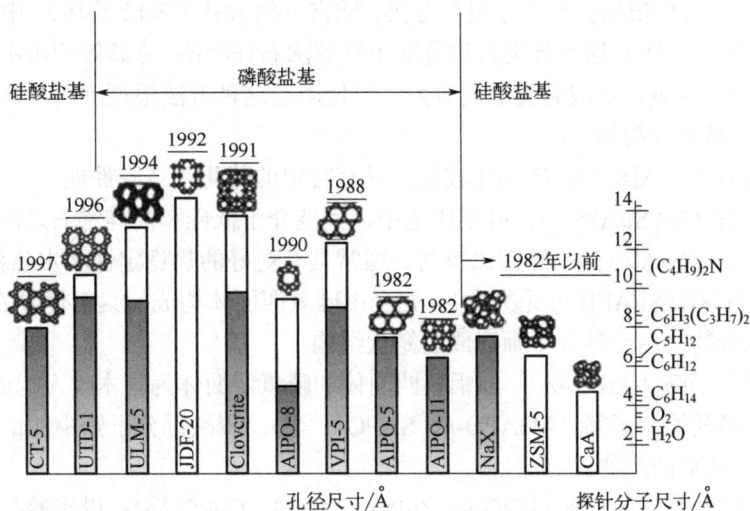

图 4-5　具有代表性的沸石和分子筛的孔径尺寸

4.2.1.4　晶体结构的非完美性

在实际应用中，沸石晶体往往难以达到理论上的完美结构。除了晶体中常见的缺陷外，沸石还普遍存在着断层错位（fault）和共生（intergrowth）这两种特殊现象。断层错位的出现，如在钠菱沸石（GME）中，会对沸石的物理和化学性质产生显著影响，特别是对吸附性能，导致吸附量的大幅减少和平均孔径的缩小。共生现象则是指两种或多种结构上相似但又不完全相同的沸石或分子筛，以规则或不规则的方式混合生长在同一晶体内部。这种共生现象在沸石材料中相当普遍，其中 FAU-EMT 共生是最为典型的例子。例如，X 型和 Y 型沸石具有FAU 结构特征，而 EMC-2 则展现出 EMT 结构的特性。此外，ZSM-2、ZSM-3、ZSM-20、VPI-6、CSZ-1、ECR-30 等材料则是 FAU 和 EMT 结构以不同比例和组合方式共生的产物。通过优化合成条件和方法，可以在一定程度上实现对沸石晶体结构和性能的调控。

4.2.1.5　分类

沸石的分类方法多种多样，但其中较为常用的是按结构类型分类和按组成（或合成方法）分类。

按结构类型分类，沸石可以根据其所含的次级结构单元（SBUs）进行划分。这些次级结构单元是构成沸石骨架的基本单元，通过特定的连接方式组合成复杂的沸石结构。常见的分类包括：

① 双四元环（D4R）组：这一组沸石以双四元环作为其基本结构单元，如 LTA 等。

② 双六元环（D6R）组：这一组沸石则包含双六元环，如 CHA、GME、FAU、LTL、KFI 等。

③ 单四元环（S4R）组：此组沸石以单四元环为基本单元，如 ERI、OFF、LEV、MAZ、

LOS 等。

④ 五元环组：这一类别中，沸石结构包含五元环，如 MOR、MFI、FER 等，它们进一步可以根据五元环的具体连接方式或数量进行细分。

此外，沸石还可以根据孔径大小进行分类，通常分为大孔（≥12 元环）、中孔（10 元环）和小孔结构（8 和 6 元环）。这种分类方法有助于理解沸石在吸附、分离等应用中的性能差异。

在合成和应用领域，组成分类法则更为广泛使用。这种方法根据沸石和微孔材料的化学组成进行划分，具体分类如下：

① 低硅沸石（Si/Al≤2）：硅铝比较低，具有特定的催化和吸附性能。

② 中硅沸石（2<Si/Al≤5）：硅铝比适中，性能介于低硅和高硅沸石之间。

③ 高硅沸石（Si/Al>5）：硅铝比较高，通常具有更好的热稳定性和水热稳定性。

④ 全硅分子筛（Si/Al 接近无穷大）：完全由硅氧四面体构成，具有优异的催化性能。

⑤ 全硅笼合物：由全硅分子筛形成的笼状结构。

⑥ 磷酸铝分子筛（$AlPO_4$-n）：以铝氧四面体和磷氧四面体为基本单元构成的分子筛。

⑦ 取代的磷酸铝分子筛（MeAPO-n、SAPO-n 等）：磷酸铝分子筛中的铝或磷被其他元素部分或全部取代后的产物。

⑧ 其他磷酸盐分子筛（如 GaPO-n、ZnPO、MoPO、CoPO 等）：以磷酸盐为基础，通过不同金属元素的取代形成的分子筛。

⑨ 微孔二氧化锗及锗酸盐：以二氧化锗或锗酸盐为基本构成的微孔材料。

⑩ 微孔硫化物：具有微孔结构的硫化物材料。

⑪ 八面体氧化物微孔材料（如氧化锰、钛酸盐等）：以八面体氧化物为基本单元的微孔材料。

⑫ 微孔硼铝酸盐：含有硼和铝的微孔材料。

⑬ 其他微孔材料：除上述分类之外的其他具有微孔结构的材料。

4.2.2 沸石类材料的合成

4.2.2.1 沸石分子筛的合成

Barrer 在 1948 年首次成功合成了自然界中不存在的沸石，这一成就标志着沸石合成技术的新纪元。在沸石的合成过程中，起始物通常是非均相的硅铝酸盐凝胶。这种凝胶由活性硅源、铝源、碱和水等原料混合而成。对于富铝沸石（如 A 型沸石、X 型或 Y 型沸石）的合成，主要使用高碱性的硅铝凝胶。对于富硅沸石（如 ZSM-5）的合成，则需要加入有机模板剂以引导和控制沸石骨架的形成。在描述沸石合成反应物的组成时，传统上采用氧化物来表示，即使某些氧化物并非实际使用的原料或根本不存在。这种表示方法主要是为了简化描述和便于理解。同时，需要注意的是，在书写反应物时可能会忽略某些不重要的成分，如四甲基氯化铵中的氯离子在反应物表示中常被省略。

下面是三个在温和水热条件下合成沸石的实际例子。由此，可以对沸石合成有初步的了解。

（1）A 型沸石（LTA）$NaAl_2[(AlO_2)_{12}(SiO_2)_{12}]$ · $27H_2O$ 的合成

将 13.5g 铝酸钠固体 [含约 40%（质量分数）Al_2O_3、33% Na_2O 及 27% H_2O] 与 25g 氢

氧化钠在电磁搅拌下溶解于 300mL 去离子水中，适当加热以促进溶解过程。随后，在剧烈搅拌下，将所得铝酸钠溶液缓慢加入热的硅酸钠溶液（由 14.2g $Na_2SiO_3 \cdot 9H_2O$ 溶解于 200mL 去离子水中制得）中。将混合溶液加热至约 90℃，并在此温度下持续搅拌直至反应完成（通常需 2～5h），可通过观察固体停止搅拌后立即沉降来判断反应终点。之后，通过过滤、去离子水洗涤及干燥步骤，获得 A 型沸石原粉。所得样品的纯度通过 X 射线衍射分析进行验证。该方法制得的沸石呈白色粉末状，晶体尺寸为 1～2μm。

（2）Y 型沸石（FAU）$Na_{56}[(AlO_2)_{56}(SiO_2)_{136}] \cdot 250H_2O$ 的合成

将 13.5g 铝酸钠固体（含约 40% Al_2O_3、33% Na_2O 及 27% H_2O）与 10g 氢氧化钠在电磁搅拌下溶解于 70mL 去离子水中，适当加热以加速溶解。随后，在剧烈搅拌下，将铝酸钠溶液缓慢注入含有 100g 硅溶胶（SiO_2 含量为 30%）的聚丙烯反应容器中，确保反应混合物具有如下摩尔比：$SiO_2/Al_2O_3=10$，$H_2O/SiO_2=16$，$Na^+/SiO_2=0.80$。在室温下陈化 1～2 天，随后于 95℃下晶化 2～3 天。通过过滤、去离子水洗涤及干燥处理，制得 Y 型沸石原粉。样品的纯度同样通过 X 射线衍射分析进行确认。

（3）ZSM-5（MFI）的合成

将铝酸钠溶液（由 0.9g 铝酸钠固体和 5.9g NaOH 溶解于 50g 去离子水中制得）与模板剂溶液 [由 8.0g 四丙基溴化铵（TPABr）和 6.2g96%硫酸溶解于 100g 去离子水中制得] 同时加入含有 60g 硅溶胶（SiO_2 含量为 30%）的聚丙烯反应瓶中，迅速密封并剧烈摇动以形成均匀凝胶。确保反应混合物具有如下摩尔比：$SiO_2/Al_2O_3=85$，$H_2O/SiO_2=45$，$Na^+/SiO_2=0.5$，$TPA^+/SiO_2=0.1$。在 95℃下晶化 10～14 天，或置于不锈钢反应釜中于 140～180℃高温下晶化，以显著缩短反应时间至约 1 天。产物中的有机模板剂可通过高温焙烧（如 500℃）除去，最终获得 ZSM-5 沸石原粉。

总的来说，沸石合成实验在遵循正确操作规程的前提下，既非高度复杂也非极具危险性，但仍需严格遵循实验室安全准则。特别需要注意的是，反应釜及其内部组件如聚四氟乙烯衬里和密封垫圈在高温条件下（尤其是超过 200℃）的性能变化，避免超温使用导致损坏或安全事故。沸石晶化过程通常在较低温度下（不超过 200℃）的自生压力下进行，此过程中水蒸气的自生压力可显著升高，尤其在使用有机胺模板剂时压力可能更高。因此，为确保安全，反应釜的填充度应严格控制在 75%以下，以防止压力过高。实验结束后，必须等待反应釜完全冷却后方可开启，以防止因压力突然释放导致的热液体溅出事故。

对于反应釜及其衬里的重复使用，彻底的清洁处理至关重要，以避免残留物作为晶种影响后续实验的准确性。沸石产物的分离过程需根据颗粒大小选择合适的方法，如过滤或离心分离，同时需注意洗涤条件对产物稳定性的影响。长时间或不当的洗涤可能会改变沸石的组成，如水解作用可能引入 H_3O^+并减少原有阳离子或模板剂含量。因此，推荐采用适当的洗涤溶液（如稀碱溶液）而非纯水，以确保洗涤过程成为合成工艺的有效组成部分。

典型材料——沸石：通常合成的沸石分子筛是粉末，可以根据具体需要，加入黏合剂和合适的水，混合均匀制成条状或球块。最早的人工合成沸石是低硅（或富铝）沸石，A 型沸石和 X 型沸石是最典型的代表，它们的生产工艺简单，原料便宜（母液可以继续使用），因此被广泛用于干燥剂和离子交换剂，A 型沸石被广泛用于洗涤剂的添加剂，替代对环境有害的磷酸钠。合成的 A 型沸石是钠型，一价离子占据 8 元环的一部分使得孔径接近 4Å，因此俗称为 4A 分子筛；钾交换的 A 型沸石孔径接近 3Å（钾离子比钠离子大），称为 3A 分子筛；

钙交换的 A 型沸石（5A 分子筛）孔径最大，因为二价离子占据 6 元环空出 8 元环主孔道。不同阳离子引起的孔径变化看起来很小，但从分子水平来看是非常重要的。X 型沸石的表面积可达 $800m^2/g$（氮气吸附法测得），水吸附量高达 30%（质量分数）。

典型材料——中等及高硅铝比沸石：中等硅铝比沸石（Si/Al 比约为 2.5）占据重要地位，其中 Y 型沸石、丝光沸石（MOR）和 Ω 沸石（MAZ）是这一类别中的典型代表。高硅沸石则以其较高的硅铝比（Si/Al 比大于 2.5）为特点，主要包括 ZSM-5（MFI）、ZSM-11（MEL）、白沸石（BEA）、ZSM-12（MTW）和 ZSM-35（FER）等。其中，ZSM-5（MFI）因其优异的催化性能和热稳定性，成为最为著名且应用最为广泛的高硅沸石之一。ZSM-5 沸石具有独特的三维交叉孔道结构，能够容纳多种活性组分，并在催化裂化、芳构化、异构化等反应中表现出色。

4.2.2.2　非硅铝酸盐分子筛的合成

（1）分子筛合成与杂原子取代

在分子筛的合成过程中，其骨架中的硅原子并非不可替代。通过引入非硅铝元素到合成体系中，可以将这些元素嵌入沸石骨架，从而得到含有特定杂原子的沸石，这类沸石被称为杂原子沸石。杂原子的引入会改变沸石的物理化学性质，赋予其独特的催化功能。目前，已有多种杂原子分子筛被成功合成，包括含镓、锗、硼、铁、钛、铍、锌、锡、铅、钼等元素的硅铝沸石和硅酸盐分子筛。其中，含钛分子筛因其优异的催化性能而备受关注。例如，TS-1 是一种具有 ZSM-5 结构（MFI）的硅钛分子筛，它在多种催化反应中表现出色。ETS-10 则是另一种含钛的大孔分子筛，其结构特点在于同时包含 SiO_4 四面体和 TiO_6 八面体，这种独特的结构为其催化性能提供了有力支撑。

（2）全硅分子筛与笼合物

在某些情况下，沸石的硅铝比可以非常高，甚至接近无穷大，这类沸石被称为全硅分子筛。全硅分子筛的一个典型代表是全硅沸石-1，它是 ZSM-5 沸石的全硅形式。全硅分子筛中不含有阳离子，因此与硅铝酸盐沸石相比，它们的有效孔径尺寸更大，这对于某些需要大孔径的催化或吸附过程尤为重要。另一方面，笼合物（clathrasil）是另一类具有特殊结构的硅基材料。其结构可以看作是由小环（如 4、5、6 或 8 元环）组成的笼状结构堆积而成。尽管笼合物的骨架相对空旷，但其窗口尺寸较小，导致其对大多数分子的吸附能力较弱。典型的笼合物结构包括方钠石（SOD）和 ZSM-39（MTN）等。

（3）磷酸铝分子筛及取代的磷酸铝分子筛的合成

微孔材料科学领域的一项显著进展是合成了磷酸铝系列分子筛，这一系列包括 $AlPO_4\text{-}n$、SAPO-n、MeAPO-n 以及 MeAPSO-n 等。磷酸铝骨架中的 Al 或 P 原子位点具有高度的可替代性，允许其他元素通过取代作用形成 MeAPO-n 或 SAPO-n 等新型分子筛。

鉴于磷酸铝骨架的显著可塑性，向其中引入各类元素并不构成技术障碍。不同金属的引入能够显著调节磷酸铝的酸性特性及其催化性能。值得注意的是，同时引入两种或多种金属元素至骨架结构亦是可行的，如 MgVCoMnZnAlPO-ATS 等复合材料的成功合成即为例证。与传统沸石材料通常在强碱性条件下合成不同，磷酸铝系列分子筛的合成条件更为温和，通常在酸性或接近中性的环境中进行。这一特性使得磷酸铝分子筛及其衍生物在吸附剂与催化剂材料领域展现出广阔的应用前景。典型代表包括 $AlPO_4\text{-}5$(AFI)、$AlPO_4\text{-}11$(AEL)、MeAPO-5(AFI)、MeAlPO-11(AEL)、SAPO-34(CHA)以及 SAPO-37(FAU)等。

（4）磷酸镓及其他磷酸盐

在磷酸铝分子筛的开创性发现之后，一系列新型磷酸盐材料相继涌现，如磷酸镓、含氟磷酸镓、磷酸锌、磷酸铍、磷酸铁、磷酸钼、磷酸锡（Ⅱ）、磷酸铟以及磷酸钴等。这些磷酸盐材料中，仅有少数几种被证实具有已知的沸石结构，而绝大多数则展现出全新的结构特征。部分磷酸盐材料中还包含了非四面体结构单元，如 V、Co、Mo、Sn、Fe、Ga 和 In 的磷酸盐。

近期，一项关于微孔磷（砷）酸铜（锰）CU-2 的研究引起了广泛关注。该材料采用高温固相法成功合成，其独特的结构特点在于含有三元环以及平面四边形配位的铜或锰原子，同时两个磷氧四面体以特殊方式相邻排列，这些结构特征与典型的沸石结构存在显著差异。此外，该合成过程中所使用的模板剂为无机盐。

4.2.2.3 其他类型分子筛的合成

（1）金属氧化物分子筛

氧化锗生成多孔结构的能力源于其 Ge—O 键长相较于 Si—O 键长的增加。这一特性导致了在氧化锗结构中，允许的最小键角范围（120°～135°）相较于硅酸盐分子筛的键角范围（130°～145°）有所减小。这种键长和键角的变化为锗酸盐在结构上提供了更大的自由度，使得它们能够形成在硅酸盐中较为罕见的结构特征，如三元环等。

多孔 MnO_2 材料的形成则依赖于八面体结构单元的构建。然而，合适的 Mn^{4+} 化合物较为稀缺，因此 MnO_2 的制备通常通过高锰酸盐与 Mn^{2+} 盐之间的反应来实现，这一过程中会产生 MnO_2 沉淀。这些沉淀物中，层状相的锰氧化物以及其他致密相是较为典型的代表。值得注意的是，通过水热处理锰氧化物，可以进一步诱导其转变为各种多孔材料结构，如 1×1（pyrolusite）、2×4（RUB-7）、3×3（todorokite）等。

此外，硼铝酸盐作为另一类重要的微材料，其骨架元素均为三价，这一特点与其他分子筛骨架中常见的四价或高价元素形成鲜明对比。

（2）硫化物分子筛

金属硫化物微孔固体材料的首次报道可追溯至 1989 年。从结构角度来看，这类材料可以被视为传统分子筛骨架中的氧原子被硫原子所取代的产物，因此它们被归类为一种新型的类沸石材料。然而，与氧化物分子筛相比，复杂的结构单元如 Sb_3S_6、Sn_3S_4、Ge_4S_{10} 等多面体成为了构建材料骨架的基本单元。

（3）金属有机化合物

最近，分子筛的组成被扩展到金属有机化合物，某些这类化合物具有较高的热稳定性，通过加热除去溶剂分子后可得到具有三维孔道结构的分子筛。

4.2.3 生成机理与基本合成规律

4.2.3.1 生成机理

水热合成方法作为沸石和分子筛的首选合成途径，其优势在于能够显著提升水的溶剂化能力，从而有效促进反应物或初始非均匀凝胶的均匀混合与溶解。水热合成沸石的过程可以概括为三个基本阶段：首先，生成硅铝酸盐（或其他组成成分）水合凝胶；随后，这些水合凝胶溶解形成过饱和溶液；最后，过饱和溶液中的硅铝酸盐产物经历晶化过程。晶化过程进一步细分为新沸石晶体的成核、已存在核的生长以及已存在沸石晶体的生长所引发的二次成核等步骤。理解沸石的生成机理和详细过程极具挑战性，因为整个晶化过程涉及众多复杂的化学反应和平衡状态，且成核与晶体生长多发生在非均相混合物中，同时整个过程还随时间动态变化。

关于生成机理，存在两个极端模型：一是溶液传输机理（液相机理），即所有反应物溶解进入溶液并在溶液中完成成核与晶化过程，如从清溶液中生成低硅沸石的例子；二是固相传输机理（固相机理），即无定形凝胶通过结构重排（重结晶）直接转化为沸石结构，而液相组分不参与晶化过程，如通过特定有机胺与脱水无定形硅铝酸盐凝胶反应生成 ZSM-5 和 ZSM-35 的例子。然而，在实际合成过程中，许多沸石的生成可能依赖于具体的合成条件，并通过上述两种机理中的一种或二者的组合来实现。例如，Y 型沸石（FAU）的合成就可能同时涉及溶液机理和固体机理。因此，在多数情况下，真正的生成机理可能位于这两种极端机理之间或是它们的某种组合形式。同样地，磷酸铝分子筛的合成也存在固相和液相机理的例子，进一步证明了沸石和分子筛合成机理的复杂性和多样性。普遍的规律如下。

（1）凝胶

沸石的典型合成过程涉及将具有较强碱性的铝酸盐和硅酸盐混合，并在一定温度（通常为 60～180℃）和自生压力下反应数小时至数天。这一过程中，混合后的原始反应物往往会变得黏稠，这是由于生成了无定形硅铝酸盐凝胶。随着温度的升高，凝胶的黏稠度通常会降低。

沸石的合成是在过饱和条件下进行的，因此硅酸盐不能简单地以 $Si(OH)_4$ 的形式存在，而是会生成高聚合态的复杂离子。这些高聚合态离子是构成沸石骨架结构的基本单元，如四元环、六元环、双四元环、双六元环等。同时，在合成体系中还可能存在一些在最终骨架结构中不存在的物种（结构单元）。高氧化硅浓度有利于高聚合态离子的生成。当硅酸盐和铝酸盐混合后，情况变得更加复杂，因为合成体系中同时包含液相和凝胶组分。凝胶的生成和溶解会不断影响溶液中各种物种的浓度，但在沸石生成过程中，某些物种的浓度能够维持在一个相对稳定的动态平衡状态。然而，目前还缺乏特别有效的实验手段来详细研究凝胶相的结构和变化。这主要是凝胶相的非均相性和动态性使得其结构和性质难以直接观测和测量。

（2）成核

关于沸石合成的机理研究大多聚焦于成核过程，这是由于该阶段体系中的无机物种具有较低的聚合度和较小的尺寸，便于采用多种精密的实验技术手段进行检测与分析。成核过程可细分为初次成核（涵盖均相成核与非均相成核）与二次成核（涉及初始增殖、微摩擦及流体切变诱导成核）。初次成核在无晶体体系中发生，遵循液相机理，其中均相成核完全基于溶液内部的自发过程，而非均相成核则需借助外部界面以降低成核能垒。二次成核则依赖于已存在晶体的催化作用。在无晶种体系中，搅拌等物理作用可破碎晶体形成碎片，通过微摩擦效应促进成核；流体流经晶体表面时，可剥离下微小的准晶体单元，这些单元进而转化为晶核。二次成核与直接添加晶种不同，后者通过提供额外的生长面加速晶化过程，而前者则专注于促进成核事件的发生。成核可在晶体（或晶种）表面进行，新生成的核可能在结构上与原晶体保持一致，也可能因条件差异而有所不同。此外，陈化过程及选择性的晶化条件亦能对成核过程产生影响。凝胶溶解与成核活动往往在无定形凝胶固体与溶液的界面处频繁发生，特别是凝胶内部的小孔区域，由于过饱和度较高，成为成核的首选位置。实验观察表明，在凝胶向沸石转化的初期阶段，成核速率通常会达到一个高峰。最后，调整动力学参数（直接关联于成核速率）能够显著影响整个晶化过程的动态、产物的结构特征以及最终产物的晶粒尺寸，这对于优化沸石材料的合成工艺及性能调控具有重要意义。

（3）晶体生长

沸石的晶体生长过程遵循一般晶体生长的规律，但其在具体机制上展现出独特的复杂性。在多数沸石合成过程中，不仅最简单的无机物种参与晶体生长，而且那些具有中等有序度且相对较大的无机物种也可能在成核和晶体生长阶段发挥重要作用。然而，这些较大的无机物种由于其复杂的结构和性质，往往难以通过常规的实验技术手段直接检测。

（4）晶化曲线

晶体生成的首要步骤是形成具有新晶体特征的微小实体，即晶核的生成。随后，这些沸石晶核从溶液中汲取所需成分开始生长，同时伴随着无定形凝胶的溶解过程。在合成条件下，无定形凝胶的溶解度高于沸石的溶解度，这意味着在溶液中硅铝酸盐的浓度处于凝胶溶解度与沸石溶解度之间的某个范围内时，从热力学角度考虑，凝胶更倾向于溶解并转化为沸石晶体。随着反应的进行，当溶液中的硅铝酸盐浓度因凝胶溶解而逐渐降低至某一临界值以下时，生长将受到抑制并最终停止。沸石在最终固体产品中的含量（可通过 X 射线衍射精确测定）随时间的变化通常呈现出一个典型的 S 形晶化曲线：初期增长缓慢，随后加速增长，最终再次放缓。分析这一晶化曲线的形状，可以推断出在晶化过程的前期，成核速率也是逐渐增加的。在诱导期内，虽然溶液条件已满足成核的热力学要求，但实际的成核事件并不明显。直至某一时刻，沸石晶体开始显著生长，标志着成核速率达到其最大值，并随后逐渐减小至一个较低的水平。值得注意的是，即使凝胶的微观结构发生微小的变化，也可能对整个晶化动力学过程产生深远的影响。

4.2.3.2 合成添加剂

（1）矿化剂

矿化剂是指一介稳相通过沉淀溶解和晶化过程生成一个新相所需要的化合物（离子）。沸石合成所用的矿化剂主要有 OH 和 F。它们的主要作用是增加硅酸盐、铝酸盐等的溶解度。它们的作用机理不同，应用范围和产物也有差别。它们的特点将在后面详加讨论。

（2）阳离子

微孔材料的合成领域广泛采用金属离子或有机阳离子添加剂作为关键组分。与球形且尺寸相对固定的无机阳离子相比，有机阳离子因其形状和大小的多样性而提供了更大的设计自由度，特别是在高硅沸石的合成中，这种自由度尤为显著。有机阳离子在沸石生成过程中远非仅仅是电荷平衡的简单角色，它们实际上扮演着结构导向剂或模板剂的关键角色，对最终产物的结构起着决定性的作用。具体来说，有机添加剂通过以下几个方面影响沸石的合成过程：

孔道填充作用：有机阳离子能够填充在沸石的孔道结构中，通过占据特定的空间位置来引导孔道的形成和排列，从而实现对孔道结构的调控。

无机结构单元的有序化：作为结构导向剂和模板剂，有机阳离子能够引导无机结构单元（如硅酸根和铝酸根离子）按照特定的方式有序排列，形成具有特定结构的沸石骨架。

平衡骨架电荷，影响产物的骨架电荷密度（硅铝比）：通过调整有机阳离子的种类和数量，可以实现对沸石骨架电荷的精确调控，进而影响产物的硅铝比，这是影响沸石性能的重要因素之一。

改变凝胶化学性质，在溶液中生成典型的前驱体单元：有机添加剂能够与溶液中的无机物种相互作用，改变凝胶的化学性质，促进或抑制特定前驱体单元的形成，这些前驱体单元是后续沸石骨架构建的基础。

稳定生成的骨架结构：在沸石骨架形成过程中，有机阳离子能够稳定已形成的骨架结构，防止其发生不必要的重排或坍塌，确保最终产物的结构稳定性和完整性。

综上所述，有机添加剂在微孔材料合成中发挥着至关重要的作用，它们通过多种机制共同作用于沸石的合成过程，为制备具有特定结构和性能的沸石材料提供了有力的支持。

（3）有机模板剂和结构导向剂

有机阳离子在合成中起着一定的模板作用，这主要是因为在许多情况下模板剂分子的大小和形状与生成结构的道或笼的大小和形状有一定的关系。例如使用四甲基铵（TMA）合成方钠石，结果发现 TMA 位于在方钠石笼中，方钠石笼的窗口很小（6 元环），TMA 不能进入或离开方钠石笼，因此 TMA 一定是在方钠石笼生成时被包在里面的。TMA 的尺寸大小正好适合于方钠石笼，因此普遍认为 TMA 在方钠石笼生成过程起着模板作用。另一个例子是 ZSM-5 合成，模板剂四丙基铵（TPA）被发现位于 ZSM-5 的两个走向不同孔道的交叉处，四个丙基链伸向四个不同的孔道。许多研究结果表明这些沸石是通过硅酸盐物种围绕有机阳离子聚合并生成三维结构而生成的。

在 ZSM-5 的合成路径中，尽管四丙基铵（TPA）常被视为关键模板剂，其模板效应显著，多种替代性有机化合物（数量级达数十种）同样能够成功诱导 ZSM-5 的形成，甚至在某些纯无机体系下也能观察到 ZSM-5 的生成。进一步地，通过调整合成条件及反应物组成，单一有机模板剂能引导生成多种不同的沸石骨架结构。例如，在磷酸铝分子筛的合成案例中，仅四甲基铵（TMA）能高效促进 $AlPO_4$-20（SOD）的生成，显示出其作为模板剂的专一性。然而，对于 $AlPO_4$-5（AFI）的合成，可采用的模板剂种类繁多，超过 30 种不同分子大小和形状的有机胺均能实现这一目标，表明模板作用在此体系中并非绝对依赖于模板剂的特定几何构型。特别地，二丙胺（Pr_2NH）作为一种模板剂，能够引导生成包括 $AlPO_4$-8（AET）、$AlPO_4$-11（AEL）、$AlPO_4$-31（ATO）等在内的多种不同结构。对于大孔磷酸盐结构（如 VPI-5、JDF-20 等），其孔道或笼内常填充的是小分子有机胺或水分子，而非预期中的大尺寸模板剂，这进一步削弱了模板作用在这些体系中的直接性和必要性。因此，在此类情况下，将这类有机分子称为"结构导向剂"更为贴切。综上所述，分子筛合成中的模板作用远非生物过程或高分子聚合中那样直观和明确，其效果高度依赖于模板剂与沸石结构之间的几何与电子匹配度，但这种匹配往往具有非专一性。

在多数沸石与分子筛体系中，客体分子模板剂常呈现高度无序状态，这限制了衍射技术对其精确定位的能力。真正的模板作用预期在骨架孔道中，模板剂分子应呈现单一且固定的取向。在分子筛合成领域，此类严格模板作用的实例较为罕见，ZSM-18 的合成便是一个典范。该过程中，采用具有三角形结构的模板剂（如三季铵盐 $C_{18}H_{30}N^+$）至关重要，其形状与 ZSM-18 的孔道体系高度匹配，甚至达到模板剂分子在笼内无法旋转的程度，这种强烈的客体-主体相互作用构成了典型的模板作用，而非简单的结构导向作用。

尽管仅依赖范德华相互作用也可能实现模板作用，但更为常见且有效的是氢键的参与。当含氮模板剂具备形成氢键的能力时，它们能与骨架氧之间形成较强的氢键，从而将模板剂牢固地固定在特定位置。在此情境下，溶剂分子在促进无机结构有序化方面扮演关键角色。通过降低溶剂对模板剂分子的溶剂化能力，可以增强模板剂与骨架之间的相互作用。此外，调整溶液中的无机物种组成,如引入矿化剂 HF,也是提升模板效应的有效途径。这一策略已成功应用于多种磷酸镓(如 IJLM-*n* 系列)的合成中,其中有机胺的作用远不止于孔道填充。

关于磷酸盐分子筛的结构导向机理,尽管研究尚不充分,但鉴于磷酸铝骨架的中性特性,主体骨架与有机客体之间的范德华相互作用无疑在决定骨架生成过程中占据主导地位。

这些有机分子,在不同条件下,可能作为模板剂、结构导向剂或其他功能分子,其确切作用往往难以明确区分,需通过深入研究其在合成过程中的具体行为来揭示。例如,低硅沸石(以及其它高电荷骨架结构)中的模板剂。尽管有机添加剂的结构导向作用可能不如预期显著,但它们的加入却能显著促进特定结构的形成。例如,四甲基铵(TMA)在促进 P 笼和 GME 笼生成方面表现出色,其少量添加即可使 OFF 和 MAZ 等结构的合成变得更为容易。此外,有机胺在沸石笼中的存在还会对骨架的硅铝比产生影响。由于有机胺通常具有较低的电荷密度,它们需要较低的骨架电荷密度来保持电荷平衡。因此,当 TMA 等有机胺被加入到 A 型沸石合成体系中时,产物的硅铝比(Si/Al)会相应提高,如 ZK-4(LTA)的硅铝比可达到 1.4~3.0。值得注意的是,在硅铝酸盐沸石及其他高电荷骨架结构中,无机或有机离子更倾向于停留在较小的笼中,而非大笼中。例如,在磷酸盐 RHO 结构中,这一现象尤为明显。

一些新近发现的高硅沸石和全硅分子筛的成功合成,正是得益于特殊模板剂的应用。当某种结构仅能通过特定有机分子作为模板剂实现时,该有机分子便承担了关键的结构导向角色,如 CIT-1(CON)的合成便是一个典型例证。在全硅分子筛和笼合物的研究中,模板剂的分子大小和形状与产物结构的孔道或笼的尺寸与形状之间展现出了紧密相关性。全硅骨架的中性特性避免了电荷平衡问题,使得骨架主体与有机客体之间的相互作用主要依赖于范德华力这一较弱的非键作用力,从而决定了特定骨架的生成。

模板剂分子的尺寸是一个关键因素:分子越大,获得晶体产物的难度通常也越大。但这并不意味着大分子模板剂无法成功应用,只要能在合成过程中成功成核,仍有机会获得新颖的结构。特别地,对于一维孔道体系的高硅沸石而言,其主孔道往往不是小孔,而多为 10 元环或 12 元环结构。此外,模板剂的用量也需精确控制,并非越多越好。以 SSZ-25 合成体系为例,适量使用模板剂是关键。同时,还应认识到在多数沸石合成体系中,模板剂的用量往往需要达到理论需求量的 3~10 倍,这进一步强调了精确控制模板剂用量的重要性。

(4)孔道填充剂

在多数涉及有机添加剂的合成体系中,均可显著观测到孔道填充效应的存在。此效应显著提升了有机-无机复合骨架的热力学稳定性。具体而言,有机客体分子作为孔道填充物,有效地替代了原本占据孔道空间的水分子,进而削弱了水分子与正在生长的分子筛之间的相互作用力。在此类合成过程中,对于选用的有机物,其核心考量在于其化学性质的稳定性及其与无机骨架之间相互作用的能力。相比之下,对于有机物的分子形状,虽然也需考虑其适配性,但并非决定性因素,其特定要求相对较为次要。以 ZSM-5 分子筛的合成为例,多种有机物因其卓越的孔道填充性能而被成功应用于该过程中。这些有机物的主要贡献在于稳定了分子筛的结构,确保了合成产物的质量与性能。

(5)缓冲剂及修饰剂

有机胺对凝胶化学性质的影响具有显著意义,特别是在磷酸铝等复杂化合物的合成过程中。在低 pH 值条件下,四面体 AlO_4 物种相较于八面体物种,其稳定性明显较低。有机胺通过其独特的化学作用机制,对四面体 AlO_4 物种产生了稳定化效应。这种稳定化机制可能涉及

有机胺与 AlO_4 物种之间的相互作用，导致在 AlO_4 周围形成一层致密的疏水性壳层。该壳层作为一道有效的屏障，能够抵御溶剂水分子对 AlO_4 结构的亲核攻击，从而增强四面体 AlO_4 结构的稳定性，保障合成反应的顺利进行。以 VPI-5（VFl）的合成为例，尽管有机胺（如 $PrNH_2$ 等）并未直接作为结构单元嵌入最终固体产物的晶格中，但它们在反应体系中所发挥的作用至关重要。这些有机胺的主要功能是作为 pH 调节剂，通过精确调控反应混合物的 pH 值，使其维持在一个理想的范围内。这一范围内反应物的溶解度、反应速率以及产物的选择性均达到最佳状态，从而有利于目标产物 VPI-5（VFl）的高效合成。

（6）抑制剂

有机分子的选择对于目标产物的生成具有决定性作用。例如，六甲基季铵［$Me_3N(CH_2)_6$ Nme_3］与十烃季铵［$Me_3N(CH_2)_{10}Nme_3$］在 ZSM-5 无机合成体系中的不同表现，深刻揭示了有机模板剂对骨架结构生成的影响机制。具体而言，当向 ZSM-5 合成体系中加入极少量的六甲基季铵时，尽管其添加量极低，却导致了产物分布的根本性变化。原本应生成的 ZSM-5 分子筛被丝光沸石和石英所取代，这表明六甲基季铵在合成过程中发挥了显著的抑制作用。相比之下，在相似的合成条件下，十烃季铵则作为有效的模板剂，促进了 ZSM-5 的生成。这一对比凸显了不同有机分子在相同合成体系中截然不同的作用。为了进一步解析这一现象，计算机分子模型模拟提供了有力的理论支持。模拟结果显示，六甲基季铵分子中的—$(CH_2)_6$—链长度过短，无法允许两个端部的三甲基铵基团同时占据 ZSM-5 孔道的交叉位置。这种空间位阻效应限制了六甲基季铵在 ZSM-5 骨架生长过程中的模板作用，进而导致了其无法有效引导 ZSM-5 的生成。相反，十烃季铵分子中的—$(CH_2)_{10}$—链足够长，能够允许两个端部的三甲基铵基团在 ZSM-5 孔道交叉处形成稳定的键合作用，从而作为模板剂引导 ZSM-5 骨架的有序生长。

（7）有机胺的辅助作用

在沸石材料的合成过程中，某些短链有机胺展现出多重关键作用。首先，它们作为碱性物质，有效提升反应体系的 pH 值至 10～12，此 pH 范围对于促进沸石晶核的快速形成与晶体结构的生长尤为有利。其次，短链有机胺在一定程度上扮演着模板剂的角色，特别是在与强效模板剂（如四丙基铵，TPA）联合使用时，能显著促进如 ZSM-5 等特定沸石结构的合成。此外，它们还能有效避免无机阳离子的不必要引入，维护反应体系的纯净度与目标产物的纯度。最后，短链有机胺还展现出络合作用，能够增加某些金属离子在溶剂中的溶解度，促进这些离子更顺畅地进入沸石骨架，从而拓宽了杂原子分子筛等高级功能材料的合成路径。

（8）晶种

晶种对某些分子筛的生成有决定性作用，尤其是在轻微过饱和度下，直接成核不能发生，晶种提供全部生长面。晶种也可能诱导成核，它的加入会缩短晶化时间和抑制杂晶的生长。

（9）具体实例

ZSM-5 合成以四丙基铵（TPA）作为结构导向剂，其在 ZSM-5 及全硅 ZSM-5（即 silicalite-1）的合成中，一直被视为结构导向作用的典范。最新研究成果揭示了 ZSM-5 合成过程中存在一种预先有序排列的有机-无机复合结构，结构导向作用贯穿于从前驱体到 ZSM-5 孔道交叉处形成的整个合成过程。具体而言，TPA 分子周围的水合层与溶解度较高的硅酸盐物种发生重叠，形成了最初的有机-无机复合物。在此过程中，水合层中的水分子会重新取向，以维持氢键网络的稳定性，并促进 TPA 的烷基链与疏水性氧化硅物种之间建立范德华接触。同时，这一相互作用还允许水分子从 TPA 和氧化硅物种周围的有序水合层中释放出来，为复合物的形成提供了必要的熵和焓驱动力。这种有机-无机复合物种作为生成最终晶体产物的前驱体单元，对于 ZSM-5 的合成至关重要。在晶体的生长阶段，这些前驱体单元可能通过扩散作用到达晶体表面，并遵循逐层生长的模式，逐步构建出 ZSM-5 的晶体结构。

4.2.3.3　基本合成规律

研究沸石水热合成的主要困难是影响反应的因素太多，且影响方式不是十分清楚。典型的因素包括：温度、时间、反应物源和类型、pH 值、使用的无机或有机阳离子、陈化条件、反应釜等。常常是一个因素能影响其他因素，因此单独地研究一个因素对合成的影响通常是很困难的。尽管如此，人们还是从实验中得到了一些合成规律。下面列出一些最一般性的规律。

在沸石合成中杂晶的生成是很常见的，每一相的合成条件都要单独优化。新结构的合成不但要考虑合成体系和使用复杂的新模板剂，而且要系统地考察合成条件和各种合成参数。

（1）反应物

首先，沸石合成的基本起始原料包括硅源、铝源、金属离子、碱和水。硅源主要有硅酸钠固体或溶液、无定形氧化硅等；铝源则包括铝酸钠、氢氧化铝、硫酸铝、硝酸铝、异丙醇铝等多种形态。碱金属和碱土金属常以氢氧化物的形式加入反应体系。此外，黏土也可以作为硅源或铝源使用，它们可以直接使用或经过处理后再使用。

在沸石合成过程中，反应物的组成对最终产物的生成相有重要影响。然而，沸石合成体系包含液相和凝胶组分，因此不能简单地通过起始原料的比例来控制产物的组成。反应物量的变化会影响溶液和固相的化学组成，而固体产物的组成并不能完全反映整个混合物的组成。此外，反应温度、时间以及原料的不同都会改变晶化相区，使得相同的反应物组成在不同的条件下可能得到不同的产物。影响硅酸盐或硅铝酸盐溶解度的主要因素包括 pH、离子强度、水量和温度。不同的硅源或铝源具有不同的溶解度，这会影响反应动力学、晶体尺寸大小以及晶相的形成。使用特定的硅源或铝源有时能更容易地避免杂晶的生成。硅酸盐或硅铝酸盐在溶液中达到平衡需要很长时间，而成核和生长过程在达到平衡之前就已经开始，因此溶解度的大小对晶体的生成有重要影响。溶解度大的硅源或铝源有利于生成较小的晶体，而低溶解度的硅源或铝源则有利于生成大晶体。

（2）硅铝比

硅铝比（Si/Al）对凝胶转化所得最终产物的晶体结构与化学组成具有决定性影响。通常，产物的硅铝比并不直接反映其前驱体反应混合物的相应比例，多数情况下，多余的二氧化硅（SiO_2）会残留在溶液中。并非所有沸石的低硅（low-silica）与高硅（high-silica）形态均能通过合成手段获得。迄今为止，仅方钠石（sodalite）展现出从 Si/Al=1 至无穷大的广泛硅铝比范围，然而，方钠石在分类上并不严格属于沸石族，而应被视为类长石矿物。在沸石家族中，镁碱沸石（FER，Si/Al 可从 5 至无穷大）与 β 沸石（Si/Al 可从 3 至无穷大，但低硅组成的骨架结构仅见于天然矿物，实验室合成的 β 沸石通常具有高于 10 的硅铝比，且通过后续铝化处理可将其硅铝比调整至约 4）能够在较宽的硅铝比范围内成功合成。

此外，晶体的成核与生长过程往往依赖于不同硅铝比的无机结构单元，这一现象导致在同一晶体内部的不同区域可能展现出各异的硅铝比分布，体现了材料结构复杂性与多样性。

（3）陈化与晶化温度及升温速度

在沸石材料的合成过程中，温度是一个至关重要的参数。一般而言，富含水分子的沸石倾向于在较低温度条件下合成,而低水含量的沸石则往往需要高温环境。在高温高压条件下,沸石的生成趋向于形成具有较低孔隙度和水含量的结构,甚至可能转变为致密相。例如,高孔隙度（可达50%）的A型沸石和X型沸石,通常是在接近100℃的较低温度下合成,而在350℃等高温条件下则倾向于生成致密相。

此外,低温陈化（如室温条件）能有效提升成核速率,此过程可视为一种低温反应机制,而相比之下,室温下的晶体生长速度则可忽略不计。陈化技术的应用范围广泛,不仅适用于低硅沸石（如A型和X型）,也适用于高硅分子筛（如TS-1）的合成。

温度的升高对晶体生长速度的影响远比对成核速度的影响更为显著。因此,在高温条件下,更易于获得大尺寸的晶体。同时,温度还对晶体的形貌产生重要影响,因为不同的晶体生长面具有不同的活化能,从而受到温度的影响程度不同。

（4）陈化与晶化时间

在沸石及更广泛的分子筛材料的合成中,时间是一个重要的因素,这主要归因于分子筛材料的介稳相特性。相较于热力学上高度稳定的致密氧化物,分子筛材料在能量上处于较不稳定状态,易于转化为其他更稳定的晶相。这种转化过程往往是从较为空旷的结构向更为致密的结构进行。沸石的合成过程遵循Ostwald（奥斯特瓦尔德）递次反应法则,该法则阐述了在合成体系中,初始形成的介稳相会逐步转变为热力学上更为稳定的相,直至达到最稳定的状态。这一过程体现了动力学对合成路径和最终产物选择性的深刻影响。例如,通过延长反应时间,A型沸石这一初始生成的介稳相可以转化为更为稳定的方钠石相。

（5）酸碱度

碱度在沸石及硅铝酸盐材料的合成过程中扮演着关键角色。其升高能够显著缩短成核时间,加速晶化过程,但往往伴随着产率的降低。具体而言,当pH值小于10时,二氧化硅的溶解度相对较低,但随着碱度的增加,其溶解度迅速提升。碱度的提升不仅增加了溶液的过饱和度,还改变了溶液中各种无机物种（如硅铝酸根阴离子）的聚合态分布。硅酸根的聚合能力随碱度升高而减弱,而铝酸根的聚合能力则相对稳定,不受pH值显著影响。因此,pH值的变化不仅影响成核和晶化过程,还决定了产物的结构、晶体尺寸以及形貌特征。

在富铝沸石的合成中,高碱度条件尤为关键。硅酸聚合过程中会释放出OH^-,这进一步提高了体系的碱度,导致晶体从内向外硅铝比逐渐降低。高碱度环境还促进了低过饱和度的硅酸根离子的形成,有利于生成稳定的、较为致密的物相。然而,在强碱条件下,硅酸盐的完全聚合变得困难,可能导致产物晶体中存在$SiO-M^+$缺陷。此外,需要明确的是,反应物组成中的OH^-/Si（摩尔比）比例并不直接等同于溶液中的OH^-浓度。特别是当使用有机胺等碱性物质时,其产生的碱效应可能未被完全计入。因此,OH^-/Si更多的是作为一个反映反应物比例的参数,而非溶液中实际碱度的直接指标。

（6）无机阳离子

在沸石材料的合成过程中,阳离子的种类与性质对产物的晶体结构和化学组成具有决定性影响。细微的阳离子差异即可导致截然不同的合成产物。碱金属阳离子常被用作合成富铝沸石的关键成分。它们的作用主要体现在两个方面:一是作为碱源,促进硅铝酸盐的溶解与聚合;二是发挥有限的结构导向作用,引导特定晶相的形成。具体而言,不同的阳离子体系倾向于生成各具特色的沸石晶相,如$Na_2O-Al_2O_3-SiO_2-H_2O$体系倾向于LTA、FAU、SOD、ANA、MOR和GIS等结构,而$K_2O-Al_2O_3-SiO_2-H_2O$体系则更易于形成ANA、EDI、CHA、LTL和BPH结构,且无法获得FAU和LTA结构;$Li_2O-Al_2O_3-SiO_2-H_2O$体系则偏好ABW结构。

阳离子的空间效应与电荷效应在沸石合成中均不容忽视。以 Na⁺ 为例，高 Si/Al 的 Y 型沸石相较于低 Si/Al 的 X 型沸石更难合成，原因在于 Y 型沸石对钠离子的需求较低，而其内部空间（如孔道和笼）则需无机或有机阳离子（模板剂）填充。类似地，高硅沸石及全硅分子筛的合成依赖于有机阳离子的存在，这些有机阳离子因尺寸较大、电荷密度较低，故需较低骨架电荷以平衡，但碱金属阳离子可加速其晶化过程。在极端控制下，纯无机体系亦能合成富硅沸石，如 ZSM-5，但此类高硅沸石（Si/Al>20）的合成条件极为苛刻，成功案例稀少。相反，仅少数高骨架电荷的硅铝沸石能在无机阳离子的纯有机模板剂体系中合成。

此外，特定离子对晶体结构的抑制作用亦需关注。例如，钾离子不利于 A 型沸石的形成，因此在低硅 X 型沸石（LSX）的合成中常加入钾离子以抑制 A 型沸石杂晶的生成。

（7）水量与稀释

在与其他合成影响因素的比较中，水量的变化通常对沸石合成的直接影响较小。适度稀释确实能够减缓晶化速率，使得晶体生长相对于成核过程占据优势，从而有利于大尺寸晶体的形成。然而，当 H₂O/Si（摩尔比）发生显著变化，达到数十倍乃至数百倍的极端水平时，这一变化将深刻影响溶液中各类离子与分子的聚合状态及其浓度分布。这种影响进而会作用于反应动力学，改变反应速率，并可能引发产物结构的调整，正如干凝胶合成法所揭示的那样。

（8）阴离子与盐

在硅铝沸石的合成过程中，阴离子的普遍作用通常不显著，因而其影响常被忽视。但特定种类的少量卤素及氮族元素含氧酸阴离子，如高氯酸根、氯酸根、磷酸根及砷酸根等，能够显著促进沸石的成核过程并加速晶化动力学，尤其是在 ZSM-5 和 TS-1 等 MFI 结构材料的合成中，这些阴离子能够大幅度缩短晶化周期。此外，卤素离子（Cl⁻、Br⁻、I⁻）被证实能加速 X 型沸石及方钠石的晶化过程。对于具有铝络合能力的阴离子而言，它们通过提升凝胶中活性物种的硅铝比，进而优化了低硅沸石产物的硅铝比组成。另一方面，电解质在溶液中通过调节离子活度，对合成过程产生影响。具体而言，盐类的添加会降低溶液的过饱和度，这一效应有利于大尺寸晶体的析出。

盐类在某些情况下还能扮演模板剂的角色，特别是在方钠石（SOD）和钙霞石（CAN）的合成中，其中阳离子与阴离子共同占据 SOD 或 CAN 笼的特定位置。在 A 型沸石的合成体系中，铝源等组分的过量盐类可能会诱发方钠石的生成，因此需严格控制其用量以避免不必要的产物混杂。

（9）搅拌与静止

搅拌作为一种物理干预手段，影响溶质在液相中的扩散过程，进而调控晶化动力学。在搅拌体系下合成的沸石晶体，如 β 沸石和 TS-1，普遍展现出较小的尺寸特征。此外，搅拌还被发现具有选择性晶化的潜力，即在特定反应体系中，搅拌条件的选择能够引导合成过程朝着生成特定晶相（如 A 型沸石）的方向发展，而在无搅拌或搅拌条件不足时，则可能形成不同的晶相（如 X 型沸石）。

（10）富铝沸石和富硅沸石

富铝沸石系列，包括但不限于 A 型（LTA）、X 型（FAU）、P 型（GIS）、方钠石（SOD）、菱沸石（CHA）及钡沸石（EDI），其特征孔体积大致介于 0.4～0.5cm³/g 之间。这类沸石的常规合成温度通常设定在约 100℃，且能在纯无机体系中实现。合成富铝沸石的关键要素包括：首先，维持高 pH 环境及高浓度的碱金属或碱土金属阳离子；其次，确保骨架硅铝比（Si/Al）不低于 1，即便初始凝胶的硅铝比可能低于此值；此外，在合成过程中，骨架硅铝比往往低于凝胶硅铝比，导致剩余富硅溶液；最后，若需引入模板剂，应选择强亲水性质的模板剂。

在高硅区域（SiO_2/Al_2O_3 大于 50），笼合物与一维平行孔道结构两类材料较为常见。相反，随着低价态元素（如 2 价或 3 价元素）对硅的逐步取代，沸石结构倾向于展现以下特性：①孔隙度增加；②结构中四元环的比例升高；③形成多维孔道体系。

某些大型模板剂分子虽能诱导特定晶体结构的形成，但其有效性受限于同晶取代的范围。例如，propellane 分子能成功合成 SSZ-26 多维孔道沸石，但 SSZ-26 的全硅形式却难以通过相同模板剂合成。另一实例，一维 14 元环孔道结构的 UTD-1 在其全硅形式下可由$(Cp^*)_2Co$配合物作为模板剂合成，然而，尝试在低硅范围（尤其是 SiO_2/Al_2O_3 为 10～20）内合成其类似物则几乎不可行。

4.3 MOF-COF 材料的合成化学

金属有机框架（MOF）和共价有机框架（COF）作为两种多孔的晶态材料，因其独特的物理化学性质，在气体储存与分离、催化、传感、药物输送等多个领域展现出广阔的应用前景。然而，MOF 和 COF 各自存在局限性，如 MOF 在水溶液中不稳定，而 COF 的功能性相对简单。为了克服这些缺陷，MOF-COF 杂化材料应运而生，通过结合两者的优势，展现出更强的功能和性质。本节将从 MOF-COF 材料的合成化学角度，详细探讨其合成方法、类型及应用前景。

4.3.1 MOF-COF 材料及其合成方法

4.3.1.1 MOF 与 COF 的基本性质

金属有机框架材料（又称多孔配位聚合物-PCPs）是一类具有拓扑结构的多孔材料，它是由含金属的结点（次级构筑单元-BU）以及有机配体通过自组装的方式合成得到的。因此，MOF 作为一种无机-有机杂化的纳米多孔材料，本身由两部分组成，与传统的固态材料相比具有显著的多样性。它具有高比表面积（超过 7000 m^2/g）、超高的孔隙率（可达到 90%左右）以及丰富的活性中心、结构可调等特点。因此 MOF 在吸附、气体分离与储存、多相催化、光催化、析氢、析氧、CO_2 还原、药物输送等诸多方面有着广泛的应用前景。

共价有机框架材料是具有一定结晶度和高孔隙率的周期排列的有机聚合物，COF 的骨架全部由轻元素（B、C、N、O、Si、H 等）通过强共价键连接而成，如 B—O、C—N、B—N、B—O—Si、—C≡N—等。因此，COF 材料具有低密度、较高结晶度、孔结构可调、大的比表面积、易于表面改性等独特优势。同样，COF 在气体吸附与储存及分子分离、光催化、氢气捕获与储存等多个方面有着广泛的应用前景。

如上所述，MOF、COF 材料虽然都是具有广泛应用前景的晶态多孔材料，但各自都存在固有的局限，一定程度上限制了这两种材料的应用性能。近年来，MOF 的杂化材料、COF 的复合材料受到了人们的关注。

可以看到 MOF、COF 在进行了相应的杂化后，表现出了强于原来单个 MOF 或 COF 的功能和性质。通过杂化可以克服 MOF 和 COF 本身的固有缺陷。因此，在众多杂化策略中，MOF-COF 杂化材料是非常具有应用潜力和研究价值的。理论上，可以设计得到兼具 MOF 不

饱和配位金属中心的优异催化性能以及 COF 共价键作用带来的高化学稳定性这两大特性的
MOF-COF 杂化材料。

4.3.1.2　MOF-COF 材料的合成方法

核壳结构杂化是指 MOF 和 COF 以一种外层包覆内层的方式组合，形成一个复合结构。
这种结构类型结合了金属有机框架（MOF）和共价有机框架（COF）的优势，旨在克服两者
各自的缺陷。强共价键将 MOF 和 COF 连接起来，使得两者在保持各自特性的同时，能够产
生协同效应，从而展现出优于单一组分的性能。MOF-COF 杂化材料主要通过核壳结构实现，
包括 MOF-on-COF 和 COF-on-MOF 两种类型。

（1）MOF-on-COF

MOF-on-COF 类型的杂化材料以 COF 为核或底物，通过特定反应在 COF 表面生长 MOF。
这种类型的杂化材料利用 COF 的特定性质（如疏水性、化学稳定性等）作为基底，通过 MOF
的生长引入更多的功能性和活性中心。

最先报道的 MOF-on-COF 复合膜是在 2016 年。首先，在多孔的 SiO_2 圆盘上沉积一层聚苯
胺（PANI）实现 SiO_2 圆盘的改性，然后聚苯胺与对苯二甲醛缩合形成亚胺键，游离的醛基再与
四（4-苯甲胺基）甲烷反应，最后得到连续均匀分布的 COF-300 层。之后，用对苯二甲酸（MOF、
ZIF-8 的调节剂）与 COF-300 表面的氨基反应形成氢键以促进后续 MOF 的生长。在复合材料中，
中间层由非晶态 MOF 和 COF-300 纳米晶体组成，可以密封 COF 晶体之间的空间。

2018 年，Zhang 等研究团队在材料科学领域取得了显著进展，他们巧妙地利用醛-胺席夫
碱反应这一高效且灵活的化学策略，成功地将具有特定功能的 $MOF-NH_2$-UiO-66，通过共价
键牢固地锚定在了 TpPa-1-COF（其中 Tp 代表三甲酰基间苯三酚，Pa 代表对苯二胺）的表面
上。这一创新性的合成方法不仅实现了 MOF 与 COF 在分子层面的紧密结合，还赋予了所得
MOF/COF 杂化材料一系列卓越的性能。具体而言，NH_2-UiO-66 作为一种典型的金属-有机框
架材料，以其高孔隙率、大比表面积和可调的化学功能而著称。而 TpPa-1-COF，作为共价有
机框架家族的一员，则以其高结晶度、孔结构可调以及良好的化学稳定性而闻名。该杂化材
料不仅继承了 NH_2-UiO-66 的高孔隙率和大比表面积，还保持了 TpPa-1-COF 的高结晶度和优
异的化学稳定性。更重要的是，通过共价键的连接，MOF 与 COF 之间的相互作用得到了显
著增强，从而进一步提升了材料的整体性能。例如，这种杂化材料可能展现出更加优异的催
化活性、气体吸附与分离能力以及光催化性能等。

（2）COF-on-MOF

COF-on-MOF 类型的杂化材料利用 MOF 的特定性质（如疏水性、化学稳定性等）作为
基底，通过 COF 的生长引入更多的功能性和活性中心。而相较于 MOF-on-COF 类杂化材料，
COF-on-MOF 类近年来研究得到的杂化材料类型稍微丰富一些，原因可能是 COF-on-MOF 类
杂化材料结构更加稳定一些。

① 席夫碱反应杂化（C=N）。

一般都会将 MO=F 进行氨基功能化，因为 MOF 上的—NH_2 可以通过席夫碱反应与醛
类单体缩合，即形成 C=N 亚胺共价键。例如，首先制备氨基功能化的 NH_2-MIL-68，然后用
三（4-甲酰基苯基）胺（TFPA）对制备的 NH_2-MIL-68 进行醛功能化得到 NH_2-MIL-68（CHO），
MOF 表面便得到了 COF 种子，再加入三（4-氨基苯基）胺（TAPA）与 MOF 表面 TFPA 缩
合促使 COF 的生长。

② π-π 堆积。

利用 2D COF 中存在很多苯环及平面结构特性而具有的强 π-电子体系以及 MOF 的芳香性可构筑强 π-π 堆积的核-壳杂化材料 PCN-222-Co@TpPa-1。首先，通过 ZrCl$_4$、H4TCPP-Co 合成 PCN-222-Co，然后加入 Pa 并利用氨基与羧基的相互作用使 Pa 在 MOF 表面吸附，并在超声作用下使 Pa 在表面分布均匀，接着加入 Tp 利用席夫碱反应促使 COF 在 MOF 表面生长，最后合成得到 PCN-222-Co@TpPa-1。之后，通过紫外-可见吸收光谱的比较，发现 PCN-222-Co 和 PCN-222-Co@TpPa-1 的主要吸收峰分别位于约 498nm 和 572nm，发生了 74nm 的大红移，这表明 PCN-222-Co@TpPa-1 中 PCN-222-Co 与 TpPa-1 之间存在 π-π 堆积作用。

③ 配位诱导。

Mn 离子的配位能力很强，它的最高配位数能达到 7，因而可以与 COF 中 N 配位制备 COF/Mn-MOF。Mn-MOF 结构中 Mn 作为中心与 6 个 O 配位，剩余的 1 个配位则可以用于与 COF 中富电子的 N 进行配位。此外，与 Fe、Co 等元素相比，该配位能实现的另一个原因是 Mn 离子合适的离子半径。在 Mn-MOF 结构的生长过程中，2D 层状 COF 结构倾向于分散堆积在球形结构的表面（垂直于径向生长方向），两者之间的连接则通过 Mn—N 配位键。此外，量子力学计算结果证明了 Mn—N 的配位能促进 COF 与 Mn-MOF 的有效复合，而且倾向在垂直于 COF 的二维层状结构的 c 方向上生长。

4.3.2 MOF-COF 材料应用

4.3.2.1 催化

（1）热力学催化

多相催化反应底物（例如苯乙烯）很多都是疏水的，所以催化剂材料对底物的润湿性能在催化性能方面起着关键的作用。然而一些 MOF 材料的表面和孔道是亲水的，比如 NH$_2$-MIL-101（Fe），这会导致疏水底物难以聚集，限制了该 MOF 材料在多相催化方面的应用。Cai 等采用一步法合成制备了 NH$_2$-MIL-101（Fe）@NTU 的核壳杂化催化剂，利用疏水的 COF 来实现对 MOF 的改性。他们发现该杂化材料对目标产物苯甲醛的选择性（84%）和转化率（32%）均高于纯 NH$_2$-MIL-101（Fe）（24% 和 26%）。此外，该核-壳杂化催化剂连续循环使用 4 次后催化活性、选择性都没有明显改变。催化效果优异主要在于 NH$_2$-MIL-101（Fe）提供了配位的不饱和催化中心，而 NTU-COF 壳层聚集了疏水分子底物苯乙烯，促进了苯乙烯直接合成苯甲醛的自由基机理发生。

（2）光催化

光催化剂的光响应范围、光生载流子寿命、电荷分离效率等是很重要的评价标准。COF 材料主要依靠 π 共轭单元捕光，D-A（供体-受体）结构提高电荷转移效率。而 MOF 材料则依靠有机配体作为"光天线"进行光吸收，金属节点则促进电荷的迁移。MOF-COF 的杂化材料则能发挥各自优势产生协同作用利于拓展光吸收，改善诸如激子的产生和电荷转移过程。

4.3.2.2 吸附与分离

（1）溶液中的吸附

MOF 和 COF 都是多孔材料，都具有吸附能力。MOF 材料在水溶液以及一些有机溶剂中不稳定，框架结构容易崩塌，这限制了 MOF 作为吸附材料在溶液中的应用。COF 材料可以利用氢键、静电键和 π-π 堆积相互作用等方式来吸附染料。MOF-COF 杂化框架材料解决了 MOF 在水溶液中的不稳定性，利用两者的协同作用可以得到很好的吸附效果。

（2）气体的吸附与分离

MOF-COF 框架也可以用于气体的吸附与分离。MOF 可以用作制备 MMMs（mixed matrix membranes）膜的填料，并能够取得不错的效果，但 MOF 材料在选择性和渗透性方面仍有不足。COF 是孔结构可调、结晶度高的纯有机材料，对 MOF 膜材料的改性优化有着很重要的作用。

4.3.2.3　传感

MOF-COF 杂化框架在食品安全、生物传感等领域也有着应用。为避免抗生素在生物系统中的滥用，需要能够在极低浓度仍可灵敏检测的材料。Liu 等设计合成了一种新型纳米结构的 COF/MOF 复合材料——Co-MOF@TPN-COF，并用作电化学适配体传感器检测氨苄青霉素（AMP）β-内酰胺类抗生素。合成的 Co-MOF@TPN-COF 同时具有 MOF、COF 的特点：富含氮的官能团、富三嗪环与 Co-MOF 间强协同效应、π-π 堆积及氢键作用。这使得 Co-MOF@TPN-COF 的适配体传感器在 AMP 1.0fg/mL～2.0ng/mL 的浓度范围表现出了极低的检测下限（0.217fg/mL），这比单独使用 Co-MOF 和 TPN-COF 进行 AMP 检测效果好。稳定性方面，该适配体传感器在长时间储存 15 天后仍能保持约 15%的初始值，这说明该适配体传感器稳定性良好。

4.3.2.4　其他

MOF-COF 杂化框架在诸如衍生材料、生物酶、储能等方面也有一些应用，不过由于 MOF-COF 杂化框架还有待进一步丰富，这几个方面还有待深入研究。

4.3.3　MOF-COF 材料展望

由于 MOF-COF 杂化框架的开发还处于发展阶段，应用方面虽然能够覆盖一部分 MOF、COF 材料的应用，并且杂化后的框架材料性能普遍优于构建杂化的 MOF 和 COF。但是 MOF-COF 杂化框架的应用范围还是不够广，一是 MOF-COF 的结构目前较少；二是杂化策略还不太成熟。目前，MOF-COF 框架材料面临的挑战主要有以下几点：

① 方法较为单一，合成手段基本都是通过氨基功能化实现；

② 分子水平交联杂化对发挥各组分之间的协同效应很重要，但目前仅有一例（如 COF/Mn-MOF），该方法还有待进一步研究发展；

③ 在设计 MOF-COF 框架复合材料时，实现能级匹配以构建合适的异质结仍存在不少困难。

利用氨基功能化来实现杂化不仅限制了 MOF-COF 的合成研究，还使得到的 MOF-COF 结构也基本趋同。况且 MOF、COF 种类繁多，只利用带—NH₂ 的 MOF、COF 进行杂化研究局限性很大，难以得到新的结构。此外，在理论方面，混合框架杂化的受控共轭生长机制还需要深入研究。

虽然 MOF-COF 杂化材料的研究还处于起步阶段并且面临众多挑战，但是作为 MOF、

COF 材料研究的一个崭新研究方向，MOF-COF 杂化框架，尤其是新型稳定结构 MOF-COF 杂化框架的开发是具有广泛的应用前景和巨大的潜在价值的，需要人们更多地关注和持续努力研究探索。

📖 拓展阅读 ────────────────────────────────

多孔材料展望

（1）微孔生成机理与定向设计合成

微孔材料生成过程是很复杂的，尽管取得了一些研究成果，但是对沸石合成机理的全面理解还很不够。理解分子筛晶化过程已经成为当今化学领域最有挑战性的难题之一。不同的分子筛能通过不同的机理晶化，而相同的分子筛在不同的条件下能通过不同的机理或它们的组合晶化，所以还不能对多数合成提供生成机理。这也就是说，缺乏机理理解和理论指导，合成新材料需要很多的试探，需要系统地探索各种合成组成和条件，会走许多弯路。

下面问题对理解沸石晶体的生长机理是很重要的：什么能控制特殊的分子筛骨架结构生成？各种反应物有哪些相互作用？在反应过程中在溶液和固相中有哪些物种生成？结构导向剂是如何起作用的？有机客体如何将结构信息转移到无机物种，然后遵循特定的结构规律排列成骨架结构？胺对硅酸盐过饱和度的作用会影响它们的稳定性吗？为什么含硼 β 沸石会重结晶成更加空旷的沸石而不是笼合物？沸石和分子筛如何成核？成核之后又怎样生长？扩散和表面动力学哪一个是沸石生长的控制步骤，还是二者都是？哪一个无机物种控制沸石生长？哪些无机物种是沸石生长真正需要的？

（2）大孔沸石、手性孔道和多维孔道分子筛合成

大孔沸石（大于 12 元环）仍然是合成新的多孔材料的主要努力方向。大沸石应该具有较好的稳定性、结构的可调变性（多种孔道结构）、骨架组成的可塑性（允许各种元素取代）、原料易得、制备简单等特点。现在只有少数几个结构具有大孔（大于 10 元环）的多维道系统，多维孔道系统会增大分子的扩散速率（这是许多应用所必需的），在合成过程中多维孔道系统不易发生因结构位错或缺陷造成的孔道堵塞。现有的材料包括八面沸石、β 沸石、UCSB-n（n=6，8，10）、TSC（特大笼，最大窗口为 8 元环）、CIT-1（CON）（SSZ-33 和 SSZ-26 具有相似的结构），远远满足不了需要，其中 UCSB-n 还不能合成硅铝形式（硅铝酸盐被认为具有更好的稳定性），TSC 为稀有的天然矿物，还不能人工合成，CIT-1 等还不能合成低硅铝比材料。

具有手性的孔道结构的材料一直是合成化学家们的追求目标，目前少数几个分子筛结构具有手性（来自于晶体结构的对称性），但它们的孔道没有手性。能够用来分离手性分子的具有手性孔道的材料还有待于研究。

（3）介孔材料和大孔材料合成

在介孔材料研究的初期阶段，面临诸多挑战，其中一项关键难题在于理解并区分低有序度介孔材料（如 HMS、KIT、MSU）与高有序度介孔材料（如 FSM、MCM、SBA）之间的本质差异，尤其是它们的孔壁结构是否一致尚待明确。此外，当调整表面活性剂种类及其与无机物种间的相互作用模式（如 S^+I^-、S^-I^+、$S^+X^-I^+$、S^0I^0 等）时，对孔壁结构及表面羟基的影响机制复杂且尚未充分揭示。同时，这些材料的热稳定性和水热稳定性评估亦面临诸多不确定性，这主要归因于无机物种与表面活性剂间相互作用的复杂性，涉及 pH、温度、前驱体、

表面活性剂种类、溶剂、有机添加剂、浓度及离子强度等众多参数。

　　合成体系的复杂性和多变性进一步增加了研究的难度。例如，简单更换表面活性剂种类（如从 C16TMA 到 C16-12-16）或引入铝醇，即可使产物结构从 MCM-41 转变为 MCM-48，类似效果亦可通过调整反应时间和温度实现。尽管现有文献中已报道了多种合成配方与条件，但大多数研究聚焦于碱性体系下的六方相 MCM-41 合成，缺乏对介孔材料合成机制的全面理解和系统研究。

　　介孔材料因其独特的性质吸引了来自沸石科学、分子筛技术、液晶化学、表面活性剂科学、溶胶-凝胶化学、无定形氧化物研究、固体物理、吸附科学、催化科学、生物技术及微电子学等多个领域的科学家关注，促进了这一新兴领域的快速发展，形成了真正的跨学科研究热点。然而，未来研究仍需深入探索以下方面：微孔与介孔材料的复合结构合成；基于现有表面活性剂的相图，探索尚未合成的相结构；开发具有实际应用价值的高级介孔材料形态；控制介孔材料薄膜中的孔道取向；材料的改性与稳定性提升策略；制备具有广泛孔径分布（涵盖微孔、介孔至大孔范围）及不同结构和组成的介孔与大孔材料；探索高有序度大孔材料的合成方法；实现对介孔与大孔材料壁结构的精确控制。这些研究方向的深入探索将有助于推动介孔材料科学的进一步发展，拓展其在各个领域的应用潜力。

思考题

　　1. 请概述近年来微孔材料合成领域取得的主要研究成果，这些材料在性能上实现了哪些突破？

　　2. 分析不同模板剂（如有机小分子、聚合物等）对微孔材料孔径分布、孔道形状等特性的影响机制。

　　3. 介绍几种近年来发展起来的微孔材料特殊合成方法，这些方法相比传统方法有哪些显著的优势和改进？

　　4. 简要阐述沸石类型材料的生成机理与基本合成规律。

　　5. 请用自己的话解释什么是 MOF 材料和 COF 材料及其基本性质。

　　6. 列举并比较不同的 MOF-COF 的合成方法，并讨论它们各自的优缺点。

　　7. 目前 MOF-COF 材料在实际应用中面临的主要挑战是什么？如何克服这些挑战以实现更广泛的应用？

参考文献

[1] Fu J R，Das S，Xing G L，et al. Fabrication of COF-MOF composite membranes and their highly selective separation of H_2/CO_2 [J]. Journal of the American Chemical Society，2016，138（24）：7673.

[2] Zhuang G L，Gao Y F，Zhou X，et al. ZIF-67/COF-derived highly dispersed Co_3O_4/N-doped porous carbon with excellent performance for oxygen evolution reaction and Li-ion batteries [J]. Chemical Engineering Journal，2017，330：1255.

[3] Zhang X，Dong H，Sun X J，et al. Step-by-step improving photocatalytic hydrogen evolution activity of NH_2-UiO-66 by constructing heterojunction and encapsulating carbon nanodots [J]. ACS Sustainable Chemistry & Engineering，2018，6（9）：11563.

［4］Peng Y W，Huang Y，Zhu Y H，et al. Ultrathin two-dimensional covalent organic framework nanosheets：preparation and application in highly sensitive and selective DNA detection［J］. Journal of the American Chemical Society，2017，139（25）：8698.

［5］Sun D R，Jang S，Yim S J，et al. Metal doped core-shell metal-organic frameworks@covalent organic frameworks （MOFs@COFs）hybrids as a novel photocatalytic platform［J］. Advanced Functional Materials，2018，28（13）：1707110.

［6］Gao M L，Qi M H，Liu L，et al. An exceptionally stable core‐shell MOF/COF bifunctional catalyst for a highly efficient cascade deacetalization-Knoevenagel condensation reaction［J］. Chemical Communications，2019，55：6377.

［7］Sun W W，Tang X X，Yang Q S，et al. Coordination-induced interlinked covalent- and metal-organic-framework hybrids for enhanced lithium storage［J］. Advanced Materials，2019，31（37）：1903176.

［8］Cai M K，Li Y L，Liu Q L，et al. One-Step construction of hydrophobic MOFs@COFs core-shell composites for heterogeneous selective catalysis［J］. Advanced Science，2020，7（20）：2003385.

［9］Liu X K，Hu M Y，Wang M H，et al. Novel nanoarchitecture of Co-MOF-on-TPN-COF hybrid：Ultralowly sensitive bioplatform of electrochemical aptasensor toward ampicillin［J］. Biosensors & Bioelectronics，2019，123：59.

第5章

非金属材料的化学提纯

无机粉体在应用时，需要较高的纯度。人工合成的无机粉体在合成中其纯度已达到了使用需求；当天然矿物作为无机粉体应用时，需要进行提纯和预处理，以满足不同场所对粉体的需要。天然无机非金属矿物实现提纯和预处理主要遵循的原则如下。①首先知道粉体中存在杂质的种类和赋存状态；②掌握矿物和杂质分别能够进行怎样的特征物理化学反应；③利用矿物和杂质的特征反应，采取一定的方法实现杂质和目的组分的分离；④优选经济、实用的方法实现提纯。

例如高岭土的漂白，高岭土中含有 Fe_2O_3 使高岭土白度不高，因而采取一定措施使铁溶出就会实现高岭土的漂白。高岭土漂白从原理上可加酸溶出 Fe^{3+}，也可以加盐发生置换反应，形成溶解度更大的盐，也可加还原剂生成二价可溶铁盐。具体选用哪种，就看哪种方法更容易实施，更具有科学性。下面对非金属矿的提纯方法进行系统介绍。

5.1 湿法化学提纯

5.1.1 湿法化学提纯基本概念

浸出是溶剂选择性地溶解矿物原料中某组分的工艺过程。矿物原料浸出的任务是选择适当的溶剂使矿物原料中的目的组分选择性地溶解，使其转入溶液中，达到有用组分与杂质组分或脉石组分相分离的目的。因此，浸出过程是一个目的组分的提取和分离的过程。进入浸出作业的原料一般为难以用物理选矿法处理的原矿，或物理选矿的中矿、尾矿、粗精矿、贫矿、表外矿和冶金中间产品等。依据矿物原料的特性，矿物原料可预先焙烧而后浸出或直接进行浸出，所以，对矿物原料的化学选矿而言，浸出作业具有较普遍的意义。

用于浸出的试剂称为浸出剂，浸出所得的溶液称为浸出液，浸出后的残渣称为浸出渣。实践中常采用有用组分或杂质组分的浸出率、浸出过程的选择性、试剂耗量等指标来衡量浸出过程。某组分的浸出率是指浸出条件下该组分转入溶液中的量与其在原料中的总量之比，设原料干重为 $Q(t)$，某组分的品位为 $a(\%)$，浸出液体积为 $V(m^3)$，该组分在浸出液中的浓度

为 $C(t/m^3)$，浸渣干重为 $m(t)$，渣品位为 $\delta(\%)$，则该组分的浸出率（$\varepsilon_{浸}$）为：

$$\varepsilon_{浸} = \frac{VC}{Q\alpha} \times 100\% = \frac{Q\alpha - m\delta}{Q\alpha} \times 100\% \qquad (5\text{-}1)$$

浸出过程中，组分 1 和组分 2 的浸出选择性（β）为：

$$\beta = \frac{\varepsilon_1}{\varepsilon_2} \qquad (5\text{-}2)$$

5.1.1.1　浸出剂

浸出过程中使用的试剂按其作用可进一步分为 2 类：狭义浸出剂和溶剂。浸出过程中与固体预浸组分发生化学反应并形成可溶化合物的试剂称为狭义浸出剂。溶解其他试剂和浸出物的试剂称为溶剂。若物料中预浸组分在浸出剂的存在下发生氧化还原反应，此时加入的浸出剂又分别为氧化剂或还原剂。在浸出过程中，只起氧化作用的试剂叫作氧化剂，起还原作用的称为还原剂，相应的浸出称为氧化浸出和还原浸出。溶剂通常为水，目前所采用的浸出剂、氧化剂、还原剂很多，往往应根据具体情况进行选择。浸出过程常常根据浸出剂的存在形式分为酸浸、碱浸、盐浸和水浸。

5.1.1.2　浸出剂的选择

通常选择这些试剂的主要依据是：①被浸物料性质，首先要保证浸出剂能和预浸出的组分发生作用，能够实现被浸组分与杂质的去除；②浸出过程中所要求的选择性，选择的浸出剂只和预浸出组分反应，和主体组分不反应，呈现明显的反应选择性；③试剂对被浸物料和设备的腐蚀作用，在满足前两者的前提下，选择对设备腐蚀作用小、反应安全系数高的浸出剂；④试剂成本和再生的难易以及来源是否广泛，即要考虑试剂的成本问题。

例如：如何选择新开采蒙脱石矿杂质去除的浸出剂，过程是如何进行的？要解决这一问题，提示：需要知道新开采蒙脱石矿杂质的种类；需要知道杂质进行什么样的特征反应，与蒙脱石组分相比，如何实现选择性；进而根据浸出实施过程考虑实施的可行性和经济性。

5.1.2　浸出热力学

浸出是在溶液和矿物表面进行的多相化学反应过程。根据浸出时化学反应的实质可将其分为氧化还原反应和非氧化还原反应两大类，每一大类又可分为有氢离子参加反应和没有氢离子参加反应两小类。

5.1.2.1　氧化还原反应体系

对于氧化还原反应，判定反应进行方向的主要依据是 Nernst（能斯特）方程。

$$E(T) = E^{\ominus}(T) - [RT/(nF)]\ln Q$$

式中，E 为非标准状态下的溶液平衡电位，V；$E^{\ominus}$ 为标准状态下的电极电位，V；Q 为非标准状态下的活度商；R 为摩尔气体常数 $[8.31J/(K \cdot mol)]$；T 为热力学温度（非特指时一般为 298K），K；n 为参加反应的电子数；F 为法拉第常数（9650C/mol）。

例如对于一个有氢离子参加的氧化还原反应，由下面电极反应组成，即由 A 物质变为 B

物质的反应可用下式表示：

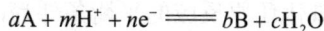

$$aA + mH^+ + ne^- \rightleftharpoons bB + cH_2O$$

其平衡电极电位可用能斯特公式表示：

$$
\begin{aligned}
E &= E^\ominus - \frac{RT}{nF}\ln Q \\
&= E^\ominus - \frac{RT}{nF}\ln\frac{[B]^b[H_2O]^c}{[A]^a[H^+]^m} \\
&= E^\ominus + \frac{8.31\times298}{96500n}\times2.31\lg\frac{[A]^a[H^+]^m}{[B]^b} \\
&= E^\ominus + \frac{0.0591}{n}(a\lg a_A + m pH - b\lg a_B)
\end{aligned}
\tag{5-3}
$$

式中，a_A 和 a_B 分别为平衡时物质 A 和物质 B 的活度。由式（5-3）可知，对于有氢离子参加的氧化还原反应而言，反应进行的程度由溶液的平衡电位和 pH 值决定。

对无氢离子参加的氧化还原反应而言，其反应式可表示为：

$$aA + ne^- \rightleftharpoons bB$$

其平衡条件下：

$$E = E^\ominus + \frac{0.0591}{n}(a\lg a_A - b\lg a_B) \tag{5-4}$$

即对无氢离子参加的氧化还原反应而言，反应进行的程度仅与溶液的平衡电位有关。

5.1.2.2 非氧化-还原体系

对非氧化还原反应而言，反应的程度可通过反应商（Q）与标准平衡常数（$K^\ominus$）的比较判断，反应商与标准平衡常数的表达式是相同的，当 $Q < K^\ominus$ 时，反应正向进行，最终达到 $Q = K^\ominus$ 的状态，即平衡态。

有氢离子参加时由 A 物质变成 B 物质的反应可用下式表示：

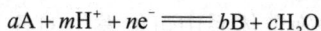

$$aA + mH^+ + ne^- \rightleftharpoons bB + cH_2O$$

该反应的平衡常数为：

$$K = \frac{[B]^b[H_2O]^c}{[A]^a[H^+]^m} = \frac{a_B^b}{a_A^a[H^+]^m}$$

$$\lg K = b\lg a_B + m pH - a\lg a_A$$

$$pH = \frac{1}{m}\lg K - \frac{1}{m}(b\lg a_B - a\lg a_A)$$

当 $a_A = a_B = 1$ 时，将 $pH^\ominus = \frac{1}{m}\lg K$ 代入得：

$$pH = pH^\ominus - \frac{1}{m}(b\lg a_B - a\lg a_A) \tag{5-5}$$

即对有氢离子参加的非氧化还原反应而言，反应进行的程度（反应达到平衡条件时）仅与溶液的 pH 值有关。因而可通过控制调节溶液的 pH 控制反应进行的程度。

同理可知无氢离子参加的非氧化还原反应的平衡条件为：

$$\lg K = b\lg a_B - a\lg a_A \qquad (5-6)$$

5.1.2.3 水溶液中的化学反应

从以上的描述可以知道，湿法化学提纯是和溶液 pH 相关度非常高的溶液反应，因而溶液的 pH 与电极电位和平衡常数的关系是解决实际问题的关键。水溶液中化学反应的类型及其平衡条件可综合如表 5-1 所示。

从表 5-1 可知，水溶液中化学反应的平衡与溶液电位、pH 值和组分活度有关，在指定温度、压力下，可将电位和 pH 值表示在平面坐标图上，将其称为 E-pH 图。E-pH 图可指明反应进行的条件，指明物质在水溶液中稳定存在的区域和范围，可为浸出、分离净化及电解等作业提供热力学依据。常见的 E-pH 图有金属-水系、金属-络合剂-水系、硫化物-水系。20 世纪 70 年代以来，随着热压技术的应用，除常温、常压条件下的 E-pH 图以外，又出现了热压条件下的 E-pH 图。

表 5-1　水溶液中化学反应的类型

反应类型		相关因素	平衡表达式
非氧化还原反应	无 H^+	与 pH 无关，与 E 无关 $m=0$, $n=0$	$\lg K = b\lg a_B - a\lg a_A$
	有 H^+	与 pH 有关，与 E 无关 $m\neq0$, $n=0$	$\text{pH} = \text{pH}^\ominus - \dfrac{1}{m}(b\lg a_B - a\lg a_A)$
氧化还原反应	无 H^+	与 pH 无关，与 E 有关 $m=0$, $n\neq0$	$E = E^\ominus + \dfrac{0.0591}{n}(a\lg a_A - b\lg a_B)$
	有 H^+	与 pH 有关，与 E 有关 $m\neq0$, $n\neq0$	$E = E^\ominus + \dfrac{0.0591}{n}(a\lg a_A - m\text{pH} - b\lg a_B)$

绘制 E-pH 图的步骤为：①确定体系中可能发生的各类反应及各反应的平衡方程式；②由有关的热力学数据计算反应的 $\Delta G_T^\ominus$，求出平衡常数 K 或 E_T；③求出各反应的 E_T 与 pH 值的关系式；④根据 E_T 与 pH 值的关系式，在指定离子活度或气相分压的条件下，计算各温度下的 E_T 和 pH 值；⑤ 绘制 E-pH 图。

现以 Fe-H$_2$O 系的 E-pH 图为例，说明 25℃时 E-pH 图的一般绘制方法。Fe-H$_2$O 系中有关的主要反应及其平衡关系式为：

氧化-还原反应：

$$Fe^{2+} + 2e^- = Fe$$

$$E = E^\ominus + \frac{0.0591}{n}(\lg a_{Fe^{2+}} - \lg a_{Fe})$$

由于 $a_{Fe} = 1$，$n = 2$，$\Delta G_{Fe^{2+}}^\ominus = -84935(\text{J/mol})$，

$\because nFE^\ominus = -\Delta G^\ominus$

$$\therefore E^{\ominus} = \frac{-\Delta G^{\ominus}}{nF} = \frac{0 - (-84935)}{2 \times 96500} = -0.441(\text{V})$$

$$E = -0.441 + 0.295\lg a_{\text{Fe}^{2+}} \tag{5-7}$$

同理可知：
$$\text{Fe}^{3+} + \text{e}^- \Longrightarrow \text{Fe}^{2+}$$

$$E = -0.771 + 0.0591\lg \frac{a_{\text{Fe}^{3+}}}{a_{\text{Fe}^{2+}}} \tag{5-8}$$

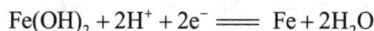

$$\text{Fe(OH)}_2 + 2\text{H}^+ + 2\text{e}^- \Longrightarrow \text{Fe} + 2\text{H}_2\text{O}$$

$$E = -0.047 - 0.0591\text{pH} \tag{5-9}$$

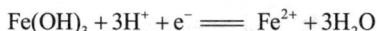

$$\text{Fe(OH)}_3 + 3\text{H}^+ + \text{e}^- \Longrightarrow \text{Fe}^{2+} + 3\text{H}_2\text{O}$$

$$E = 1.057 - 0.177\text{pH} - 0.0591\lg a_{\text{Fe}^{2+}} \tag{5-10}$$

导出各类化学反应的平衡条件关系式，根据所指定的反应体系中各组分的活度（或气体分压），可以算出 E_T 和 pH 值，然后可在平面直角坐标上绘制 E-pH 图。若非特别指定，反应温度一般为 298K，反应体系各组分的活度（或气体分压）均为 1，此时的 Fe-H$_2$O 系 E-pH 图如图 5-1 所示，图中 A、B、C$\cdots$ 分别表示相应的反应式的平衡条件。由于反应在水溶液中进行，在 E-pH 图上一般还绘制水的稳定区的ⓐ线（H$_2$ 线）和ⓑ线（O$_2$ 线）。水本身仅在一定的电位条件下才稳定，当溶液电位超出ⓐ线和ⓑ线的范围，则水被分解，分别析出氢气和氧气。水的稳定上限析出氧气，其反应为下式，氧的分压为 P_{O_2}=101.325kPa：

图 5-1　Fe-H$_2$O 的 E-pH 图

$$\text{O}_2 + 4\text{H}^+ + 4\text{e}^- \Longrightarrow \text{H}_2\text{O}$$

$$E_{\text{O}_2/\text{H}_2\text{O}} = 1.229 - 0.0591\text{pH} + 0.0148\lg P_{\text{O}_2} \tag{5-11}$$

当 P_{O_2} =101.325kPa 时，$E_{\text{O}_2/\text{H}_2\text{O}} = 1.229 - 0.0591\text{pH}$

水的稳定下限析出氢气，其反应为：

$$2\text{H}^+ + 2\text{e}^- \Longrightarrow \text{H}_2$$

$$E_{\text{H}^+/\text{H}_2} = -0.0591\text{pH} - 0.0295\lg P_{\text{H}_2} \tag{5-12}$$

当 P_{H_2} =101.325kPa 时，

$$E_{\text{H}^+/\text{H}_2} = -0.0591\text{pH}$$

应当指出，当反应温度不是 298K，而为其他数值时，平衡时各组分活度不为 1，需按所给条件进行计算，根据计算结果另行作图。当组分活度降低时，（A）线向下移，（B）线向右移，（C）的位置与组分活度无关。当正反应为吸热反应时，随反应温度的升高，电位线向上移；当反应为热反应时，随着温度的升高，电位线向下移。当溶解反应是吸热反应时，随着温度的升高，Ⅱ线向右移，pH$^{\ominus}$ 值上升，当溶液中氧和氢的分压上升时，ⓐ线（H$_2$ 线）下移，ⓑ线（O$_2$ 线）上升，水的稳定区将扩大。反之，当溶液中氧和氢的分压下降时，水的稳定区

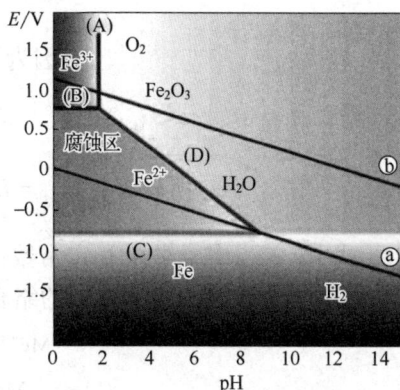

将缩小。因此，每个 E-pH 图仅适用某一反应温度和所指定的组分活度。

当浸出剂中含有目的组分的络合剂时，某些正电性金属可与络合剂作用生成稳定的络合物，它们被氧化的电位会大大降低。设络合反应为：

$$Me^{n+} + zL \rightleftharpoons MeL_z^{n+}$$

式中，Me^{n+} 为金属离子；L 为络合体（可带电或不带电）；z 为金属离子的配位数。

上式可看作以下两步反应的合反应：

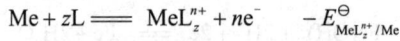

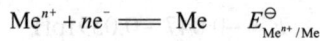

$$Me + zL \rightleftharpoons MeL_z^{n+} + ne^- \qquad -E_{MeL_z^{n+}/Me}^{\ominus}$$

$$Me^{n+} + ne^- \rightleftharpoons Me \qquad E_{Me^{n+}/Me}^{\ominus}$$

$$Me^{n+} + zL \rightleftharpoons MeL_z^{n+} \qquad E^{\ominus}$$

合反应平衡常数： $K_f = \dfrac{a_{MeL_z^{n+}}}{a_{Me^{n+}} a_L^z}$

因为 $\Delta G^{\ominus} = -RT \ln K_f = -nFE^{\ominus}$

$$E^{\ominus} = RT \ln K_f$$

所以 $E_{MeL_z^{n+}/Me}^{\ominus} = E_{Me^{n+}/Me}^{\ominus} - \dfrac{RT}{nF} \ln K_f = E_{Me^{n+}/Me}^{\ominus} + \dfrac{RT}{nF} \ln K_d$ \qquad (5-13)

式中，K_f 为络合物的稳定常数；K_d 为络合物的解离常数。

不同价态的同一金属离子的络合反应为：

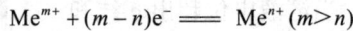

$$Me^{m+} + (m-n)e^- \rightleftharpoons Me^{n+} \quad (m>n)$$

$$MeL_p^{m+} + (m-n)e^- \rightleftharpoons MeL_p^{n+}$$

$$E_{MeL_p^{m+}/MeL_p^{n+}}^{\ominus} = E_{Me^{m+}/Me^{n+}}^{\ominus} - \dfrac{0.0591}{m-n} \lg \dfrac{K_m}{K_f} \qquad (5-14)$$

式中，K_m、K_n 分别为同一金属高价离子和低价离子的络合常数。

由式（5-13）可知，金属离子与络合体生成的络合物愈稳定，金属络离子与金属电对的标准电位值就愈小，即相应的金属愈易被氧化而呈络离子形态转入溶液中。同理，由式（5-14）可知，同一金属的高价金属络离子较低价金属络离子愈稳定，则其低价金属铬离子愈易被氧化而呈高价金属络离子形态存在于溶液中。生产实践中常利用此原理浸出某些电极电位很高的较难氧化溶解的目的组分（如金、银、铜等）。当浸出剂中含有络合剂时，由于生成稳定的络合物大大降低了正电性金属的标准还原电位。多数条件下，同一金属的高价金属络离子比低价金属络离子稳定，但也有少数例外。

利用绘制常温常压下 E-pH 图的方法，只要确定所研究条件下的各反应物质的热力学数据及有关反应的平衡方程和关系式，计算出相关的 E_T 和 pH 值，同样可以绘制出金属-络合物-水系及热压条件下的 E-pH 图。

目前 E-pH 图被广泛应用于金属腐蚀、地球化学、选矿、冶金、分析化学及电化学等各个领域。在化学选矿中，利用 E-pH 图可为浸出、浸液净化、化学沉淀、金属置换、气体及试剂还原和电积等过程提供过程进行的热力学依据，可以判断过程进行的条件和趋势，可判断目的组分在水溶液中稳定存在的区域及范围。

5.1.3　非金属矿湿法化学提纯工艺

矿物湿法加工的方法和工艺有很多，如化学浸出、离子交换、离子浮选等，在非金属矿的除杂提纯过程中，应用最多的是利用化学试剂浸出工艺脱除矿物中的金属杂质成分。

5.1.3.1　浸出的种类

（1）酸浸

① 酸浸浸出剂简介。酸法浸出是化学选矿中常用的浸出方法之一，硫酸、盐酸、硝酸、亚硫酸、氢氟酸及王水等可作为酸性浸出剂，其中硫酸是使用最广的酸性浸出剂。

稀硫酸为非氧化酸，可用于处理含大量还原性组分（如有机质、硫化物、亚铁氧化物等）的矿物原料。稀硫酸价廉易得，设备防腐问题易解决，浸出液易处理，稀硫酸的沸点较高。因此，在技术上可行的情况下，一般均应尽量采用稀硫酸溶液作浸出剂。

热浓硫酸为强氧化酸，可将大部分硫化矿物氧化为硫酸盐，还可分解某些较难分解的稀有金属矿物。以热浓硫酸为浸出剂可使某些溶解度较大的硫酸盐转入浸液中，难溶的硫酸盐仍留在浸渣中。

盐酸的分解能力比硫酸强，金属氯化物的溶解度比相应的硫酸盐大，盐酸可用于浸出硫酸无法浸出的某些矿物原料，也可用来进行简单酸浸、氧化酸浸（加氧化剂）和还原酸浸。但盐酸的价格比硫酸贵，易挥发，沸点较低，对设备的防腐蚀要求较高，劳动条件比使用硫酸作浸出剂时差。

硝酸为强氧化剂，其分解能力比硫酸和盐酸强，但其价格较贵，易挥发，对设备的防腐蚀要求较高。一般条件下，硝酸常用作氧化剂，不单独采用硝酸作浸出剂。

王水为盐酸和硝酸的混合酸，为强氧化剂，常用作铂族金属的浸出剂，王水可使铂、钯、金转入浸液中，而铑、钌、锇、铱、银等留在浸渣中，固液分离后，可从王水浸出液和浸渣中回收相应的组分。

氢氟酸主要用于浸出钽铌矿物及钽铌富集物，钽铌呈可溶性钽铌酸盐形态转入浸液中，然后从硫酸和氢氟酸体系中萃取钽铌。

中等强度的亚硫酸（也可将二氧化硫通入矿浆中）为还原剂，可用作某些氧化性物料（如二氧化锰、锰结核等）的浸出剂，其浸出选择性较高。

② 简单酸浸。简单酸浸法适用于处理某些易被酸分解的简单金属氧化物、金属含氧酸盐及少数的金属硫化物。以二价金属为例，简单酸浸的反应过程可用下列方程表示：

$$MO + 2H^+ \rule[0.5ex]{1.2em}{0.4pt} H_2O + M^{2+}$$

被浸出的矿物在酸浸液中的稳定性取决于它的 $pH_T^{\ominus}$ 值，$pH_T^{\ominus}$ 值小的矿物难以被酸分解，$pH_T^{\ominus}$ 值大的矿物易被分解。某些金属的简单氧化物、铁酸盐、砷酸盐、硅酸盐和硫化物的 $pH_T^{\ominus}$ 值分别列于表 5-2 至表 5-6 中。

从表中所列的 $pH_T^{\ominus}$ 值可知，大部分金属的简单氧化物、金属铁酸盐、砷酸盐和硅酸盐能溶于酸液中，大部分金属硫化物不能溶于酸液中，只有 FeS、NiS(a)、CoS、MnS 和 Ni_3S_2 能简单酸溶；同一金属的铁酸盐、砷酸盐和硅酸盐比其简单氧化物稳定，较难被酸溶解；随着浸出温度的提高，金属氧化物及其含氧酸盐在酸液中的稳定性也相应提高。因此，钴、镍、铜、锌、镉、锰、磷等氧化矿、氧化焙烧的焙砂及烟尘等可用简单酸浸法处理。氧化焙烧时须严格控制焙烧温度，以防止易被酸浸的简单金属氧化物在高温条件下与硅、铝、铁、砷、锑的氧化物作用生成较难被酸浸出的金属含氧酸盐。简单酸浸时只需适当控制浸出介质的酸度即可达到选择性浸出的目的。

表 5-2　某些金属氧化物在水溶液中酸溶的 $pH_T^{\ominus}$ 值

氧化物	MnO	CdO	CoO	NiO	ZnO	CuO	In₂O₃	Fe₃O₄	CaO	Fe₂O₃	SnO₂
$pH_{298}^{\ominus}$	8.96	8.69	7.51	6.06	5.801	3.945	2.522	0.891	0.743	−0.24	−2.102
$pH_{373}^{\ominus}$	6.792	6.78	5.58	3.16	4.347	3.549	0.969	0.0435	0.431	0.991	−2.895
$pH_{473}^{\ominus}$			3.89	2.58	2.88	1.78	−0.453		−1.412	−1.579	−3.55

表 5-3　某些金属铁酸盐酸溶的 $pH_T^{\ominus}$ 值

铁酸盐	CuO·Fe₂O₃	CoO·Fe₂O₃	NiO·Fe₂O₃	ZnO·Fe₂O₃
$pH_{298}^{\ominus}$	1.581	1.213	1.227	0.6747
$pH_{373}^{\ominus}$	0.560	0.352	0.205	−0.1524

表 5-4　某些金属砷酸盐酸溶的 $pH_T^{\ominus}$ 值

砷酸盐	Zn₃(AsO₄)₂	Co₃(AsO₄)₂	Cu₃(AsO₄)₂	FeAsO₄
$pH_{298}^{\ominus}$	3.294	3.162	1.918	1.027
$pH_{373}^{\ominus}$	2.441	2.382	1.32	0.1921

表 5-5　某些金属硅酸盐酸溶的 $pH_T^{\ominus}$ 值

硅酸盐	PbO·SiO₂	FeO·SiO₂	ZnO·SiO₂
$pH_{298}^{\ominus}$	2.636	2.86	1.791

表 5-6　某些硫化物简单酸溶的 $pH_T^{\ominus}$ 值

硫化物	Ag₂S₃	HgS	Ag₂S	Sb₂S₃	Cu₂S	CuS	SuFeS₂[①]	PbS	NiS(γ)
$pH_{298}^{\ominus}$	−16.12	−15.59	−14.14	−13.85	−13.45	−7.088	−4.405	−3.096	−2.888
硫化物	ZnS	CuFeS₂[②]	CoS	NuS(α)	FeS	MnS	Ni₃S₂	CdS	SnS
$pH_{298}^{\ominus}$	−1.586	−0.7361	+0.327	+0.635	+1.726	+3.296	+0.474	−2.616	−2.028

① 反应的产物为 $Cu^{2+}+H_2S$。

② 反应的产物为 $CuS+H_2S$。

　　稀硫酸浸出时，游离的二氧化硅不溶解，但结合态的硅酸盐会部分溶解成硅酸转入浸出液中，浸液中氧化硅的含量随浸出酸度和温度的提高而提高。当介质 pH<2 时，硅酸会聚合

生成硅胶，对后续作业有影响，故应避免采用高酸度浸出；氧化铝在酸液中较稳定，溶解量小。氧化铁在酸液中很稳定，但氧化亚铁可被酸分解，其浸出率为40%～50%。碳酸盐、钙、镁氧化物、磷、钒氧化物等易被酸分解。稀土、锆、钛、钽、铌等含氧酸盐在稀硫酸液中非常稳定。铜、锑、砷、铬等硫化物在稀硫酸液中也非常稳定，一般不分解。

粗精矿除杂时，为了除去某些溶解度较小的硫酸盐杂质，可用稀盐酸作浸出剂，如用稀盐酸溶液浸出钨粗精矿，可溶去磷、铋、钙、钼等杂质。

③ 氧化酸浸。某些硫化物-水系的 E-pH 图如图 5-2 所示，从图中曲线可知，多数金属硫化物在酸性液中相当稳定，不被酸分解。但当有氧化剂存在时，几乎所有的金属硫化物在酸液中或碱液中均被氧化分解。不同硫化物在溶液中的元素硫稳定区的 $pH_{上限}$ 和 $pH_{下限}$ 不同，表 5-7 列举了某些金属硫化物在溶液中的元素硫的 $pH^{\ominus}_{上限}$ 和 $pH^{\ominus}_{下限}$ 及 $Me^{2+}+S+2e^-\Longrightarrow MeS$ 平衡线的平衡电位值（E）。从表 5-7 中的数值可知，只有 $pH^{\ominus}_{下限}$ 值大于零的为数很少的金属硫化物[如 FeS、MnS、NiS(α)等]可以简单酸溶，大部分金属硫化物的 $pH^{\ominus}_{下限}$ 均小于零，只有使用氧化剂才能使金属硫化物氧化酸溶。根据工艺要求，可控制酸用量和氧化剂用量以控制浸出时的 pH 值和电位值，使金属硫化物中的金属组分呈离子形态转入浸液中，使硫化物中的硫氧化为元素硫等。

表 5-7　金属硫化物在水溶液中元素硫稳定的 $pH^{\ominus}_{上限}$、$pH^{\ominus}_{下限}$ 及 $E^{\ominus}$ 值

硫化物	HgS	Ag₂S	CuS	Cu₂S	As₂S₃	Sb₂S₃	FeS₂	PbS	NiS(γ)
$pH^{\ominus}_{上限}$	−10.95	−9.7	−3.65	−3.50	−5.07	−3.55	−1.19	−0.946	−0.029
$pH^{\ominus}_{下限}$	−15.59	−14.14	−7.088	−8.04	−16.15	−13.85	−4.27	−3.096	−2.888
$E^{\ominus}_{298}$	1.093	1.007	0.56	0.56	0.489	0.443	0.423	0.354	0.340
硫化物	CdS	SnS	In₂S₃	ZnS	CuFeS₂	CoS	NiS(α)	FeS	MnS
$pH^{\ominus}_{上限}$	0.174	0.68	0.764	1.07	−1.10	1.71	2.80	3.94	5.05
$pH^{\ominus}_{下限}$	−2.612	−2.03	−1.76	−1.58	−3.89	−0.83	0.450	1.78	3.296
$E^{\ominus}_{298}$	0.326	0.291	0.275	0.264	0.41	0.22	0.145	0.066	0.023

氧化酸浸时常用的氧化剂为 O_2、HNO_3、$NaClO$、MnO_2、H_2O_2 等，它们被还原的电化学方程及标准电位为：

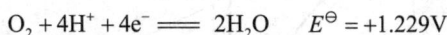

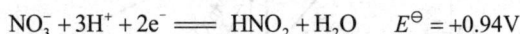

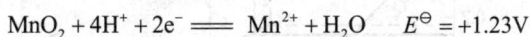

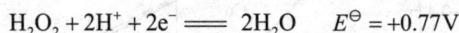

$$O_2 + 4H^+ + 4e^- \Longrightarrow 2H_2O \quad E^{\ominus} = +1.229V$$

$$NO_3^- + 3H^+ + 2e^- \Longrightarrow HNO_2 + H_2O \quad E^{\ominus} = +0.94V$$

$$2ClO^- + 4H^+ + 2e^- \Longrightarrow Cl_2 + 2H_2O \quad E^{\ominus} = +1.63V$$

$$MnO_2 + 4H^+ + 2e^- \Longrightarrow Mn^{2+} + H_2O \quad E^{\ominus} = +1.23V$$

$$H_2O_2 + 2H^+ + 2e^- \Longrightarrow 2H_2O \quad E^{\ominus} = +0.77V$$

氧化酸浸法除用于浸出金属硫化物外，还常用于浸出某些低价金属化合物，如晶质铀矿、沥青铀矿、辉铜矿、赤铜矿等，使低价金属氧化物氧化为高价金属离子转入酸液中。

④ 还原酸浸。还原酸浸法用于浸出变价金属的高价金属氧化物和氢氧化物，如低品位锰

矿，海底锰结核，净化钴渣、镍渣、锰渣等，有用组分为 MnO_2、$Co(OH)_3$、$Ni(OH)_3$、Co_2O_3、Ni_2S_3 等，其浸出原理如图 5-3 所示。工业上常用的还原浸出剂为金属铁、亚铁离子、二氧化硫和盐酸，其反应如下。

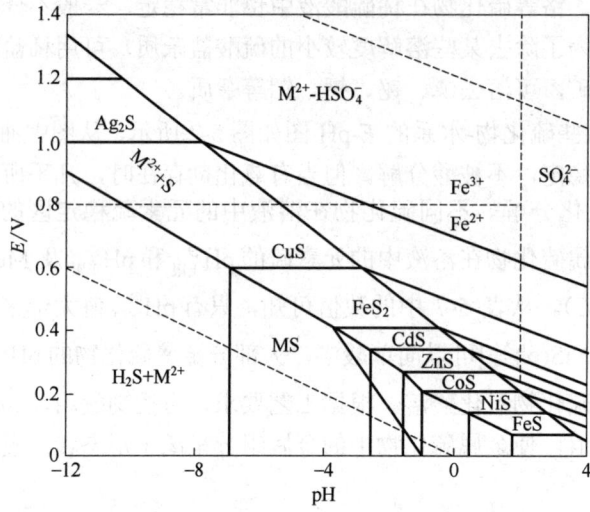

图 5-2　MeS-H_2O 系的 E-pH 值

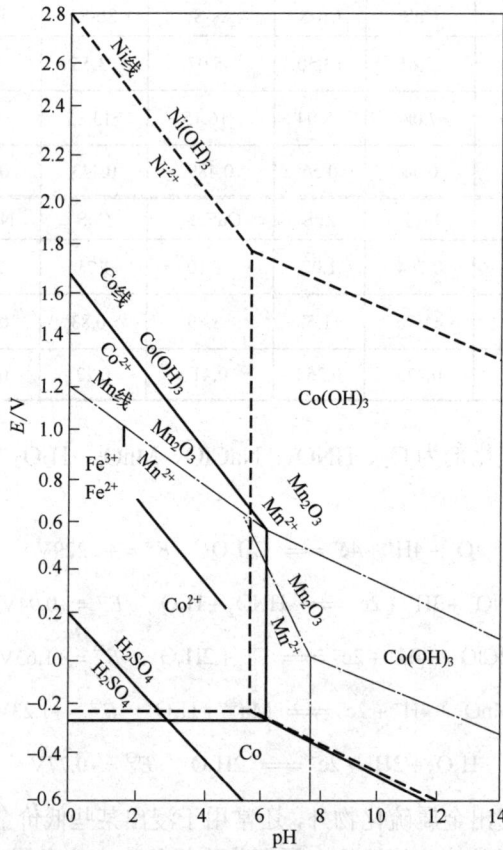

图 5-3　Co、Mn、Ni 化合物的相图

$$MnO_2 + 2Fe^{2+} + 4H^+ \Longrightarrow Mn^{2+} + 2Fe^{3+} + 2H_2O$$

$$E = 0.457 - 0.118pH - 0.0295lg a_{Mn^{2+}} + 0.0591lg \frac{a_{Fe^{3+}}}{a_{Fe^{2+}}}$$

$$MnO_2 + SO_2 \Longrightarrow Mn^{2+} + SO_4^{2-}$$

$$E = 1.06 - 0.0295lg a_{Mn^{2+}} - 0.0295lg P_{SO_2}$$

从上述反应方程式及其平衡式可知，金属铁的还原能力比亚铁离子大，用量较少，但其耗酸量大，与亚铁离子一样会污染浸出液。二氧化硫的还原能力较大，不耗酸，不污染浸出液，是较为理想的还原酸浸出剂。生产中可将二氧化硫通入矿浆中，或直接使用亚硫酸或亚硫酸盐，工业生产条件下 SO_2 浓度一般为 6%～8%，浸出温度为 70～80℃，浸出 6～7h，钴镍的浸出率可达 98%以上。盐酸的还原能力较小，一般仅用于浸出钴镍的净化渣，浸出温度一般为 80～90℃，pH 值应小于 2。

$$2Co(OH)_3 + SO_2 + 2H^+ \Longrightarrow 2Co^{2+} + SO_4^{2-} + 4H_2O$$

$$E = 1.578 - 0.0591pH + 0.0295lg P_{SO_2} - 0.0295lg a_{SO_4^{2-}} - 0.0295lg a_{Co^{2+}}$$

$$2Ni(OH)_3 + SO_2 + 2H^+ \Longrightarrow 2Ni^{2+} + SO_4^{2-} + 4H_2O$$

$$E = 2.089 - 0.0591pH + 0.0295lg P_{SO_2} - 0.0295lg a_{SO_4^{2-}} - 0.0295lg a_{Ni^{2+}}$$

（2）碱浸

碱作为浸出剂应用较广的是 NaOH 和 NH_4OH。NaOH 是强碱，通常称为苛性碱，腐蚀能力强，对许多矿物（如硫化物、硒化物、硅酸盐）、化合物都有浸出作用。目前在难选钨中矿、钨细泥和铝土矿以及除精矿中杂质时常用到。NH_4OH 腐蚀性不如 NaOH 强，但 NH_4^+ 络合作用强，且易回收，因此应用也比较广。其反应式为：

$$CaWO_4 + 2NaOH \Longrightarrow Na_2WO_4 + Ca(OH)_2$$

$$(Mn \cdot Fe)(WO_4)_2 + 4NaOH \Longrightarrow 2Na_2WO_4 + Mn(OH)_2 + Fe(OH)_2$$

$$Al(OH)_3 + NaOH \Longrightarrow Na[Al(OH)_4]$$

$$2Cu + 4NH_3 + \frac{1}{2}O_2 + H_2O \Longrightarrow 2[Cu(NH_3)_2]^+ + 2OH^-$$

NH_4OH 与硫化物作用的通式为：

$$MS + nNH_3 + 2O_2 \Longrightarrow [M(NH_3)_n]^{2+} + SO_4^{2-}$$

有时为了提高过程的选择性和强化浸出，在上述无机浸出剂的应用过程中，常把几种浸出剂联合使用，从而提高浸出率，例如用硫酸铵和 NH_4OH 联合浸出 ZnO 就比单用 NH_4OH 好。

除 NaOH 和 NH_4OH 外，在碱浸中可作为浸出剂的还有碳酸钠（Na_2CO_3）、硫化钠（Na_2S）。

（3）盐浸

① 硫酸盐类。目前应用的有硫酸铁、硫酸铜、硫酸钠、硫酸氢铵等，其反应式为：

$$CuS + Fe_2(SO_4)_3 \longrightarrow CuSO_4 + 2FeSO_4 + S$$

$$UO_2 + Fe_2(SO_4)_3 \longrightarrow UO_2SO_4 + 2FeSO_4$$

$$UO_2SO_4 + 2SO_4^{2-} \longrightarrow UO_2(SO_4)_3^{4-}$$

$$ZnS + CuSO_4 === ZnSO_4 + CuS$$

$$UO_2 + \frac{1}{2}O_2 + Na_2SO_4 + H_2O === UO_2SO_4 + 2NaOH$$

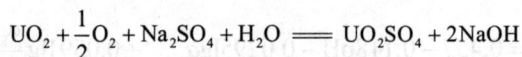

由上式可知，硫酸铁的浸出作用主要是利用 Fe^{3+} 的氧化作用和硫酸根的络合作用。从铜精矿中用 $CuSO_4$ 浸出杂质锌，则是利用铜离子置换锌。硫酸钠浸出铀矿石，主要是利用硫酸根的络合作用。

② 氯化物。常用的氯化物有 $NaCl$、$FeCl_3$、NH_4Cl 等。氯化钠常用于浸出硫酸铝矿石。$FeCl_3$ 常用于从中矿或粗精矿中除去硫化物杂质。氯化铵用于浸出含菱镁矿的矿石和浸出磷中矿、钨中矿、铌钽中矿的杂质——钙镁碳酸盐。其反应式分别为：

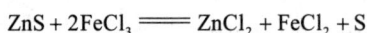

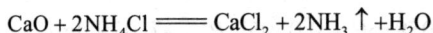

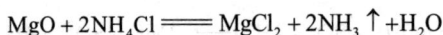

$$PbSO_4 + 2NaCl === Na_2SO_4 + PbCl_2$$

$$PbCl_2 + 2NaCl === Na_2[PbCl_4]$$

$$ZnS + 2FeCl_3 === ZnCl_2 + FeCl_2 + S$$

$$CaO + 2NH_4Cl === CaCl_2 + 2NH_3 \uparrow + H_2O$$

$$MgO + 2NH_4Cl === MgCl_2 + 2NH_3 \uparrow + H_2O$$

$$CaCO_3 + 2NH_4Cl === CaCl_2 + 2NH_3 \uparrow + H_2O + CO_2 \uparrow$$

由上式可知：氯化铁的浸出作用主要是铁离子的氧化作用以及反应产物为易溶的金属氯化物。$NaCl$ 浸出 $PbSO_4$ 主要是利用氯离子与 Pb^{2+} 能形成可溶的稳定络合物，而用氯化铵浸出钙镁酸盐主要是根据其产物钙镁氯化物易溶，其原理与盐酸浸出相似。

③ 碳酸盐类。目前应用最广的碳酸盐浸出剂是碳酸钠，通常用于铀矿石、钨矿石和某些钒矿石的浸出，其次是碳酸铵，它曾用于铀矿石和 ZnO 烟尘废料的浸出。

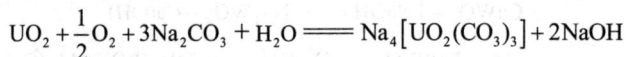

$$UO_2 + \frac{1}{2}O_2 + 3Na_2CO_3 + H_2O === Na_4[UO_2(CO_3)_3] + 2NaOH$$

$$CaWO_4(s) + Na_2CO_3(l) === Na_2WO_4(l) + CaCO_3(s)$$

碳酸钠浸出铀矿石主要利用 CO_3^{2-} 的络合作用，它与 UO_2^{2+} 形成易溶的稳定性络离子。碳酸钠浸出难选的钨矿泥和中矿，主要用 Na^+ 与钨酸根反应形成易溶的钨酸钠溶液，其反应相当于反应分子相互间的离子重新组合。

④ 钠的氰化物、硫化物、硫代硫酸盐。钠的氰化物主要用于浸出矿石中的金、银、自然铜和某些有色金属硫化物，其机理主要是利用 CN^- 的强络合作用。其反应为：

$$4Au + 8NaCN + O_2 + 2H_2O === 4Na[Au(CN)_2] + 4NaOH$$

$$ZnS + 4CN^- === Zn(CN)_4^{2-} + S^{2-}$$

钠的硫化物主要是用于浸出矿石中的某些硫化物。例如用 Na_2S 除去产品中以硫化物形式存在的杂质 As、Sb、Hg、Sn 等。主要是利用这些元素与 S^{2-} 能形成络合物。其反应式为：

$$As_2S_3 + S^{2-} \longrightarrow AsS_3^{3-}$$

$$Sb_2S_3 + S^{2-} \longrightarrow SbS_3^{3-}$$

$$HgS + S^{2-} \longrightarrow HgS_2^{2-}$$

$$SnS_2 + S^{2-} \longrightarrow SnS_3^{2-}$$

硫代硫酸钠用于浸出经食盐焙烧后焙砂中的氯化银。

$$2AgCl + Na_2S_2O_3 \longrightarrow Ag_2S_2O_3 + 2NaCl$$

（4）水浸

水浸用于某些盐类焙烧和氧化焙烧后的烧渣以及硫化物的加压浸出，有时也用于可溶性矿物或化合物浸出。例如水浸经 NaCl 焙烧后的钒矿石烧碴，从某些烟尘中水浸回收铼，硫化矿加压水浸等。其反应式为：

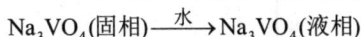

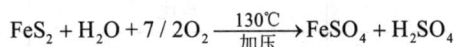

$$Na_3VO_4(固相) \xrightarrow{\quad 水 \quad} Na_3VO_4(液相)$$

$$Re_2O_7 + H_2O \longrightarrow 2HReO_4$$

$$FeS_2 + H_2O + 7/2O_2 \xrightarrow[加压]{130℃} FeSO_4 + H_2SO_4$$

由上述化学反应式可知，水对物料的浸出有两种。一种是当被浸物料某组分溶于水时，此时固体物料与水混合，就发生物理溶浸作用，作为浸出剂的水实质上是溶剂。另一种是被浸物料与水发生化学反应，生成可溶于水的化合物，此时为化学溶浸作用。参与反应的水为浸出剂，不参与反应的水为溶剂。

（5）其他浸出方法

氯水是在酸性水溶液中通入氯气制得的，它使金属呈氯化物溶出。它可浸出金、银矿石以及有色金属硫化矿石。氯气是强氧化剂，在水溶液中水解生成盐酸和次氯酸。盐酸可使已氧化的贵金属呈氯络酸状态溶解。次氯酸是更强的氧化剂，能氧化包括金在内的所有贵金属。

$$Cl_2 + H_2O \Longrightarrow HCl + HClO$$

HCl、HClO 与金作用的反应式为：

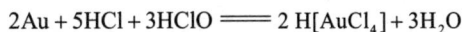

$$2Au + 5HCl + 3HClO \Longrightarrow 2H[AuCl_4] + 3H_2O$$

与硫化物作用的反应式为：

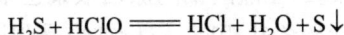

$$ZnS + 2HCl \Longrightarrow ZnCl_2 + H_2S$$

$$H_2S + HClO \Longrightarrow HCl + H_2O + S\downarrow$$

其他可作为矿物浸出剂的还有有机试剂和生物浸出剂。

5.1.3.2 非金属矿湿法提纯工艺

矿物的杂质有很多，主要是金属氧化物及有机物。一方面，它们降低了矿物品位和使用性能，另一方面，它们能把矿物染成黄、红、棕、褐、黑等一系列颜色。有时色泽较深，干燥后变浅。经过煅烧后，有机物可排除掉。高岭土通常要煅烧到 1250℃以上才能显出它本质的颜色。这时主要的染色物质是铁、钛、锰等以及其他金属离子氧化物和化合物所形成的发色基团。事实上，几乎所有的金属氧化物及化合物都可能不同程度地存在于各种类型的非金属矿物原料中，所以它们的色泽与色素成分是很不一致的。染色强度与性质取决于这些杂质的含量、分布特征、矿物形态，如均匀分布的铁质使矿物发黄、发紫（氧化气氛）或发青、发黑（还原气氛）。当富含钛时（＞1%）又引起浅灰、黄色（氧化气氛）及暗蓝灰色（还原气氛）。钛具有加强铁质氧化物染色的作用。总之，矿物染色机理是错综复杂的。色素离子的颜色见表5-8。

表5-8 各种矿物色素离子的颜色

包含离子	颜色	矿物举例
T^{4+}	褐红	石榴石
V^{2+}	绿	钒云母
V^{3+}	黄红	钒铅矿
Cr^{3+}	红	刚玉
Mn^{2+}	绿	钙铬石榴石
Mn^{3+}	玫瑰	菱锰矿
Mn^{4+}	黑	红帘石、软锰矿
Fe^{2+}	绿	绿泥石
	蓝	蓝铁矿
Fe^{3+}	黑	磁铁矿
	褐红	褐铁矿、赤铁矿
Co^{2+}	玫瑰	钴华
Cu^{2+}	蓝	蓝铜矿
Cu^{3+}	绿	钙铀云母
Ni^{2+}	绿	孔雀石
$[VO_2]^{2+}$	黄	镍华

很多的浸出反应也叫漂白，例如还原酸浸可以叫还原酸浸漂白，氧化酸浸叫氧化酸浸漂白。

工业上使用的还原漂白方法较多。常用连二亚硫酸钠（保险粉），分子式 $Na_2S_2O_4$，比亚硫酸氢盐有更强的漂白效果。过去曾用连二亚硫酸锌。锌盐比钠盐更稳定，可以就地生产，但对鱼类有毒。连二亚硫酸钙、连二亚硫酸铝的漂白效果也很好，但制备效率低。硼化物是很强的还原剂，漂白效果与连二亚硫酸盐相同。三价铀也是强还原剂，也有很强的漂白作用。

（1）还原浸出提纯

① 连二亚硫酸钠（保险粉）浸出原理。连二亚硫酸钠是一种强还原剂，碘、碘酸钾、过氧化氢、亚硝酸等都能被连二亚硫酸钠还原。在还原漂白中，连二亚硫酸盐被氧化成亚硫酸盐，如：

$$S_2O_4^{2-}+2H_2O \Longrightarrow 2HSO_3^-+2H^++2e^-$$

反应式表明，还原作业将随 pH 值的增大而更加有效，但实际最佳漂白效果通常出现在 pH=5～6。随着连二亚硫酸盐的水解，溶液中 H^+ 浓度增加，pH 值必定要下降。结果使还原反应在低浓度的亚硫酸盐中比在高浓度中更容易进行。

漂白反应的结果除生成亚硫酸盐外，还会发生其他反应。如与空气（或水中空气）中的氧反应可能生成亚硫酸氢盐、硫酸盐和氢离子。分解的结果生成硫代硫酸盐、硫化物和连多硫酸盐，溶液酸度的增加更促进了分解。在酸性介质中的硫代硫酸盐腐蚀性很强，从而造成连二亚硫酸漂白废液有腐蚀作用。

当矿物中含有铁杂质时，用连二亚硫酸钠浸出铁杂质的漂白过程是：

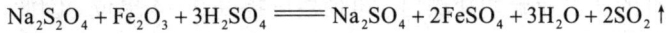

$$Na_2S_2O_4 + Fe_2O_3 + 3H_2SO_4 \rightleftharpoons Na_2SO_4 + 2FeSO_4 + 3H_2O + 2SO_2\uparrow$$

生成的硫酸亚铁可溶于水而被除去，矿物纯度提高。

同理，对 FeOOH 铁矿物的反应为：

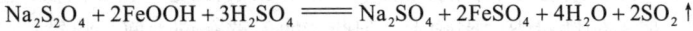

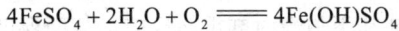

$$Na_2S_2O_4 + 2FeOOH + 3H_2SO_4 \rightleftharpoons Na_2SO_4 + 2FeSO_4 + 4H_2O + 2SO_2\uparrow$$

$$4FeSO_4 + 2H_2O + O_2 \rightleftharpoons 4Fe(OH)SO_4$$

在溶液中，生成的 $FeSO_4$ 由于氧的存在，可能被重新氧化。反应过程中产生的 SO_2，在水中按下式反应：

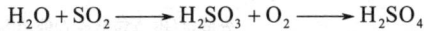

$$H_2O + SO_2 \longrightarrow H_2SO_3 + O_2 \longrightarrow H_2SO_4$$

为避免上述反应，可使矿浆中的氧尽量不与 $FeSO_4$ 作用，以防止生成有色的高价铁离子及产生碱式盐沉淀。

② 影响因素。影响漂白的因素很多，如温度、矿浆浓度、反应时间、酸度、漂白剂用量、加药制度以及添加剂等。除以上条件外，漂白后的过滤、洗涤也十分重要。

（ⅰ）浓度：漂白一般在低浓度条件下进行，浓度在 10%～20% 时的漂白效率最高（不同矿种及细度有区别）。由于连二亚硫酸盐易被空气氧化，浓度、黏度过高易夹带空气，使还原剂部分氧化而失效。若浓度过低，水中含有的氧也足以使还原剂氧化，因此若能排除水中的氧气，则效果最好。在同样条件下，用氮气排出矿浆中的氧气，可使白度提高 1～3 个单位（纸浆漂白），如图 5-4 所示。

（ⅱ）温度：温度对漂白有明显影响，最好在 40℃ 左右进行。较高的温度可提高漂白剂在水溶剂中的反应速率。但温度过高要消耗热能，药剂分解速率过快会造成浪费。实际生产常在常温下进行。

（ⅲ）酸度：连二亚硫酸是比较弱的酸。它的钠盐生成碱性溶液，属于复杂和不稳定的化学系统。由于漂白反应以及连二亚硫酸盐与矿浆中的氧气反应生成酸性基团，pH 值迅速下降。没有缓冲剂或不加碱，漂白终点的 pH 值可达到 5 或更低。在有缓冲剂的连二亚硫酸钠系统中，pH 值在 5～6 之间。

图 5-4　漂白剂浓度对浸出的影响

（ⅳ）漂白剂用量：一般以矿物原料重量的 2%～3% 为宜。在此用量范围内，药剂量提高，漂白效果很快提高，但到一定程度后则不再提高。漂白剂用量与原矿性质、杂质被氧化的程度、反应速率、时间、pH 值都有密切关系。

（ⅴ）漂白时间：工业生产一般在 3h 内漂白白度改善较大，以后就无明显效果。实际生产中漂白时间视条件而定。实验室一般在 30min 内即可完成反应，效果最佳时 5～10min 基本完成。

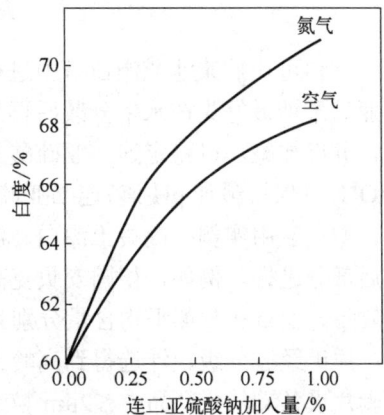

（ⅵ）添加剂：主要包括分散剂、缓冲剂及螯合剂等，通常所使用的添加剂大多同时具备这些功能。分散剂使矿浆充分分散，不产生团聚，并且可降低黏度。加入螯合剂可以降低金属离子对连二亚硫酸盐漂白的影响。最有效的螯合剂有胺基羧酸盐，例如乙二胺四醋酸二钠或四钠（EDTA），二乙烯三胺五乙酸五钠（DTPA），其他有次氮基三乙酸（NTA）、三聚磷酸钠（STP）和柠檬酸盐。六偏磷酸钠是常用的分散剂。磷酸盐与柠檬酸盐具有螯合及缓冲剂的作用。用加入螯合剂的连二亚硫酸盐漂白，可使白度提高2～4单位。因此，为保证最大的白度值，必须添加螯合剂。

各种金属离子对漂白也有影响。三价铁是黄色的，二价铁离子和三价铁离子对连二亚硫酸盐有损害；锰离子对漂白几乎没有影响；铜、镍、锌、铅和铬的浓度一般都很低，也没有明显影响；铝的作用与铁相似，但不如铁对漂白影响大。因此，加入螯合剂主要是将铁离子（也包括其他多价金属离子）螯合包围起来，使其不与漂白剂重新反应，从而保证了漂白的正常进行。

③ 工艺流程及应用。用连二亚硫酸盐对高岭土的漂白工艺通常可与选矿作业结合进行。典型的工艺流程如图5-5所示。

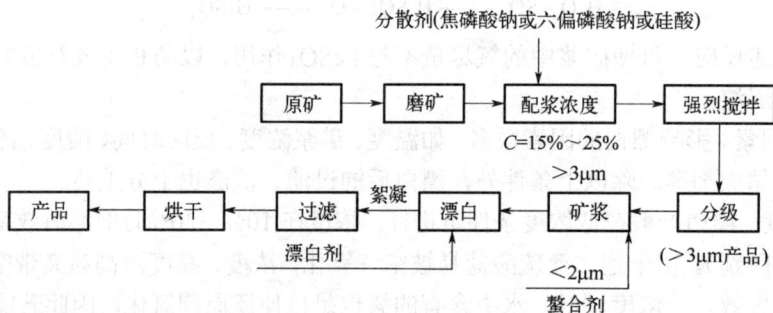

图 5-5 高岭土漂白工艺流程

漂白可在贮浆池或漂白塔中进行。充分混合是必要条件，作业中应尽量不夹入空气。连二亚硫酸钠最好先在水中分散后再与矿浆混合。螯合剂可以加入矿浆中，但不能贮存一天以上，并应加碱，以稳定连二亚硫酸盐。如果漂白水循环使用，则pH值将降低，这时应加入NaOH，以保持最佳pH值。连二亚硫酸盐溶液有腐蚀性，可以使用不锈钢和砖衬的混凝土塔。

漂白应用实例：高岭土漂白。漂白工艺由于其药剂成本较高，故常在高岭土选矿流程的最后部分进行。例如，德国安贝克高岭土公司选矿厂的高岭土选矿和漂白，所处理的原矿中高岭土、长石和石英平均含量分别为10%～12%、13%～15%、74%～76%。原矿呈白到淡黄色。原矿经过分级、浮选得到高岭土精矿后，再经过直径约1.2m、高约3m，类似于砂磨机的剥片设备剥片，产品中<2μm粒级含量大于85%。经过一段强磁选尚达不到白度要求，故采用化学漂白。漂白在瓜罐内进行，漂白剂为连二亚硫酸钠。反应条件是：温度20℃，反应时间24h。漂白后的产品需进行洗涤。洗涤后的高岭土矿浆经分散剂处理后，经配料使其达到一定浓度（固体含量67%～70%）后，贮入罐仓供应造纸用户。

（2）氧化浸出提纯

① 基本原理。还原漂白对含氧化铁型的染色杂质有较好的效果，但对有机物含量高（如风化型黏土矿物）及硫化矿物中的铁（黄铁矿）则较难除去。对这类矿物可采用氧化漂白（或还原漂白与氧化漂白并用），但是有机物含量过高时，最好配合煅烧。

氧化漂白是使处于还原状态的黄铁矿被氧化成可溶性的硫酸亚铁和硫酸铁，同时氧化有机质，使其成为能被洗去的无色氧化物。所用的强氧化剂包括次氯酸钠、过氧化氢、高锰酸钾、氯气、臭氧等。

以黄铁矿被次氯酸钠氧化的反应为例，其反应式如下：

$$FeS_2+7ClO^-+H_2O \longrightarrow Fe^{2+}+2SO_4^{2-}+7Cl^-+2H^+$$

在较强的酸性介质中，亚铁离子是稳定的。但当 pH 值较高时，亚铁则可能变成难溶的三价铁，失去其可溶性。除了 pH 值的影响外，氧化漂白还受到矿石特性、温度、药剂用量、矿浆浓度、漂白时间等因素影响。

（ⅰ）温度：随着温度升高，漂白剂的水解速度加快，从而加快漂白速度，缩短漂白时间，但温度过高，热耗量大，药剂分解速度过快而造成浪费并污染环境。实际生产中可在常温下加大药量、调整 pH 值及延长漂白时间来达到预期效果。

（ⅱ）pH 值：次氯酸盐为弱酸盐，在不同 pH 值下有不同的氧化性能。在碱性介质中较稳定，在中性和酸性介质中不稳定，且分解迅速，生成强氧化成分。在弱酸性（pH=5～6）条件下，其活性最大，氧化能力最强，此时二价铁离子也相对稳定。

（ⅲ）药剂用量：最佳用药量与原矿特性、杂质被氧化程度、反应温度、时间和 pH 值等有关。

（ⅳ）矿浆浓度：药剂用量一定时，矿浆浓度降低，漂白效果下降。另一方面，若浓度过高，由于产品得不到洗涤，过滤后残留药剂离子太多，影响产品性能。

（ⅴ）漂白时间：时间越长，漂白效果越好。开始的反应速率很快，随后越来越慢，需要通过实验确定合理而又经济的漂白时间。

② 工艺及应用。苏州某黄铁矿型高岭土呈灰到灰白色，白度 66%～68%，pH=6.4，主要染色矿物为黄铁矿，含量较高，为 1%～3%。该高岭土原矿经过捣浆、粗选和精选后，采用次氯酸钠氧化漂白法进行漂白，得到造纸用涂料级高岭土和陶瓷用高岭土。生产流程见图 5-6。

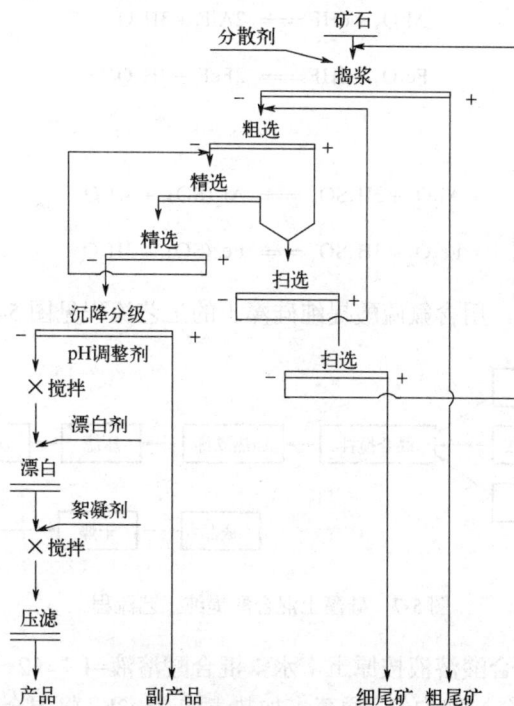

图 5-6　高岭土氧化漂白生产流程

漂白的工艺参数如下：温度为常温（最佳应为 30～40℃）；pH 为 5～6；漂白剂用量为 2% 左右；漂白时间，35℃时约 3h，冬天 5～10℃时为 24h。原土和产品的化学分析见表 5-9，产品物理性能：白度 85.4%，2μm 颗粒含量 85.15%，砂石量 0.02%，pH 值 6.3。氧化漂白后产品不经洗涤直接压滤，3 个月内基本无返黄现象。漂白高岭土产品性能及涂布级的质量，接近或达到英国 DinkieA 高岭土指标。

表 5-9 黄铁矿型高岭土原矿和漂白产品的化学分析   单位：%

成分	SiO$_2$	Al$_2$O$_3$	Fe$_2$O$_3$	SO$_3$	TiO$_2$	CaO	MgO	K$_2$O	Na$_2$O	灼烧	白度
原土	61.82	26.32	1.79	3.06	1.14	0.34	0.09	0.12	0.12	10.39	66.5
产品	46.76	38.00	0.40	0.45	0.06	0.23	0.06	0.12	0.12	14.42	85.4

（3）直接酸浸提纯

对于大部分非金属矿中所含的铁、锰及其他重金属杂质成分，可采用直接酸浸法将杂质除去，与氧化、还原浸出法相比，直接酸浸法工艺更简单，加工成本也相对较低。

① 硅藻土直接酸浸提纯。硅藻土酸法提纯原理：硅藻土酸浸提纯所用的混合酸是氢氟酸与硫酸的混合物。如前面所述，氢氟酸可以溶解包括 SiO 在内的所有硅酸盐。硅藻土中的杂质主要是含氧化铝和氧化铁的黏土矿物。这些黏土粒径极细，均小于 2μm，大部分分散黏附于硅藻结构表面及孔隙内，而硅藻颗粒直径一般在 10～20μm 之间，且具有特殊的表面结构和强度。因此，只要控制混合酸溶液中氢氟酸的含量，就可以使二氧化硅的硅藻结构不被破坏。在氢氟酸的存在下，黏土首先分解。除氧化硅与氢氟酸作用生成 SiF$_4$ 以外，黏土中的其他氧化物也与氢氟酸发生如下反应：

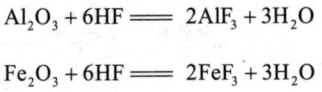

$$Al_2O_3 + 6HF === 2AlF_3 + 3H_2O$$

$$Fe_2O_3 + 6HF === 2FeF_3 + 3H_2O$$

与硫酸的反应如下：

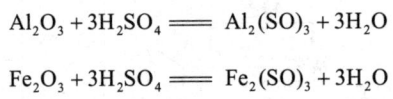

$$Al_2O_3 + 3H_2SO_4 === Al_2(SO)_3 + 3H_2O$$

$$Fe_2O_3 + 3H_2SO_4 === Fe_2(SO)_3 + 3H_2O$$

硅藻土酸法提纯工艺：用含氟硫酸提纯硅藻土的工艺流程见图 5-7。

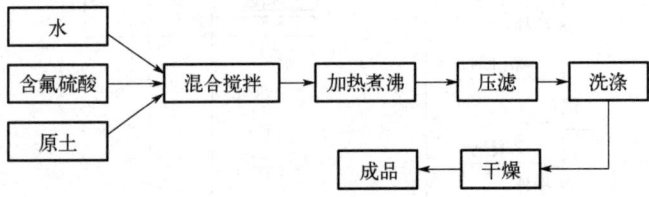

图 5-7 硅藻土混合酸提纯工艺流程

先将硅藻土与水和混合酸溶液按原土：水：混合酸溶液=1：（2～3）：（0.5～0.8）的质量比加入搅拌装置中，混合搅拌均匀，通蒸汽加热煮沸 2～3h；将混合物料送到压滤机压滤；用 60～80℃热水洗涤至 pH 值为 7，将洗至中性的滤饼在 100℃下干燥，待硅藻土中水分含量小于10%时即得成品。显微镜下观察表明，只要控制好混合酸溶液中氢氟硫酸的含量，即可使硅藻结构不被破坏，保持其完整的硅藻结构和清晰的孔洞。

② 重晶石酸浸提纯。重晶石在用作油漆及化工填料时，也要求具有较高的白度。天然产出的重晶石，由于含有铁、锰、钒、镍及碳质等杂质而常呈浅灰、淡蓝、黄、粉红、褐等颜色，而含铁的重晶石选矿特别困难，因此化学漂白成为提高重晶石白度的有效方法。

图5-8是325目重晶石粉漂白、粉碎工艺流程。重晶石粉进入料槽后，于反应釜内加入硫酸进行酸洗，同时加入铝粉进行还原。反应釜内发生如下化学反应：铝粉在酸溶液中置换出氢气，而氢气使得Fe^{3+}还原为Fe^{2+}，从而发生漂白作用：

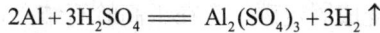

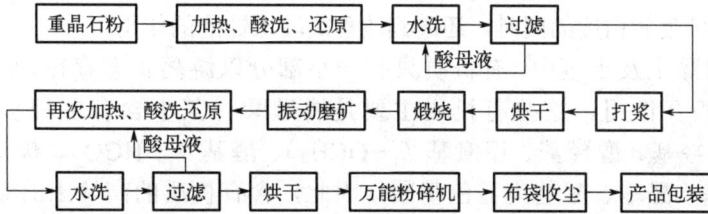

$$Fe_2O_3 + 3H_2SO_4 \Longrightarrow Fe_2(SO_4)_3 + 3H_2O$$

$$MnO + H_2SO_4 \Longrightarrow MnSO_4 + H_2O$$

$$NiO + H_2SO_4 \Longrightarrow NiSO_4 + H_2O$$

$$2Al + 3H_2SO_4 \Longrightarrow Al_2(SO_4)_3 + 3H_2\uparrow$$

$$Fe_2(SO_4)_3 + H_2 \Longrightarrow 2FeSO_4 + H_2SO_4$$

图5-8 重晶石粉漂白和粉碎工艺流程

经过初步漂白后，可溶性盐通过水洗而除去。重晶石经过滤、打浆、烘干后进行煅烧，以除去碳质。经过加有刚玉球的振动磨磨成超细粉后，再次进行漂白、水洗、过滤、干燥，用万能粉碎机将结块产品粉碎后即得产品。产品用作油漆填料和造纸涂料，产品指标见表5-10。

表5-10 漂白重晶石粉产品指标

试样	$BaSO_4$含量/%	白度	45μm筛余/%	<20μm含量/%
GB/T 37041—2018	≥94	与试样比无差异	0.5%	99
漂白重晶石粉	97	92%~95%	—	2.5~5μm（电镜）

5.2 非金属矿煅烧提纯

5.2.1 石墨煅烧提纯

石墨浮选最终精矿品位通常为90%左右，有时可达94%~95%。要进一步用选矿的方法再提高其品位是比较困难的。这是因为部分硅酸盐矿物和钾、钠、钙、镁、铝等的化合物呈极细粒状态浸染在石墨磷片中，因此再选也不能得到高品位精矿。欲再提高石墨精矿品位须用其他方法提纯，以除去石墨中的杂质。

石墨的提纯方法有化学提纯和高温提纯两种。化学提纯就是用碱或酸处理石墨精矿，使其杂质溶解，然后洗涤，除去杂质。化学提纯最终产品含碳量可达99%以上。化学提纯方法很多，如氢氧化钠法、氟氰酸法、碳酸钠法等，氟氰酸有剧毒和腐蚀性，应用较少。

石墨高温提纯法是利用石墨耐高温，把它置于电炉中隔绝空气加热到2500℃时，其中的灰分挥发，而石墨性质不变，因而其纯度大大提高。高温提纯法最终产品品位可达99.9%以上。

5.2.2 高岭土焙烧提纯

（1）高岭土煅烧提纯

在煤系高岭土中，由于与煤伴生，高岭岩在成矿过程中，有机质直接渗入高岭土，并在一定的温压下，有机物逐渐演变成固定碳，存在于高岭石结晶体间隙中，使其中含有碳及有机质，煤系高岭土呈现灰黑或灰白色，对于次生堆积-变质型高岭土，也常受到其他有机质的浸染，化学氧化漂白法能有效地脱除碳和有机污染，但高温氧化煅烧是更简单、有效的方法，煅烧在脱碳提高纯度和白度的同时，还起到改善高岭土性能的作用。

在普通地层黏土及土壤中，有机质只有一小部分以游离状态存在，而绝大部分是与土壤中矿物质相互作用。这些有机质主要是腐殖酸，其中含有各种官能团，如羧基（—COOH）、酚羟基、醇羟基、甲氧基（—OCH$_3$）、醛基（—HCO）、羰基（C=O）、醌基等。其中羰基、醛基、醌基为显色基团，因此，含有机质的高岭土的颜色主要与碳质及上述显色基团有关。当高岭土受到煅烧时，这些有机质被分解氧化而挥发掉，高岭土白度会显著提高。

苏州某次生堆积-变质型高岭土，其自然白度仅为71%。将其按特级瓷土的机选生产工艺加工处理后，其自然白度提高到近80%，其化学成分：SiO$_2$ 43.70%、Al$_2$O$_3$ 36.68%、Fe$_2$O$_3$ 0.36%、总有机质0.48%。将其在不同温度下煅烧的结果列于表5-11。随着温度的升高，有机质含量逐渐下降，虽然Fe$_2$O$_3$含量略有上升，但白度却大幅度地提高。

表5-11　含有机质高岭土煅烧的结果

煅烧温度/℃	0	500	600	700	800
白度/%	79.6	80.4	82.8	84.5	86.4
Fe$_2$O$_3$含量/%	0.36	0.37	0.39	0.40	0.46
有机质含量/%	0.48	0.29	0.24	0.13	0.023

（2）氯化焙烧

从表5-11的数据可见，经煅烧后高岭土白度有所提高，但同时铁杂质含量也有增加，影响高岭土白度的有害杂质除碳外，还有铁、钛等，特别是含铁矿物如黄铁矿FeS$_2$、菱铁矿FeCO$_3$和褐铁矿Fe$_2$O$_3$·3H$_2$O在高温煅烧时均会转变成Fe$_2$O$_3$，造成原料发黄或呈砖红色，这些杂质一般采用酸浸法将其除去，工艺流程较长。氯化焙烧法可在煅烧脱碳的同时，将这些金属杂质除去。

加氯沸腾煅烧高岭土法，即在沸腾炉中，使高岭土细粉在高温含氯空气中剧烈"翻腾"，处于某种流化状态，并在其中碳的参与下，将铁钛的氧化物转化为低熔点、高挥发性的 $FeCl_3$（沸点 315℃）及 $TiCl_4$（沸点 136℃），碳则转化为 CO、CO_2，从而使 C、Fe 及 Ti 与高岭土分离。

氯的化学性质活泼，绝大多数金属很易与氯气生成金属氯化物。Si、Al、Ti、Fe 等元素，虽与氯的化合能力很强，但它们与氧化合的能力更强，SiO_2、FeO_2、TiO_2 及 Al_2O_3 在标准状态下，不能被氯气氯化。但煤系高岭土中有碳质存在，碳能降低氧分压，使氧化物的氯化反应得以进行。

在高岭土煅烧过程中，有固定碳的存在，在较低的温度 700～900℃下，Fe_2O_3 和 TiO_2 的氯化反应可顺利进行：

$$TiO_2 + 2Cl_2 + C \Longrightarrow TiCl_4 + CO_2$$

$$TiO_2 + 2Cl_2 + 2C \Longrightarrow TiCl_4 + 2CO$$

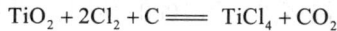

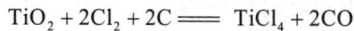

从热力学角度来看，有碳参与反应，是降低反应生成物中氧的活性和提高反应物 TiO_2 活度的结果。反应过程中碳的作用，一般有两方面：其一，使 CO_2 煤气化：$C + 1/2O_2 \Longrightarrow CO$；其二，催化使氯吸附于碳表面并被活化成原子态氯：$Cl_2 \Longrightarrow Cl_{2(吸附)} \Longrightarrow 2[Cl]_{(吸附)}$。

氯化过程中，碳的形态不同，氯化速度亦不同。如从活性炭、石油焦、冶金焦到石墨粉，随着石墨化程度的增高，碳原子排列有序度增加。在高岭土中，固定碳含量一般为2%左右、全铁 0.6%～0.8%、钛 0.6%～0.9%，若使铁钛完全氯化，理论需碳量为 0.5%～0.7%，只占高岭土中固定碳含量的 1/4～1/3。因此，利用高岭土中有机质碳化后生成的固定碳，可满足氯化反应进行的要求。而且这种有机质碳化后生成的固定碳，为无定形碳，气孔率高、活性大，能与铁钛杂质紧密结合，反应效果较好，无须再在高岭土中补加额外碳源。

相同条件下，经热力学计算，据反应自由焓 ΔG 大小排列，各种金属氧化物与氯反应的能力有如下的顺序：$K_2O > Na_2O > CaO > MgO > Fe_2O_3 > TiO_2 > Al_2O_3 > SiO_2$。显然，排列在 Al_2O_3 之前的那些氧化物，在 800～900℃下加碳氯化时，均能转化为氯化物，而 Al_2O_3 和 SiO_2，则仅能部分氯化。可见，金属氯化物的生成和挥发，能够通过温度及气氛加以控制，可较易实现选择性氯化。在高岭土中碳的参与下，可让 Fe_2O_3、TiO_2 等杂质优先除去，而构成高岭岩的主要成分 Al_2O_3 及 SiO_2 则得以保留，因而可达到除碳、铁及钛等杂质的目的。

高岭土加氯焙烧的基本工艺为：

原料→粗碎→粗磨（325目）→加氯沸腾煅烧→湿式细磨→干燥→分散→产品包装。

高岭土原矿经颚式破碎机首先粗碎，然后使用雷蒙磨粗磨至 325～400 目，再投入沸腾炉中加氯煅烧，除去碳、钛及铁杂质后，物料再经湿磨研磨至 2μm 以下，产品经过滤、烘干及打散后包装入库。

5.2.3 硅藻土煅烧提纯

硅藻土是一种生物成因的硅质沉积岩矿物，主要成分是 SiO_2，因此原矿中不可避免地伴生有大量的有机质和黏土类矿物。由于硅藻土的特殊孔隙结构，赋存于孔隙内的杂质很难用常规选矿方法除去。虽然酸浸法能提高硅藻土品位，除去其中许多有害杂质，但硅藻土吸附能力极强，使得酸溶液中的某些杂质又会进入硅藻；同时酸洗的成本较高，又容易造成严重的环境污染，因而并非硅藻土提纯的最佳方法。

煅烧法是提纯硅藻土的有效方法之一，尤其是对于除去其中的有机杂质具有良好效果。

然而，焙烧温度不同，提纯效果不同，并且所脱除的杂质种类也不同，如经过还原络合处理后的高温煅烧除了烧掉残存的有机质以外，当加温到590~600℃时，高岭土等黏土矿物发生吸热反应，铝质发生分解并失水。

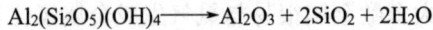

$$Al_2(Si_2O_5)(OH)_4 \longrightarrow Al_2O_3 + 2SiO_2 + 2H_2O$$

其中的 Al_2O_3 可以是α-Al_2O_3、γ-Al_2O_3 的同质多相体，它们在随后的酸洗过程中，与热盐酸反应，生成可溶性盐而被除掉，从而使硅藻土得到提纯。

对于含有较高有机质的硅藻原土，提高焙烧温度，可以有效地提高硅藻土纯度，如对腾冲产硅藻土进行煅烧，使温度升高到800℃（保持2h）时，其SiO_2品位从89.07%提高到94.31%，再升高温度SiO_2含量变化不大。这说明，在 800~900℃温度下，硅藻土中的有机质及挥发性物质已基本除尽。进一步将焙烧温度提高到1000℃以上，硅藻土原土在脱水分离过程中没有除掉的杂质，如铝硅酸盐等，在煅烧时熔成渣子，这些杂质在煅烧后的产品分级过程中能被除去。但过高的温度会破坏硅藻结构。

5.3 煅烧-浸出复合工艺

5.3.1 金红石与钛铁矿焙烧

一些金红石矿，尤其是变质型金红石矿共生有大量钛铁矿，使得金红石选矿回收率很低（<50%），主要原因是钛铁矿与金红石紧密共生，对这类矿石采取焙烧、浸出的办法可有效地提高金红石回收率，并提高产品纯度，其基本流程是：

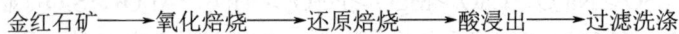

金红石矿 $\longrightarrow$ 氧化焙烧 $\longrightarrow$ 还原焙烧 $\longrightarrow$ 酸浸出 $\longrightarrow$ 过滤洗涤

酸浸过程试剂为盐酸，若单独以盐酸浸出金红石矿，盐酸只与钛铁矿反应，而与赤铁矿反应量很少。

在氧化焙烧过程中，钛铁矿氧化后，生成铁板钛矿、金红石和赤铁矿，其反应为：

$$12FeTiO_3 + 3O_2 \Longrightarrow 5Fe_2TiO_5 + 7TiO_2 + Fe_2O_3$$

该过程是体积膨胀过程，体积膨胀约 50%。将氧化产物再还原，由于过程大量失氧，焙烧矿的颗粒变成疏松多微孔状，提高了后步盐酸的扩散和吸附效率，有利于浸出过程的进行，同时还原焙烧使矿石中的铁转变成低价铁矿物，也有利于其在浸出过程进一步脱除，含钛铁矿的金红石经焙烧-浸出加工提纯后，精矿产品中的 TiO_2 提高到 95%以上。表 5-12 为某变质型金红石的提纯结果，原矿化学成分为：TiO_2 47.84%；Fe_2O_3 7.56%；FeO 34.66%；SiO_2 6.34%；CaO 0.81%；MgO 1.41%；Al_2O_3 1.73%；MnO 0.25%。矿物组分为：钛铁矿 90%；金红石 5%。

表 5-12　金红石矿提纯结果

工艺	TiO_2/%		全铁（Fe_2O_3+FeO）/%
	含量	回收率	
精矿浸取	90.13	70.15	3.29
氧化-还原-浸出	96.65	90.03	0.80

5.3.2　硅藻土的硫酸化焙烧法

近期研究发展了一种硅藻土在更低温度下的硫酸化焙烧方法，其基本过程是：将硅藻土与一定量的硫酸充分混匀，在一定的温度下加热焙烧一段时间，焙烧结束后，将经过焙烧的硅藻土放入水中浸泡、洗涤，并进行固液分离，固体物烘干即得到产品，而大部分铝、铁等杂质则进入水溶液中。

硫酸化焙烧即是在一定的温度下将原土中铁、铝等金属杂质转化为水溶性硫酸盐，在水洗、浸泡过程中这些硫酸盐转而溶于水中，从而达到提纯硅藻土的目的。焙烧温度应控制在300～450℃，温度超过500℃，焙烧后硅藻土中 SiO_2 含量有所降低，这与高温时 H_2SO_4 分解有关。表 5-13 是硫酸化焙烧-水浸硅藻土提纯结果。

表 5-13　硅藻土硫酸化焙烧提纯结果

组成	SiO_2	Al_2O_3	Fe_2O_3	备注
原土组成含量/%	66.38	13.36	7.37	
精土组成含量/%	85.96	3.13	0.58	一级土指标

地球矿物种类繁多，含有的杂质也不尽相同，因而湿法提纯的工艺也不尽相同。但原理是相同的，即在浸出剂的作用下，矿物中的杂质组分通过化学反应或简单溶解和矿物本身分离。因而开展工作前，首先需要知道矿物含有的杂质的种类和特性，而后根据杂质和矿物本身的特征反应，选择能够和杂质实现选择性反应的浸出剂和浸出反应。

📖 拓展阅读

矿物提纯绿色化学

2017 年 10 月 18 日，习近平总书记在党的十九大报告中指出，坚持人与自然和谐共生，必须树立和践行绿水青山就是金山银山的理念，坚持节约资源和保护环境的基本国策。2021 年 10 月 12 日，习近平主席在《生物多样性公约》第十五次缔约方大会领导人峰会讲话中对"两山"理论进行更深入的阐述，强调"绿水青山就是金山银山。良好生态环境既是自然财富，也是经济财富，关系经济社会发展潜力和后劲。我们要加快形成绿色发展方式，促进经济发展和环境保护双赢，构建经济与环境协同共进的地球家园。"在这一理论的指导下，矿物提纯和固废资源利用领域更加深入推进绿色发展。

矿物提纯绿色化学是指在矿物资源加工和提纯过程中，采用一系列环境友好的化学技术和方法，以减少或消除有害物质的使用和产生，同时实现资源的高效利用和废弃物的最小化。这一过程强调从源头上预防污染，提高化学反应的"原子经济性"，力求实现废物的"零排放"。

生物浸出是一种利用微生物将矿石中不溶性金属化合物转化为可溶性化合物，再通过湿法冶金从溶液中回收金属的方法。这种方法不仅减少了传统冶炼过程中的高能耗和重污染，还实现了对矿物资源中有价金属的高效回收。以铜、镍、铀、金等金属的提取为例，生物浸出技术能够显著提高金属的回收率，并降低环境污染。又例如在石英砂提纯过程中，采用无介质擦洗和物理选矿技术（如磁选、重选）可以有效去除石英颗粒表面的胶结物和杂质矿物，如黄铁矿等，采用该组合工艺，石英精砂产品中 SiO_2 含量可达到 99%以上，Fe_2O_3 含量显著降低至 0.06%以下，满足高档无色浮法玻璃等高端产品的原料要求。在绿色化学理念下，科学家们也在探索利用可再生资源（如生物质）合成化学品，以替代传统的石油和煤炭基化学品。例如，利用葡萄糖等生物质原料通过酶反应制得己二酸等有机化学品。这种方法不仅减少了对不可再生资源的依赖，还降低了生产过程中的环境污染。同时，生物质原料的广泛性和可再生性，为化学工业的可持续发展提供了新的途径。

在延伸的绿色化学理念下，实现矿物提纯副产物无害化处理也是一个研究的思路。例如硫酸酸浸法处理硅藻土后，形成的酸浸液中有大量多余的酸和浸出的铝铁，如何实现酸浸液无害化排放需要在考虑酸浸的同时进行考虑。

思考题

1. 如何优选出一个新开采无机非金属矿物中某种杂质的浸出剂？如：如何选择浸出剂把蒙脱石矿中的杂质去除？
2. 无机非金属矿浸出剂选择依据和过程是怎样的？
3. 浸出的类型主要有哪些？
4. 浸出剂的种类都有哪些？
5. 浸出反应中非氧化还原反应主要和哪些因素有关？
6. 浸出反应中氧化还原反应主要和哪些因素有关？
7. 连二硫酸盐做浸出时注意事项有哪些？
8. 氧化漂白提纯常用的试剂有哪些？
9. 煅烧提纯适用于哪种无机非金属矿的提纯？
10. 硅藻土酸浸提纯和煅烧提纯的原理分别是怎样的？

参考文献

[1] 刘洪萍、杨志鸿. 湿法冶金-浸出技术 [M]. 北京：冶金工业出版社，2016.

[2] 李育彪. 湿法冶金原理与应用 [M]. 北京：冶金工业出版社，2021.

[3] 杨华明，陈德良. 非金属矿物加工理论与基础 [M]. 北京：化学工业出版社，2016.

[4] 杨华明，杜春芳，张毅. 非金属矿物精细化加工技术 [M]. 北京：化学工业出版社，2020.

[5] 戴时雨，齐鹏远，谭厅，等. 物理-化学组合工艺提纯硅藻土及其性能表征 [J]. 山东化工，2021，50（4）：247.

第6章

粉体表面和界面

　　表面化学是一门研究在固体和液体表面或相界面发生的物理和化学现象的学科，它的内容主要包括溶质在溶液表面上的吸附和冷凝、液体在固体表面上的浸润和气体在固体表面上的吸附等，其与生产实际联系紧密。早期表面化学的研究主要是对有关的表面或界面性质的唯象描述。20 世纪 60 年代以来，由于与固体表面有关的一些重要领域，如固体材料、多相催化等进一步发展的需要，固体理论的发展、超高真空和电子检测技术的进步，以及在原子尺度上进行固体表面分析的技术和设备的开发，表面化学研究形成科学体系。表面化学研究主要是在原子尺度上对金属半导体等固体表面进行成分、结构和电子、声子状态的分析，阐明表面化学键的性质及其与表面物理、化学性质间的联系，从而成为新兴学科即表面科学的一个重要组成部分。人们从理论上已经充分认识到，并从实验上也能检测到固体表面和体相具有不同的结构和组成，因而具有和体相不同的物理和化学性能。于材料而言，由于表面结构的特点会引起表面产生一系列特殊的固体表面物理化学现象，集中表现在以下几个方面：

　　① 表面原子几何结构不同于体相，出现重构，形成了新的对称性，发生相变，同时表面会产生各种微观缺陷。

　　② 表面原子的迁移和扩散。解理后表面原子配位数减少，相对于体相环境，处于表面上的原子其迁移和扩散运动容易得多，所以克服的能量势垒较低。原子的迁移和扩散必然导致表面原子的重新排列和相关元素的重新分布。

　　③ 由于三维结构边缘价键的突然中断，在表面出现新的电子结构，如悬挂键-表面化学键。

　　④ 表面存在不饱和键，因此在化学上表现异常活跃。

　　与粉体应用及表面改性有关的粉体表面及界面特性主要有：比表面积、表面能（或表面张力）、表面化学组成、官能团、表面润湿性、表面电性、孔隙结构和孔径分布以及表面晶格缺陷、表面吸附与反应特性等表界面特性。

6.1　界面与表面

　　任何两种不同的表面交界处都有分界面存在，例如气-固界面、气-液界面、固-液界面、

液-液界面和固-固界面（见图 6-1）。界面也指所有两个表面相接触的一个总称，即两个独立
体系的相交处，它包括了表面、相界面、晶面。而表面指的是物体与真空或空气相接触的部
分，由于绝对的真空并不存在，许多场合下，把固相与气相、液相与气相之间的分界面都称
为表面。表面与界面化学就是以界面的各种物理、化学过程为研究内容的一门学科。界面不
是几何学上的平面，而是一个具有一定厚度的过渡区域，该区域厚度通常相当于一个或几个
原子层（分子、离子）的厚度。大量的研究工作表明，表面原子的排列情况与内部有较为明
显的差别。由于位于表面的原子处于周期性排列突然中断的状态，具有附加的表面能，为了
降低表面能提高体系的稳定性，表面原子的排列将自发地做出相应调整。这个厚度即表面上
的过渡区域，也可以看成是清洁表面的厚度。

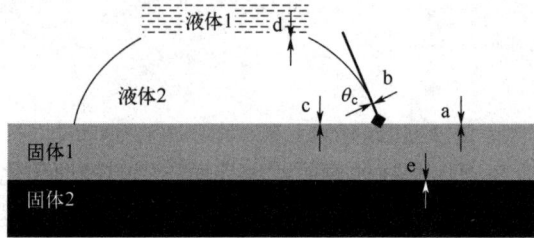

图 6-1　各种界面

a—气-固界面；b—气-液界面；c—固-液界面；d—液-液界面；e—固-固界面；θ_c—液体与固体的接触角

表面力按其性质不同，可分为化学力和分子间力两部分。

（1）化学力

本质上是静电力，主要来自表面质点的不饱和键，可用表面能来描述。洗涤剂和农药的
润湿作用都是化学力。

（2）分子间力

分子间力指固体表面与被吸附质点之间的相互作用力，是固体表面产生物理吸附和气体
凝聚的主要原因。分子间力主要来源于三种不同效应，分别为极性分子（离子）之间、极性
分子与非极性分子之间和非极性分子之间的相互作用。极性分子间的相互作用称为定向作用，其
本质是静电力；极性分子与非极性分子之间的相互作用称为诱导作用；非极性分子会呈现瞬
时偶极矩，许多的瞬时偶极矩之间以及它对相邻分子的诱导作用都会引起相互作用效应，称
为分散作用或色散力。

定向作用是指极性分子间的相互作用，本质上是静电力，其平均位能为：

$$E_0 = -\frac{2}{3} \times \frac{l^4}{r^6 kT} \qquad (6\text{-}1)$$

诱导作用是指极性分子与非极性分子间的相互作用，其平均位能为：

$$E_i = -\frac{2l^2 \alpha}{r^6} \qquad (6\text{-}2)$$

色散作用是指非极性分子间的相互作用，其平均位能为：

$$E_d = -\frac{3\alpha^2}{r^6} h\gamma \qquad (6\text{-}3)$$

式中，l 为极性分子的固有电矩；T 为温度；k 为玻尔兹曼常数；h 为普朗克常数；α 为

非极性分子的极化率；r 为分子间距离；γ 为分子固有的振动频率。

值得注意的是，对于不同物质，上述三种作用是不等的。如非极性分子物质，定向作用和诱导作用很小，可以忽略，主要是色散作用；三种作用力均与分子间距离 r^6 成反比，说明分子间的作用范围极小，一般为 3～5Å（1Å = 10^{-10}m）；分子间引力正比于 $\dfrac{1}{r^6}$，两分子过分靠近引起的电子层间斥力正比于 $\dfrac{1}{r^{13}}$，相比之下，引力是远程力，斥力是近程力，分子间通常只表现出引力。

6.2 粉体表面物理化学性能

6.2.1 比表面积和表面能

固体表面上的原子（分子）其受力是不对称的，即晶体中每个质点周围都存在着一个力场，该力场与质点所处的环境有关。在晶体内部，质点是周期性有序排列的，所以质点力场是对称的。而在晶体表面，因为表面质点排列周期性中断，质点力场的对称性被破坏，导致质点力场不对称，从而表现出剩余的键力，这就是表面力。

固体的表面同样具有表面自由能，对固态物质而言，表面每个颗粒的体积越小，处于不均匀力场作用下的表面质点数目越多，因此也含有更多的表面能。将原来位于固体内部，处于均匀力场作用下的质点转变成表面质点（通过分割、粉碎等方式），外界必须对体系做功以切断其质点之间原有的部分结合键。外界对体系所做的这部分功，除了以声、光、热等形式消耗掉的之外，都为表面质点所获得并贮存于固体的表面，称为表面能，计算公式：

$$\sigma = \left(\frac{\mathrm{d}G}{\mathrm{d}A}\right)_{T,p} \tag{6-4}$$

式中，G 为提取原子需要的能量；A 为原子与周围原子的接触面积。例如粉体颗粒在纳米化过程中，粒径小、比表面大，而且表面原子比例大、表面能大，表面积累了大量的正电荷或负电荷，这些带电粒子极不稳定，处于能量不稳定状态，因此很容易团聚导致颗粒增大。材料为了趋向稳定，它们互相吸引，使颗粒团聚的主要作用力是静电库仑力。当材料纳米化至一定粒径以下时，颗粒之间的距离极短，颗粒之间的范德华力远远大于颗粒自身的重力，颗粒往往互相吸引团聚。纳米粒子表面的氢键、吸附湿桥（通过静电引力、范德华引力和氢键力等，将微粒搭桥联结为一个个絮凝体）及其他的化学键作用，也易导致粒子之间的互相黏附聚集。

固体表面原子排列与其内部有较为明显的差异，表面处原子的周期性排列突然中断，因此产生了附加的表面能。为了降低表面能，提高体系的稳定性，途径一般有两种：一是通过表面原子的自行调整，即通过表面的重构和弛豫等调整表面原子的排列；二是依靠外来因素如吸附杂质、生成新相等方式来降低体系的表面能。

物料经粉碎后产生了新的表面，部分机械能转变为新生表面的表面能。粉体的表面能与其结构、原子之间的键型和结合力、表面原子数以及表面官能团等有关。粉体的应用性能以及表面改性剂分子和粉体表面的作用与其表面能有很大关系。对于用作高聚物基复合材料的无机非金属填料来讲，表面能越高，越难在有机基质，如树脂中均匀分散。对无机填料进行有机表面改性实际上就是降低其表面能，使其不产生团聚，易于在高聚物基料中分散。

除了本身的物质组成和结构性质之外，影响固体粉料表面能的因素还有很多，如空气中的湿度、蒸气压、表面吸附水、表面吸附物及污染等。所以，固体的表面能或表面张力不像液体的表面张力那样容易测定。表 6-1 为部分固体物料的表面能。

表 6-1　部分固体物料的表面能

物料名称	表面能/(erg/cm^2)	物料名称	表面能/(erg/cm^2)	物料名称	表面能/(erg/cm^2)
石膏	40	二氧化钛	650	碳酸钙	65～70
方解石	80	滑石	60～70	石墨	110
石灰石	120	石英	780	磷灰石	190
高岭土	500～600	长石	360	玻璃	1200
氧化铝	1900	氧化镁	1000	云母	2400～2500

注：$1erg=10^{-7}J$。

粉体降低表面能的策略之一是依靠外来因素如吸附杂质、生成新相等方式来进行。粉体吸附杂质，表面改性过程中需要知道粉体的面积大小，即比表面积。比表面积定义为单位粉体质量的表面积，单位为 m^2/g 或 cm^2/g。比表面积是粉体物料最重要的表面性质之一，亦是确定表面改性剂用量的主要依据之一。表面改性剂的用量与粉体的比表面积有关，比表面积越大，达到同样包覆率所需的表面改性剂的用量就越多。粉体颗粒的比表面积与其粒度大小和粒度分布及孔隙率等有关。在粉体颗粒无孔隙的情况下，设 S_w 代表粉体物料的比表面积，d 代表粉体物料的平均粒径，则有如下关系：

$$S_w = k / (\rho d) \tag{6-5}$$

式中，ρ 为粉体物料的密度；k 为颗粒的形状系数，对于球形粒子 $k=6$，几何形状比较简单的颗粒的形状系数列于表 6-2。

这样，只要已知粉体物料的平均粒径，就可以计算其比表面积。许多现代化的粉体粒度测定仪都有基于上述公式的换算功能，可以在测定粒度大小和粒度分布的同时给出粉体的比表面积数据。不过该数据是假设颗粒为球形换算得来的。对于非球形颗粒应根据表 6-2 的形状系数进行修正。

表 6-2　颗粒的形状系数

颗粒形状	正圆锥体	四面体	正八面体	薄片状（滑石等）	极薄片状（石墨、云母等）
k	9.71	9.96	8.49	16.67～17.5	55.67～160

6.2.2　表界面润湿性

6.2.2.1　表界面润湿类型

无机粉体表面的润湿性或疏水性的大小是其用作塑料、橡胶、胶黏剂等高聚物基复合材料的填料及油性涂料填料或颜料的重要表面性质之一。为了增强无机填料或颜料与有机高聚物基料的相容性或亲和性，无机填料或颜料表面应达到一定程度的疏水或亲油性。有机表面改性可以增进无机填料或颜料在有机高聚物中的润湿分散性，即提高其疏水性或亲油性，从而增进其与高聚物基料的相容性。

液体在固体表面铺展，形成均匀液膜的现象称为润湿，可分为黏附、浸润或铺展，见图6-2。从能量观点看，当液体与固体表面接触后，体系（由固体与液体组成的体系）的自由能若是降低了，则该液体可以润湿此固体，否则就是不能润湿。

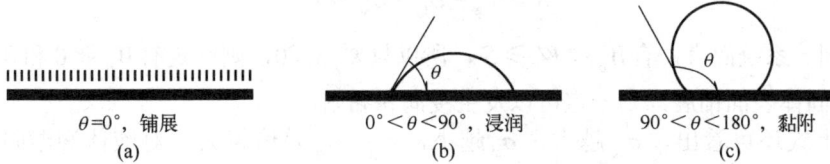

图6-2　三种润湿类型

（a）铺展（$\theta=0°$）　（b）浸润（$0°<\theta<90°$）　（c）黏附（$90°<\theta<180°$）

（1）黏附

在固体与液体接触之前，固体的表面实质上是固-气界面，液体表面则是液-气界面。当固体表面与液体接触后，原有的固-气界面和液-气界面都不复存在，而生成新的固-液界面。如果设黏附在固体表面的液体面积为 A，则在恒温恒压条件下，黏附过程体系自由能的变化可表示为：

$$-\frac{\Delta G}{A} = \sigma_{sg} + \sigma_{lg} - \sigma_{sl} = W_\alpha \qquad (6-6)$$

式中，σ_{sg} 为固-气表面自由能；σ_{sl} 为固-液表面自由能；σ_{lg} 为液-气表面自由能；W_α 为黏附功。黏附功 W_α 指的是将单位面积的固-液界面分开，在分别成为单位面积的固-气界面和液-气界面的过程中，外界对此固-液体系所做的功。黏附功 W_α 的大小反映固-液界面分开的难易程度或黏附过程的推动力。当 $W_\alpha \geqslant 0$ 时，液体能黏附固体的表面。

（2）浸润

将固体全部浸入液体之中，即固-液界面完全取代原有的固-气界面，这个过程称为浸润。浸润过程中若体系自由能变化为 ΔG_1，被浸没固体的表面积为 A，则有：

$$-\frac{\Delta G_1}{A} = \sigma_{sg} - \sigma_{sl} = W_i \qquad (6-7)$$

W_i 称为浸没功，反映液体在固体表面取代气体的能力。恒温恒压条件下，当 $W_i \geqslant 0$ 时才能发生浸润过程。

（3）铺展

当液体在固体表面铺展开来形成均匀液膜时，固-液界面不仅取代了原来的固-气界面，并且原有的液-气界面也得以扩大。设液体铺展的面积为 A，在铺展过程中体系自由能的变化为 ΔG_2，则有：

$$-\frac{\Delta G_2}{A} = \sigma_{sg} - \sigma_{lg} - \sigma_{sl} = S \qquad (6-8)$$

S 为液体在固体表面铺展过程的推动力，称为铺展系数。

当 $S>0$ 时，铺展过程可以自由进行，只要液体的数目足够，就可直接将整个固体表面铺满，完全以固-液界面取代原有的固-气界面。

讨论以上三种液体在固体表面的行为，可自动进行的条件为：

黏附 $$W_{\alpha} = \sigma_{sg} + \sigma_{lg} - \sigma_{sl} \geqslant 0 \qquad (6\text{-}9)$$

浸润 $$W_i = \sigma_{sg} - \sigma_{sl} \geqslant 0 \qquad (6\text{-}10)$$

铺展 $$S = \sigma_{sg} - \sigma_{lg} - \sigma_{sl} \geqslant 0 \qquad (6\text{-}11)$$

① 对同一系统而言，有 $W_{\alpha} \geqslant W_i \geqslant S$，所以只要 $S \geqslant 0$，则一定有 $W_{\alpha} \geqslant 0$ 和 $W_i \geqslant 0$。只要液体能在固体表面铺展，则一定可以发生浸润和黏附。

② 由上式还可看出，σ_{sg} 越大，σ_{sl} 越小，$\sigma_{sg} - \sigma_{sl}$ 差值越大，对液体润湿固体表面越有利。

实际固体表面总是粗糙不平的，对于具有一定粗糙度的实际表面，其润湿情形受表面粗糙度的影响。如浮洗选矿中就有润湿现象：固体微粒加入少量油，经过搅拌而产生泡沫，油性泡沫携带所需要的矿物料悬浮于液面上，通过摄取来选矿。油的种类不同，组成不同，会引起操作结果的巨大差异。金属矿物、非金属矿物的浮选原理与固、液、气之间的接触角及润湿行为密切相关。

6.2.2.2 杨氏方程

粉体表面的润湿性，可用杨氏方程来表示 [式 (6-12)]。如图 6-3 所示，当固液表面相接触时，在界面处形成一个夹角，即接触角，用它来衡量液体（如水）对固体物料表面润湿的程度。

$$\gamma_S = \gamma_{SL} + \gamma_L \cos\theta \qquad (6\text{-}12)$$

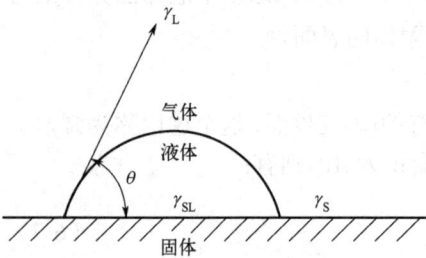

图 6-3　固体表面的润湿接触角

式中，γ_S 为固体、气体之间的表面张力；γ_{SL} 为固体、液体之间的表面张力；γ_L 为液体、气体之间的表面张力；θ 为液固之间的润湿接触角。

当 $0° < \theta < 90°$ 时，液体能在平面上摊开，容易润湿。$90° < \theta < 180°$ 时，液体不能在平面上摊开，称为不易润湿。$\theta = 0°$ 时，液体完全平铺于平面上，称为完全润湿。$\theta = 180°$ 时，液体完全不能在平面上摊开，以点接触，称完全不润湿，此种情形极少见。将杨氏方程结论与能量判据总结，可得润湿类型判据，见表 6-3。

表 6-3　粉体表面润湿性类型判据

润湿类型	能量判据	接触角判据
黏附	$W_{\alpha} = \sigma_{sg}(\cos\theta + 1) \geqslant 0$	$90° < \theta < 180°$
浸润	$W_i = \sigma_{sg}\cos\theta \geqslant 0$	$0° < \theta < 90°$
铺展	$S = \sigma_{sg}(\cos\theta - 1) \geqslant 0$	$\theta = 0°$

6.2.2.3 固体表面黏附

黏附的实质是相互接触的两个表面之间的相互吸引，这种相互吸引既可以是分子间的范德华作用力（定向力、诱导力、色散力等），也可以是化学键合作用（离子键、共价键、金属键等），还可以是界面上的机械连接作用。一般常温常压下黏附作用不显著，是因为此时的固-固接触，真实接触面积只有表观接触面积的万分之一左右。在高温（接近熔点）、高压（接触面发生显著塑性变形）时，两相界面实际接触面积大大增加，就会表现出很强的黏附作用。如高温高压下金属与金属、金属与陶瓷的黏附强度很高。

（1）黏附强度

黏附强度可用黏附功来表示，黏附功是分开单位面积黏附表面所需要的功或能：

$$W = Y_{sg} + Y_{lg} - Y_{sl} = Y_{lg}\cos\theta + Y_{lg} = Y_{lg}(1+\cos\theta) \tag{6-13}$$

式中，Y_{sg}、Y_{lg}、Y_{sl} 分别为固气、液气、固液的表面张力；θ 为固体表面液体的接触角。日常生活生产中，人们有时需要互相接触的两个表面间有很高的黏附强度，如夹层玻璃、金属-金属之间的扩散焊接、金属附着在陶瓷上、用胶黏剂粘接固-固界面等；有时又要求相互接触的表面层不黏附，以减小接触界面间的摩擦力，如柴油及其缸活塞与缸壁之间。根据黏附作用，人们发明了黏附剂，可以用来黏附两接触面的物质，一般选用液体或易于变形的热塑性固体作为黏附剂。

（2）影响黏附的因素

影响黏附的因素主要有润湿性、黏附功、吸附膜、黏附面的界面张力和相容性。润湿性可以用润湿张力 $F = Y_{lg}\cos\theta = Y_{sg} - Y_{sl}$ 来度量，黏附剂对黏附表面润湿越好，θ 越小，$\cos\theta$ 越大，F 越大，黏附处的致密度和强度越高。黏附功 $W=Y_{lg}(\cos\theta+1)$，如果黏附剂一定，则 Y_{lg} 一定，θ 小，$\cos\theta$ 大，W 大，黏附牢固。吸附膜的存在使黏附 W 降低，因此用焊锡焊东西时，用焊油清洁表面，除去吸附膜，Y_{lg} 升高，W 升高，结合强度提高。如果在真空解离后，再重新压合在一起，其黏附的牢固程度几乎与解离前相同，真空中解离后吸附膜存在。多晶体中晶界的高强度也说明除去吸附膜都使 W 增大。金属加工中的冷焊，如 Au-Au、Al-Al 等一些延性金属之间，如果在连接时有足够的塑性变形，排除两接触面间的吸附膜或氧化膜，就能形成牢固的黏附连接，从而实现冷焊，黏附面的界面张力 Y_{sl} 愈小，黏附界面愈稳定，则 W 大，结合强度高。固体与黏附剂相似或相容接触时，由于 Y_{sl} 不大，则 W 大，结合强度高；两个完全不相容或不相似的界面接触时，Y_{sl} 较大，W 小，结合强度低。

（3）黏附理论

虽然长期以来人们对黏附理论进行了研究，但尚未建立统一的理论，目前主要的理论包括润湿-吸附理论、扩散理论、化学黏附理论和弱边界层理论。

① 润湿-吸附理论。当胶黏剂与黏附体接触时，胶黏剂中的聚合物分子依靠热运动逐渐迁移到黏附体表面，与黏附体表面的分子靠范德华力结合在一起，相当于聚合物分子在黏附体表面的物理吸附。此时黏附强度与润湿情况有关，润湿性能越好，可以增加两相间的黏附功，从而提高其黏附强度；反之，润湿性能差，则会导致两相界面产生缺陷，造成实际黏附强度低于理论值。当胶黏剂与黏附体材料极性相匹配时，其两相的润湿能力最强，则黏附作用势必达最大，该理论能较好地解释极性相似的胶黏剂与黏附体间的高黏附强度，但是无法解释某些非极性聚合物之间很强的黏附力。

② 扩散理论。发生黏附的两相的接触不仅限于单分子层之间,而是高聚物分子链间发生向对方内部的相互扩散作用,才能得到高的黏附强度(主要针对两个相互接触聚合物)。首先黏附剂在黏附体表面先起润湿作用,然后相互接触的两相的聚合物分子链或链段发生相互扩散作用,形成一个过渡区界面层导致原有界面的状态发生变化,通过扩散的分子或链段的缠绕及其内聚力使两相连接起来。扩散作用与聚合物间的溶解性能有关,相互扩散是一种溶解现象,聚合物的溶解性质与聚合物的化学组成(相近)、结构形态(交联度)、键的长短(聚合度)、链的柔性(有柔性链)、结晶性(非结晶聚合物)有关。该理论对于解释相容的胶黏剂与黏附体的黏附过程较为成功,但无法解释随着聚合物分子量提高,黏附强度也随之增加的现象;也无法解释聚合物与金属、玻璃或其他与聚合物不相容的固体间的黏附过程中,高分子是如何进行相互扩散作用的。

③ 化学黏附理论。认为黏附界面上产生化学键合作用,可以提高黏附强度与黏附体系的稳定性。化学键的形成可以通过胶黏剂和黏附体分子中所含活性基团的相互反应,也可通过加入偶联剂而使分子间产生化学键合。化学键合的强度比分子间力大1~2个数量级,因此能增加界面吸引作用,阻止断裂时分子在界面上相对滑动。

④ 弱边界层理论。一个厚度比原子尺寸大而所能承受的应力又比两本体相小的薄层,称为弱边界层,其产生主要是胶黏剂、黏附体、环境介质(空气、水分、油液)及其他低分子物质彼此共同作用的结果。该理论认为黏附强度既取决于界面结构和两相间分子的相互吸引作用,也取决于界面区的力学性质。弱边界层的存在引起黏附强度下降,适合于以物理吸附为主的黏附体系,但有时即使存在弱边界层,黏附强度也无明显下降。

上述黏附理论都是从部分实验事实出发,从不同角度对黏附过程所进行的描述,所以这些黏附理论均无法对所有黏附过程加以解释。但同时黏附过程是一个复杂的物理化学过程,不同体系的黏附可能会具有不同的黏附机理。

6.2.3 表界面吸附

在任何两相交界的界面上,质点所受的力不平衡,因而存在着界面张力。在界面张力的作用下,界面上会发生一系列物理、化学过程:吸附、润湿、黏附、摩擦、封接等。

吸附是液体(或气体)在某种物质相界面上发生浓度升高(或降低)的现象。就液-气界面吸附而言,将某种溶质加入溶液后,溶液表面自由能降低,而且表面层溶质的浓度大于溶液体内的浓度,则称该溶质为表面活性物质(或称为表面活性剂),这样的吸附称为正吸附。反之,如果加入溶质后,溶液的表面自由能升高,而且表面层的溶质浓度小于溶液体内的浓度,称该溶质为非表面活性物质(或称为非表面活性剂),这样的吸附称为负吸附。单位表面积上吸附物质的物质的量,称为该条件下的吸附量,通常用符号 Γ(gamma)表示。

当气相或液相中的分子(或原子、离子)碰撞到粉体表面时,它们之间的相互作用使一些分子(或原子、离子)停留在粉体表面,造成这些分子(或原子、离子)在粉体表面上的浓度比在气相或液相中的浓度大的现象,通常称粉体为吸附剂,被吸附的物质称为吸附质。吸附是浮选中不同相界面上经常发生的现象。例如,在液-气界面上吸附起泡剂后,降低了液-气界面的自由能,防止气泡彼此兼并,从而达到稳定气泡、促进泡沫矿化和形成稳定矿化泡沫层的目的。捕收剂和调整剂主要是吸附在固-液界面上,直接影响矿物表面的物理化学性质，从而可以调节矿物的可浮性和分散性。

6.2.3.1 吸附类型

按吸附本质可分为物理吸附和化学吸附。凡是由分子间力（范德华力）引起的吸附都称为物理吸附。物理吸附的特征是热效应小，一般吸附能只有 5kcal/mol（1cal=4.1868J）左右；吸附质易于从表面解吸，具有可逆性；吸附有多层分子或离子；无选择性；吸附速率快。例如分子吸附、双电层外层吸附及半胶束吸附。而凡是由化学键力引起的吸附都称为化学吸附。化学吸附的特征是热效应大，一般吸附能在 20～200kcal/mol 之间；吸附牢固，不易解吸，是不可逆的；往往只是单层吸附；具有很强的选择性；吸附速率慢。例如交换吸附、定位吸附。化学吸附与化学反应不同，化学吸附不能形成新"相"，吸附产物的组分与化学反应产物的组分有差别。

物理吸附和化学吸附的本质区别是吸附剂与吸附质之间有无电子转移，被物理吸附的吸附质，可以沿固体表面位移，而化学吸附的吸附质由于形成化学键，所以位置是固定的。发生吸附前后的吸收光谱的变化表明，当发生物理吸附时，只能使被吸附分子的特征峰带有某些位移，或强度上有所变化，但不产生新的特征谱带。而发生化学吸附时，往往在紫外、可见或红外光谱波段，出现新的特征吸收峰。

吸附按吸附类型分七种，包括分子吸附、离子吸附、交换吸附、双电层内层吸附、双电层外层吸附、半胶束吸附和特性吸附。分子吸附是固-液界面和液-气界面对溶液中被溶解的分子的吸附。例如，液-气界面对松油醇或醇类等起泡剂分子的吸附；矿物表面对弱电解质分子、中性油分子的吸附等。离子吸附指溶液中某种离子在矿物表面上的吸附，例如黄原酸离子在硫化矿表面上的吸附，Ca^{2+}在石英表面上的吸附。交换吸附是溶液中某种离子与矿物表面上的另一种离子发生交换，而吸附在矿物表面上，例如，溶液中的 Cu^{2+} 与闪锌矿表面晶格中的 Zn^{2+} 交换，从而活化了闪锌矿，提高了闪锌矿的可浮性。双电层内层吸附（定位吸附）是矿物表面吸附溶液中的反应物分子与该矿物晶格离子成类质同象（晶体结构中的粒子被其他粒子占据），吸附结果改变了矿物表面电位的数值或符号。例如，重晶石表面对 Ba^{2+} 和 SO_4^{2-}，石英表面对 H^+ 和 OH^- 的吸附。双电层外层吸附是溶液中的溶质分子或离子吸附在矿物表面双电层的外层。它的特点是在吸附发生后，只能改变电位的大小，不能改变电位的符号，这种吸附全靠静电引力的作用。凡是与矿物表面电荷符号相反的离子都可以产生这样的吸附。半胶束吸附是溶液中长烃链的捕收剂浓度较高时，吸附在矿物表面上的捕收剂非极性基在范德华力作用下，发生相互缔合，这种吸附称为"半胶束吸附"。这一现象与溶液中形成的胶束相似，但此时溶液中捕收剂的浓度仍然比"临界胶束浓度"低，与溶液中形成的三维空间的胶束相比一般可低两个数量级，在矿物表面形成的这种"胶束"只有二维空间，故称为半胶束吸附。

利用半胶束吸附的原理，加入长烃链的中性分子，往往可以节省捕收剂的用量。例如用胺浮选石英时，加入十二醇可减少胺的用量。作用机理是中性分子的加入，在形成半胶束吸附时减少了捕收剂之间的斥力，因而降低了形成半胶束的浓度，减少了捕收剂的用量（见图6-4）。

特性吸附则是矿物表面对溶液中某种组分有特殊的亲和力，因而产生的吸附。它具有很强的选择性，可以改变动电位的符号，亦可以使双电层外层产生充电现象。例如，刚玉（Al_2O_3）在不同浓度的 $NaCl$、Na_2SO_4 和 RSO_4Na（烃基硫酸钠）的溶液中：在 $NaCl$ 溶液中动电位始终保持正值，在 Na_2SO_4 和烃基硫酸酯中，动电位由正变负，是由 SO_4^{2-} 和 RSO_4^-

的特性吸附所致。

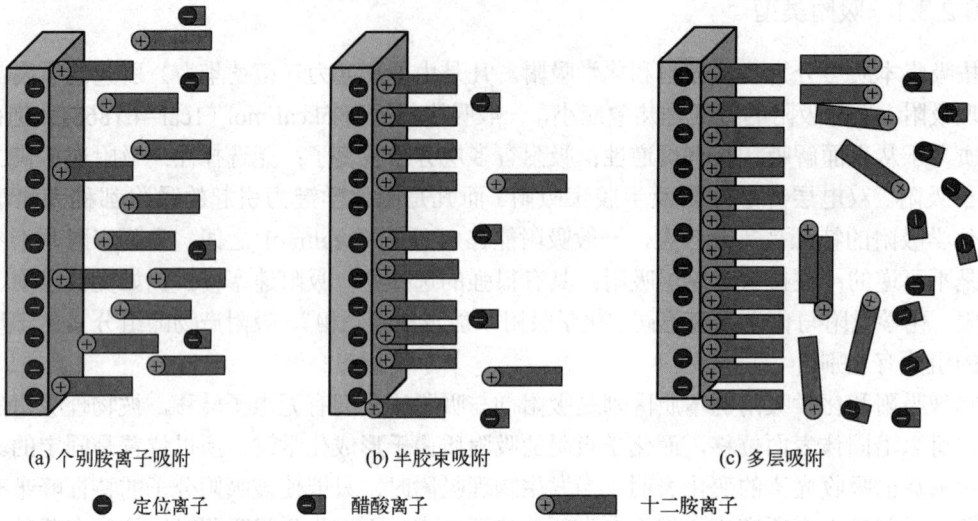

(a) 个别胺离子吸附　　　　　　(b) 半胶束吸附　　　　　　(c) 多层吸附

● 定位离子　　　■ 醋酸离子　　　⊕■ 十二胺离子

图 6-4　石英表面双电层结构与阳离子捕收剂吸附示意图

6.2.3.2　粉体对气体的吸附

粉体对气体的吸附特性可用吸附等温线和吸附模型来研究。

（1）吸附等温线

吸附等温线是在一定温度条件下，吸附量和平衡蒸气压之间的关系曲线。根据实验结果，吸附等温线可分为五种主要类型，如图 6-5 所示。图中 P_0 表示在吸附温度下，吸附质的饱和蒸气压。

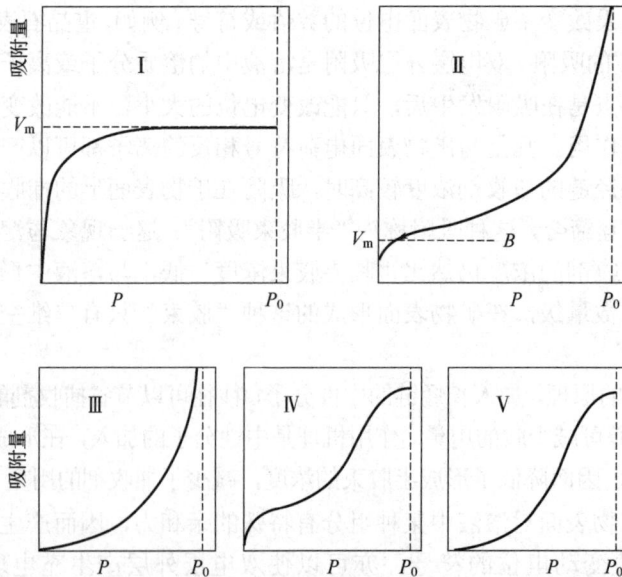

图 6-5　五种类型的吸附等温线

通常认为类型 I 是单分子层吸附，是窄孔 Langmuir（朗缪尔）吸附。例如，常温下氨在碳上的吸附、氯乙烷在碳上的吸附等，都属于类型 I。化学吸附一般是单分子层吸附，通常在远低于 P_0 时，固体表面就吸满了单分子层，因此，即使压力再增大，吸附量也不会再增加，即吸附达到饱和。

类型 II 称为 S 型吸附等温线，是常见的物理吸附等温线，相应于发生在非多孔性固体表面或大孔固体上自由的多层可逆吸附过程。这种类型的吸附，在低压时形成单分子层，但随着压力的增加，开始产生多分子层吸附。图中 B 点是低压下曲线的拐点，通常认为这时吸满了单分子层，这就是用 B 点法计算比表面积的依据。

类型 III 的吸附等温线比较少见，从曲线可以看出，一开始就是多分子吸附。在整个压力范围内凸向下，曲线没有拐点。在憎液性表面发生多分子层吸附，或固体和吸附质间的相互作用小于吸附质之间的相互作用时，呈现这种类型。类型 II、III 的吸附等温线，当压力接近于 P_0 时，曲线趋于纵轴平行线的渐近线。这表明在固体粉末样品的颗粒之间产生了吸附质的凝聚，所以当压力接近 P_0 时，吸附层趋于无限厚。

类型 IV 表示在低压下形成单分子层，然后随着压力的增加，吸附剂的孔结构产生毛细凝聚，所以吸附量急剧增大，直到吸附剂的毛细孔装满吸附质，就不再增加吸附量，而达到饱和吸附。例如，常温下苯在硅胶或氧化铁凝胶上的吸附，水或乙醇在硅胶上的吸附，都是先形成单分子层吸附，接着是毛细凝聚。

类型 V 表示在低压下就形成多分子层吸附，然后随着压力增加，开始出现毛细凝聚。它与类型 IV 一样，在较高压力下，吸附量趋于一极限值，其来源于微孔和介孔固体上的弱气-固相互作用。所以类型 IV 与类型 V 的吸附等温线，反映了多孔性吸附剂或粉体的孔结构。

（2）吸附模型

粉体对气体的吸附常常用公式进行模拟，常用的为 Henry（亨利）吸附模型、Langmuir 单分子层吸附模型和 Freundlich（弗罗因德利希）非均匀吸附，还有 BET 吸附理论。Henry 吸附模型是最基本的吸附模型，由吉布斯吸附公式导出，假设条件包括压力小于 1MPa、低覆盖率吸附、理想气体且不考虑吸附质分子之间的相互作用等。这个模型通常用于简单的情况，如低浓度气体的单分子层吸附。Freundlich 吸附模型是一个更复杂的模型，可以视为 Henry 模型的延伸，假设条件包括非均匀吸附、固体表面吸附能不同。Freundlich 模型适用于中等压力、低浓度气体、多分子层吸附。

① Langmuir 吸附等温方程式。Langmuir 吸附模型于 1916 由物理化学家朗缪尔首次提出，它假设固体表面单分子层吸附，并且固体表面均匀、吸附能力各处相同。此外，该模型还假定吸附热不随覆盖程度变化，分子间无相互作用力，以及吸附速率与解吸速率相等。Langmuir 模型广泛应用于表面科学和催化反应研究。

Langmuir 吸附等温吸附方程为：

$$V = aV_mP / (1 + aP) \tag{6-14}$$

式中，a 为系数；P 为气体的压力；V_m 为每克吸附剂表面覆盖满单分子层时的吸附量；V 为在吸附平衡压力 P 时的吸附量。

Langmuir 型吸附等温方程式还可以写成如下形式：

$$P / V = (1 / b)V_m + P / V_m \tag{6-15}$$

用 P/V 对 P 作图是一条直线，说明 Langmuir 型吸附等温方程式反映了一种吸附规律，而且可以由直线的斜率和截距求得 V_m 和系数 b。由 V_m 值可以进一步计算吸附剂或粉体的比表面积 S_0，其计算方程式为：

$$S_0 = (V_m/2240) N_A a_0 \tag{6-16}$$

式中，N_A 为阿伏加德罗常数；a_0 为固体表面一个吸附位置的面积，一般用吸附分子的截面积代替。

② Freundlich 吸附等温方程式。Freundhith 通过大量实验数据，总结出下列经验方程：

$$V = kP^{1/n} \tag{6-17}$$

此式表明，被固体吸附的气体体积 V 与气体压力 P 为指数关系。实用中，两边取对数得：

$$\lg V = \lg k + \frac{1}{n}\lg P \tag{6-18}$$

用 $\lg V$ 对 $\lg P$ 作图，查看是不是一条直线，来判断是否符合 Freundlich 吸附等温方程式。

③ BET 吸附等温方程式。1038 年 Brunaver、Emmett 和 Teller 三人在 Langmuir 单分子层吸附理论基础上，提出多分子层吸附理论，简称 BET 吸附理论。吸附方程为：

$$V = \frac{kV_m P}{(P-P_0)[1-P/P_0 + k(P/P_0)]} \tag{6-19}$$

式中，V 为平衡压力为 P 时吸附气体的总体积；P_0 为吸附气体的饱和蒸气压；P 为被吸附气体在吸附温度下平衡时的压力；V_m 为常数，每克吸附剂的表面覆盖满单分子层的吸附量；k 为常数，与吸附热有关。

从实验测定的数据，用 $\dfrac{P}{V(P_0-P)}$ 对 $\dfrac{P}{P_0}$ 作图，得一直线，说明该吸附规律符合 BET 公式，并可通过直线的斜率和截距计算 V_m 和 k。大多数吸附体系，在相对压力 0.05～0.35 范围内，用 $\dfrac{P}{V(P_0-P)}$ 对 $\dfrac{P}{P_0}$ 作图，都是一直线。即在该范围内，吸附实验都符合 BET 理论。BET 理论的两个假设如下：一是固体表面是均匀的；二是和同分子层之间没有相互作用力。

6.2.3.3　粉体在溶液中的吸附

固体自溶液中的吸附是最常见的吸附现象之一，粉体的湿法表面改性过程实质上就是粉体吸附溶液中表面改性剂分子（溶液中的某一组分）的过程。其他如矿粒在溶液中吸附捕收剂分子、环保型固体吸附材料吸附工业废水中的有毒或有害物质等。但是，这一类的吸附规律比较复杂，主要是由于溶液中除了溶质外还有溶剂。因此，固体自溶液中的吸附理论不像气体吸附理论那样完整。

从吸附速率来看，溶液中的吸附速率一般比气体吸附速率要慢得多，这是因为吸附质在溶液中的扩散速率要比在气体中慢。在溶液中，颗粒表面有一层溶液膜，溶质必须透过这层膜，才能被颗粒所吸附。如果再加上孔的因素，吸附速率就更慢。

固体自溶液中的吸附，虽然比气体吸附复杂，但测定吸附量的方法却比较简单。只要将一定量的粉体放入一定量的已知（吸附质）浓度的溶液中，当达到吸附平衡后，测定溶液中吸附质的浓度，从浓度的变化就可以计算每克粉体吸附了多少溶质。设 C_0 和 C 分别表示吸附前后溶液的浓度，V 是溶液的体积，m 是吸附剂的质量，则溶质的吸附量是：

$$q = \frac{(C_0 - C)}{m}V \qquad (6\text{-}20)$$

q 是每克吸附剂上的溶质的物质的量，通常称为表观吸附量，因为这种计算没有考虑溶剂的吸附。

固体自溶液中的吸附，通常分为非电解质溶液中的吸附和电解质溶液中的吸附两大类。前者又可分为稀溶液和浓溶液两种。在电解质溶液中的吸附，主要是在固体表面上的双电层的变化和形成或离子交换吸附。

（1）稀溶液中的吸附

固体自非电解质稀溶液中的吸附，常见的吸附等温线有三种类型：一是单分子层吸附等温线；一种是指数型吸附等温线；还有一种是多分子层吸附等温线。

稀溶液中的吸附等温线，很多可以用 Langmuir 吸附式来描述。但是自溶液中吸附的 Langmuir 吸附模型假设与气体吸附有所不同。在溶液中，固体表面上的吸附位对溶质和溶剂分子都有吸附力，只是程度可能不同，且吸附作用力仅限于固体表面的吸附位与被吸附的溶质和溶剂分子间的作用力。被吸附溶质分子间相互作用一般较小，所以可视为单分子层吸附。例如 SiO_2、TiO_2 等自苯中吸附硬脂酸就属于这一类型。这一类吸附规律可以用以下方程式描述：

$$q = \frac{q_0 bc}{(1 + bc)} \qquad (6\text{-}21)$$

式中，c 为吸附平衡时溶液的浓度；q_0 为可近似地看成是单分子层的饱和吸附量；b 为与溶质和溶剂的吸附热有关的常数。

有些固体自溶液中的吸附等温线与气体吸附等温线相似，如活性炭自水中吸附脂肪酸、醇、酚等就属于这一类型的吸附，可以用 Freundlich 来描述。

大多数稀溶液吸附体系可用 Langmuir 或 Freundlich 吸附式来描述，但还有一些自溶液中的吸附等温线呈 S 型。它们的吸附等温线具有多分子层吸附的特征，即当接近于饱和吸附时，吸附量显著增加。但在多分子层中，同样存在有溶质和溶剂两组分的吸附，不能排除溶剂分子的存在。

（2）电解质溶液中的吸附

固体自电解质溶液中的吸附可分为两类。一种是电解质的正负离子都被吸附，如离子晶体对溶液中电解质的吸附。另一种是离子交换吸附，如黏土、沸石、分子筛等，在电解质溶液中都会产生离子交换吸附。

离子交换吸附是指离子交换剂的吸附。离子交换剂带有可交换的阳离子或阴离子。前者称为阳离子交换剂，后者称为阴离子交换剂。当它们与电解质溶液接触后，其交换离子与溶液中同电性的离子进行化学计量的交换反应。

离子交换是黏土矿物的重要特征，它反映了黏土矿物的物理性质。例如分散性好的膨润土的阳离子交换容量在 80～100 毫克当量/100g 土，高岭土在 15 毫克当量左右。离子交换容量是指在 pH=7 时，每 100g 土能交换吸附阳离子的毫克当量数。膨润土性能测定项目中的吸蓝量，就是依据亚甲基蓝在水溶液中形成一价有机阳离子，能与膨润土发生阳离子交换反应，形成有机膨润土复合物的特性。通过测定吸蓝量，可以了解膨润土的阳离子交换量和蒙脱石含量。

（3）粉体对具有表面性质的表面活性剂或两亲高分子的吸附

具有表面性质的表面活性剂或两亲高分子具有两性，而无机粉体一般为水浸润较好的物质，在水相环境下，表面活性剂或两亲高分子的亲水端吸附在无机粉体表面，另一端远离粉体表面，形成不同形态的包覆层。图 6-6 为表面活性剂在微粒表面单分子层和双分子层吸附的模型。吸附后的形态与表面活性剂的起始浓度和溶液的 pH 值相关。例如新制备的石英和水作用，在较低的 pH 值条件下，表面形成硅醇基（$\equiv SiOH$），可以和表面活性剂之间产生氢键的作用，覆盖在 SiO_2 表面；当 pH 值很高时，SiO_2 表面荷负电，在静电力作用下，阳离子表面活性剂易于吸附；当 pH 值相对较低时，对阴离子表面活性剂表现出一定的吸附。

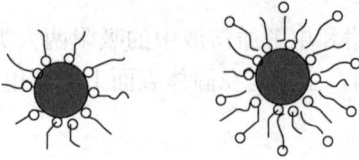

图 6-6　二氧化硅对聚乙烯醇（PVA）与阳离子表面活性剂的吸附

6.2.4　表界面电性

粉体表面的电性是由粉体表面的荷电离子，如 H^+、OH^- 等决定的。粉体物料在溶液中的电性还与溶液的 pH 值及溶液中的离子类型有关。粉体表面的荷电性影响颗粒之间、颗粒与无机离子、表面活性剂离子及其他化学物质之间的作用力，因此影响颗粒之间的凝（团）聚和分散特性以及表面改性剂在颗粒表面的吸附作用。

若在水介质中颗粒表面带有某一种电荷，其表面就会吸附相反符号的电荷，构成双电层。图 6-7 是双电层结构模型示意图。内层 A 是粉体颗粒表面，即定位离子层；紧贴粉体颗粒表面的是紧密层 B（Sterr 层），将内层 A 和扩散层 D（Gouy 层）分开，该层厚度用水化离子半径 δ 表示。A 是内层，B 和 D 是双电层外层。颗粒运动时总是从固定层稍稍靠外侧的地方与扩散层断开，带着固定层移动，这个断裂面叫滑动面 C，此滑动界面上的电位与溶液内部的电位差称为动电电位 ζ，这就是我们通常所测的颗粒表面的（动电）电位。由图 6-7 可见，固相表面热力学电位为 ψ_0，B 层电位为 ψ_δ，ζ 电位不是粒子的界面电位，只是吸附层外侧的电位。ζ 电位与 ψ_δ 很接近，可视为相等，热力学电位 ψ_0 总是比 ζ 电位高。吸附层越厚，ζ 电位越低。假如颗粒表面上的负电荷数和固定层吸附的正电荷数相等，ζ 电位就变成了零，这时对应的溶液的 pH 值称为等电点，也叫零电点。它是粉体的重要性能之一，当溶液的 pH 值大于等电点时粉体表面荷负电，小于等电点时荷正电。表 6-4 为一些无机粉体的等电点。双电层外层与内层定位离子符号相反，称为配衡离子，起电性平衡作用。

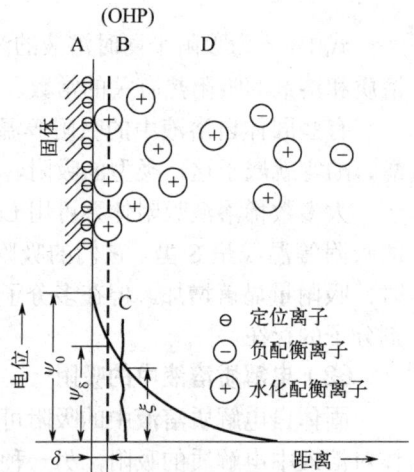

图 6-7　颗粒表面的双电层

- ⊖ 定位离子
- ⊖ 负配衡离子
- ⊕ 水化配衡离子

表 6-4　一些无机粉体的等电点

物料名称	等电点（pH）	物料名称	等电点（pH）
五氧化二锑	0.3	硅胶	1.8
石英	2.2	TiO$_2$金红石型	4.7
高岭土	4.8	水合氧化铝	5.0
赤铁矿	5.2	TiO$_2$锐钛型	6.2
铬绿	7.0	氧化锌	9.0
锡石	4.5	刚玉	9.0
方解石	9.5	氧化镁	12.0
硫酸钡	6.7	羟基磷灰石	7.0

6.2.5　表面化学性质

粉体表面的化学性质与粉体物料的晶体结构、化学组成、表面吸附物等有关，它决定了粉体在一定条件下的吸附和化学反应活性以及表面电性和润湿性等，因此，对其应用性能以及与表面改性剂分子的作用有重要影响，他决定了无机粉体可以进行什么样的反应。在溶液中粉体表面的化学性质还与溶液的 pH 值有关。以下主要讨论几种无机填料表面的官能团或活性基团。

（1）石英

石英等硅酸盐矿物经机械粉碎后，新生表面上产生游离基或离子，形成以下两种不饱和官能团，这些基团在水和空气的作用下，表面可能产生硅羟基或与水作用产物，这些官能团为石英等二氧化硅粉体与表面改性剂的作用提供了基础。

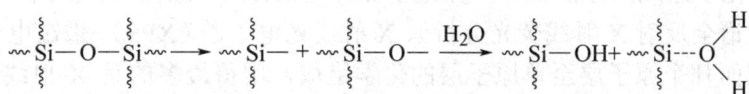

（2）黏土矿物

黏土矿物一般由硅氧四面体和铝氧八面体形成，边缘和断键处会有晶体组成元素和空气中水形成的各种羟基（Si—OH，Al—OH，Mg—OH，类质同象替代元素—OH），该羟基为黏土矿物的主要活性基团。

（3）钛白粉

二氧化钛是多晶型化合物，其质点呈规则排列。有三种结晶形态：板钛型、锐钛型和金红石型。二氧化钛表面的特征及官能团可用图 6-8 来表示，也即二氧化钛表面有羟基与空气中组分尤其是水反应之后的各种形态。

（4）硅灰石

硅灰石为链状钙硅酸盐矿物，其结构由钙氧八面体共边形链和硅氧四面体共顶角链构成。硅氧链中的硅氧四面体与钙氧链中的钙氧八面体棱相连，或与钙氧八面体的氧相连。粉碎后的硅灰石粉体表面存在 Si—O—Si·、Ca—O·、Si—O·、Si—OH 等活性基团，自由基和羟基为新生表面的主要反应官能团。

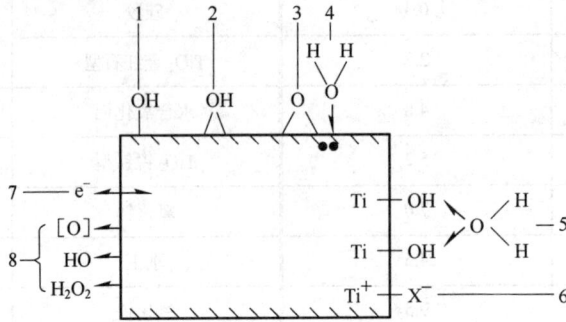

图 6-8　二氧化钛表面的特征

1—碱性末端；2—酸性桥联羟基；3—不稳定的 Ti—O—Ti 键；4—Lewis 场吸附的水分；5—表面羟基结合的水分；6—吸附的阴离子；7—潜在的电子供给场和接受场；8—吸附的氧化剂（如羟基、过氧化物或光催化作用产生的活性氧）

　　从以上给出的例子可以看出，无机物的表面一般含有羟基基团，但需要指出，其反应活性相对较小，如果需要利用这些官能团反应，需要提供合适的反应条件。一般而言无机物表面的羟基间可以反应，但需要活化，而无机物表面的羟基和有机酸或有机醇一般不直接发生反应。

6.3　粉体表面性能测试

6.3.1　粉体表面组成和元素化学态

　　测定表面化学组成的方法很多，如电子探针（EPA）、X 射线荧光分析（XRF）（包括 X 射线能量色谱全反射 X 射线荧光分析）、X 射线光电子谱（XPS）、俄歇电子谱（AES）。要检测材料表面几个原子层至单原子层的化学组成，用得最多的是 X 射线光电子谱和俄歇电子谱。X 射线光电子能谱可以比俄歇电子能谱技术更准确地测量原子的内层电子束缚能及其化学位移，所以它不但能为化学研究提供分子结构和原子价态方面的信息，还能为电子材料研究提供各种化合物的元素组成和含量、化学状态、分子结构、化学键方面的信息。X 射线光子的能量在 $1000\sim1500$ eV 之间，不仅可使分子的价电子电离而且也可以把内层电子激发出来，内层电子的能级受分子环境的影响很小。同一原子的内层电子结合能在不同分子中相差很小，故它是特征的。当光子入射到固体表面激发出光电子，利用能量分析器对光电子进行分析就可以得到其能量，获得光电子能谱。图 6-9 为石墨烯及 PEI（聚醚酰亚胺）改性石墨烯的 XPS 图，从图 6-9（a）中可以看出样品表面含有氧和碳元素。而改性后出现了 N 元素的结合能，表面出现了新元素，其来源于改性剂，表明改性的成功。XPS 不但能推断出该元素在化合物中存在价态，此外根据积分面积还可以知道这种元素在化合物中的占比。

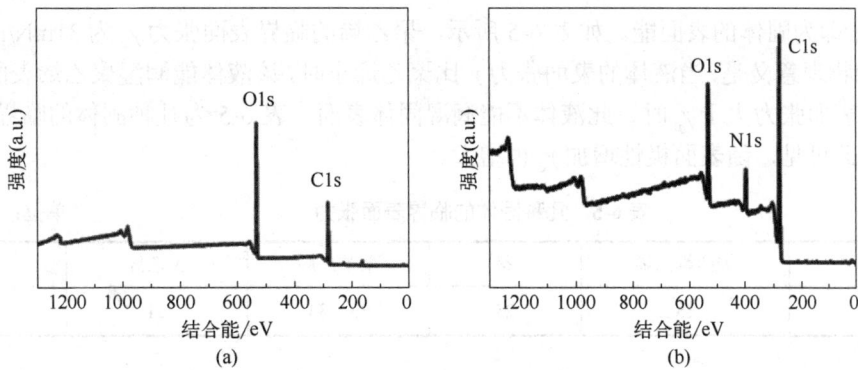

图 6-9　石墨烯及 PEI 改性石墨烯的 XPS 能谱

6.3.2　比表面积和表面能

6.3.2.1　比表面积

比表面积是评价催化剂、吸附剂及其他多孔物质的重要指标之一。粉体比表面积测量方法很多，有容量法、质量法和连续流动色谱法。所有测量方法都是通过测量吸附的气体量来实现的，比较简单的为 BET 法。BET 法是在 Langmuir 的单分子层吸附理论的基础上，由 Brunauer、Emmett 和 Teller 等三人进行推广，从而得出的多分子层吸附理论方法。其中常用的吸附质为氮气，对于很小的表面积也用氪气。在液氮或液态空气的低温条件下进行吸附，可以避免化学吸附的干扰。比表面积测定方法包括动态法和静态法。动态法是将待测样品装到 U 型管中，使含有一定比例吸附质的气体流过样品，根据吸附后气体浓度变化来确定被测样品对吸附质分子（N_2）的吸附量。静态法根据确定吸附量方法的不同分为重量法和容量法。重量法是根据吸附前后重量变化来确定被测样品对吸附质分子的吸附量，由于分辨率低、准确度差已经很少使用。容量法是将待测粉体样品装在一定体系的一段封闭的试管状样品管中。向样品管中注入一定压力的吸附质气体，根据吸附前后的压力或重量变化来确定被测样品对吸附质分子的吸附量。容量法的优点是还可以获得孔径分布结果，适合中大比表面积和孔隙发达的样品动态法和静态法的目的都是要测定吸附质气体的量，此量确定后，就可以根据吸附量计算比表面积了。随着科技的发展，BET 测定仪可以直接给出比表面积的数值。

6.3.2.2　表面能

固体不同于液体，固体内部的原子或分子不像液体那样可以自由移动，因此固体表面能很难测定。直至目前还没有直接可靠的表面能测定方法，现在使用的主要是一些间接方法，或从理论上估算固体表面能。

目前广泛采用临界表面张力（critical surface tension）法来测定固体的表面能。20 世纪 60 年代初 Zisman 等发现，若将一系列已知表面张力的液体置于表面张力较小的固体表面上，并分别测定润湿接触角 θ，则各液体的表面张力和润湿接触角的余弦之间大致呈直线关系（图 6-10）。如将直线外推到 $\cos\theta=1$（即 $\theta=0$），则对应液体的表面张力即为此固体的临界表面张力。液体表面张力和其表面能是一致的，大小相等，因而可以近似认为液体的表面能（表面张力），即为固体的表面能。如表 6-5 所示，聚乙烯的临界表面张力 γ_c 为 31mN/m。

γ_c 的物理意义是，当液体的表面张力 γ 比聚乙烯小时，该液体能润湿聚乙烯表面；反之，若液体的表面张力大于 γ_c 时，此液体不能润湿固体表面。表 6-5 为几种固体的临界表面张力数据。由此可见，随表面极性增加 γ_c 也增大。

表 6-5　几种固体的临界表面张力　　　　　　　　　　　　　单位：mN/m

固体	聚四氟乙烯	萘	聚苯乙烯	聚乙烯	尼龙
γ_c	18	25	33～34	31	42～46

在采用 BET 法测定比表面积的过程中，常常也可以得到吸附类型。即对固体-气体或固体-液体中的吸附测定吸附等温线图，根据图的类型和形状确定吸附类型。

6.3.3　粉体表面润湿性

润湿接触角是表面润湿性的主要判据。固体物料在水中的润湿接触角越大，疏水性就越好。因此，如用有机表面改性剂对无机填料进行疏水改性，润湿接触角越大，无机填料的表面能就越低。

测定接触角的方法很多，如角度测量法、长度测量法、毛细管浸透速度法和润湿接触角仪器测定等。以下介绍适用于测定粉体物料润湿性的毛细管浸透速度法和润湿接触角仪器测定法。

毛细管浸透速度法，又称动态法。此法的测定程序如下：称取一定量的粉末（样品），装入下端用微孔板封闭后的玻璃管内，并压紧至固定刻度，然后将测量管垂直放置，并使下端与液体接触（图 6-11），再测定液体浸润粉体层的高度与时间。

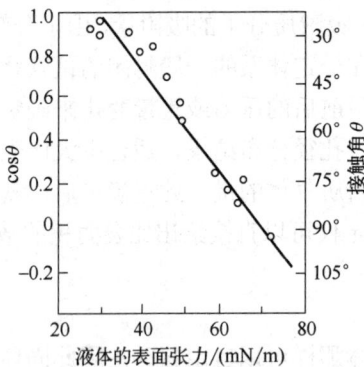

图 6-10　液体表面张力与接触角的关系　　　　图 6-11　毛细管法示意图

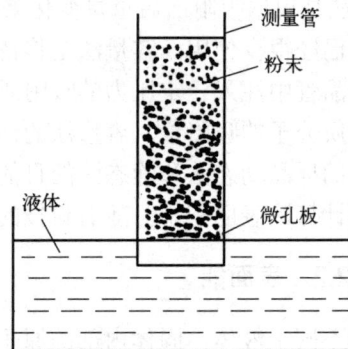

将玻璃管内的孔隙看作平均直径为定值的一束平行毛细管，则由 Poiseulle 公式可得到下式：

$$h^2 = \frac{c\bar{r}\gamma_L \cos\theta}{2\eta}t \qquad (6-22)$$

令：
$$k = \frac{c\bar{r}\gamma_L \cos\theta}{2\eta}$$

对于一定的粉体层及液体在一定的温度下，式（6-22）可简写为：
$$h^2 = kt \tag{6-23}$$

式中，h 为液体润湿高度，cm；c 为常数，对指定的体系来说 $c\bar{r}$ 为定值；γ_L 为液体表面张力，dyn/cm，$1\mathrm{dyn}=10^{-5}\mathrm{N}$；$\eta$ 为液体的黏度，$\mathrm{P\cdot s}$；t 为润湿时间，s；θ 为粉体的润湿接触角，（°）。

这样，测定不同的浸润高度后，以 h^2 对 t 作图，即得一直线。由该直线斜率经式（6-22）可求出润湿接触角 θ。

润湿接触角仪器测定法：现在有很多直接获得接触角的方法，可以采用仪器测定，图 6-12 为润湿接触角测定仪及测定的材料表面的水接触角。具体过程为在注射器中加入液体（测水接触角时加入的液体为水），而后调整上面螺母，当注射器下端液滴摇摇欲坠时，提高升降台，并与液滴接触，接触瞬间，通过与电脑连接的摄像头记录液滴形状，如图 6-12（b）所示，而后作液滴与材料接触位置的切线，便可得到接触角。图中显示接触角稍大于 90°，表面材料为疏水界面。此种方法的局限性是材料需要有平整的表面，如果测定粉体的接触角需要把粉体先压成板状，成型压力的大小对接触角的大小有较大影响。

图 6-12　润湿接触角测定仪器和接触角结果示意图

测定润湿接触角的方法尽管很多，但可靠的很少。这主要是因为很难得到完全干净的表面以及润湿接触角有滞后现象。所谓滞后现象就是用任何一种方法测定接触角时，在固体界面扩展后测量的接触角与在固体界面缩小后测量的接触角之差称为接触角的滞后。前者所测的接触角称为前进角，后者所测的接触角为后退。产生滞后的原因是表面污染、粗糙或多相性，所以，在测定接触角时，既要防止污染，又要模拟实际体系的真实性，否则不可能得到正确的结果。在实际应用中常用前进角。一般接触角的温度系数很小，所以测定接触角时，温度变化对其影响不大。

6.3.4　粉体表面电性

微粒表面带有电性，一般采用 Zeta 电位分析仪分析表面所带电荷。Zeta 电位又叫电动电位或电动电势，是指剪切面（shear plane）的电位，是表征胶体分散系稳定性的重要指标。从 Zeta 电位的定义看，在数字上，它并不严格等于固体材料表面的电位，因为，它是固体材料表面双电层外层附近一个假象的可滑动界面上的电位。一般地，Zeta 电位<0 时，表示材料表面带有静的负电荷（负电荷数量远大于正电荷的量），Zeta 电位>0 时，材料表面带有静的正电荷。Zeta 电位绝对值越大，微粒带电量越大，形成的悬浮体系越稳定。

6.3.5 粉体表面形态

近年来，新型扫描探针技术的发展使得人们可以在单分子甚至亚分子尺度上对表（界）面展开细致的实空间研究，取得了许多重要的进展，大大加深了人们对于表（界）面的认识。1982 年，科学家 Binning 等发明了扫描隧道显微镜（scanning tunneling microscopy，STM），STM 是利用针尖和样品之间的隧道电流对样品表面进行表征的技术。STM 使人们能够在三维实空间内对单个原子或分子在物质表面的排列状态以及与表面电子行为有关的性质进行研究，极大地推动了表面科学领域的发展。STM 具有空间分辨率高、工作环境多样化等优点，已经被广泛应用于表面科学研究的各个领域。其中，能够在电解质溶液中工作的电化学STM 可被用于研究金属表面或有机分子的电化学性质，包括在特定电位下形成的表面结构以及在电催化反应中的原位变化过程等。而对于在超高真空中工作的 STM 而言，其工作环境扰动小，因此可以观察到物质表面或吸附物种的精细结构，便于对不同的结构进行准确的表征。这些技术包括超高真空扫描隧道显微术、单分子振动谱技术、电化学扫描隧道显微术和非接触式原子力显微术等。

隧道电流和针尖-样品间距离呈指数依赖关系，因此 STM 对距离极其敏感，具有很高的空间分辨率。针尖由一个可以三维移动的压电陶瓷组控制实现针尖在平行于样品表面内的扫描，反馈回路可以测量电流的大小并且控制针尖和样品的距离。这就决定了 STM 具有恒流和恒高两种工作模式，恒流模式下得到的是表面形貌的图像，恒高模式下得到的是隧穿电流大小的空间分布。两种模式之间是相互关联的，都可以给出样品表面结构的信息。STM 起初只是在真空条件下的金属固-气界面上应用（金属-气体），但水的浸润过程和金属的腐蚀等许多有趣的实验现象和工业相关的现象发生在固-液界面上。电化学扫描隧道显微镜和原子力显微技术得到飞速发展，这些技术能够原位得到固-液两相的反应信息，同时具有原子分辨的能力。图 6-13 为铁

图 6-13 FePc 分子在 Ag（110）表面形成的 R1/R2-LD 结构的 STM 图像

（a）直接吸附；（b）氧气氛围；（c）退火后；（d）FePc 分子的高分辨 STM 图像，FePc 分子在 Ag（110）表面形成的
O-HD 结构的 STM 图像；（e）直接吸附；（f）氧气氛围，扫描范围：30nm×30nm

酞菁分子在 Ag（110）表面的 STM 图像。图像给出了铁酞菁分子在 Ag（110）表面的多种组装结构，同时通过不同气氛下的实验验证了处于不同组装结构下的分子 O_2 结合能力的差异。如图所示，在表面分子覆盖度较低的条件下，FePc 可以在表面形成一种低密度的组装结构，称为 R1/R2-LD；而在表面覆盖度增加之后，这种低密度的组装结构会转化为一种密度更高的排列方式，称为 O-HD。

拓展阅读

有趣的表面化学现象——埃特尔与表面化学

（1）有趣的表面化学现象

在空气中直接使用剪刀裁剪玻璃，玻璃很可能会直接碎裂，因此日常切割玻璃需要使用专门的切割工具。在没有工具的情况下，人们就想到了一些切割玻璃的小窍门，将棉线沾上煤油，缠绕在需要裁剪的部位，然后点火，等棉线烧完，再把玻璃放到冷水中，玻璃会瞬间从棉线部位断裂成两截。这主要是应用了热胀冷缩的原理。除此之外，还有人发现玻璃板只要放到水里，即便是用最普通的剪刀也可以随心所欲地把玻璃裁剪成各种形状，就如同在用剪刀剪纸般轻松。那水中为什么就可以随意裁剪玻璃了呢？

玻璃是由无数个二氧化硅多面体互相连接组合成网状结构形成的。单个二氧化硅（化学式 SiO_2）分子外围是两个氧原子，中间由硅原子连接，二氧化硅组合成多面体，就相当于一个硅原子周围有 4 个氧原子，它们之间由硅氧共价键相连接，而它们之间的关系其实并没有那么牢固。普通的玻璃表面其实并没有我们肉眼看到的那般光滑，内部原子堆积密度并不高。其表面容易有细微的裂缝。如果受力过大，有裂缝的地方会快速裂开，导致玻璃破碎。而玻璃中二氧化硅的网状结构不是特别稳定，外力过大也容易被扯破，这就是普通玻璃易碎的原因。把玻璃放到水中时，硅原子受到水分子（H_2O）中氢氧根的吸引，玻璃的硅氧共价键被氢氧根扯断，形成新的共价键，这个过程被称为"玻璃的水解"。玻璃的稳定结构被破坏，特别是有裂缝的地方更容易遭到水分子的"攻击"，所以把玻璃放到水中，自然就容易被裁剪。此外有科学家发现，有水的环境中，由于玻璃和水分子结合，减小了它和内部结构之间的能量差距，人们都知道，在空气中要想使玻璃破碎，需要对玻璃发力，以达到使玻璃断裂的能量，而水分子和二氧化硅结合后，可直接降低使玻璃破碎需要的能量。这个时候，只需要很小的力，就能轻松在水中裁剪玻璃。有人会想尝试在水中直接用手瓣，这个方法虽然行，但是不能保证手不被碎玻璃扎到，用手也不能保证能直接瓣出想要的形状。其实，玻璃的这种特性很早就有人知道，比如在打磨玻璃的过程中经常需要往玻璃上喷水，这样玻璃更容易被打磨。还有人根据玻璃的特性发明了水刀用来切割玻璃，但是像钢化玻璃等一些经过特殊处理的玻璃，其结构会非常稳固，用水刀切割不如专门的切割工具，所以水刀切割并未广泛普及。

（2）埃特尔与表面化学

德国物理化学家格哈德·埃特尔的工作始于 20 世纪 60 年代，那时，由于半导体工业的兴起，真空技术得到发展，现代表面化学开始出现。固体表面的化学反应非常活跃，因而需要先进的真空实验设备，埃特尔是最先发现新技术潜力的科学家之一。这一领域看似晦涩，其实并不遥远，合成氨的研究就是一例。合成氨是人工化肥的主要有效成分，可以说是现代农业的基础之一。将氢气和氮气在催化剂的作用下人工合成氨，叫作哈伯-博施法。传统催化剂用铁作为活性成分，氢气和氮气在上面发生反应，这正是表面化学的用武之地。然而传统的方法有一个步骤反应极慢，能耗很大。借助一些新的研究方法，埃特尔发现了这一过程的瓶颈所在，并完全阐明了氢气和氮气在铁催化剂表面反应的七个步骤。在了解反应过程之后，只要"疏通"最慢的那个环节，整个反应的效率就会大为改观。这就好比疏通了一个交通要道的堵车点。埃特尔的工作为研发新一代合成氨催化剂奠定了基础，具有重要的经济意义。

埃特尔的另一重要贡献是铂催化剂上一氧化碳氧化反应的研究。一氧化碳是汽车尾气中的有毒气体，在排到大气前，必须将其氧化成二氧化碳。埃特尔发现反应不同时间，几个反应步骤的速率变化很大，这一看似简单的过程比哈伯-博施反应还要复杂得多。埃特尔详尽研究了这一过程，他所使用的一些研究方法对于研究复杂界面上的化学反应具有极大的启示作用。

埃特尔的研究领域很广。他还用表面科学的方法和手段来研究很多相关领域的科学问题，包括燃料电池、臭氧层破坏等。他所发展出来的方法，广泛影响了表面化学的进展，而且他的实际影响并不仅仅在于学术研究，还涉及农业和化学工业研发的多个方面。

思考题

1. 粉体表面一般研究哪些物理化学性能？

2. 小麦本身不易着火，即使着火火势也是缓慢蔓延，而将小麦磨成小麦粉并飘散在空中，却很容易着火，甚至会发生爆炸，为什么？

3. 粉体比表面积增大，是否更容易团聚？团聚对粉体在溶液中的分散性带来怎样的影响？

4. 请简单说明为什么无机粉体应用前，一般先粉碎球磨，进行这些操作的目的有哪些？

5. 根据材料表面接触角的大小不同，材料可以分为哪三种，并进行简单描述。

6. 物理吸附和化学吸附最本质的区别是什么？

7. Langmuir 和 Freundlich 吸附分别代表什么吸附类型，吸附剂和吸附质之间是什么作用力结合？

8. 粉体对气体吸附的 5 种类型分别代表什么吸附，特点是什么？

9. 粉体零电势点代表什么含义，大于和小于零电势点代表粉体表面分别带有什么电荷？

10. 未经改性处理的蒙脱石和石墨表面分别主要含有哪些表面官能团？反应性如何？

11. 两块玻璃贴合时很容易被分开，但是在中间简单加适量水形成水膜后两者很难被分开，试解释原因。

12. 影响表面吸附和电性的因素分别有哪些？

13. 粉体表面含有哪些官能团有利于其成为疏水材料或亲水材料？

14. 粉体表面物理化学性能常常采用什么手段进行表征？

参考文献

[1] 徐滨士. 纳米表面工程 [M]. 北京：化学工业出版社，2004.

［2］曹立礼. 材料表面科学［M］. 北京：化学工业出版社，2009.

［3］麦立强，罗雯，陈伟. 材料化学［M］. 2版. 北京：化学工业出版社，2023.

［4］杨亮，王志兴，王琦. 基于润湿过渡的玻璃表面亲水微结构的理论设计与制造［J］. 表面技术，2021，50（7）：158-164.

［5］付明，田保红，齐建涛，等. 材料先进表面处理和测试技术［M］. 北京：化学工业出版社，2024.

［6］钱苗根. 现代表面技术［M］. 北京：机械工业出版社，2016.

［7］王翔，蔡镇锋，王栋，等. 扫描隧道显微术应用于电极表面催化反应的研究进展［J］. 中国科学（化学），2018，49（3）：470.

第7章

粉体的化学修饰与改性

7.1 粉体表面改性概述

7.1.1 粉体表面改性的目的

在塑料、橡胶、胶黏剂等高分子材料工业及高聚物基复合材料领域中，无机粉体填料占有很重要的地位。这些填料，如轻质碳酸钙、重质碳酸钙、高岭土、滑石、氢氧化铝、氢氧化镁、硅藻土、白炭黑、云母、硅灰石、叶蜡石、石棉、玻璃微珠等，不仅可以降低材料的生产成本，还能提高材料的硬度、刚性或尺寸稳定性，改善材料的力学性能并赋予材料某些特殊的物理化学性能，如耐腐蚀性、耐候性、阻燃性和绝缘性等。但无机粉体填料与基质，即有机高聚物的表面或界面性质不同，相容性较差，因而难以在基质中均匀分散。直接或过多地填充往往容易导致材料的某些力学性能下降以及易脆化等。因此，除了粒度和粒度分布的要求之外，还必须对无机粉体填料表面进行改性，以改善其表面的物理化学特性，增强其与基质，即有机高聚物或树脂等的相容性和在有机基质中的分散性，以提高材料的机械强度及综合性能。表 7-1 所列为部分无机填料经过表面化学改性后的应用及功能。由此可见，表面改性是无机填料由一般增量填料变为功能性填料所必需的加工手段之一，同时也为高分子材料及有机/无机复合材料的发展提供了新的技术方法，这是粉体表面改性最主要的目的之一。

表 7-1 经表面化学改性后部分无机填料的用途和功能

填料	主要用途	主要功能
氢氧化铝	电线电缆、PVC（聚氯乙烯）、EPMD（乙烯-丙烯共聚物）	阻燃、改善工艺性能
碳酸钙	PVC 管	提高填充量
高岭土	轮胎、EPDM、电线电缆	颜料代用品、电性能
硅灰石	尼龙	改善物理性能、代替玻纤

填料	主要用途	主要功能
云母	聚烯烃	改善物理性能
石英粉	环氧树脂的磨铸料	电性能
滑石	工业橡胶	改善物理性能
有机黏土	涂料	改善分散性、触变性等

提高涂料或油漆中颜料的分散性并改善涂料的光泽、着色力、遮盖力和耐候性、耐热性、抗菌防霉性和保色性等是粉体表面改性的第二个主要目的。涂料的着色颜料和体质颜料，如钛白粉、锌钡白、氧化锌、碳酸钙、碳酸钡、重晶石、石英粉、白炭黑、云母、滑石、高岭土、氧化铝等多为无机粉体，为了提高其在有机基质油漆或涂料中的分散性，要对其进行表面改性，以改善其表面的润湿性，增强与基体的结合力。新发展具有电、磁、声、热、光、抗菌防霉、防腐、防辐射、特种装饰等功能的所谓特种涂料中的填料和颜料不仅要求粒度超细，而且要求具有一定的"功能"。因此，必须对其进行表面处理。此外，为提高某些颜料的耐候性、耐热性以及遮盖力和着色力等，需用一些性能较好的无机物包覆，如用氧化铝、二氧化硅包覆钛白粉可改善其耐候性等性能。在当今流行的水性建筑装饰涂料中，除了与其他组分的相容性和配伍性之外，还要求无机颜料和填料具有较长时间的分散稳定性和良好的流变性，这也是水性涂料中应用的颜料和填料必须要进行表面改性或表面处理的原因之一。

对于吸附和催化粉体材料，为了提高其吸附和催化活性以及选择性、稳定性、机械强度等性能，也需要对其进行表面处理或表面改性。例如，在活性炭、硅藻土、氧化铝、硅胶、海泡石、沸石等粉体表面通过浸渍法负载金属氧化物、碱或碱土金属、稀土氧化物以及 Cu、Ag、Au、Mo、Co、Pt、Pd、Ni 等金属或贵金属。

此外，为了保护环境，满足健康法的要求，对某些公认的对健康有害的原料，如石棉，进行表面处理，用对人体无害和对环境不构成污染，又不影响其使用性能的其他化学物质覆盖、封闭其表面的活性点，以维持其在产品中的性能；对某些用作精细铸造、油井钻探等的石英砂进行表面涂覆以改善其黏结性能；对用作保温材料的珍珠岩等进行表面涂覆以改善其在潮湿环境下的防水和保温性能；对煅烧高岭土进行有机表面改性以提高其在潮湿环境下的电绝缘性能等。

综上所述，虽然粉体表面改性的目的因应用的领域不同而异，但总的目的是改善或提高粉体原料的应用性能或赋予其新的功能以满足新材料、新技术发展或新产品开发的需要。总而言之，粉体表面改性是指用物理、化学、机械等方法对粉体材料表面进行处理，根据应用的需要有目的地改变粉体材料表面的物理化学性质，如表面组成、结构和官能团、表面能、表面润湿性、电性、光性、吸附和反应特性等，以满足现代新材料、新工艺和新技术发展的需要。

7.1.2　粉体表面改性的研究内容

粉体表面改性或表面处理与很多学科，如粉体工程、物理化学、表面与胶体化学、有机化学、无机化学、高分子化学、无机非金属材料、高分子材料、复合材料、结晶学、化学工程、矿物加工工程、环境工程与环境材料、光学、电学、磁学、微电子、现代仪器分析与测试技术等学科密切相关。可以说，粉体表面改性是粉体工程与其他众多学科相关的边缘学科。粉体表面改性主要包括以下四个方面的内容。

（1）表面改性的原理和方法

粉体表面改性的原理和方法是粉体表面改性技术的基础。它主要包括：粉体的表面与界面性质及与应用性能的关系；粉体表面或界面与表面改性处理剂的作用机理和作用模型，如吸附或化学反应的类型，作用力或键合力的强弱，热力学性质的变化等；表面改性方法的基本原理或理论基础，如粉体表面改性处理过程的热力学和动力学以及改性过程的数学模拟和化学计算等。这是粉体表面改性或表面处理最主要的研究内容之一。

（2）表面改性剂

在大多数情况下，粉体表面性质的改变或新功能的产生是依靠各种有机或无机化学物质（即表面改性剂）在粉体粒子表面的吸附或反应来实现的。因此表面改性剂是粉体表面改性技术的关键所在。此外，表面改性剂还关系到粉体改性后的应用特性，它的选用还与应用领域或应用对象密切相关。表面改性剂的研究内容涉及表面改性剂的种类、结构、性能或功能及其与各种颗粒表面基团的作用机理或作用模型；表面改性剂的分子结构、分子量大小或烃链长度、官能团或活性基团等与其性能或功能的关系；表面改性剂的用量和使用方法；经表面改性剂处理后粉体的应用特性（如表面改性填料对塑料或橡胶制品力学性能等的影响，改性颜料对其湿润性、分散稳定性及对涂料遮盖力、耐候性、抗菌性、耐热性和光学效果等的影响）以及新型、特效表面改性剂的制备或合成工艺。

（3）表面改性工艺与设备

表面改性工艺与设备是最终实现按应用需要改变矿物表面性质的重要环节。其主要研究内容包括：不同类型和不同用途粉体表面改性的工艺流程和工艺条件；影响表面改性效果的因素；表面改性剂的配方（品种、用量、用法）；设备类型与操作条件；高性能表面改性设备的研制开发等。表面改性工艺与设备是互相联系的，好的改性处理工艺必然包括高性能的改性处理设备。

（4）表面改性过程控制与产品检测技术

这一研究领域涉及表面改性或处理过程温度、浓度、酸度、时间、表面改性剂用量等工艺参数以及表面包覆量、包覆率或包膜厚度等结果参数的监控技术；表面改性产品的湿润性、分散性、粒度分布特性、表面形貌、比表面能、表面改性剂的吸附或反应类型、表面包覆量、包覆率、包膜厚度、表面包覆层的化学组成、晶体结构、电性能、光性能、热性能等的检测方法。此外，还包括建立控制参数与指标之间的对应关系，以及过程的计算机仿真和自动控制等。

7.2　粉体表面改性工艺方法

粉体改性方法有物理法和化学法，采用物理法时改性剂通过物理吸附黏附在无机微粒表面，两者之间作用力弱，改性剂容易脱落。而采用化学法改后，改性剂通过共价键或离子键与粉体结合，作用力强，改性剂不易脱落，改性后材料在应用过程中性能稳定。粉体改性从工艺角度又分为湿法和干法，也可分为热法和冷法工艺。

7.2.1 表面改性方法

7.2.1.1 物理涂覆

这是利用高聚物或树脂等对粉体表面进行处理而达到表面改性的工艺,如用酚醛树脂或呋喃树脂等涂覆石英砂以提高精细铸造砂的黏结性能。这种涂覆后的铸造砂既能获得高的熔模铸造速度,又能在模具和模芯生产中得到高抗卷壳和抗开裂性能;用呋喃树脂涂抹的石英砂用于油井钻探可提高油井产量。物理涂覆是一种对粉体表面进行简单改性的工艺。以树脂涂覆石英砂为例,表面涂覆改性工艺可分为冷法和热法两种。

冷法覆膜砂工艺:该工艺在室温下制备。工艺过程为先将粉状树脂与砂混匀,然后加入溶剂(工业酒精、丙酮或糠醛),溶剂加入量根据混砂机能否封闭而定。封闭者,酒精用量为树脂用量的 40%~50%;不能封闭者为 70%~80%。再继续混碾到挥发完,干燥后经粉碎和筛分即得产品。该法用有机溶剂量大,仅适用于少量生产,此工艺的关键技术就是对溶剂选择,应该选择对树脂具有良好溶解性或溶胀性而本身易于挥发的物质。

热法覆膜工艺:该方法是将砂子加热进行覆膜。工艺过程是先将石英砂加热到 140~160℃,而后与树脂在混砂机中混匀(其中树脂用量为石英砂用量的 2%~5%)。这时树脂被热炒软化,包覆在砂粒表面,随着温度降低而变黏,此时加入乌洛托品,使其分布在砂粒表面,并使砂激冷(乌洛托品作为催化剂可在壳模形成时使树脂固化)。再加硬脂酸钙(防治结块),混数秒钟出砂,然后粉碎、过筛、冷却后即得产品。此法工艺效果较好,适合大量生产。但工艺控制较复杂,并需要专门的混砂设备,对温度的控制是关键问题,如果树脂是结晶型高分子,温度应该在熔点以上,如果树脂是非晶型高分子,温度应该控制在黏流温度以上。

影响表面涂覆处理效果的主要因素有颗粒的形状、比表面积、孔隙率、涂覆剂的种类及用量、涂覆处理工艺等。颗粒越细(比表面积越大)的粉体表面涂覆的高聚物量越多、涂层越薄。另外,带孔隙的颗粒,由于毛细管的吸力作用,涂覆材料(即高聚物)进入孔隙中,表面涂覆效果较差;无孔隙的高密度球形颗粒的涂覆效果最好。

对于球形颗粒,涂层的厚度 t 与涂覆层的质量分数 x、颗粒(内核)的直径 r_1、颗粒密度 ρ_1、涂覆层的密度 ρ_2 以及颗粒(内核)的质量分数 $(1-x)$ 有关,其关系式为:

$$t = \left[\frac{x r_1^3 \rho_1}{(1-x)\rho_2} + r_1^3 \right]^{1/3} - r_1 \qquad (7-1)$$

图 7-1 为用式(7-1)计算不同粒径颗粒的涂层厚度与涂覆层质量分数之间的关系的结果。根据图可以得到高聚物涂层的密度为 1500kg/m³。对于非球形颗粒可用下式估算涂层厚度 t:

$$t = \frac{x \rho_1 r_3}{3(1-x)\rho_2} \qquad (7-2)$$

式中　r_3——颗粒(内核)的当量球体直径。

上述模型只适用于没有孔隙的颗粒,对于有孔隙的颗粒,还要考虑孔隙率的影响。

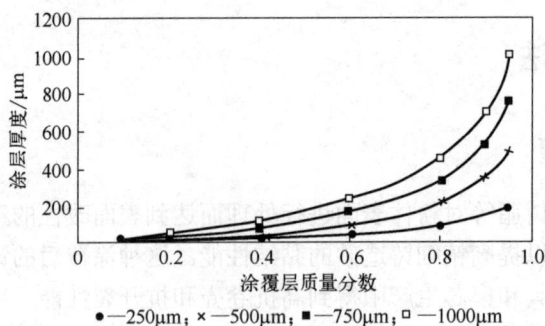

图 7-1　不同粒径颗粒的涂层厚度与涂覆层质量分数之间的关系

7.2.1.2　化学包覆

化学包覆是利用有机物分子中的官能团在无机粉体表面的吸附或化学反应对颗粒表面进行包覆使颗粒表面改性的方法。除利用表面官能团改性外，这种方法还包括利用自由基聚合反应、螯合反应、溶胶吸附等进行表面包覆改性。

表面化学包覆改性所用的表面改性剂种类很多，如硅烷、钛酸酯、铝酸酯、锆铝酸盐、有机铬等各种偶联剂、高级脂肪酸及其盐、有机铵盐及其他各种类型表面活性剂、磷酸酯、不饱和有机酸、水溶性有机高聚物等，选择的范围较大。具体选用时要综合考虑无机粉体的表面性质、改性后产品的质量要求和用途、表面改性工艺以及表面改性剂的成本等因素。

表面化学包覆改性工艺可分为干法和湿法两种。干法工艺一般在高速加热混合机或捏合机、流态化床、连续式粉体表面改性机、涡流磨等设备中进行。在溶液中湿法表面包覆改性一般采用反应釜或反应罐，包覆改性后再进行过滤和干燥脱水。

图 7-2 为利用化学包覆法对凹凸棒的表面改性，改性剂 APTES 为 γ -氨丙基三乙氧基硅烷，其三个烷氧基在一定条件下可以水解，并进一步和凹凸棒表面的羟基进行脱水反应，使凹凸棒表面形成具有更高反应活性的有机胺，有机胺通过酰胺化反应后，表面接入可作为活

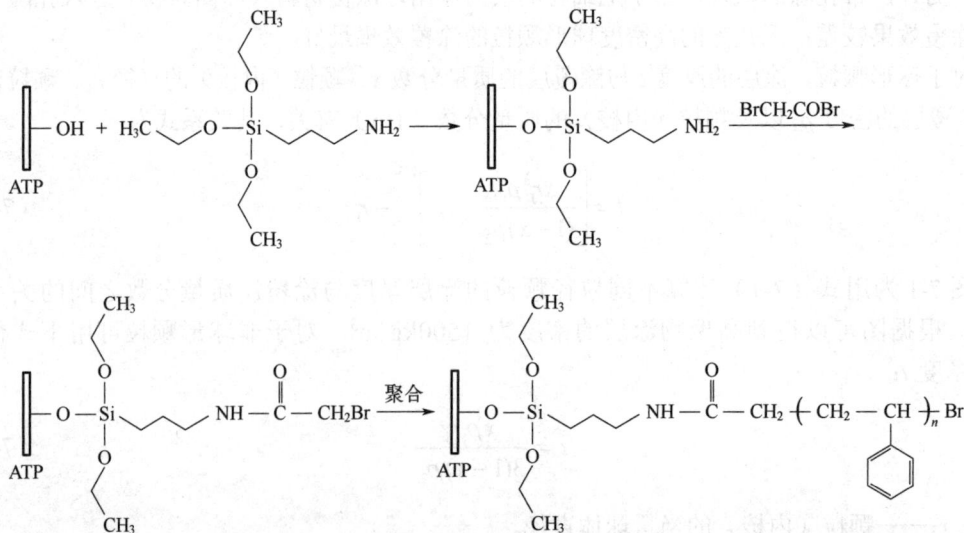

图 7-2　利用小分子官能团反应和活性自由基聚合对凹凸棒表面连续改性示意图

性自由基聚合引发剂的有机溴，进而可在凹凸棒表面进行自由基聚合，包覆一层高分子。从而按需改变表面的反应性和亲疏水性等。

7.2.1.3 沉淀反应

沉淀反应是通过无机化合物在颗粒表面的化学反应，在颗粒表面形成一层或多层"包膜"，以达到改善粉体表面性质，如光泽、着色力、遮盖力、保色性、耐候性，电、磁、热性和体相性质等目的的表面改性方法。这是一种"无机/无机包覆"的粉体表面改性方法。

沉淀反应是无机颜料表面改性最常用的方法之一，这种用作粉体表面沉淀反应改性的无机表面改性剂一般是金属氧化物、氢氧化物及其盐类等。如用铁、钛、铬的盐或通过金属氧化物（氧化钛、氧化铁、氧化铬等）在白云母颗粒表面的沉淀反应包膜于云母颗粒表面而制取珠光云母，用氧化钴沉淀包膜α-Al_2O_3粉体等。云母表面包覆钛白粉的反应如下所示：

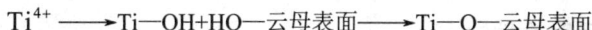

$$Ti^{4+} \longrightarrow Ti—OH + HO—云母表面 \longrightarrow Ti—O—云母表面$$

表面沉淀反应改性一般在反应釜或反应罐中进行。影响沉淀反应改性效果的因素较多，主要有原料的性质，如粒度大小和形状、表面官能团；无机表面改性剂的品种；浆液的pH值、浓度；反应温度和反应时间；后续处理工序，如洗涤、脱水、干燥或焙烧等。其中pH值及温度、浓度等直接影响无机表面改性剂在水溶液中的水解产物，是沉淀反应改性最重要的影响因素之一。调控反应条件最终使反应速率较慢，沉淀剂均匀包覆在无机粉体表面，如果条件不合适，沉淀剂会单独反应成相，改性效果较差。如何避免沉淀剂单独成相是沉淀包覆反应的关键技术，总体而言降低沉淀剂自身反应速率（浓度、温度控制），增加其与粉体的接触面积是科学的思路。

无机表面改性剂的种类和沉淀反应的产物及晶型往往决定表面改性后粉体材料的功能性和应用性能，因此，要根据粉体产品的最终用途或性能要求来选择沉淀反应的无机表面改性剂。

7.2.1.4 高能表面改性

高能表面改性是指利用紫外线、红外线、电晕放电、微波、等离子体照射、电子束辐射、超细粉碎及其他强烈机械作用有目的地对粉体表面进行激活，在一定程度上改变颗粒表面的晶体结构、溶解性能（表面无定形化）、化学吸附和反应活性（增加表面活性点或活性基团）等。

机械力激活是常用的一种高能表面改性方法，利用强机械力的激活作用进行表面改性目前还难以满足应用领域对粉体表面物理化学性质的要求。但是，机械化学作用激活了粉体表面，可以提高颗粒与其他无机物或有机物的作用活性。新生表面产生的自由基或离子可以引发苯乙烯、烯烃类进行聚合，形成聚合物接枝的填料，可以实现与一些高活性物质的反应。因此，如果在无机粉体粉碎过程中的某个阶段或环节添加适量的表面改性剂，那么机械激活作用可以促进表面改性剂分子在无机粉体表面的化学吸附或化学反应，达到在粉碎过程中使无机粉体表面改性的目的。此外，还可在一种无机非金属矿物的粉碎过程中添加另一种无机物或金属粉，使无机核心材料表面包覆金属粉或另一种无机粉体，或进行机械化学反应生成新相，如将 ZnO 和 Al_2O_3 一起在高速行星球磨机中强烈研磨 4h 以后，即有部分物料生成新相 $ZnAl_2O_4$（尖晶石型构造）；将石英和方解石一起研磨时生成 CO_2 和少量 $CaOSiO_2$ 等。

对粉体物料进行机械激活的设备主要是各种类型的球磨机（旋转筒式球磨机、行星球磨机、振动球磨机、搅拌球磨机、砂磨机等）、气流粉碎机、高速机械冲击磨及离心磨机等。粉碎设备的类型决定了机械力的作用方式，如挤压、摩擦、剪切、冲击等。除气流粉碎机主要是冲击作用外，其他用于机械激活的粉碎设备一般都是多种机械力的综合，如振动球磨机是摩擦、剪切、冲击等机械作用力的综合，搅拌球磨机是摩擦、挤压和剪切作用的综合，旋转筒式球磨机是摩擦、冲击作用力的综合，高速机械冲击磨则是冲击和剪切等作用力的综合。机械力的作用时间或粉碎时间的长短是影响机械化学反应强弱的主要因素之一，机械能作用的时间越长，机械化学效应就越强烈。

影响机械激活作用强弱的主要因素是：粉碎设备的类型、机械作用的方式、粉碎环境（干、湿、气氛等）、助磨剂或分散剂的种类和用量、机械力的作用时间以及粉体物料的晶体结构、化学组成、粒度大小和粒度分布等。

7.2.1.5 化学插层改性法

化学插层改性是指利用层状结构的粉体颗粒晶体层之间结合力较弱（如分子键或范德华键）或存在可交换阳离子等特性，通过化学反应或离子交换反应改变粉体的性质的改性方法。用于插层改性的粉体一般来说具有层状或似层状晶体结构，如蒙脱土、高岭土等层状结构的硅酸盐矿物或黏土矿物以及石墨等。用于插层改性的改性剂大多为有机物，也有无机物。

7.2.2 表面改性工艺

7.2.2.1 干法工艺

干法改性工艺是指粉体在干态下或干燥后在表面改性设备中进行分散，同时加入配制好的表面改性剂，在一定温度下进行表面改性处理的工艺。无机粉体的表面物理涂覆、化学包覆、机械化学和部分胶囊化改性常常采用这种工艺。干法工艺中温度对改性效果起到至关重要的作用。

干法改性工艺可以分为间歇式和连续式两种。

间歇式表面改性工艺是将计量好的粉体原料和配制好的一定量的表面改性剂同时加入表面改性设备中，在一定温度下进行一定时间的表面改性处理，然后卸出处理好的物料，再加料进行下一批粉体的表面改性。粉体物料是一批批进行表面改性的，因此，间歇式表面改性工艺的特点是可以在较大范围内灵活地调节表面改性处理的时间。但是粉体的表面改性是极少量表面改性剂在大批量粉体表面的吸附和反应过程，为了使表面改性剂较均匀地在粉体物料表面进行包覆，要对表面改性剂进行稀释。间歇式表面改性工艺的缺点是劳动强度较大，生产效率较低，难以适应大规模工业化生产。一般适用于小规模工业化生产和实验室进行表面改性剂配方研究。

连续式表面改性工艺是指连续加料和连续添加表面改性剂的工艺。因此在连续式粉体表面改性工艺中，除了改性主机设备外，还有连续给料装置和给药（添加表面改性剂）装置。连续式表面改性工艺的特点是：表面改性剂可以不稀释，粉体与表面改性剂的分散较好，粉体表面包覆较均匀。因为连续给料和添加表面改性剂，劳动强度小，生产效率高，适用于大规模工业化生产。这种干法表面改性工艺常常设置于干法粉体制备工艺之后，大批量连续生产各种表面改性工业粉体，特别是用于塑料、橡胶、胶黏剂等高聚物基复合材料的无机活性填料。

图 7-3 是重质碳酸钙干法超细粉碎工艺之后的连续表面改性工艺，改性设备为 HSTM 3/300 连续式粉体表面改性机。

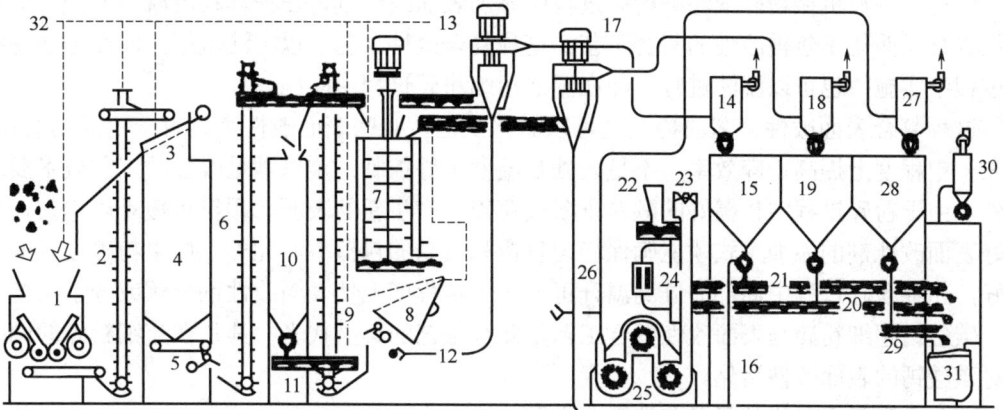

图 7-3　干法超细粉碎和连续表面改性工艺

1—破碎机；2—斗式提升机；3—振动筛；4—原料仓；5—计量皮带；6、9—斗式提升机；7—干式搅拌球磨机；8—振动筛；10—研磨介质仓；11—螺旋给料机；12、16—气力输送机；13—涡轮式分级机；14、18、27、30—除尘器；15、19、28—成品仓；17—精细分级机；20、21、29—螺旋输送机；22—带计量的螺旋硬脂酸储桶；23—滤布；24—硬脂酸加热系统；25—HSTM 3/300 连续表面改性机；26—气力输送+产品冷却；31—包装机；32—集尘室

干法表面改性工艺适用于各种有机表面改性剂，特别是非水溶性的各种表面改性剂。在干法改性工艺中，主要工艺参数是改性温度、粉体与表面改性剂的作用或停留时间。干法工艺中表面改性剂的分散和表面包覆的均匀性在很大程度上取决于表面改性设备。

7.2.2.2　湿法工艺

湿法表面改性工艺是在一定固液比或固含量的浆料中添加配制好的表面改性剂及助剂，在搅拌分散和一定温度条件下对粉体进行表面改性的工艺。使用无机表面改性剂的沉淀反应包膜改性一般采用这种工艺。另外，使用有机表面改性剂的表面化学包覆改性和部分胶囊化改性及机械化学改性也采用湿法表面改性工艺。

湿法表面改性工艺与前述干法工艺相比具有表面改性剂分散好、表面包覆均匀等特点，但需要后续脱水（过滤和干燥）作业，适用于各种可水溶或水解的有机表面改性剂以及前段为湿法制粉工艺而后段又需要干燥的场合，如轻质碳酸钙的表面改性一般采用湿法化学包覆工艺。这是因为碳化反应后的碳酸钙浆料即使不进行湿法表面改性也要进行过滤和干燥，在过滤和干燥之前进行表面改性，可使物料干燥后不形成硬团聚，分散性得到显著改善。对于前段为湿法超细粉碎工艺而后需要进行表面改性的工艺，如果所选用的表面改性剂可水溶或水解，则可以在超细粉碎工艺后设置湿法表面改性工艺。

在湿法表面化学包覆改性工艺中，主要工艺参数是温度、浆料浓度、反应时间、干燥温度和干燥时间。此外，还有浆液的 pH 值、晶型转化剂、表面改性剂的水解条件以及焙烧温度、时间和气氛等。由于有机表面改性剂的分解温度一般较低，过高的干燥温度和过长的干燥时间将导致表面改性剂的破坏或失效。

7.2.2.3 复合工艺

（1）机械化学与表面化学包覆改性复合工艺

这是一种在机械粉碎或超细粉碎过程中添加表面改性剂，在粉体粒度减小的同时对粉体颗粒进行表面化学包覆改性的复合工艺。这种复合改性工艺可以干法进行，即在干法超细粉碎过程中实施；也可以湿法进行，即在湿法超细粉碎过程中实施。

这种复合表面改性工艺的特点是可以简化工艺，某些表面改性剂具有一定的助磨作用，可在一定程度上提高粉碎效率。不足之处是温度不好控制，难以满足改性的工艺技术要求。另外，由于粉碎过程中包覆好的颗粒不断被粉碎，产生新的表面，颗粒包覆难以均匀，要设计好表面改性剂的添加方式才能确保均匀包覆和较高的包覆率。此外，如果粉碎设备的散热不好，超细粉碎过程中局部的过高温升可能在一定程度上使表面改性剂分解或分子结构被破坏。碳酸钙超细粉碎与表面改性复合工艺是此种工艺的典型代表，其是在超细粉碎的同时完成对碳酸钙的表面改性活化。

（2）干燥与表面化学包覆改性复合工艺

这是一种在湿粉体干燥过程中添加表面改性剂，在湿粉体脱水的同时对粉体颗粒进行表面化学包覆改性的复合工艺。

这种复合表面改性工艺的特点也是可以简化工艺，但干燥温度一般在 200℃以上，干燥过程中加入的低沸点表面改性剂可能还来不及与粉体表面作用就随水分子一起蒸发，在水分蒸发后、出料前添加表面改性剂可以避免表面改性剂的蒸发。湿法表面改性工艺虽然也要经过干燥，但是干燥之前表面改性剂已吸附于颗粒表面，排挤了颗粒表面的水化膜，因此在干燥时，首先蒸发掉的是颗粒外围的水分。这是与干燥过程中添加表面改性剂进行表面化学包覆改性的区别之处。

（3）沉淀反应与表面化学包覆改性复合工艺

沉淀反应与表面化学处理工艺是沉淀反应改性之后再进行表面化学包覆处理，目的是得到能满足某些特殊用途要求的复合型粉体原（材）料。例如，微细二氧化硅先在溶液中沉淀包覆一层 Al_2O_3，然后用 4VP（四乙烯吡啶）进行包覆，便得到一种表面有机物改性的复合无机物粉体。

7.3 粉体表面改性产品的检测与表征

粉体表面改性是一项涉及众多学科的交叉学科和新技术，其表面改性效果或改性产品的表征方法尚未完善和规范。目前的表征方法大体上可分为直接法和间接法。所谓直接法就是通过测定表面改性或处理后粉体的表面物理化学性质，如表面润湿性、表面能、表面电性、在极性或非极性介质中的分散性、表面改性剂的作用类型、包覆量、表面结构、形貌和表面化学组成等来表征表面改性的效果。表征表面润湿性的方法主要有活化指数测定、润湿接触角测定等；表征表面电性的主要方法有动电电位测定和等电点分析；表征在极性和非极性介质中的分散性的方法主要有沉降时间法、粒度仪分析、电镜观察等；形貌表征采用扫描电镜和透射电镜等。所谓间接法就是通过测定表面改性后粉体在确定的应用领域中的应用性能，如填充高聚物基复合材料的力学性能，电性能，涂料和涂层材料的光、电、热、化学性能等来表征粉体表面改性效果和表面改性产品的质量。粉体表面改性的目的性或专业性很强，因此，间接法对于粉体表面改性效果的评价非常重要。

7.3.1 粉体表面性能测试和表征

第6章已经介绍了粉体表面特性的测试方法，其都可以用于测试改性后粉体的表面性能，而后和未改性样品进行对比，研究改性的情况，这里不再赘述。

7.3.2 粉体悬浮液的分散稳定性

无机粉体表面改性的目的之一是提高其在无机相或有机相中的分散性。因此，测定表面改性后粉体在相应分散介质或分散相中的分散稳定性可以表征和评价粉体表面改性的效果。

一定浓度的粉体颗粒在悬浮液中的分散稳定性可以通过将颗粒分散、静置后测定一定位置浊度、密度、沉降量等随时间的变化来表征。浊度可以采用浊度计来测定；密度可采用密度计来测定；沉降量则可以通过沉降天平来测定。一般来说，浊度、密度、沉降量等随时间的变化越缓慢，粉体在溶液中的分散稳定性越好。也可以通过直接测定悬浮液小固体颗粒的沉降时间来表征和评价粉体在溶液中的分散稳定性。沉降时间与颗粒的分散稳定性有对应关系，一般来说，分散性越好，沉降速度越慢，沉降时间也就越长。因此，沉降时间可用来相对比较或评价粉体的表面改性效果。

沉降时间的测定方法是，先取一定量改性后的粉料配制成一定浓度的悬浮液，然后将此悬浮液移入带有一定刻度的沉降管，记录悬浮液中颗粒沉降到指定刻度的时间。采用水作为分散介质时，测定的是粉体在水溶液或极性介质中的分散稳定性；采用煤油、液体石蜡等非极性溶剂作为分散介质时，测定的是粉体在非极性介质中的分散稳定性。这种表征方法特别适用于涂料中应用的填料和颜料的表面改性效果的评价，无机填料和颜料在相应分散相中的分散稳定性对涂料的性能有重要影响。

7.3.3 吸附类型

粉体对其他物质的吸附可分为物理吸附和化学吸附。粉体的改性就是粉体对改性剂的吸附。在粉体颗粒表面化学吸附的表面改性剂分子较物理吸附牢固，在强烈搅拌或与其他组分混合或复合时不容易脱附。测定吸附类型不仅可以了解表面改性剂分子与粉体颗粒之间作用的强弱，而且还有助于研究表面改性剂与无机颗粒之间的作用机理。

（1）索氏提取器法

吸附类型通过脂肪提取器（带电动搅拌和回流冷凝装置的圆底烧瓶）或热水洗涤来测定。脂肪提取器的工作图如图7-4所示，测定方法和测定过程如下：将改

图 7-4　索氏提取器工作示意图

性后的粉体样品加入盛有一定量溶剂（溶剂应为粉体改性剂的良溶剂）和安装有索氏提取器的圆底烧瓶中，加热至沸腾并回流搅拌一定时间，而后抽滤，充分洗涤，然后在一定温度下干燥至恒重，这样以物理吸附方式覆盖于颗粒表面的表面改性剂分子会被溶剂提取，过滤干燥后形成已除去表面物理吸附的表面改性粉体。因此，溶剂提取后溶液中固含量反映了呈物理吸附的表面改性剂的数量。在一定时间内，粉体物质失重量越大，说明物理吸附量越多，在吸附表面所占比例越大。此外还可以对索氏提取器（冷凝管和三孔烧瓶中间部分）存留的液体成分进行分析，可以帮助确定改性剂的种类和含量。索氏提取器工作原理与厨房抽油烟机侧壁槽中重油的形成机理相同。

（2）吸附模型模拟法

第 6 章中为了研究吸附过程，提出了多种吸附模型，例如常用的 Langmuir 和 Freundlich 吸附模型，可以测定粉体对气体或溶液中吸附质的吸附等温线，而后采用 Langmuir 和 Freundlich 吸附公式对吸附数据进行模拟，拟合度高的就为确定的吸附类型。例如图 7-5 为甜菜碱改性 ZnAl-LDH 对 Cr（Ⅵ）的吸附等温模拟结果。可以看出 Langmuir 对数据模拟的 R^2 为 0.99916，远大于 Freundlich 吸附的 R^2，因而吸附为 Langmuir 单分子层吸附，即吸附为单分子化学吸附。

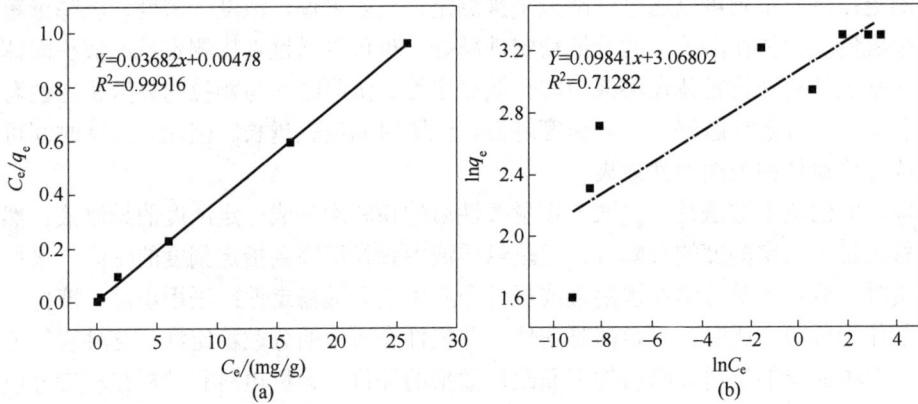

图 7-5 甜菜碱改性 ZnAl-LDH 对 Cr（Ⅵ）的吸附等温模型
（a）Langmuir 模型；（b）Freundlich 模型

7.3.4 包覆量与包覆率

在粉体表面改性的研究和生产中，不仅需要确定表面改性剂（如偶联剂）与填料或颜料表面的作用类型（价键类型），同时还需要定量地测定表面改性剂在粉体表面的包覆率或包覆量，以解决诸如确定表面改性剂的最佳用量、选择最佳包覆条件以及验证计算表面改性剂用量的数学模型等问题。因此，吸附类型、包覆量与包覆率的测试分析对于粉体表面改性的研究和生产的控制以及相关领域，如高聚物基复合材料的研究开发具有重要意义。

包覆量是指一定质量的粉体表面所吸附的表面改性剂的质量，可用"%"表示，也可用"mg/g"或"g/kg"来表示。包覆率定义为表面改性剂分子在粉体（颗粒）表面的覆盖面积占粉体（颗粒）总表面积的百分比。设表面改性剂分子在粉体表面单层包覆，一般来说，可以根据包覆量和表面改性剂分子的截面积来计算表面包覆率，即：

$$n = \frac{\dfrac{M}{q} N_A a_0}{S_w} \qquad (7\text{-}3)$$

式中，n 为包覆率，%；M 为粉体颗粒表面的包覆量，g；q 为表面改性剂分子的分子量；N_A 为阿伏加德罗常数（6.023×10^{23}）；a_0 为表面改性剂分子的截面积，cm^2；S_w 为被包覆粉体的表面积，cm^2。

（1）红外光谱法

红外光谱法尤其是漫反射红外傅里叶转换光谱法（diffuse reflectance infrared fourier transform spectrometry）可用于定量测定粉体表面改性剂的包覆或吸附量，这是因为漫反射红外傅里叶转换光谱可以实现对某个官能团或某种组分的定量测试。粉体中散射层漫反射强度 F 与分析浓度间存在线性的定量关系：

$$F = \frac{(1 - R_\infty)^2}{2R_\infty} = \frac{2.303 ac}{S} \qquad (7\text{-}4)$$

式中，R 为 Kubelka-Mank 函数；R_∞ 为无限厚试样与粉状无吸收标准物反射强度比；a 为摩尔吸收系数；c 为分析物物质的量浓度；S 为散射系数。

这里的无限厚定义为继续增加试样厚度不会引起红外光谱任何变化时试样的厚度。式（7-4）表明反射强度 F 与分析浓度间存在线性的定量关系，这便是漫反射红外傅里叶转换光谱法定量分析的理论基础。例如，Gilbert 等采用建立内部标准的方法，即选择未包覆填料光谱的某一特征吸收带，其强度不受偶联剂包覆的影响，用其积分强度来表征填料的量，再用偶联剂的某一特征吸收带积分强度来表征偶联剂用量。两者比值可表征偶联剂在填料表面的包覆量。此种方法的应用主要依赖于包覆层和填料中特征吸收峰的选取。两者没有重叠时测得的准确度会更高。例如十六烷基三甲基溴化铵改性二氧化硅时，十六烷基三甲基溴化铵的铵基峰在 $1480 cm^{-1}$，与二氧化硅的 Si-OH 的特征峰（$1610 cm^{-1}$）不重叠，见图 7-6。可以根据这两个峰在改性样品中的积分面积确定十六烷基三甲基溴化铵的量，进而计算其包覆量。

（2）热解重量法

对于在一定温度下易于烧失或分解的有机表面改性剂，如硬脂酸等，可用热解重量分析法来测定表面改性剂在无机粉体表面的包覆量和包覆率。测定仪器为各种热分析仪或热天平。测定过程比较简单，即先测定包覆了表面改性剂的粉体在分解温度下的失重，根据原样重量和烧失完全（有机表面改性剂完全分解）后的样品重量计算单位质量样品的包覆量，图 7-7 为有机物改性的二氧化硅的热重分析图，从图中可知，在室温到 800℃间二氧化硅几乎没有重量损失，而改性后样品热失重率约为 40%，这是改性剂受热分解造成的，因而其为改性剂的量。在此基础上，在已知或测得粉体的比表面积后再用式（7-3）计算表面改性剂在样品表面的包覆率。

7.3.5 粒度分布与颗粒形貌

粉体表面改性后粒度大小和分布的变化，能够反映表面改性过程中粒子是否发生了团聚，特别是是否发生了硬团聚。表面改性过程中要尽量避免粒子的团聚，特别是硬团聚，因为团聚将会影响表面改性后的粉体的应用性能。

对于湿法改性而后再进行干燥的工艺，粒度大小和分布是表征和评价表面改性效果的重要指标之一，也是比较表面改性工艺和配方优劣的重要手段之一。

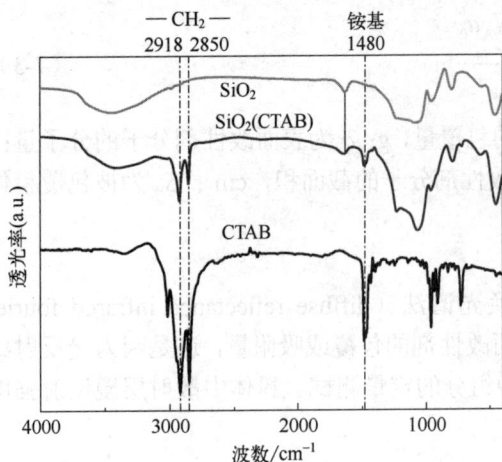

图 7-6　十六烷基三甲基溴化铵改性　　　　图 7-7　有机物改性二氧化硅的热重分析
二氧化硅的红外谱图

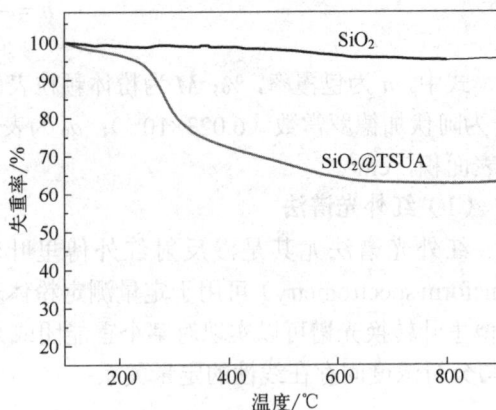

最简单也是应用最早的粒度测定和分析方法是筛分法。现今的标准筛（如泰勒标准筛）最细一般只到 400 目（筛孔直径为 38μm），因此，对于超细粉体来说，不可能用标准筛进行粒度分析和检测。

当今测定粉体粒度及其分布的主要仪器（方法）有沉降式粒度分析仪、激光粒度分析仪、库尔特计数器及用于测定比表面积的透过法和 BET 法。图 7-8 为激光粒度分析仪测定的粉体的粒径分布。从中可以知道物料中粉体直径的分布区间以及分布区间的微粒在粉体中所占百分比。

观察颗粒形貌主要采用扫描电镜（SEM）、透射电镜（TEM）、原子力显微镜（AFM）及光学显微镜。高倍和高分辨率电镜可以直观反映粉体表面包覆层的形貌，对于评价粉体表面改性的效果有一定价值。这些用于观察颗粒形貌的仪器同时还可以进行粒度分析。图 7-9 为制备的 SiO_2 的 SEM 和 TEM 图，从图中可直观看到微粒的形状，通过和标尺对比，可以知道微粒的大小。对于一些不仅需要知道形貌，还需要了解内部结构的微粒，常常采用 TEM，TEM不仅给出形貌还可以反映微粒的内部结构，如图 7-10 给出内部结构不同的物质的 TEM 谱。

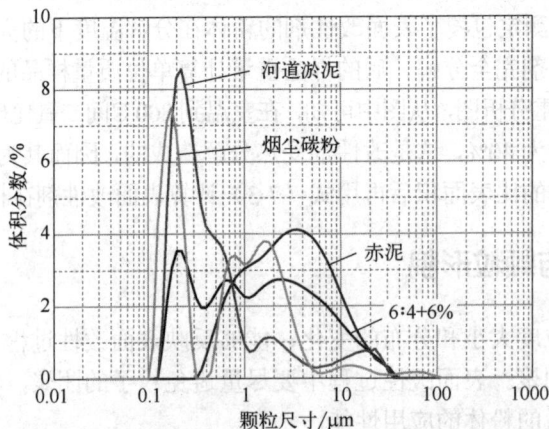

图 7-8　赤泥、河道淤泥和烟尘碳粉的粒径分布图
6∶4+6%为赤泥和河道淤泥比例为 6∶4，且加入 6%（质量分数）的烟尘碳粉。

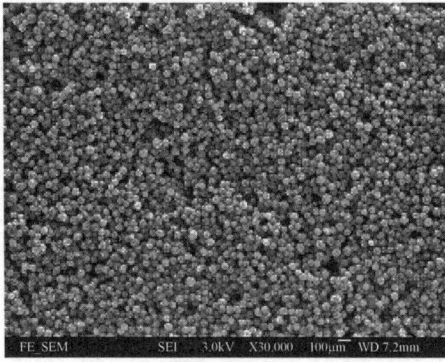

(a) SEM图

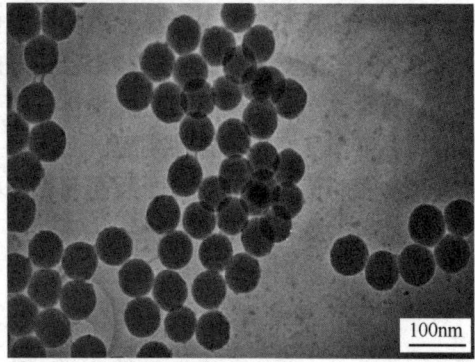

(b) TEM图

图 7-9　溶胶-凝胶法制备的 SiO$_2$ 的 SEM 和 TEM 图

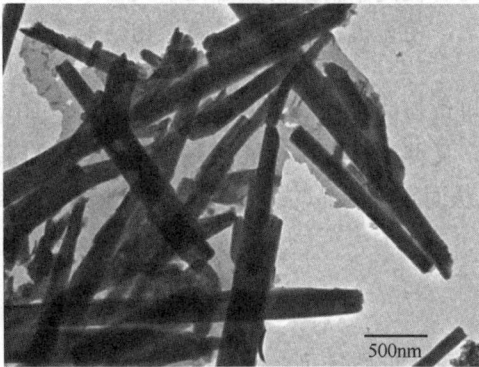

(a)

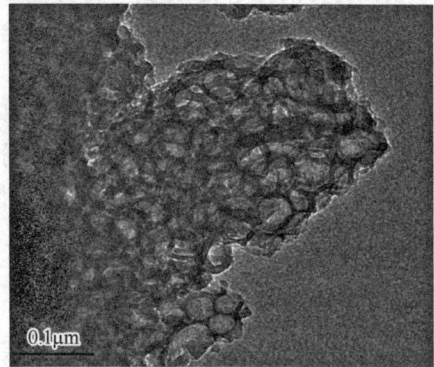

(b)

图 7-10　中空管状埃洛石（a）和二氧化硅泡沫（b）

　　需要指出的是，由于各种粒度测定仪器、方法的物理基础不同，相同样品用不同的测定方法和测定仪器所测得的粒度的物理意义及粒度大小和粒度分布也不尽相同。用沉降粒度分析仪测定的是等效径（即等于具有相同沉降末速的球体的直径），激光粒度测量仪、库尔特计数器、显微镜等仪器测得的是统计径，透过法和吸附法得到的是表面直径。因此，在用粒度来表征和评价粉体表面改性的效果时，一定要注意采用相同的方法和同一台仪器。

7.4　表面改性剂

　　粉体的表面改性，主要是依靠表面改性剂（或处理剂）在粉体颗粒表面的吸附、反应、包覆或包膜来实现的。因此，表面改性剂是粉体表面改性技术的重要内容之一，对于粉体的表面改性或表面处理具有决定性作用。

　　粉体的表面改性一般都有其特定的应用背景或应用领域。因此，选用表面改性剂必须考虑被处理物料的应用对象。例如，用作塑料、橡胶、胶黏剂等高聚物基复合材料的无机填料的表面改性所选用的表面改性剂既要能够与表面吸附或反应、覆盖于填料颗粒表面，又要与有机高聚物有较强的化学作用和亲和性。因此，从分子结构来说，用于无机填料表面改性的改性剂应是一类具有一个以上能与无机颗粒表面作用较强的官能团和一个以上能与有机高聚物基分子结合的基团并与高聚物基料相容性好的化学物质。用作多相陶瓷、水性涂料体系的无机颜料的表面改性剂既要能与无机颜料有较强的作用，显著提高无机颜料的分散性，还要与无机相或水相有良好的相容性或配伍性。

常用的改性剂有偶联剂、表面活性剂、有机低聚物、不饱和有机酸、有机硅、水溶性高分子、超分散剂以及金属氧化物及其盐等，以下分别予以介绍。

7.4.1 偶联剂

偶联剂是具有两性结构的化学物质。按其化学结构和成分可分为硅烷类、钛酸酯类、铝酸酯类、锆铝酸盐及有机络合物等几种。其分子中的一部分基团可与粉体表面的各种官能团反应，形成强有力的化学键合，另一部分基团可与有机高聚物基料发生化学反应或物理缠绕，从而将两种性质差异很大的材料牢固地结合起来，使无机粉体和有机高聚物分子之间建立起具有特殊功能的"分子桥"。

偶联剂适用于各种不同的有机高聚物和无机填料的复合材料体系。经偶联剂表面改性后的无机填料，既抑制了填充体系"相"的分离，又使无机填料有机化，与有机基料的亲和性增强，即使增大填充量，仍可较好地均匀分散，从而改善制品的综合性能，特别是抗张强度、冲击强度、柔韧性和挠曲强度等。

7.4.1.1 钛酸酯偶联剂

钛酸酯偶联剂是无机填料和颜料等广泛应用的表面改性剂。

（1）钛酸酯偶联剂分子结构及作用机理

钛酸酯偶联剂的分子结构可用下面结构表示，每个功能区都有其特点：

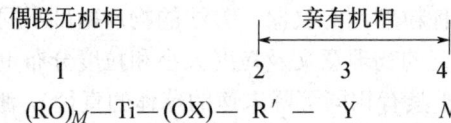

偶联无机相		亲有机相	
1	2	3	4
$(RO)_M$—Ti—(OX)—	R'—	Y	N

其中，$1 \leq M \leq 4$，$M+N \leq 6$；R 为短碳链烷烃基；R'为长碳链烷烃基；X 为 C、N、P、S 等元素；Y 为羟基、氨基、双键等基团。

功能区 1：$(RO)_M$为与无机填料、颜料偶联作用的基团。钛酸酯偶联剂通过该烷氧基团与无机颜料或填料表面的微量羟基或质子发生化学吸附或化学反应，偶联到无机颜料、填料表面形成单分子层，同时释放出异丙醇。

功能区 2：R'为长链的纠缠基团。长的脂肪族碳链比较柔软，能和有机基料进行弯曲缠绕，增强和基料的结合力，提高它们的相容性，改善无机填料、颜料和基料体系的熔融流动性和加工性能，缩短混料时间，增加无机填料的填充量，并赋予柔韧性及应力转移功能，从而提高延伸、撕裂和冲击强度。还赋予无机填料、颜料和基料体系的润滑性，改善分散性和电性能等。

功能区 3：Y 为固化反应基团。当活性基团连接在钛的有机骨架上，就能使钛酸酯偶联剂和有机聚合物进行化学反应而交联。例如，不饱和双键能和不饱和树脂进行交联，使无机填料、颜料和有机基料结合。

功能区 4：N 为非水解基团数。钛酸酯偶联剂中非水解基团的数目至少具有两个。在螯合型钛酸酯偶联剂中具有 2 个或 3 个非水解基团；在单烷氧基型钛酸酯偶联剂中有 3 个非水解基团。分子中多个非水解基团的作用，可以加强缠绕，并因碳原子数多可急剧改变表面能，大幅度降低体系的黏度。3 个非水解基团可以是相同的，也可以是不相同的，可根据相容性要求调节碳链长短；又可根据性能要求，部分改变连接钛中心的基团，既可适用于热塑性树脂，也可适用于热固性树脂。

（2）钛酸酯偶联剂的类型和应用性能

如表 7-2 所示，钛酸酯偶联剂按其化学结构可分为三种类型：单烷氧基型、螯合型和配位型。一般单烷氧基型适用于干燥的仅含键合水的低含水量的无机颜料或填料；螯合型适用于高含水量的无机颜料或填料。

表 7-2　钛酸酯偶联剂的分类

单烷氧基型		$i\text{-}C_3H_7O-Ti(-O-\overset{\displaystyle O}{\overset{\|}{C}}-C_{17}H_{35})_3$
螯合型	螯合 100 型	$H_2C\overset{C-O}{\underset{C-O}{}}Ti[-O-\overset{O}{\overset{\|}{P}}-O-\overset{O}{\overset{\|}{P}}(-OC_8H_{17})_2]_2$
	螯合 200 型	$H_2C\overset{C-O}{\underset{C-O}{}}Ti[-O-\overset{O}{\overset{\|}{P}}-O(-OC_8H_{17})_2]_2$
配位型		$(i\text{-}C_3H_7O)_4Ti\cdot[P(-OC_8H_{17})_2OH]_2$

① 单烷氧基型。这一类品种最多，具有各种功能基团，使用范围极广，价格适中，广泛应用于塑料、橡胶、涂料、胶黏剂工业。除含乙醇胺基和焦磷酸基的单烷氧基型外，大多数品种耐水性差，只适用于处理干燥的填料和颜料，在不含水的溶剂涂料中使用。

单烷氧基三羧酸钛：分子通式为 $i\text{-}C_3H_7OTi(OCOR)_3$。以美国 KENRICH 公司生产的 KR-TTS 为例，其化学成分为异丙氧基三异硬脂酸钛，分子式为：$i\text{-}C_3H_7OTi[OCO(CH_2)_{14}CH(CH_3)_2]_3$。由于分子中存在长链脂肪酸的大量碳原子，处理颜料、填料可改善它们在高聚物基料中的分散性，提高无机物的填充量，使体系黏度大幅度下降，并增加熔融流动性，提高制品的延伸率、抗冲击强度等力学性能，特别适用于处理填充聚烯烃塑料的碳酸钙。由于连接钛中心的羧基具有酯交换性能，在有些涂料中能提供触变性，起防沉作用。这种钛酸酯偶联剂与无机粉体的作用机理如图 7-11 所示。即异丙氧基水解，形成的羟基与粉体表面羟基化学键合，达到改性目的。

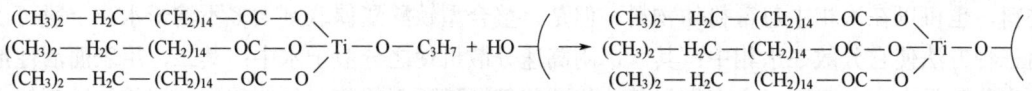

图 7-11　单烷氧基钛酸酯偶联剂与无机填料的作用机理

② 螯合型。螯合型钛酸酯的耐水性较好，适用于高含水量的无机粉体的表面处理。水解稳定性 100 型比 200 型更好，系统黏度下降 200 型比 100 型更有效。其螯合 100 型偶联作用

机理见图 7-12。

③ 配位型。配位型偶联剂是以两个以上的亚磷酸酯为配体，将磷原子上的孤对电子移到钛酸酯中的钛原子上，形成两个配价键。OTDLPI-46（KR-46）的结构如图 7-13 所示。从图中可知钛原子由 4 价键转变为 6 价键，降低了钛酸酯的反应活性，提高了耐水性。因此，配位型钛酸酯偶联剂耐水性好，可在溶剂型涂料或水性涂料中使用。配位型钛酸酯偶联剂多数不溶解于水，可以直接高速研磨使之乳化分散在水中，也可以加表面活性剂或亲水性助溶剂使它分散在水中，对无机粉体进行表面处理。同样其烷氧基基团可以水解与无机填料产生作用。

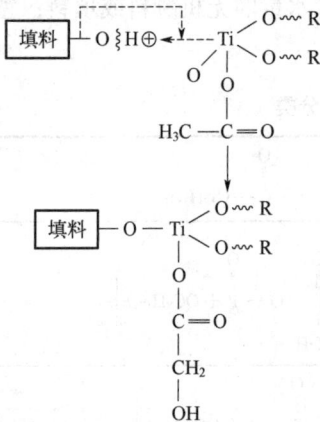

图 7-12　螯合 100 型钛酸酯与无机填料的作用机理

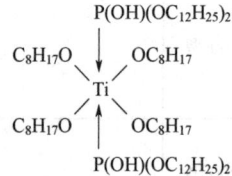

图 7-13　KR-46 的分子结构图

钛酸酯偶联剂都是通过烷氧基水解后形成的羟基与无机粉体表面的羟基脱水形成共价键而起作用，但因为偶联剂的结构不同，会使改性后粉体的性能发生变化。

（3）钛酸酯偶联剂的用量和用法

钛酸酯偶联剂是分子中的全部烷氧基与无机粉体表面所提供的羟基或质子发生反应而起作用的，过量是没有必要的。钛酸酯偶联剂的大致用量为填料或颜料用量的 0.1%～3.0%。被处理的填料或颜料的粒度越细，比表面积越大，钛酸酯偶联剂的用量就越大。

单烷氧基型钛酸酯偶联剂除含三乙醇胺基（既属单烷氧基型钛酸酯又属螯合型）、焦磷酸酯基两类外，大多数水溶性差，只能在溶剂中溶解和包覆粉体物料。可先将单烷氧基型钛酸酯偶联剂溶解在少量甲苯、二甲苯等烃类溶液中，然后和粉体物料在温室下搅拌均匀，升温到 90℃左右继续搅拌混合一定时间，确保钛酸酯偶联剂与粉体表面的偶联作用。偶联剂作用在温室下也能进行，只是比较缓慢，最好在温室下搅拌 2h 然后放置过夜后再使用。

螯合型钛酸酯偶联剂的使用方法：螯合型钛酸酯偶联剂可以溶解在有机溶剂中包覆粉体物料，也可以在水相中包覆粉体物料。但是，螯合型钛酸酯偶联剂大多不溶于水。一般可以用三种方法使它分散在水相中：其一，用高速分散机使之分散于水中；其二，用表面活性剂使它分散于水中；其三，含有磷酸基、焦磷酸基及磺酸基的螯合型钛酸酯可用胺类试剂使季铵盐化后溶解于水中。

配位型钛酸酯偶联剂的使用方法：配位型钛酸酯偶联剂耐水性好，既可溶于有机溶剂后再包覆改性粉体物料也可在水相中包覆改性粉体物料。配位型钛酸酯大多数不溶解于水，通常要使用表面活性剂、水性助溶剂使之溶解于水，或高速搅拌使其乳化分散在水中。

无机粉体的湿含量、粒度大小和形状、比表面积、酸碱性、化学组成等都可能影响偶联剂的作用效果。一般来讲，钛酸酯偶联剂对粗颗粒粉体的偶联作用效果不如细颗粒粉体的效果好。单烷氧基钛酸酯偶联剂对干燥的粉体效果最好，在含游离水的湿填料中效果较差。在湿填料中应选用焦磷酸酯基钛酸酯。比表面积大的湿填料最好使用螯合型钛酸酯偶联剂。

（4）钛酸酯偶联剂在使用过程中应特别注意的几个问题

严格控制温度，防止钛酸酯偶联剂分解；尽量避免与具有表面活性剂的助剂并用，因为它们会干扰钛酸酯偶联剂在界面上的偶联反应。如果必须使用这些助剂，应在无机粉体、偶联剂和聚合物基料充分混合后再加入这些助剂。例如多数钛酸酯偶联剂能不同程度地与酯类增塑剂发生酯交换反应，因此，加药顺序应注意避免与酯类增塑剂接触，以避免发生副反应而失效，注意均匀分散。只有钛酸酯偶联剂的均匀分散和与无机粉体颗粒的均匀作用才能达到均匀包覆改性和减少钛酸酯偶联剂的用量。注意技术结合，提高偶联效果，如钛酸酯偶联剂与其他表面改性剂的并用能产生协同效应和降低改性成本。

7.4.1.2　硅烷偶联剂

（1）硅烷偶联剂的分子结构和作用机理

硅烷偶联剂是一类具有特殊结构的低分子有机硅化合物，其通式为 R'OSiR。式中 R 代表与聚合物分子有亲和力或反应能力的活性官能团，如氨基、巯基、乙烯基、环氧基、酰胺基、氨丙基等；R'代表能够水解的烷氧基，如卤素、酰氧基等。

在进行偶联时，首先 R'基水解形成硅醇，然后与无机粉体颗粒表面上发生羟基反应，形成氢键并缩合到无机表面上，形成—SiO—M 共价键（M 表示无机粉体颗粒表面）。同时，硅烷各分子的硅醇又相互缔合齐聚形成网状结构的膜，覆盖在粉体颗粒表面，使无机粉体表面有机化。总之，硅烷偶联剂含有两种不同的化学官能团，其一端能与无机材料，如玻璃纤维、硅酸盐、金属氧化物等表面的硅醇基团反应生成共价键；另一端又与高聚物基料或树脂生成共价键，从而将两种不相容的材料偶联起来。其化学反应的简要过程如图 7-14 所示。

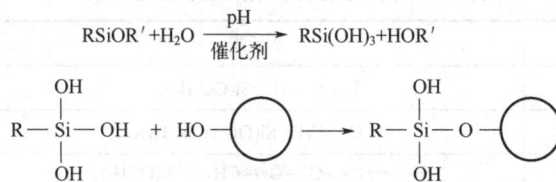

图 7-14　硅烷偶联剂的作用机理

（2）硅烷偶联剂的种类及应用

根据分子结构中 R 基的不同，硅烷偶联剂可分为氨基硅烷、环氧基硅烷、巯基硅烷、甲基丙烯酰氧基硅烷、乙烯基硅烷、脲基硅烷以及异氰酸酯基硅烷等。

硅烷偶联剂可用于许多无机粉体，如填料或颜料的表面处理，其中对含硅酸成分较多的石英粉、玻璃纤维、白炭黑等效果最好，对高岭土、水合氧化铝、氧化镁等效果也比较好，对不含游离酸的钛酸钙效果欠佳。但选择硅烷偶联剂对无机粉体进行表面改性处理时一定要考虑聚合物基料的种类，也即一定要根据表面改性后无机粉体的应用对象和目的来仔细选择硅烷偶联剂。例如无机颜料和填料在有机相中的分散可分为润湿、分散及稳定化（抗絮凝）三个阶段。这些无机颜料和填料天然亲水，表面易吸附一层水，因此非极性的疏水基料难以使其润湿和分散。用硅烷偶联剂对无机颜料和填料进行预处理（表面改性），硅烷就会取代颜料或填料表面的水，包覆颗粒，使得 R 基团朝外，变得亲油、疏水，而易于被基料润湿。经过润湿，基料分子插入无机颜料或填料颗粒之间，将它们隔开，使之分散稳定，防止了沉淀和结块。无机颜料和填料表面经硅烷偶联剂处理后，降低了与漆基间的结构化作用，使涂料的黏度大幅度降低，消除了絮凝，即使增大颜填料的添加量也不会影响涂料的流动性，而且颜填料颗粒的良好分散使最终漆膜的遮盖力、显色力和着色力均获得提高。

（3）硅烷偶联剂的使用方法

应用硅烷偶联剂的方法有两种：一种方法是将硅烷配成水溶液，用它处理无机粉体后再与有机高聚物或树脂基料混合，即预处理方法；另一种方法是将硅烷与无机粉体（如填料或颜料）及有机高聚物基料混合，即迁移法。前一种方法的表面改性处理效果好，是常用的表面改性方法。

多数硅烷偶联剂在使用之前要配成水溶液，即预先水解。水解时间依硅烷偶联剂的品种和溶液的 pH 值不同而异，从几分钟到几十分钟不等。配置时水溶液的 pH 值一般控制在 3～5 之间，pH 值高于 5 或低于 3 将会促进硅烷聚合物的生成。因此，已配制好的、已水解的硅烷偶联剂不能放置太久，否则会自行缩聚而失效。

硅烷偶联剂用量与偶联剂的品种及填料的比表面积有关，假设为单分子层吸附，可按下式进行计算：

$$硅烷偶联剂用量=\frac{填料质量（g）×填料比表面积（m^2/g）}{硅烷偶联剂最小包覆面积（m^2/g）}$$

硅烷偶联剂最小包覆面积依硅烷偶联剂的品种不同而异。部分硅烷偶联的最小包覆面积参考数据列于表 7-3。一般来说，实际用量要小于用上述公式计算的用量。当不知道无机粉体的比表面积数据或硅烷偶联剂的最小包覆面积时，可将硅烷偶联剂用量选定为无机粉体质量的 0.10%～1.50%。

表 7-3　部分硅烷偶联剂的最小包覆面积

牌号	分子式	最小包覆面积/（m²/g）
A-151	$H_2C{=}CH{-}Si(OC_2H_5)_3$	411
A-172	$H_2C{=}CH{-}Si(OC_2H_4OCH_3)_3$	279
A-174（KH-570）	$H_2C{=}\underset{CH_3}{C}{-}\underset{O}{C}{-}O{-}(CH_2)_3{-}Si(OCH_3)_3$	316
A-186	$O{<}\!\!\!\!\bigcirc\!\!\!\!{>}CH_2{-}CH_2{-}CH_2{-}Si(OCH_3)_3$	318
KH-580	$HS{-}(CH_2)_3{-}Si(OC_2H_5)_3$	380
KH-560（A-187）	$H_2C{-}CH{-}CH_2{-}O{-}C_3H_6{-}Si(OCH_3)_3$ （O 环氧）	322
KH-550（A-1100）	$H_2N{-}C_3H_6{-}Si(OC_2H_5)_3$	354
南大 42	$\bigcirc{-}NH{-}CH_2{-}Si(OC_2H_5)_3$	280
B-201	$H_2N{-}C_2H_4{-}NH{-}C_3H_6{-}Si(OC_2H_5)_3$	353
Y-1120	$H_2N{-}C_2H_4{-}NH{-}C_3H_6{-}Si(OC_2H_5)_3$	353

7.4.1.3 铝酸酯偶联剂

（1）铝酸酯偶联剂结构与作用机理

铝酸酯偶联剂分子的空间结构如图 7-15 所示。铝酸酯偶联剂与无机粉体表面的作用机理如图 7-16 所示。和其他偶联剂一样是无机粉体表面的羟基与烷氧基铝作用，形成共价键。

（2）品种与应用

铝酸酯偶联剂的主要品种、应用性能与应用范围见表 7-4。铝酸酯偶联剂具有与无机粉体表面反应活性大、色浅、无毒、味小、热分解温度较高、使用时无须稀释以及包装运输和使用方便等特点。因此铝酸酯偶联剂广泛应用于各种无机填料、颜料及阻燃剂，如重质碳酸钙、轻质碳酸钙、钛白粉等的表面改性处理。经铝酸酯偶联剂处理的各种改性无机填料，其表面因化学或物理化学作用生成一有机长链分子层，因而由亲水性变成亲油性。铝酸酯偶联剂对许多无机填料/有机物分散体系有明显的降黏作用。

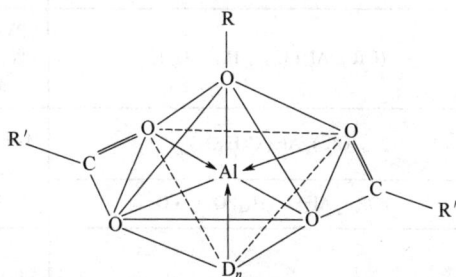

图 7-15　铝酸酯偶联剂分子的空间结构示意图

D_n 代表配位基团，如 N、O 等；RO 为与无机粉体表面活泼质子或

官能团作用的基团；COR' 为与高聚物基料作用的基团

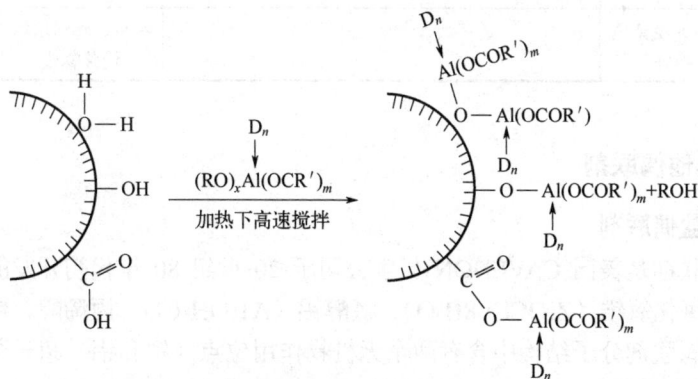

图 7-16　铝酸酯偶联剂与无机粉体表面的作用机理

（3）使用方法

铝酸酯偶联剂的用量一般为复合制品中填料质量的 0.3%～1.0%。对于注射或挤出成型的塑料硬制品，用量为填料的 1.0% 左右。其他工艺成型的制品、软制品及发泡制品，用量为填料质量的 0.3%～0.5%。超细和高比表面积的填料，如氢氧化铝、氢氧化镁、白炭黑可用 1.0%～2.0%。使用时可采用填料预处理法或直接加入法。

表 7-4　铝酸酯偶联剂的主要品种、性能特点和适用范围

品种	性状	化学名称	适用范围	性能特点
DL411-A	白色蜡状固体	$(i\text{-}C_3H_7O)_x\text{Al}(C_{16\sim18}H_{31\sim35}O_2)_m \cdot D_n$	塑料用填料、颜料及阻燃剂表面处理	熔融温度 75～80℃；熔化时间（160℃）≤5min；色度≤9；降黏幅度≥98%；杂质≤0.2%
DL-411-AF				
DL-411-D				
DL-411-DF				
DL-411-B	无色或淡黄色透明体			
DL-411-C				
DL-412-A	黄色透明液体	$(OR)_x\text{Al}(C_{16\sim18}H_{29\sim33}O_2)_m \cdot D_n$	涂料、橡胶用无机填料、颜料及阻燃剂表面处理	含双键，参与交联，干燥
DL-412-B				
DL-812				同上，不易水解
DL-414	黄色透明液体	$(OR)_x\text{Al}(C_{11\sim16}H_{29\sim33}O_4)_m$	同上	同上
DL-481	淡黄色荧光性液体	$(OR)_x\text{Al}(C_{11\sim16}H_{11\sim21}O_4)_m$	PVC（聚氯乙烯）用填料，表面处理	具有增效作用
DL-881				
DL-482	棕红色黏稠液体	$(OR)_x\text{Al}(C_7H_9O_4)_m$	不饱和聚酯用填料、阻燃剂，表面处理	含双键，参与固化交联
DL-882	棕红色液体	$(OR)_x\text{Al}(C_{16}H_{34}PO_4)_m \cdot D_n$		
DL-451-A	白色蜡状固体		塑料、涂料用填料、阻燃剂、表面处理	降黏性好
DL-851				
DL-452	淡黄色流动液体			低黏度
DL-429	棕红色黏稠液体	$(OR)_x\text{Al}(C_{21}H_{34}O)_m$	涂料用填料、颜料及表面处理	含双键，参与交联、干燥
DL-427	无色或淡黄色液体		涂料、塑料用填料及颜料	有好的防沉降性

7.4.1.4　其他偶联剂

（1）锆铝酸盐偶联剂

锆铝酸盐偶联剂是美国 CAVEDON 化学公司于 20 世纪 80 年代初开发的一种新型偶联剂，它是由水合氯化氧锆（ZrOCl·8H$_2$O）、氯醇铝（Al$_2$OH$_5$Cl）、丙烯醇、羧酸等为原料合成的。锆铝酸盐偶联剂分子结构中含有两个无机物作用位点（锆和铝）和一个有机功能配位体，因此与硅烷等偶联剂相比，其显著特点是分子中的无机特性部分比重大，一般介于57.7%～75.4%之间，而硅烷偶联剂除 A-1100 外，其余均小于 40%。因此，与硅烷偶联剂相比，锆铝酸盐偶联剂分子具有更多的无机反应位点，可增强与无机粉体表面的作用。

锆铝酸盐偶联剂通过氢氧化锆和氢氧化铝基团的缩合作用可与羟基化的表面形成共键联结。但是，其更为重要的特性是能够参与金属表面羟基的形成并于金属表面形成氧络桥联的复合物。

锆铝酸盐偶联剂均为液态，使用方法主要有以下几种：直接加入无机粉体的水浆或非水浆料中，进行表面包覆改性；或先将偶联剂溶解在溶剂中，再对无机粉体进行表面包覆改性；

或先将偶联剂配制成低级醇、丙二醇或甲醚等溶液，在高速混合机中与无机矿物填料等直接混合改性，温度约70℃；或将偶联剂直接加入基体树脂中再与无机矿物填料等复合。

（2）有机铬偶联剂

有机铬偶联剂即络合物偶联剂，由不饱和有机酸与铬原子形成的配价型金属络合物组成。有机铬偶联剂在玻璃纤维增强塑料中偶联效果较好，且成本较低。但其品种单调，使用范围及偶联效果均不及硅烷及钛酸酯偶联剂。其主要品种是甲基丙烯酸氯铬络合物和反丁烯二酸硝酸铬络合物，它们一端含有活泼的不饱和基团，可与高聚物基料反应，另一端依靠配价的铬原子与玻璃纤维表面的硅氧键结合。有机铬偶联剂作用机理如图7-17所示。

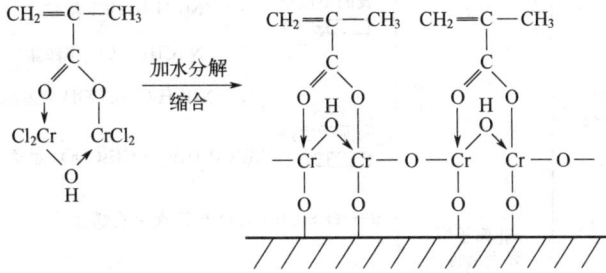

图 7-17　有机铬偶联剂的作用机理

7.4.2　表面活性剂

表面活性剂是一种能显著降低水溶液的表面张力或液液界面张力，改变体系的表面状态从而产生润湿和反润湿、乳化和破乳、分散和凝聚、起泡和消泡以及增溶等一系列作用的化学药品。表面活性剂所起的这种作用称为表面活性。

表面活性剂分子由性质截然不同的两部分组成，一部分是与油或有机物有亲和性的亲油基（也称憎水基），另一部分是与水或无机物有亲和性的亲水基（也称憎油基）。表面活性剂分子的这种结构特点使它能够用于粉体的表面改性处理，即亲水基可与无机粉体表面发生物理、化学作用，吸附于颗粒表面，亲油基朝外，无机粉体表面由亲水性变为疏水性，从而改善无机粉体材料与有机物的亲和性，提高其在塑料、橡胶、胶黏剂等高聚物基复合材料填充时的相容性和在涂料中的分散性。

（1）表面活性剂的种类

表面活性剂按离子类型可分离子型表面活性剂和非离子型表面活性剂，前者可在溶于水后解离，后者则不解离。离子型表面活性剂又按产生电荷的性质分为阴离子型、阳离子型和两性表面活性剂，如图7-18所示。

① 阴离子表面活性剂。阴离子表面活性剂主要有高级脂肪酸及其盐、磺酸盐及其酯类和高级磷酸酯盐：分子通式分别为 $RCOOH(Me)$、RSO_3Me 和 $ROPO_3Me$，式中 Me 代表金属离子，如 Na^+。这些分子一端为长链烷基，其结构和聚合物相似，因而与聚合物有一定的相容性；分子另一端为亲水基团，可与无机填料或颜料表面发生物理、化学吸附作用。因此，用阴离子表面活性剂如硬脂酸处理无机填料或颜料，类似偶联剂的作用，可改善无机填料或颜料与高聚物基料的亲和性，提高其在高聚物基料中的分散度。代表性品种有硬脂酸、硬脂酸钠、硬脂酸钙、硬脂酸锌、硬脂酸铝、松香酸钠等。单脂型磷酸酯用于滑石的表面包覆处理，

可改进滑石粉填料与高聚物（如聚丙烯）的界面亲和性，改善其在有机高聚物基料中的分散状态，并提高高聚物基料对填料的润湿能力。

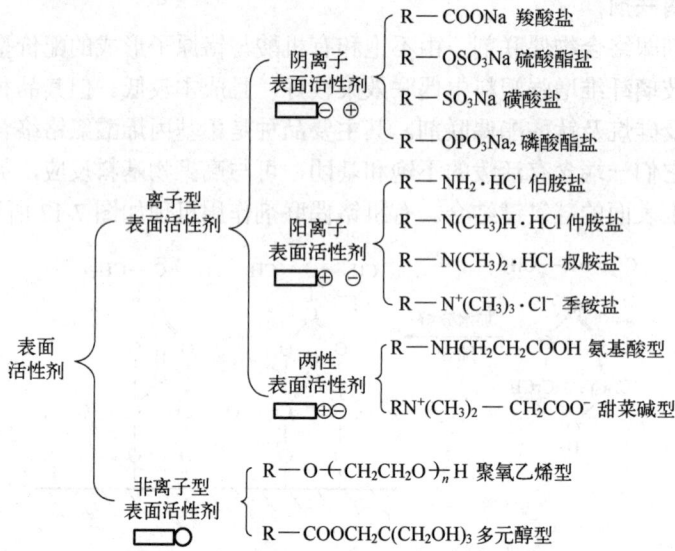

图 7-18　表面活性剂按离子类型的分类

② 阳离子表面活性剂。粉体表面改性中应用的阳离子表面活性剂一般为高级胺盐，包括伯胺、仲胺、叔胺和季铵盐等。其中，至少有 $1\sim2$ 个长链烃基（$C_{12}\sim C_{22}$）。与高级脂肪酸一样，高级胺盐的烷烃基与聚合物的分子结构相近，因此与高聚物基料有一定的相容性，分子另一端的氨基与无机填料或颜料等粉体表面发生吸附作用。

③ 两性表面活性剂。既带有阳离子又带有阴离子的表面活性剂称为两性表面活性剂。例如长链氨基酸，既带有氨基又含有羧基。但两性表面活性剂只能在特定条件下体现电荷的性能。如酸性环境下，长链氨基酸体现正电性。氨基基团为亲水基团。

④ 非离子型表面活性剂。非离子型表面活性剂在溶液中不是离子状态，所以稳定性高，不易受强电解质无机盐类的影响，也不易受酸、碱的影响；它与其他类型表面活性剂的相容性好，在水及有机溶剂中皆有较好的溶解性能（视结构的不同而有所差别）。这类表面活性剂虽在水中不电离，但有亲水基（如氧乙烯基—CH_2CH_2O—、醚基—O—、羟基—OH 或酰氨基—$CONH_2$ 等），也有亲油基（如烃基—R）。亲水基团和亲油基团可分别与无机填料和高聚物基料发生相互作用，加强二者的联系，从而增进二者之间的相容性。极性基团之间的柔性碳链起增塑润滑作用，赋予体系韧性和流动性，使体系黏度下降，从而改善复合材料的加工性能。非离子型表面活性剂包括两大类，即聚氧乙烯型和多元醇型表面活性剂。

⑤ 其他。随着科技的发展，现在又出现有机硅、嵌段高分子组成的表面活性剂。有机硅是以硅氧烷链为憎水基，聚氧乙烯链、羧基、酮基或其他极性基团为亲水基的一种特殊类型的表面活性剂，俗称硅油或硅树脂。其主要品种有聚二甲基硅氧烷、有机基改性聚硅氧烷及有机硅与有机化合物的共聚物等。聚二甲基硅氧烷因其分子通体为甲基，故表面张力极低，室温下仅 $16\sim21mN/m$。分子量小的表面张力较低，但增减幅度甚微，其黏度也随分子量递增。它不溶于水、低级醇、丙酮、乙二醇等，能溶于脂烃、芳烃、高级醇、醚类、酯类、氯化烃等大多数有机溶剂。

（2）表面活性剂的无机粉体改性机理

表面活性剂的极性基团和无机粉体间通过静电吸引作用吸附在无机粉体的表面，形成包覆层。一般符合 Langmuir 吸附理论。

7.4.3 不饱和有机酸及有机低聚物

（1）不饱和有机酸

不饱和有机酸一般带有一个或多个不饱和双键，碳原子数一般在 10 以下。常见的不饱和有机酸是：丙烯酸、甲基丙烯酸、丁烯酸、肉桂酸、山梨酸、2-氯丙烯酸、马来酸、衣糠酸、醋酸乙烯、醋酸丙烯等。一般来说，酸性越强，越容易形成离子键，故多选用丙烯酸和甲基丙烯酸。各种有机酸可以单独使用，也可以混合使用。

不饱和有机酸作用机理：无机粉体填料表面金属离子以氧化物的形式存在，由于填料表面这些活泼金属离子的存在，用带有不饱和双键的有机酸进行表面处理时，就容易以稳定的离子键形式构成单分子层包覆在颗粒表面。不含活泼金属的填料表面会含有各种形式的羟基，羟基和不饱和有机酸的亲水基团的氢键作用也会把有机酸吸附在填料表面。由于有机酸含有不饱和双键，在和基体树脂复合时，由于残余引发剂的作用，打开双键，与基体树脂发生接枝、交联等一系列化学反应，使无机填料和高聚物基料较好地结合在一起，提高了复合材料的物理性能。因此，不饱和有机酸是一类性能较好、应用前景较好的表面改性剂。图 7-19 为不饱和脂肪酸改性无机粉体的示意图。

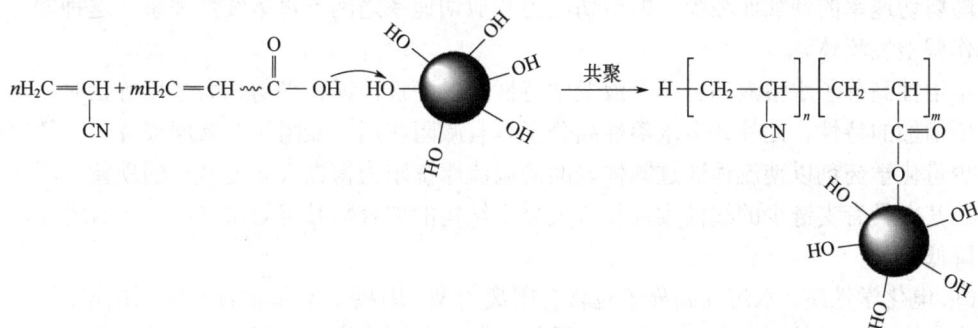

图 7-19 不饱和有机脂肪酸与无机粉体和有机物作用示意图

（2）有机低聚物

聚烯烃和有机硅低聚物是表面改性中常用的有机低聚物。聚烯烃低聚物主要品种是无规聚丙烯和聚乙烯蜡。无规聚丙烯是丙烯在高效催化剂作用下进行聚合反应的产物，可作为无机填料的表面处理剂。聚乙烯蜡为低分子量聚乙烯，平均分子量 1500～5000，白色粉末，相对密度约 0.9，软化点 101～110℃。聚乙烯蜡经部分氧化即为氧化聚乙烯蜡。氧化聚乙烯蜡的分子链上带有一定量的羧基和羟基。聚乙烯蜡可以专门产生，也可以将低压法产生高密度聚乙烯的副产品综合利用，即所谓的"低聚物"。双酚 A 型环氧树脂也是一种常用的用于无机粉体改性的有机低聚物。将分子量 340～630 的双酚 A 型环氧树脂和胺化酰亚胺交联剂溶解在乙醇中，然后对云母进行表面处理，即可得到环氧树脂与交联剂包覆改性的活性云母填料。

有机低聚物改性机理：聚烯烃低聚物在较低的温度下表面有较高的黏附性能，可以和无机粉体较好地浸润、黏附、包覆。有机低聚物对无机粉体的改性与冰糖葫芦的形成机理相似。同时，低聚物结构和聚烯烃相似，因此可以和高分子基体很好地复合。

7.4.4 水溶性高分子

（1）水溶性高分子的性能

水溶性高分子又称水溶性树脂或水溶性聚合物，是一种亲水性的高分子材料，在水中能溶解形成溶液或分散液。水溶性高分子的亲水性，来自其分子中含有的亲水基团。最常见的亲水基团是羧基、羟基、酰胺基、胺基、醚基等，这些基团使高分子具有亲水性。水溶性高分子或低聚物的分子量低至几百，高至上千万，其亲水基团的强弱和数量也可以按要求加以调节，亲水基团等活性官能团还可以进行再反应，生成具有新官能团的化合物。水性高分子的主要性能如下。

① 溶解性。水溶性高分子的应用绝大部分是以水溶液的形式出现的，因此水溶性是这类高分子的重要性能。水溶性高分子在水中的溶解度因高分子结构及分子量的不同而不同。分子量增加，溶解速度也将降低。大多数高分子的溶解度随温度的升高而增大。

② 流变学特性。流变学性能在水溶性高分子的应用中是非常重要的。例如，在乳胶漆中，为了避免颜料沉降，要求有较高的静止黏度、而在涂刷剪切力作用下，以低黏度为好，因此，要求涂料具有假塑性。高分子水溶液流体在极低和极高的剪切速率下，流体性能接近牛顿流体，即剪切应力和剪切速率之间呈线性关系。在一般中等剪切速率下，多数高分子水溶液的黏度随剪切速率的增加而减少，即剪切应力和剪切速率之间不再呈线性关系。这种非牛顿流体称作假塑性流体。

水溶性高分子水溶液的另一个流变学特性是触变性，即在受剪切力之后静止时，溶液黏度有所增加的特性。此外许多水溶性高分子具有减阻作用。减阻又叫减摩或降阻。往流体中添加少量化学药剂以使流体通过固体表面的湍流摩擦阻力得以大幅度减小的现象，叫作减阻作用。其中具有支链少的线性柔性长链大分子结构的聚合物减阻效果最好。支链增加，减摩效果降低。

③ 电化学性质。水溶性高分子包含有阴离子型、阳离子型和非离子型。阴离子型在水溶液中电离为阴离子的高分子，如聚丙烯酸钠、羧甲基纤维素、藻蛋白酸钠等。阳离子型在水溶液中电离为阳离子的高分子，如季铵聚合物、阳离子淀粉等。非离子型在水溶液中不电离，如聚乙二醇、聚氧化乙烯、羟乙基纤维素等。此类高分子的重要性质直接与它们的电离程度有关。因此，这些物质的水溶液的 pH 值与它的黏度、分散性、稳定性等有密切的关系。

④ 分散作用。水溶性高分子的分子中都含有亲水和疏水基团，因此很多水溶性高分子具有表面活性，可以降低水的表面张力，有助于水对固体的润湿，特别有利于无机填料、颜料、黏土之类的粉体物料在水中的分散。有许多水溶性高分子虽然不能显著降低水溶液的表面张力，但可以起到保护胶体的作用。它的亲水性，使水以胶体复合体的形式吸附在颗粒上，使颗粒屏蔽免受电解质引起的絮凝，这样也给予分散体系以稳定性。水溶性高分子可用于无机粉体，如 SiO_2、Al_2O_3、ZnO、$CaCO_3$、TiO_2 及陶瓷颜料等的表面处理，因为经过水溶性高分子改性处理后的无机粉体在水相及其他无机相中容易分散，而且相容性好。

⑤ 絮凝作用。水溶性高分子的分子中含有一定的极性基团，这些极性基团能吸附于水中悬浮的固体粒子上，使粒子间架桥而形成大的凝聚体。

⑥ 增稠作用：所谓增稠性能是指水溶性高分子有使水溶液或水分散体系黏度增大的作用。作为增稠剂是水溶性高分子的一大用途。常用的增稠剂有明胶、阿拉伯胶、羧甲基纤维素、羟乙基纤维素、乙基羟乙基纤维素、羧甲基淀粉、甲基淀粉、阳离子淀粉、聚甲基丙烯酸、聚丙烯酸、聚乙二醇、聚丙烯酰胺、聚胺、聚乙烯甲基醚等。

（2）主要品种和应用

水溶性高分子品种很多，发展也很快。本书只对其中几种涉及粉体表面改性处理的水溶性高分子的分子结构、主要物理化学性能及应用等做简单介绍。

① 丙烯酸及甲基丙烯酸聚合物。这类水溶性高分子包括聚丙烯酸（盐）、聚甲基丙烯酸（盐）及其共聚物。许多丙烯酸聚合物有使固体颗粒分散、悬浮在水中的能力，这一性能可以用来对无机粉体如无机颜料进行表面处理。聚丙烯酸及其盐类可以通过与固体颗粒的作用而实现颜料的有效分散。其作用机理主要是离子的结合、范德华力和氢键，颜料颗粒因吸附聚合物分子而产生静电排斥和空间位阻，从而达到分散稳定化。无机颜料的有效分散在涂料、造纸和陶瓷及石油等工业中意义重大。这种聚合物的分子量一般在数千至数万的低分子量范围内。

② 聚乙二醇。聚乙二醇也叫聚乙二醇醚或聚环氧乙烷，可由环氧乙烷与水或乙二醇逐步加成而制得。它完全溶于水，并和很多物质相容。一般来说，它对极性大的物质显示最大的相容性，而对极性小的物质则相容性小。聚乙二醇的这种功能可用来对无机粉体进行表面处理，以增进无机填料或颜料与基料的相容性。试验表明，用聚乙二醇包覆处理硅灰石后与聚丙烯复合，可显著改善填充聚丙烯（PP）缺口的冲击强度和低温性能。这种聚乙二醇的平均分子量为2000～4000。

③ 聚乙烯醇。聚乙烯醇是白色、粉末状树脂，由聚醋酸乙烯酯水解而得，其分子链上含有大量侧基——羟基，所以聚乙烯醇具有良好的水溶性。聚乙烯醇的聚合度可分为高聚合度、中聚合度、低聚合度以及超高聚合度，其相应的分子量和黏度的对应关系如表7-5所示。

④ 聚马来酸酐。聚马来酸酐是由马来酸酐聚合水解或水解聚合而得。马来酸酐又称为顺丁烯二酸酐（或失水苹果酸酐）。聚马来酸酐及马来酸-丙烯酸共聚物可用来处理碳酸钙和磷酸钙等粉体，改善这些粉体在溶液中的分散性，防止颗粒的团聚。

表7-5　聚乙烯醇的分子量和黏度的关系

分子量等级	分子量/万	4%水溶液，20℃下黏度/（Pa·s）
低聚合度	2.5～3.5	0.005～0.015
中聚合度	12～15	0.016～0.035
高聚合度	17～22	0.036～0.060
超高聚合度	25～30	>0.06

（3）作用机理

利用高分子的缠结作用，包覆在无机粉体的表面，其作用为物理吸附。但如果高分子中有离子型官能团，体系还存在静电吸引。

7.4.5　无机盐或金属氧化物

氧化钛、氧化铬、氧化铁、氧化锆、氧化锌、氧化硅、氧化铝等金属氧化物的盐类（能够在一定条件下水解）常用作沉淀包膜的表面改性剂，如四氯化钛、硫酸氧钛、硫酸亚铁和铬盐等用于制备云母珠光颜料和着色云母的表面改性剂；铝盐、硅酸盐用作钛白粉的表面包膜改性，以提高颜料的保光性、耐候性，改善着色力和遮盖力等。沉淀包膜改性常用无机盐或金属氧化物等无机表面改性剂，其改性的物料（基质）一般也是无机物。

无机盐或金属氧化物的表面常常原位生成或带有少量的—OH 基团，其与无机物填料表面的羟基相互缩合，形成共价键，包覆在无机填料的表面。有些无机表面改性剂则是简单地通过物理吸附吸附在填料的表面。

7.5 粉体材料化学改性

粉体在应用于高分子基体及用作颜料和涂料时，首先进行表面改性，下面介绍几种常见粉体的改性。

7.5.1 粉体的外表面改性

7.5.1.1 碳酸钙的改性

碳酸钙是目前高聚物基复合材料中用量最大的无机填料。碳酸钙填料的主要优点是原料来源广泛、价格便宜、无毒性。据统计，塑料制品工业中约 70%的无机填料是碳酸钙，包括轻质或沉淀碳酸钙（CPP）和重质或细磨碳酸钙（GPP）。轻质或沉淀碳酸钙的原料是石灰石，生产过程为：将石灰石煅烧，生成生石灰；加水消化并去除杂质；通入二氧化碳进行碳化；最后将碳化后的浆料过滤和干燥后即得轻质碳酸钙产品。其化学反应过程如下：

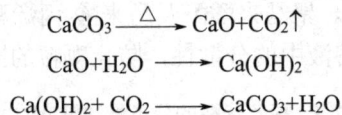

$$CaCO_3 \xrightarrow{\triangle} CaO+CO_2\uparrow$$
$$CaO+H_2O \longrightarrow Ca(OH)_2$$
$$Ca(OH)_2+CO_2 \longrightarrow CaCO_3+H_2O$$

重质碳酸钙以方解石、白垩石、大理石、优质石灰石等为原料，通过机械粉碎（细粉碎和超细粉碎）加工直接得到碳酸钙粉体产品。用沉淀法生产的轻质碳酸钙粒度细（初级粒子平均达到 0.07μm），白度高，晶型好；用粉碎法生产的重质碳酸钙的白度及晶型因原料不同而有所差别，其粒度大小与粉碎工艺设备有关，最细可达 0.1μm。

碳酸钙的表面改性既有物理法也有化学法，使用的表面改性剂包括硬脂酸（盐）、钛酸酯偶联剂、铝酸酯偶联剂和无规聚丙烯、聚乙烯蜡等。表面改性工艺有干法和湿法两种。

（1）脂肪酸（盐）改性

硬脂酸（盐）是碳酸钙最常用的表面改性剂。其改性工艺可以采用干法，也可以采用湿法。一般湿法工艺要使用硬脂酸盐，如硬脂酸钠。

① 干法改性。先将碳酸钙进行干燥，除去水分［如果碳酸钙的水分含量小于 1%（质量分数）可以不进行干燥］，然后加入计量配制好的硬脂酸在表面改性机中完成碳酸钙粉体的表面改性。采用 SLG 型粉体表面改性机和涡旋磨等连续式粉体表面设备时，物料和表面改性剂是连续同步给入的，硬脂酸可以直接以固体粉状添加，用量依粉体的粒度大小或比表面积而

定，一般为碳酸钙质量的 0.8%～1.2%；在高速混合机、卧式桨叶混合机及其他可控温混合机中进行表面包覆改性时，一般为间歇操作，首先将计量和配制好的物料和硬脂酸一并加入改性机中，搅拌混合 15～60min 即可出料包装，硬脂酸的用量为碳酸钙质量的 0.8%～1.5%，反应温度控制在 100℃左右。为了使硬脂酸更好地分散和均匀地与碳酸钙粒子作用，也可以预先将硬脂酸用溶剂（如无水乙醇）稀释。改性时也可适量加入其他助剂。

② 湿法改性。湿法改性是在水溶液中对碳酸钙进行表面改性处理，常用于轻质碳酸钙及湿法研磨的超细重质碳酸钙的表面改性。一般工艺过程是先将硬脂酸皂化，然后加入碳酸钙浆料中，经过一定时间的反应后，进行过滤和干燥。

碳酸钙在液相中的分散比在气相中的分散较为容易。因此，在液相中碳酸钙颗粒与表面改性剂分子的作用更均匀。当碳酸钙颗粒吸附了硬脂酸盐后，表面能降低，即使经压滤、干燥后形成二次粒子，其团聚结合力减弱，也不会形成硬团聚，用较小的剪切力即可将其重新分散。湿法表面改性设备一般多为带搅拌器的容器及静态混合器，强烈搅拌可提高改性活化效率，缩短反应时间，但对设备的性能要求较高。虽然常温下也可进行湿法表面改性，但反应时间长，因此，一般都要加温进行表面改性，改性温度一般为 50～100℃。

用硬脂酸处理后的碳酸钙的商品名称为活性碳酸钙或白艳华。白艳华是轻质碳酸钙用硬脂酸（盐）进行表面改性后的产品，与未进行表面改性的碳酸钙相比，用硬脂酸或硬脂酸盐改性处理后的碳酸钙可以较好地改善复合材料的流变性能和物理性能，力学性能也有所提高。硬脂酸对碳酸钙的改性为物理过程。

除了硬脂酸（盐）外，其他脂肪酸（酯），如磷酸盐和磺酸盐等也可用于碳酸钙的表面改性。用脂肪酸（盐）改性处理后的活性碳酸钙主要应用于填充聚氯乙烯塑料、电缆材料、胶黏剂、油墨、涂料等。

（2）偶联剂改性

用于碳酸钙表面改性的偶联剂主要是钛酸酯和铝酸酯偶联剂，改性设备为高速加热混合机。为了提高钛酸酯偶联剂与碳酸钙作用的均匀性，一般用惰性溶剂，如液体石蜡（白油）、石油醚、变压器油、无水乙醇等进行溶解和稀释。钛酸酯偶联剂和惰性溶剂混合后以喷雾或滴加形式加入高速混合机中，这样可以更好地与碳酸钙颗粒分散混合，进行表面化学包覆。钛酸酯偶联剂用量依碳酸钙的粒度和比表面积而定，一般为 0.5%～3.0%。碳酸钙的干燥温度尽可能在偶联剂闪点以下，一般为 100～120℃。

用钛酸酯偶联剂处理后的碳酸钙，与聚合物分子有较好的相容性。同时，由于钛酸酯偶联剂能在碳酸钙分子和聚合物分子之间形成分子架桥，增强了有机高聚物或树脂与碳酸钙之间的相互作用，可显著提高复合材料的力学性能，如冲击强度、拉伸强度、弯曲强度以及伸长率等。用钛酸酯偶联剂表面包覆改性的碳酸钙和未处理的碳酸钙填料或硬脂酸（盐）处理的碳酸钙相比，各项性能均有明显提高。

（3）聚合物改性

采用聚合物对碳酸钙进行表面改性，可以改进碳酸钙在有机或无机相（体系）中的稳定性。这些聚合物包括低聚物、高聚物和水溶性高分子，如聚甲基丙烯酸甲酯、聚乙二醇、聚乙烯醇、聚马来酸、聚丙烯酸、烷氧基苯乙烯-苯乙烯磺酸的共聚物、聚丙烯、聚乙烯等。

聚合物表面包覆改性碳酸钙的工艺可分为两种，一是先将聚合物单体吸附在碳酸钙表面，然后引发其聚合，从而在其表面形成聚合物包覆层；二是将聚合物溶解在适当溶剂中，然后对碳酸钙进行表面改性，当聚合物逐渐吸附在碳酸钙颗粒表面上时排除溶剂形成包膜。这些聚合物定向吸附在碳酸钙颗粒表面，形成物理、化学吸附层，可阻止碳酸钙粒子团聚，改善分散性，使碳酸钙在应用中具有较好的分散稳定性。

聚合物改性机理是利用高分子的黏性黏附在无机粉体的表面，含有可电离的官能团的高分子和无机粉体间可存在离子吸附。

（4）等离子和辐射改性

采用频感应耦合辉光放电等离子系统，并用氩（Ar）和高纯丙烯（C_3H_6）混合气体作为等离子体处理重质碳酸钙（1250目）粉末进行低温等离子体改性。结果表明，经 Ar-C_3H_6 混合气体处理的碳酸钙填料与聚丙烯有较好的界面黏合性。这是由于经改性后的碳酸钙颗粒表面存在一非极性有机层，降低了碳酸钙颗粒表面的极性，提高了与聚丙烯的相容性和亲和性。作用机理是高能量使粉体表面产生自由基，自由基的高活性使有机物共价键连接到无机粉体表面。

7.5.1.2　珠光云母的制备

珠光云母是以薄片状的细磨白云母粉为原料，用二氧化钛和（或）其他金属氧化物，如氧化铁、氧化铬、氧化锆等进行表面包覆复合而成的一种新型珠光颜料。珠光云母又称为云母钛或着色云母钛。因其具有高的折射率及遮盖力、无毒、耐热性、耐候性及化学稳定性好等特点，广泛应用于涂料、油漆、塑料、造纸、化妆品、陶瓷和建筑材料等领域，是最有发展前途的新型珠光颜料。

云母珠光颜料在光线的照射下呈现出各种颜色，这些不同的颜色是由包覆了不同类型的金属氧化物及包覆层厚度不同而导致。如图 7-20 所示，根据包覆层金属氧化物类型的不同，可将珠光云母颜料分为三种类型：云母钛干涉颜料、云母铁闪光颜料和 TiO_2/Fe_2O_3 或 TiO_2/Cr_2O_3 复合颜料。云母钛珠光颜料根据其组成和性质特点也可分成三类：银白色云母钛、虹彩云母钛和着色（复合）云母钛。银白色云母钛是表面包膜有锐钛型和金红石型 TiO_2 的颜料，后者的耐候性好。虹彩云母钛是 TiO_2 包膜的光学厚度为 210～400nm，呈现出干涉现象，产生色彩效应的颜料。着色云母钛是云母钛表面再包覆一层透明或较透明的有色无机物或有机物（如 Fe_2O_3、Cr_2O_3、氧化锆、铁蓝、铬绿、炭黑和有机颜料或染料），形成各种色谱的着色珠光颜料。这种着色云母钛珠光颜料广泛用于汽车涂料，可提高汽车的外观质量和耐候性。

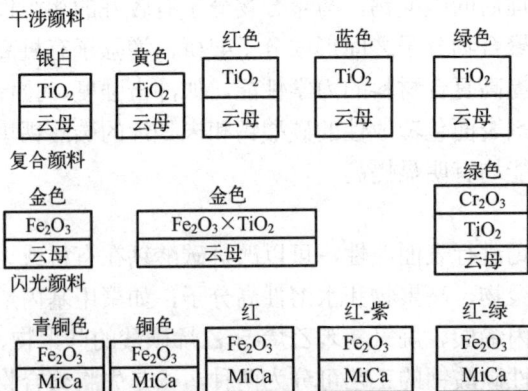

图 7-20　一些珠光云母颜料的组成和色彩关系

（1）云母钛珠光粉制备工艺

在云母表面包覆 TiO_2 等金属氧化物以制备珠光云母，主要是在水溶液中进行沉淀反应。以包覆 TiO_2 为例，常用的工艺有四氯化钛加碱法、有机酸钛法、热水解法和缓冲法等。常用的包覆原料是可溶性钛盐。利用钛盐易于水解的特点，在控制温度条件下让钛盐均匀地水解出水合氧化钛，沉淀在云母片上，形成水合氧化钛包覆层，经洗涤、干燥、焙烧，成为锐钛型或金红石型 TiO_2 包覆的云母珠光颜料。

① 四氯化钛水解法。图 7-21 为水解法制备彩色珠光云母的流程图，将湿磨云母粉悬浮于水中加热，加入四氯化钛溶液，让氯化钛水化物沉淀到云母片上，制得第一层很薄的 TiO_2；接着加入二价锡盐溶液，在氧化剂（如 H_2O_2 或 $KClO_3$）或水溶性铝盐（如 $AlCl_3$ 等）存在下缓慢沉积氧化锡；在得到均匀光滑的氧化锡层后，再包覆一层 TiO_2，呈现出银色的珍珠光泽，经洗涤、干燥、煅烧后，珠光光泽明显。如需制备金色或其他彩虹色，则应交替包覆氧化锡层和氧化钛层，直至出现所需的干涉色为止。在整个包覆过程中需要不断加入碱液（如 $NaOH$、NH_4OH）使之中和钛盐水解过程中产生的酸，此种制备方法也被称为四氯化钛加碱法。为了得到高质量的珠光颜料，TiO_2 层包膜必须均匀。包膜均匀，光泽才好、颜色才纯。包覆过程应缓慢进行，反应温度应稳定且适宜，钛盐和锡盐的添加量也应控制在单位时间水解的量正好满足形成均匀包膜所需的 TiO_2 或 SnO 水合物的量。此法所得产品质量好，但原料品种多，工艺较复杂，反应体系的 pH 值较难控制。

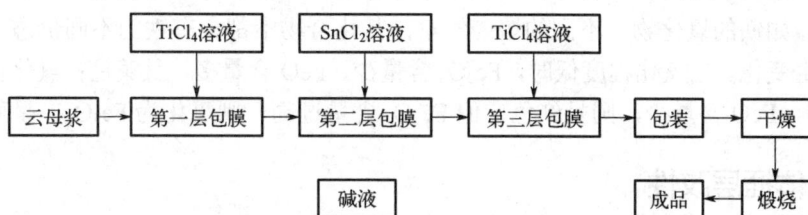

图 7-21　四氯化钛加碱法工艺流程图

② 有机酸钛法。有机酸钛法制备云母钛一般采用一次加入有机酸-钛盐混合液的方式，在一定温度下与云母反应。可选用柠檬酸或酒石酸与 $TiCl_4$ 混合来配制有机酸钛混合溶液。该工艺用料品种少、流程简单、产品亮度高，但因使用有机酸，色泽发黄。

③ 钛盐热水解法。热水解法是将硫酸氧钛配成酸性溶液，将云母粉加入其中，剧烈搅拌，使其悬浮，然后加温至 $75 \sim 95℃$，钛盐发生水解，其反应式为：

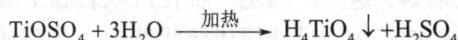

$$TiOSO_4 + 3H_2O \xrightarrow{\text{加热}} H_4TiO_4\downarrow + H_2SO_4$$

水解出的水合 TiO_2 连续沉淀在微细的云母片上，经过一定时间的反应后，洗涤、脱水、干燥、焙烧，即得云母钛珠光粉。

④ 缓冲剂法。缓冲剂法是云母粉和钛盐制成水悬浮液，同时加入易与酸反应而不溶于水或在水中溶解度很小的金属或金属氧化物，如铁丝、锌粒、氧化锌等。缓慢升温至反应温度，并保温 3h 左右。经洗涤、干燥、焙烧，可得呈强烈珠光光泽的颜料。

包覆时，钛盐的加入量应根据云母粉的比表面积和所要制备颜料的颜色而定。在制备过程中，金属或金属氧化物起缓冲剂的作用，当钛盐加水分解时，析出含水氧化钛沉积在云母粒子表面，生成的酸与金属反应生成盐。如果用 M 表示金属，采用硫酸氧钛时反应过程如下：

$$TiOSO_4 + 3H_2O \xrightarrow{\text{加热}} H_4TiO_4 \downarrow + H_2SO_4$$

$$xH_2SO_4 + 2M \xrightarrow{\text{加热}} M_2(SO_4)_x + xH_2 \uparrow$$

由于不断水解出的酸与金属或金属氧化物反应生成了盐，悬浮液的 pH 值得以缓冲，酸度相对稳定，含水氧化钛连续地沉积到云母薄片上形成均匀的薄膜。缓冲剂对钛盐的理论物质的量最好在 1.0 以上，低于 1.0 时，副产的酸多，云母表面形成的氧化钛薄膜不均匀。

为了形成均匀的氧化钛薄膜，反应体系升温必须缓慢，最佳反应时间为 6h，其中升温时间为 3.5h 左右，保温时间 2.5h 左右。此法生成的云母钛珠光颜料外观色泽好，粒子细而松散，手感好，化学分析银色珠光颜料含二氧化钛 21%（质量分数）。该制备工艺具有原料成本低、固体缓冲剂能够有效地调整酸度、产品质量好、生产流程简便等特点。

（2）着色云母钛的制备工艺

干法着色工艺是将云母钛、着色剂和辅助试剂按一定的配方进行混合后，焙烧制成着色云母钛珠光颜料。

着色云母钛珠光颜料的制备工艺，除了正确选择好着色剂、用量及配方外，焙烧气氛也十分重要。不同的焙烧气氛将影响到云母钛颜料的颜色。通过选择焙烧气氛（如氧化或还原气氛）可以控制无机着色剂中着色离子的价态。着色离子的价态不同，内部电子的运动状态不同，对可见光中选择性吸收波长存在差异，从而导致颜色的变化。如铁离子，当氧化物为 Fe_2O_3 时呈红色；为 FeO 时呈青色；而为 Fe_3O_4 时呈蓝黑色。对于易发生价态变化的着色物质更应注意，如铁的氧化物，不同的焙烧气氛，其化合物中都含有铁的不同价态，只是各价态的比例发生变化。当氧化程度低时，Fe_2O_3 含量少，FeO 含量多，呈黄色；氧化程度高时，Fe_2O_3 含量多，FeO 含量少，则呈红色；但 Fe_2O_3 含量过高，则氧化为 Fe_3O_4，呈蓝黑色。

7.5.2　粉体插层改性

用于插层改性的改性剂大多为有机物，也有无机物。以下重点介绍已在工业上得到应用、市场前景好的有机膨润土、黏土层间化合物及石墨层间化合物的制备原理与制备方法。

7.5.2.1　有机膨润土

天然黏土矿物资源丰富，成本低廉，具有较高的比表面积、丰富的孔道、较高的力学性能和化学稳定性，研究和应用较多的黏土矿物有高岭石、埃洛石、蒙脱石（膨润土的主要成分）、凹凸棒石、海泡石和蛭石等，这些矿物是一种在沉积岩和土壤等物质中以微粒状态存在的以铝、镁等为主的含水硅酸盐矿物，呈链层或层状结构，具有独特的孔道结构，比表面积大，孔径分布宽泛，具有离子交换性能，下面以膨润土为例具体介绍。

（1）膨润土概述

膨润土是一种以层状铝硅酸盐蒙脱石为主的黏土矿物。如图 7-22 所示，蒙脱石的晶体结构由两层硅氧四面体和一层铝氧八面体构成。每个四面体中都有一个硅和四个氧原子以相等的距离堆成四面体形状，硅居中央。硅氧四面体群排列成六角形的网络，无限重复，连成整片；铝氧八面体，铝居中央，与 O 和 OH 距离相等。两层硅氧四面体中夹一层铝氧八面体，在 z 轴方向上呈周期性排列。在两层硅氧四面体中充满着 H_2O 和可交换的阳离子。其中铝氧八面体中 Al^{3+} 可被 Fe^{2+}、Mg^{2+}、Zn^{2+} 等离子取代。二价离子替代三价 Al^{3+} 使层板带有负电荷，层板的负电荷需要层间离子中和平衡，层间产生平衡电荷，平衡电荷使蒙脱石具有离子交换作用。层板带有电荷进而使水分子易于进入晶胞间发生膨胀，同时黏土颗粒表面能吸附相反电荷的正离子，这就使膨润土表现出极大的膨胀性和较好的吸附性、黏结性和触变性。

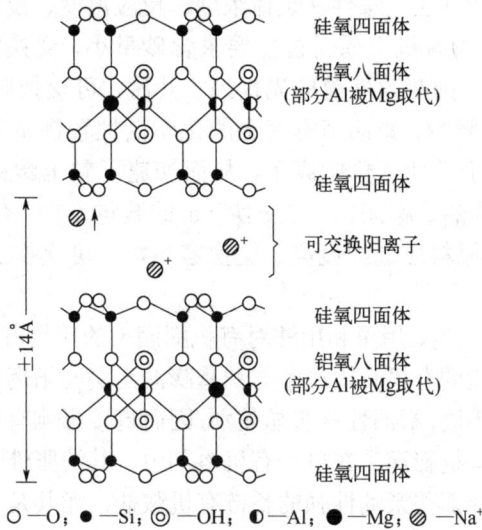

硅氧四面体
铝氧八面体
（部分Al被Mg取代）
硅氧四面体
可交换阳离子
硅氧四面体
铝氧八面体
（部分Al被Mg取代）
硅氧四面体

○—O；●—Si；◉—OH；◐—Al；●—Mg；▨—Na⁺

图 7-22　膨润土结构示意图

但是，膨润土这些特性只能在极性较强的溶剂如水中才能很好地表现。在非极性溶剂，如甲苯、二甲苯、溶剂油中，就不能显示。为了使膨润土的膨胀、吸附、黏结、触变等这些优良特性在非极性或弱极性中也能显示，用有机阳离子置换蒙脱石类黏土矿粒中晶体层间原有的阳离子，使其结构改变。这种经有机物插层处理后的膨润土，称为有机膨润土。

（2）有机膨润土制备工艺方法

有机膨润土的制备工艺方法可分为三种，即湿法、干法和预凝胶法。

① 湿法工艺。湿法工艺主要包括制浆、提纯、活化、插层等主要工序。

（ⅰ）制浆和提纯：制浆和提纯是为了除去砂粒及杂质。可加水形成矿浆，矿浆浓度通常为 1%～7%。矿浆太浓，膨润土不易分散；过稀，则体积太大，耗水量过多，成本增加。为使膨润土很好地分散，可边加料、边搅拌，有时还要加分散剂，常通过浮选的方法实现。

（ⅱ）活化：作为有机土原料，可交换性阳离子的数量应尽可能高。对于钙基膨润土或钠钙基膨润土，必须首先进行活化处理，一般用无机酸（硫酸或盐酸）或氢离子交换树脂对膨润土进行活化处理。

（ⅲ）插层：将浓度 5%左右的膨润土矿浆，加热到 38～80℃，在不断搅拌下，缓慢加入有机改性剂，再连续搅拌 30～60min，使其充分反应，插层剂通过离子交换作用进入层间。反应完毕，停止加热和搅拌，将悬浮液洗涤、过滤、烘干，并粉碎得到目标产物。

② 干法工艺。干法生产有机膨润土时将含水量20%～30%的精选钠基膨润土与有机插层剂直接混合，用专门的加热混合器混合均匀，再加以挤压，制成含有一定水分的有机膨润土。也可以进一步加以干燥，粉碎成粉状商品；或将含一定水的有机膨润土直接分散于有机溶剂（如柴油）中，制成凝胶或乳胶体产品。

③ 预凝胶法工艺。预凝胶法工艺中先将膨润土分散、提纯活化，然后进行有机插层。在有机插层过程中，加入疏水有机溶剂（如矿物油），把疏水的有机膨润土复合物萃取进入有机相，分离出水相，再蒸发除去残留水分和部分有机溶剂，直接制成有机膨润土预凝胶。

（3）影响有机膨润土质量的主要因素

影响有机膨润土质量的主要因素有膨润土的质量（类型、纯度、交换容量等）；有机插层剂的结构、用量、用法；改性工艺条件（浆体浓度、反应温度、反应时间）等。

① 膨润土的质量。作为有机土原料首先要求含砂量小，交换容量高。因此，如果原土的含砂量较高，纯度较低，则在改性前应先提纯。其次，可交换阳离子的种类和数量对有机膨润土的质量有很大的影响，如钠基膨润土的化学活性较钙基膨润土大得多。这是因为含 Na^+ 黏土的水化能力大于其他二价阳离子，从而加速了黏土颗粒的水化，有利于有机插层反应的进行。此外，同是钠基膨润土，可交换 Na^+ 的数量不同，有机土的质量也不一样。一般来说，有机膨润土的原料应选纯度高、交换容量大、可交换 Na^+ 数量多的优质钠基膨润土。

② 插层剂。插层剂的结构、用量和用法对有机膨润土的质量有重大影响。各种用途的有机膨润土，都是用不同结构的有机胺阳离子与钠基膨润土层间阳离子交换反应而制得的。有机胺结构类型和碳链长度不同，亲油性有明显差别，因而直接影响有机膨润土的特性和用途。具有两个长链的季铵盐型有机膨润土在单一有机溶剂中，其溶胀性一般较脂肪族伯胺型膨润土高。因此，原则上应选择那些亲油性强的长链有机胺盐，尤其是季铵盐作插层剂。制备有机土的季铵盐，其烃基的碳原子数一般为 12～22，优先碳原子数为 16～18。阴离子最好是氯化物、溴化物或其混合物，以氯化物为最佳。插层剂的用量决定插层后有机黏土的层间距，吸附有机物的能力需根据需求确定。

③ 矿浆浓度、反应温度和反应时间。矿浆浓度以膨润土的充分分散为最佳，过高的浓度将导致膨润土分散不开，影响其与有机阳离子的交换反应；过低的浓度虽有助于分散，但耗水量大，使生产成本上升。温度是影响有机阳离子与膨润土中可交换性阳离子进行交换反应的重要因素。专利文献报道的反应温度范围较大，一般温度为 65℃左右。反应时间一般与矿浆浓度、反应温度等有关，从 0.5 至数小时不等，最佳的反应时间最好在其他工艺条件确定的基础上通过实验来确定。

（4）有机插层膨润土制备机理

有机膨润土的形成是基于膨润土的离子交换性能制备的，反应过程见示意图 7-23。有机插层剂和膨润土层间的可交换阳离子通过离子交换反应进入蒙脱石的层间。有机插层剂进入层间的量受蒙脱石的交换容量控制。黏土矿物的交换容量是指单位质量的黏土矿物能够交换的离子的量，简称 CEC（单位：mmol/g，黏土矿物常用 mmol/100g 表示）。交换容量越大，有机插层剂越容易进入，且进入的量越多，蒙脱石的层间距越大，形成的有机黏土层间疏水程度越大，对有机物的吸附能力越强。

（5）湿法制备有机膨润土实例

以十六烷基胺盐为改性剂湿法制备有机蒙脱石的过程为：将 250mL 水，95%乙醇 250mL，0.002mol 十六烷基胺加入反应装置中搅拌均匀。而后加入 10g 蒙脱土及盐酸 0.002mol，加热到 75℃左右反应 16h，过滤洗涤干燥后得到改性蒙脱石。

加入盐酸是为了使十六烷基胺以盐的形式分散在体系中，提高溶解度，加入乙醇是为了使十六烷基胺盐尽量以单分散形式溶解在溶液中，而不是聚集体的形式，有利于插层反应的发生。

（6）有机黏土矿物在复合材料方面的应用

经有机化处理的蒙脱土，由于体积较大的有机离子交换了原来的 Na^+，层间距离增大，同时因片层表面被有机阳离子覆盖，黏土由亲水性变为亲油性。当有机化黏土与单体或聚合物混合时，单体或聚合物分子向有机黏土的层间迁移并插入层间，得到插层复合材料。根据黏土与插层客体的相互作用方式不同，插层方法可分为物理插层和化学插层两种，其分类见图 7-24。插层客体进入黏土的结果是微米尺度的黏土原始颗粒被剥离成纳米厚度的片层单元，均匀分散于聚合物基体中，实现聚合物和黏土片层在纳米尺度上的复合。黏土剥离并均匀分散是黏土插层方法制备纳米复合材料的关键，聚合物直接插层法尽管会获得良好的插层效果，达到黏土充分以纳米级片层分散在基体中的目的，但溶液插层因难以找到聚合物适合的有机溶剂而受到限制。目前，在材料的选择和加工工艺方面，主要发展趋势是聚合物直接插层法中的熔融插层。

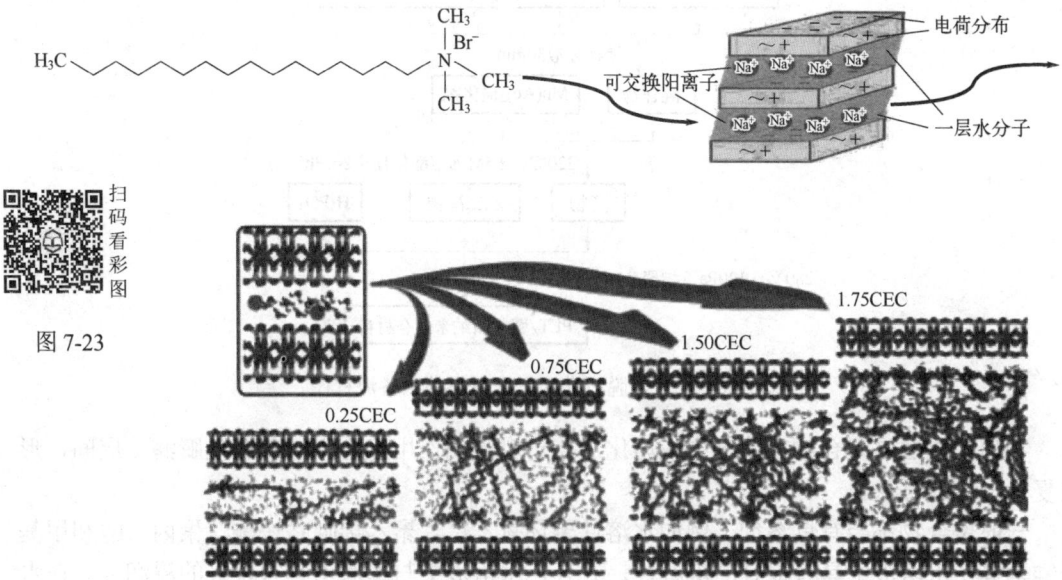

图 7-23

图 7-23　蒙脱石的插层原理和插层后结构变化

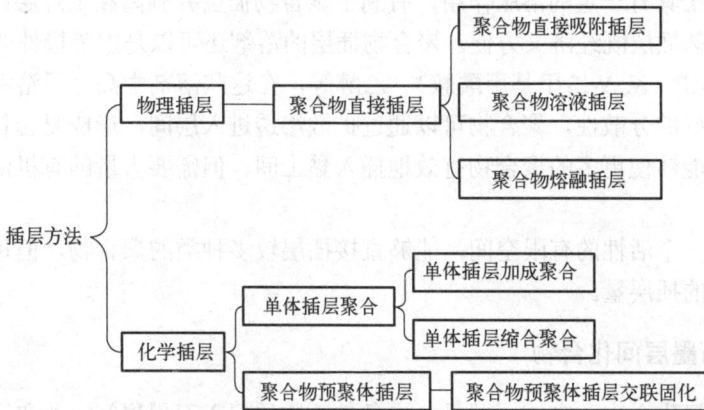

图 7-24　黏土复合材料的制备方法

　　化学插层法是聚合物的原料和预聚物首先插层进入有机膨润土层间，在层间进行聚合反应的方法，下面以单体熔融插层为例介绍。所谓单体熔融插层，就是将有机黏土分散在聚合温度下为液体的单体中，通过相似相容原理，单体插层进入黏土层间并在聚合温度下原位聚合形成复合材料的方法。丙烯酸酯、吡咯等杂环类、苯胺及其衍生物等单体，常温下是液态物质，它们可以被插层到黏土层间，以自由基聚合、化学氧化或电化学聚合机理等形成插层复合材料。

PET（聚对苯二甲酸乙二醇酯）/蒙脱石纳米复合材料的制备就属于此种方法，流程图如图 7-25 所示。即在 PET 聚合原料中分散有机蒙脱石 30min，使单体扩散进入有机蒙脱石的层间，在加入催化剂的情况下升温到 220℃，并减压到 2.5MPa，使单体进行缩聚反应，当反应进行到一定程度后，进一步提高温度，降低压力，提升 PET 的分子量，形成复合材料。乙二醇既为反应物，又起到溶剂的作用，因而此法又可称为溶液插层。

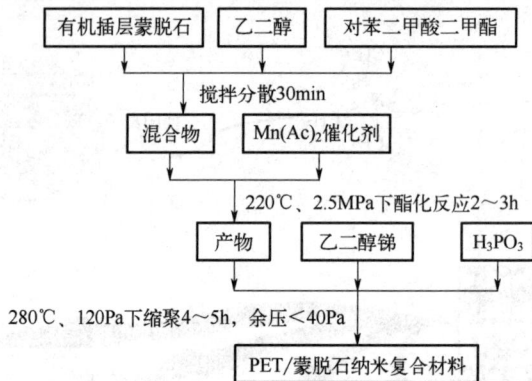

```
┌──────────────┐  ┌────────┐  ┌──────────────────┐
│ 有机插层蒙脱石 │  │ 乙二醇 │  │ 对苯二甲酸二甲酯 │
└──────────────┘  └────────┘  └──────────────────┘
        │              │              │
        └──────────────┼──────────────┘
                  搅拌分散30min
                       │
        ┌──────────┐  ┌──────────────────┐
        │  混合物  │  │ Mn(Ac)₂催化剂 │
        └──────────┘  └──────────────────┘
                       │
        220℃、2.5MPa下酯化反应2～3h
                       │
        ┌────────┐  ┌──────────┐  ┌─────────┐
        │  产物  │  │ 乙二醇锑 │  │ H₃PO₃ │
        └────────┘  └──────────┘  └─────────┘
                       │
    280℃、120Pa下缩聚4～5h，余压＜40Pa
                       │
        ┌────────────────────────────┐
        │   PET/蒙脱石纳米复合材料   │
        └────────────────────────────┘
```

图 7-25　PET/蒙脱石纳米复合材料的制备流程图

物理插层法是聚合物在溶剂中或熔化后在自身流动作用趋势下进入有机膨润土层间，形成复合材料的方法。

一般聚合物都会有良溶剂，例如水溶性聚环氧乙烷、聚乙烯吡咯烷酮、聚丙二醇和甲基纤维素等在水溶液中具有很好的溶解性，并且在水溶液中与膨润土具有较好的浸润性。在水的作用下，聚合物可以在水溶液中直接插入膨润土矿物的层间，形成纳米复合材料。其特点是：水溶液对黏土具有一定的溶胀作用，有利于聚合物插层并剥离黏土片层；插层条件比其他方法温和，水基插层既经济又方便。聚合物插层的溶剂还可以是中等极性的溶剂，如 THF（四氢呋喃）、DMF（N, N-二甲基甲酰胺）、乙醇等，在这些溶剂中高分子溶解良好，而有机膨润土又具有较好的分散性，聚合物可以通过扩散渗透进入层间，形成复合材料。聚合物有机溶液插层方法能够使更多的聚合物有效地插入黏土间，但需要大量的有机溶剂，并且存在环境污染问题。

黏土层间是一个活性的有限空间，能够直接插层较多种类的聚合物，但每一种可插层的聚合物都有一定的插层量。

7.5.2.2　石墨层间化合物

所谓石墨层间化合物（GIC），就是一定条件下物质侵入石墨层间，并在层间与碳原子作用，形成一种不破坏石墨层状结构的化合物。

石墨经过化学处理制成的层间化合物，具有耐高温、抗热震、防氧化、耐腐蚀、润滑性和密封性优良等性能或功能，可制备新型导电材料、电池材料、储氢材料、高效催化剂、柔性石墨，也可作为密封材料的原料，其应用范围已扩大到冶金、石油、化工、机械、航空航天、原子能、新型能源等领域。

（1）石墨层间化合物的分类

石墨层间化合物尚无统一分类，若按插层剂的性质及石墨与插层剂之间的作用力，可以分为3类。

① 离子型或传导型、电荷移动型层间化合物。插层剂与石墨之间有电子得失，可引起石墨层间距离增大，但原来结构不变（碳原子的 sp^2 轨道不变）。离子型层间化合物又可分为供体型（n 型）和受体型（p 型）两种。供体型是插层剂向石墨提供电子；受体型是插层剂从石墨夺取电子，本身成为负离子，卤素、金属卤化物、浓硫酸和硝酸等属于此类。

② 共价型或非传导型层间化合物。插层剂与石墨中碳原子形成共价键结合，碳原子轨道成功杂化。由于共价键结合牢固，石墨失去了电导性，成为绝缘体。石墨层发生了变形，如石墨与氟或氧形成的层间化合物氟化石墨和石墨酸，都形成碳原子 sp 杂化轨道四面体结构。

③ 分子型。石墨与插层剂间以范德华力结合，如芳香族分子与石墨形成的层间化合物。

经化学药剂处理所形成的石墨层间化合物，除石墨酸和氟化石墨外，大多都保持了石墨原有的层状平面结构。

表 7-6 为离子型和共价型层间化合物及主要插层物质。

表 7-6 石墨层间化合物的种类和主要插层物质

种类	嵌入物类型	插层物质
供体型	碱金属	Li、K、Rb、Cs、（Na）
	碱土金属	Ca、Sr、Ba
	稀土金属	Sm、Eu、Yb、Tm
	过渡金属	（Mn、Fe、Ni、Co、Cu、Mo）
	含碱金属的三元体系	$M-NH_3$ M-THF、$M-C_6H_6$[①]
受体型	卤素	Br_2、Cl_2、IC1、IBr
	金属卤化物	$FeCl_3$、$AlCl_3$、$NiCl_2$ 等
	金属氧化物	CrO_3、MoO_3 等
	强氧化性酸	HNO_3、H_2SO_4、$HClO_4$、H_3PO_4 等
	五氟化物	SbF_5（$SbCl_5$）、AsF_5、NbF_5等
共价型		$F[(CF)_n]$[②]、$O(OH)[CO(OH)]$[③]

① M 为碱金属；
② 氟化石墨；
③ 氧化石墨。

（2）石墨层间化合物的结构

石墨层间化合物的结构特点是插层剂沿着平行于石墨层平面方向，在层面之间有规则地插入和有规则地排列，由于插入层间的量和排列方式不同，可用"阶"或"级"来表示插层剂的量和插入方式不同时的结构特点。

I 阶层间化合物：石墨层与插层剂是相间排列，此时插层剂插入量较大。II 阶层间化合物：每隔两层石墨层插入一层插层剂。III 阶层间化合物：每隔三层石墨层插入一层插层剂。其他依次类推。至今已合成 10~15 阶层间化合物。阶数越高，插层剂量越少。层间化合物的存在，使石墨层间距从 3.35 Å 增大到几倍、十几倍，甚至更多。表 7-7 是不同插层剂插入后石墨层间距的变化。石墨层间化合物的性质随其阶数、夹层物种类不同而不同。例如石墨与钾的 I 阶层间化合物 KC_8 呈金黄色，在极低温度下呈现超导作用；但 II 阶 KC_{24} 呈青色，无超导作用。因此，层间化合物种类繁多，性质各异，可供开发的领域广阔。

表 7-7   插层剂插入后石墨层间距的变化

插入物	K	Rb	Cs	Li	H_2SO_4	HNO_3	Br	$FeCl_3$
层间距/Å	5.41	5.65	5.94	3.70	7.98	7.82	7.0	9.38

（3）石墨层间化合物的生成机理

石墨是由 C 形成的典型层状结构化合物，同一层面间的 C 原子以共价键结合，层与层之间的 C 原子依靠范德华力连接。石墨的这一结构特点，为形成或制备层间化合物提供了可能。

虽然同一层面的 C 原子间以很强的共价键连接，但处于层面边缘上的 C 原子，由于存在未配对电子，具有不饱和键，活性较大，成为化学反应的活性中心区域。层与层之间结合力较弱，空隙较大，石墨各层间可以相对滑动，给其他化学物质进入层间并进行化学反应提供了条件。

以离子型层间化合物为例。石墨与碱金属反应，金属原子插入石墨层间，形成石墨金属层间化合物，石墨晶格中的 π 电子体系里增加了一些金属电子，如 $K \longrightarrow K^+ + e^-$，使石墨导电性能有所增加，层间距从 3.35Å 扩大到 6Å。当石墨与 Br_2、Cl_2、Fe_2O_3、MoO_3 等具有氧化性的物质反应时，它们能从石墨中得到 π 电子，使晶格中增加易移动的阴离子和带正电的"孔穴"或生成石墨盐。石墨和强氧化剂硫酸、硝酸、高氯酸、氯酸钾或高锰酸钾、双氧水等反应时，生成氧化石墨。氧原子与碳原子形成了共价键，使石墨层间距扩大。推测其结构为每个氧原子与相邻的两个碳原子结合，形成 $-\overset{|}{\underset{\underset{O}{\diagdown\diagup}}{C}}-\overset{|}{C}-$ 基团。氧原子侵入量主要取决于氧化剂的性质、浓度、温度和反应时间，还与石墨结晶完整程度有关。结晶越完整，氧原子侵入量越多。

（4）石墨层间化合物的制备方法

石墨层间化合物的制备方法可以分为两类：一类是用于制备离子型层间化合物，主要是碱金属离子插入法；另一类是用于制备共价型层间化合物，主要有电化学氧化法和电解法。

① 离子插入法。离子插入法制备的离子型石墨层间化合物主要包括碱金属、卤素及金属卤化物等离子插入生成的石墨层间化合物。

（ⅰ）蒸气吸附法：这是层间化合物最经典的方法，尤其适用于碱金属-石墨层间化合物的合成。金属盐被加热至汽化，金属蒸气被石墨吸收，碱金属离子进入石墨层间，从而生成石墨盐。控制不同温度，可得不同产物。如金属钾温度控制在 300℃，石墨温度分别控制在 308℃和 435℃时，即可分别得到 I 阶和 II 阶钾-石墨层间化合物，即 KC_8 和 KC_{24}。若制备两阶以上层间化合物，石墨和金属需要准确配方，所用石墨原料应预先加热和排气处理。最终产物种类和反应速率除与石墨和金属钾的温度有关外，也与容器的结构有关。碱金属、碱土金属、稀有金属及卤素、金属卤化物夹层剂均可用类似方法进行处理。

（ii）粉末冶金法：将一定数量的金属和石墨粉末在真空条件下混合均匀，挤压成型，然后在惰性气氛中热处理，可以合成Ⅰ～Ⅵ阶层间化合物。例如，Ⅰ阶碳化锂、石墨钡化合物和石墨钠化合物。将钠和石墨混合后，在400℃加热1h，即得深紫色NaC_{64}化合物。

（iii）浸溶法：将金属盐溶于某些非水溶剂中，然后与石墨反应。常用的溶剂有液氨、$SOCl_2$、有机溶剂（如苯、萘、菲等芳香烃）、甲胺、六甲基磷酰胺等。例如在碱金属和芳香烃络合物四氢呋喃溶液中放入一定量石墨粉，可生成碱金属-石墨-有机物三元层间化合物。又如，将石墨粉加入Li、Na的六甲基磷酰胺（HNPA）溶液中浸泡，即能生成一种三元层间化合物LiC_{32}（HNPA）和NaC_{27}（HNPA），石墨层间距扩大到7.62Å。

（iv）加热混合法：将一定数量的金属卤化物和石墨混合均匀，一起加热反应。如将石墨粉、三氯化铝粉均匀混合，通入氯气加热至265℃时，活化的氯与三氯化铝粉一起进入石墨层间，生成Ⅰ～Ⅳ阶石墨层间化合物，如C_9AlCl_3（Ⅰ阶）、$C_{18}AlCl_3$（Ⅱ阶）、$C_{36}AlCl_3$（Ⅳ阶）。将Ⅰ阶石墨层间化合物C_9AlCl_3加热至440℃时，$AlCl_3$可部分逸出，形成类似Ⅲ阶的化合物（$C_{24}AlCl_3$）。

② 电化学氧化法。电化学氧化法包括强酸、强氧化剂、过硫酸铵及电解氧化法等，主要用来制备共价型石墨层间化合物。

（i）强氧化剂法：将石墨浸入浓硝酸、硝酸盐、铬酸钾、重铬酸钾、高氯酸及其盐类等氧化剂中，生成石墨层间化合物。经过脱酸、洗涤至中性并干燥后即得产品。例如：用混合比例为（1～9）∶1（质量比）的浓硫酸和浓硝酸混合浸泡石墨，可在石墨层间生成石墨氧化物。将这种石墨氧化物脱酸、洗净、干燥，即得产品。目前工业上广泛应用的可膨胀石墨（酸化石墨）主要由此法制得。

（ii）过硫酸铵法：用过硫酸二铵盐类[$(NH_4)_2S_2O_8$]（称过硫酸铵）和浓硫酸的混合液浸泡石墨，其混合质量比为10∶90～40∶60。将石墨粉浸入上述溶液中10～60min，石墨层间化合物即可形成，经过脱硫酸、水洗、过滤和干燥即得产品。

（iii）电解氧化法：上述的强酸和强氧化剂法虽然工艺简单、处理量大，但存在酸性污染。电解氧化法则可以解决强酸污染问题。电解氧化法是在特制的电解槽内进行。将石墨粉与含层间浸入剂的电解液放入电解槽中，将电极通以直流电，同时搅拌槽内溶液，石墨层间化合物即可形成。常用的电解液有硫酸、硝酸、高氯酸、三氯乙酸等。这种方法虽然仍使用强酸，但浓度低，因此污染较小。

7.5.3 多孔材料改性

吸附与催化材料是广泛应用于石油、化工、轻工、环保、生物等领域的功能性粉体材料。这一类粉体材料包括吸附剂、催化剂和载体，一般有较大的比表面积、一定的孔体积和孔径分布以及较高的化学活性和选择性。因此，许多吸附和催化材料要进行适当的表面处理或表（界）面改性。

海泡石是一种富镁纤维状硅酸盐黏土矿物。主要为硅（Si）和镁（Mg），其化学式可表示为$Mg_8(H_2O)_4[Si_6O_{16}]_2(OH)_4 \cdot 8H_2O$，其中$SiO_2$含量（质量分数）一般在54%～60%之间，MgO含量多在21%～25%范围内，并有少量置换阳离子，如Mg^{2+}可被Fe^{2+}或Fe^{3+}、Mn^{2+}等置换。在其结构单元中，硅氧四面体和镁氧八面体相互交替，具有层状和链状结构的过渡特征，单元层与单元层之间有孔道（详见图7-26）。产地不同的海泡石，化学组成亦不相同，但其结构单元均为硅氧四面体与镁氧八面体交替成具有 0.38nm×0.94nm 大小的内部通道结构。海泡石的特殊结构决定了它具有良好的吸附催化性能。

与传统的催化材料 Al_2O_3 相比，海泡石不仅具有较高的比表面积，且具有类分子筛的特性。因此，工业上常用它作活性组分 Zn、Cu、Mo、W、Fe、Ca 和 Ni 的载体，用于脱金属、脱沥青、加氢脱硫及加氢裂化等过程。另外，也被直接用作一些反应的催化剂，如加氢精制、加氢裂化、环己烯骨架异构化及乙醇脱水等反应。但是，天然海泡石酸性极弱，因此很少直接用来作催化剂，常要对其进行表面改性后才能应用。目前研究最多的表面改性方法是酸处理和离子交换改性，其次是有机金属配合物改性及矿物改性。

（1）酸处理改性

Mg^{2+} 是弱碱，遇弱酸会生成沉淀而沉积于海泡石的微孔结构中，故目前酸处理均为强酸（如 HNO_3、H_2SO_4 及 HCl 等）。不同强酸对海泡石的处理机理相同，均为 H^+ 取代骨架中的 Mg^{2+}，可用图 7-27 表示。由图可见，海泡石经酸处理其 Si—O—Mg—O—Si 键变成了两个 Si—O—H 键，即出现了"撤开"状态的结构，此时内部通道被连通，比表面积增大。用盐酸对海泡石进行处理，比表面积得到极大提高，孔径由<2nm 的微孔发展为 2～5nm 的中孔。脱镁历程就单位晶胞而言，是从八面体边缘位置开始逐渐向中间位置深入；就整个纤维体而言，是一部分滑石片段单元完全脱镁引起晶内通道连通并向中孔发展。不完全脱镁产物具有宏观上的不均匀性，完全脱镁产物保持了未脱水缩合的结构状态。这种扩展或转变的过程是不均匀的，其机理可用图 7-28 表示。

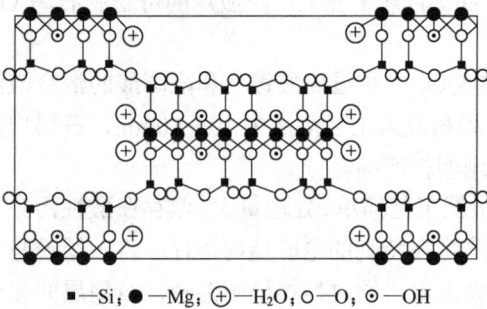

■—Si；● —Mg；⊕—H₂O；○—O；⊙ —OH

图 7-26　海泡石单位晶胞在[001]面的投影

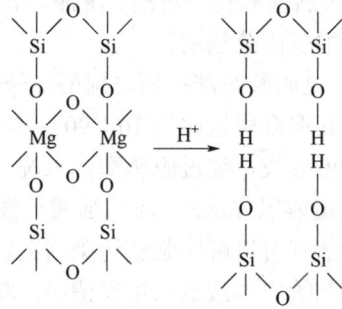

图 7-27　强酸对海泡石的处理机理示意图

海泡石的比表面积与脱镁率密切相关。用盐酸处理海泡石的研究结果表明，当脱镁率为 36%时，改性海泡石的比表面积可达 $554.4m^2/g$。随着脱镁率的提高，海泡石的微孔向中孔和大孔方向扩展，晶体结构也相应变为硅氧四面体结构。

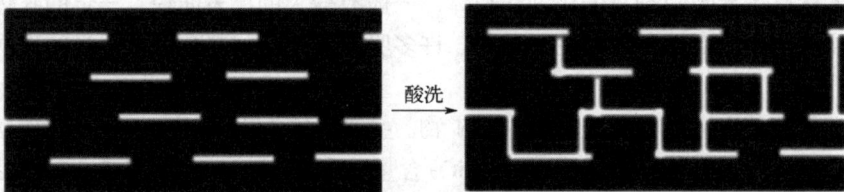

图 7-28　海泡石通道的扩展机理（白色为孔道）

酸处理过程中，酸浓度、处理时间及处理温度对海泡石的结构有较大影响。酸浓度越大，处理温度及时间越长，脱镁产物越接近硅氧四面体；反之，海泡石晶型并无较大改变。随着焙烧温度的升高，海泡石的比表面积迅速下降。这说明，一方面随着镁的溶解，不断产生新的内表面，比表面积增大；另一方面新生的 Si—OH 基团间相互作用不断加强，甚至彼此形成缩合物使比表面积降低。

用强酸处理海泡石的主要作用是：提高海泡石的比表面积和抗热性，用来制备高比表面积的催化剂和催化剂载体；改变孔径分布，调整孔径大小，使之对特定的反应具有适宜孔径和高的比表面积；增加表面酸中心数量，这对需酸中心催化骨架异构化及歧化反应十分有利。

环己烯骨架异构化（CSI）反应表明，酸处理海泡石较天然海泡石能更有效地催化 CSI 反应。经 H_2SO_4 处理的海泡石活性比天然海泡石高 6 倍，且催化活性与表面酸性几乎呈线性关系。

（2）离子交换改性

如 H^+ 取代 Mg^{2+} 一样，金属离子亦可进入海泡石晶格取代镁，如图 7-29 所示。离子交换改性克服了酸处理使海泡石结构变化的后果，却不能增加海泡石的比表面积，然而金属离子取代八面体边缘的镁离子可使海泡石产生中等强度的酸性或碱性。将 Al^{3+} 引进海泡石时发现，海泡石的结构在 Al^{3+} 取代前后并无较大改变，然而吡啶吸附研究表明，Al^{3+} 的引入不仅能增加海泡石表面 L 酸中心数量（能接受电子的中心），而且能诱发 B 酸中心（提供电子的中心）。乙醇脱水实验表明，铝交换海泡石催化剂的催化活性是天然海泡石活性的 200 倍。将 Cu^{2+} 引入海泡石，结果表明，海泡石的表面酸性及结构并无重大的变化，这可能是 Mg^{2+} 及 Cu^{2+} 直径相近之故。

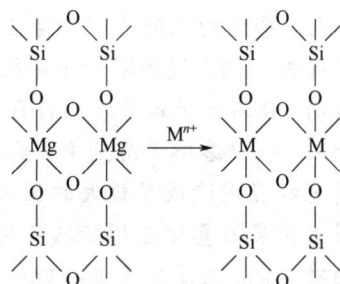

图 7-29 海泡石晶格离子交换机理

综上所述，高价金属离子的引入能诱发强的表面酸性，其主要原因是：高价金属离子配位数多，难饱和，易接受外来电子（L 酸中心）；高价金属离子半径小，电荷密度高，极化能力强，易诱发周围的水或羟基等基团产生形变（B 酸中心）。所以对引进不同价态的阳离子来说，离子价态高的离子能诱发更强的酸中心；对同族金属阳离子而言，离子半径越小，电荷密度越高，交换后海泡石的酸性越强。

与之相反，低价金属离子的引入能产生强碱中心。用离子交换法制备了碱金属海泡石催化剂，发现碱金属-海泡石的碱性与碱金属的电负性成反比关系，即金属的电负性越低，交换海泡石的碱性越强，反之则碱性越弱。一般认为，金属的电负性越小，其接受电子的能力越弱，给电子能力越强，故八面体中 O 原子的电荷密度亦越高，相应的碱金属-海泡石碱性也越强。故碱金属-海泡石的碱性大小顺序为 Cs-海泡石＞Rb-海泡石＞K-海泡石＞Na-海泡石＞Li-海泡石。

总之，高价金属离子 M^{n+}（$n>2$）取代海泡石骨架中的 Mg^{2+} 能增加海泡石表面的酸性；同价金属离子 M^{2+} 取代 Mg^{2+} 时，海泡石的结构及表面酸性无显著变化；当海泡石中的 Mg^{2+} 被低价的碱金属阳离子取代时则增加了海泡石表面的碱性。

（3）有机金属配合物改性

有机金属配合物对黏土的改性通常是配位体与黏土层中的金属离子通过键合或取代部分阳离子而使有机金属得以固定，它对制备低负载量、高分散度的贵金属催化剂有较大的经济价值。但有机金属配合物易形成多聚体，且制备条件苛刻，故用金属配合物对海泡石的改性研究相对较少。用 $Pd(C_2H_5)_2$ 对海泡石进行改性，并将其用于苯乙烯的二聚合反应的研究，结果表明，Pd 海泡石催化剂具有很高的催化活性。研究也发现，配合物 $Pd(C_3H_5)_2$ 的水合物稳定性差，易形成二聚物，在催化上述反应时易还原成纯 Pd 物相。另外，经 Pd 配合物处理的 Al_2O_3、MgO、SiO_2 及 NaY 分子筛对上述反应无活性。

📖 **拓展阅读**

填料新宠——石墨烯的改性

石墨烯是碳原子在二维空间紧密排列成的层状结构材料，它是继零维足球烯、一维碳纳米管及三维金刚石外一种新的碳的同素异形体。

在石墨烯的应用过程中存在着一个问题，即在石墨烯的分散过程中，由于完整结构的石墨烯由含稳定键的苯六元环组成，化学稳定性高，表面呈惰性状态，与其他介质相互作用较弱，且石墨烯各片层间存在很强的分子间作用力，导致片层极易堆叠在一起而难以分散开来，很难溶解于溶剂中，更难与其他有机或无机材料均匀地复合。这给石墨烯的进一步研究和应用造成了极大的困难，因而改善石墨烯分散性及其与各种溶剂和材料的相容性成为扩展石墨烯应用领域亟待解决的问题。解决上述问题的一种有效方法是对其进行表面功能化。石墨烯表面功能化是在非完美石墨烯表面的缺陷处，通过共价键、非共价键连接而引入特定的官能团，使石墨烯表面某些性质发生改变。该方法能达到的效果有：改善石墨烯的分散性；提高材料的表面活性；赋予其新的物理、化学特性；改善石墨烯与其他物质的相容性。

（1）共价键功能化

由于石墨烯的边缘部位和缺陷处具有较高的反应活性，在这些部位通过共价键连接一些适宜的基团是一种有效的表面功能化方法，即共价键功能化。制备过程中通过化学氧化方法对石墨烯进行酸化处理得到氧化石墨烯（graphene oxide，GO），石墨烯氧化物中含有大量羧基、羟基和环氧基等活性基团，因而可以利用这些基团与其他分子之间的化学反应对石墨烯表面进行共价键功能化。图 7-30 为石墨烯表面进行硅烷化改性或石墨烯表面包覆 SiO_2 薄层的示意图。从图中可以看到，氧化石墨烯表面含有的羟基可以和硅烷进行反应形成 Si—O—C 化学键。赋予石墨烯新的性能，如低介电性能、层间绝缘性等。

（2）非共价键功能化

由于石墨烯本身为高度共轭体系，其易于与同样具有 π-π 键的共轭结构或者含有芳香结构的小分子和聚合物发生较强的 π-π 相互作用。例如在星型聚丙烯腈的 N,N-二甲基甲酰胺溶液中用水合肼还原氧化石墨烯得到均匀稳定的溶液，并且放置很长时间无沉淀。通过对产物进行红外光谱、核磁共振谱、凝胶渗透射谱、扫描电镜表征分析，发现三亚苯结构和石墨烯之间是通过 π-π 键相互作用，成功地对石墨烯实现了功能化。

石墨烯功能化改性后可提高其在不同体系中的分散性和相容性，在其复合材料中，少量添加就可显著提高材料的性能，致使制备的复合材料在催化、吸附、涂料、防腐、能源等各个领域获得关注和应用。

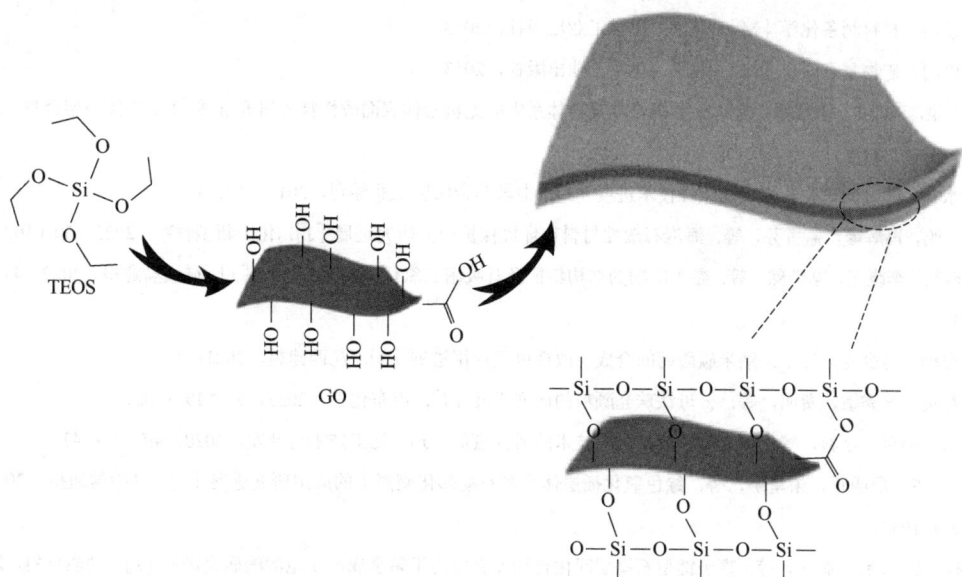

图 7-30 氧化石墨烯表面包覆二氧化硅的反应示意图

思考题

1. 粉体表面改性的研究内容有哪些？
2. 粉体表面化学改性方法有哪些？
3. 粉体表面物理改性的方法有哪些？
4. 表征粉体溶液中悬浮稳定性的方法有哪些？
5. 表征粉体粒径和形貌的方法都有哪些？
6. 粉体表面改性的类型包括哪些？
7. 硅烷偶联剂改性注意事项是什么？
8. 表面活性剂、有机低聚物的改性机理是什么？
9. 请给出沉淀包覆的具体离子和改性机理。

10. 请给出一种湿法制备珠光云母的原料、制备流程和改性成功表征方法，并说明原料选择依据，实施注意事项。

11. 对海泡石酸处理改性能达到什么效果？酸处理改性的作用是怎样的？

12. 描述用十六烷基三甲基溴化铵湿法插层改性蒙脱石的大致过程、注意事项以及如何表征改性效果。

13. 请说明以乙二醇为原料、对苯二甲酸二甲酯为单体、有机改性蒙脱石为添加剂制备复合材料方法的机理及优缺点。

14. 从结构角度分析石墨为什么能够进一步形成层间化合物。

15. 制备石墨烯-聚酰亚胺复合材料过程中，为了实现石墨烯在聚合物中均匀分散，需要开展哪些工作？

参考文献

[1] 张以河. 材料制备化学 [M]. 北京：化学工业出版社，2013.

[2] 张以河. 矿物复合材料 [M]. 北京：化学工业出版社，2013.

[3] 金广泉，李训生，陈雪娟. 无机粉体/聚合物复合体系中的无机粉体表面改性技术研究进展 [J]. 胶体与聚合物，2015，33（3）：131.

[4] 郑水林. 非金属矿物粉体表面改性技术进展 [J]. 中国非金属矿工业导刊，2010（1）：1.

[5] 谷一鸣，冯辉霞，孟雪芬，等. 海泡石改性材料在环境保护中的研究进展 [J]. 化工新型材料，2022，50（10）：15.

[6] 李瑞红，李晓玉，李浩然，等. 黏土矿物的结构特征及其吸附二氧化碳的研究进展 [J]. 硅酸盐通报，2022，41（1）：141.

[7] 文自桢，马少立，段平. 纳米碳酸钙的合成、改性以及应用进展 [J]. 江西建材，2021：1.

[8] 熊燕英，李秀敏，费明，等. 云母钛珠光颜料的研究进展 [J]. 山东化工，2023，52（19）：82.

[9] 孙松，孙斌，李科，等. 珠光颜料液相沉积技术的研究进展 [J]. 化工技术与开发，2020，49（9）：43.

[10] 王伟杰，詹明哲，朱星宇，等. 绿色氧化插层体系在石墨膨化剥离中的应用研究进展 [J]. 硅酸盐通报，2023，42（3）：1037.

[11] 柳小玄，李铮，韩飞，等. 离子键型石墨层间化合物及其应用于碱金属离子电池的研究进展 [J]. 功能材料，2021，52（6）：06047.

[12] 张汀兰，曾雄丰，王梦幻，等. 高岭土插层改性的现状与研究进展 [J]. 山东陶瓷，2016，39（4）：7.

[13] 周萍，李明，武元鹏. 聚合物/膨润土纳米复合材料的研究进展 [J]. 功能材料，2022，53（7）：07058.

第8章

材料助剂

8.1 助剂概述

助剂又称添加剂。广义地讲，助剂泛指某些材料和产品在生产和加工过程中为改进生产工艺和产品的性能而加入的辅助物质；狭义地讲，加工助剂是指那些为改善某些材料的加工性能和最终产品的性能而分散在材料中，对材料结构无明显影响的少量化学物质。

助剂是精细化工行业中的一大类产品。它能赋予制品以特殊性能，延长其使用寿命，扩大其应用范围，能改善加工效率，能加速反应过程，提高产品收率。此外，助剂广泛应用于化学工业，特别是有机合成，塑料、纤维、橡胶等三大合成材料的制造加工，以及石油炼制、纺织、印染、农药、医药、涂料、造纸、食品、皮革等精细化工工业部门。人们又称助剂为"工业味精"。

以塑料为例，如聚氯乙烯的加工温度和分解温度很接近，如果不用热稳定剂，就无法加工，从而丧失实用价值；又如聚氯乙烯是极性聚合物，分子堆积程度高，为脆硬物，如果不加增塑剂，就不能制成软质聚氯乙烯；聚乙烯和聚丙烯在室外使用时非常容易老化，不加抗氧剂及光稳定剂，其使用寿命大为缩短，聚丙烯在 150℃下，只需 0.5h 左右就严重老化，无法加工成制品，添加适当稳定剂后聚丙烯在上述温度下的老化寿命可以提高到 2000h 以上，从而使其获得迅速发展。没有阻燃剂、抗静电剂，塑料就无法用于航空航天、电子电器、建筑、交通等部门；没有染料或颜料之类的着色剂，塑料制品就会因色调单一而失去商品竞争价值。由此可见，没有助剂的配合，就没有塑料工业的发展。

助剂在量和质上的基本特点是小批量、多品种、具有特定功能、形态各异、添加量不一、复配使用。从助剂的化学结构看，既有无机物，又有有机物；既有单一的化合物，又有混合物；既有单体，又有聚合物。因此，助剂的分类是比较复杂的。大致有以下几种分类方法。按应用对象助剂主要可以分为高分子材料助剂、纺织染整助剂、石油工业用助剂、食品工业用添加剂。助剂按使用范围一般可分为合成用助剂和加工用助剂两大类。助剂按作用功能分类可分为 3 大类，分别为改善材料化学性能的助剂、改善材料加工性能的助剂和改善材料工程力学性能的助剂。本教材就按助剂的作用功能介绍。

8.2 改善材料化学性能的助剂

8.2.1 材料的稳定剂

8.2.1.1 高分子材料的老化

有机高分子材料在成型、贮存、长期使用过程中，会因各种外界因素（如光、热、氧、射线、细菌、霉菌等）的作用，而引起主要组分及聚合物内部结构发生变化，从而导致降解或交联，性能变坏，并逐渐失去应用价值，这种现象称为材料的老化。材料的老化是一种不可逆过程。这类现象在日常生活中随处可见，如塑料雨衣日久使用后会渐渐发脆；鲜艳的塑料花会渐渐失去原来的颜色，发脆；地下的电缆，天长日久会发霉变质……凡此种种皆是材料老化的表现。

材料老化的表现概括起来包括外观的变化、内部结构的变化和性能的变化。

（1）外观的变化

材料外观的变化主要表现为制品的表面发暗、变色、发黏、变形、出现斑点、裂纹、脆化、长霉等；金属材料表面锈蚀；无机材料失去光泽、退色等。

（2）内部结构的变化

有些材料在使用过程中材料外观变化的同时，内部结构也发生了变化，例如一些高分子发生裂解，或在光热作用下发生交联等。

（3）性能的变化

材料从外观上没有肉眼可见的变化，但材料的性能发生显著变化也是老化的表象，例如物理及化学性能的变化：溶解性、熔融指数（M_1）、玻璃化转变温度（T_g）、流变性、耐热性、耐寒性、折射率、相对密度等的变化。力学及电性能等应用性能的变化：抗张强度、抗压强度、抗冲强度、疲劳强度、模量、硬度、表面电阻、体积电阻、介电常数、击穿电压等的变化。

引起上述变化的原因是多种多样的。概括起来有内在因素（如聚合物的结构、加工时选用的助剂种类和用量、加工方法等）和外界作用。即物理的有光、热、应力、电场、射线等的作用；化学的有氧、臭氧、重金属离子、化学药品等的作用；生物的有微生物、虫、鼠等的破坏等。其中最重要的外部影响是热、氧、光。为了延长高分子材料的使用寿命，抑制或延缓其老化所采用的措施，称为高分子材料的稳定。其方法通常是在高分子材料中加入一类称为稳定剂的物质，它包括热稳定剂、抗氧剂、光稳定剂等。

高分子的老化往往发生在弱键的位置，高分子材料中化学键的键能如表 8-1 所示。当环境给予材料的能量达到化学键断裂或键合的范围，材料结构就要发生变化，产生老化。

表 8-1 一些化学键键能

键	键能/（kJ/mol）	键	键能/（kJ/mol）
O—O	146.7	C—N	305.9

键	键能/（kJ/mol）	键	键能/（kJ/mol）
C—Cl	339.4	O—H	465.1
C—C	347.8	C—F	431.6～515.4
C—O	360.3	C=C	611.7
N—H	389.7	C=O	750.0
C—H	414.8	C≡N	892.5

8.2.1.2　高分子材料的热老化和稳定

为防止高分子材料在热和机械剪切等作用下引起的降解所采用的措施称为高分子材料的热稳定。为达此目的而加入的一类物质称热稳定剂。对于耐热性差，容易产生热降解的聚合物，如聚氯乙烯及氯乙烯共聚物，在加工时必须采用添加热稳定剂的措施，以提高其耐热性，使其在成型加工过程中尽量不分解，并保持制品在贮存和使用过程中的稳定。

聚氯乙烯是一种线型聚合物，T_g 为 87℃，其塑化温度为 130～150℃，由于分子对热极不稳定，在空气中加热至 100℃时，就开始轻微降解，150℃时降解加剧并放出能催化降解反应的氯化氢，使加工无法进行。为了解决加工温度高于降解温度的问题，必须加入热稳定剂。为此，需要掌握和了解聚氯乙烯的降解机理及热稳定原理。

（1）聚氯乙烯的热降解机理

聚氯乙烯分子的理想主链结构，应是每一氯原子连接在仲碳原子上，这种理想结构对热应该是稳定的。然而，分子内还存在着支链结构、端基双键、烯丙基氯、残留的引发剂残基等，端基双键是自由基双基终止的结果，引发剂残基是引发剂引发聚合时链接到高分子的结构，这些结构是以热分解型引发剂引发氯乙烯正常聚合形成的，是不可避免。因此分子链上有许多薄弱点，聚氯乙烯结构不稳定。其分子结构可表示为：

$$
\begin{array}{c}
\text{O}\\
\|\\
\text{R—C—O—CH}_2\text{—CH—CH}_2\text{—C—CH}_2\text{—CH—CH}_2\cdots\text{—CH—CH=CH(端基双键)}
\end{array}
$$

（引发剂残基）　　　｜　　　　｜　　　｜　　　　　　　　　　　　｜
　　　　　　　　　Cl　　　Cl　CH₂（烯丙基氯）　Cl　　　　　　　　Cl
　　　　　　　　　　　　　　　｜
　　　　　　　　　　　　　Cl—CH

聚氯乙烯的热降解反应是链锁反应，分子中不断脱出氯化氢。随着脱氯化氢反应的进行，主链上逐渐出现共轭双键，成为多烯结构，颜色也逐渐由白色变为黄色、红色、棕色，直至黑色。当分子中有 7～8 个共轭双键时，即呈现出颜色；共轭双键大于 10 个时就开始变黄。若有羰基，对变色影响更大。

聚氯乙烯的降解机理有自由基机理、离子机理和单分子机理三种解释，另外，还有分子-离子和分子-自由基的论点。因为影响因素较多，又互相制约，所以聚氯乙烯的热降解是一个复杂的过程，这一直是人们需研究、探索的一个课题。现仅就自由基机理、离子机理概述如下。

① 自由基机理。自由基机理认为聚氯乙烯分子中的不稳定部分如不饱和的链端双键，会使邻近键变弱，断裂产生自由基。以 R 表示体系形成的自由基。一旦自由基形成，自由基就会进攻聚氯乙烯弱键（紧邻含氯叔碳上的氢），形成 HCl 和氯自由基，而 HCl 为自由基降解反应的催化剂，使反应迅速进行，材料性能迅速恶化。

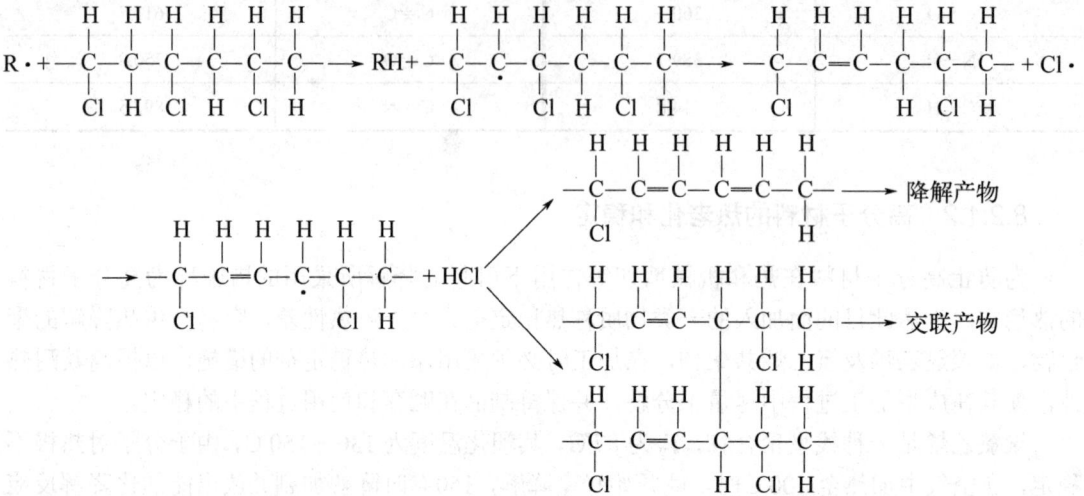

② 离子机理。离子机理认为 PVC 在氮气中的热降解反应是按离子型反应机理进行的，可表示为：

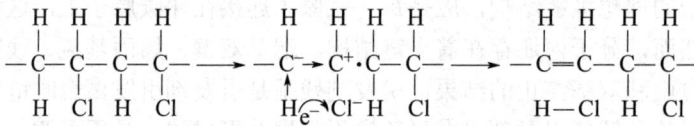

PVC 热降解脱氯化氢的引发，开始于 C—Cl 极性键。氯原子是电负性极强的原子，由于诱导效应，C—Cl 键间共同电子偏向氯而发生极化，使碳原子带正电荷，同时也使相邻的亚甲基上的氢原子带有诱导电荷 δ，氢原子与 Cl 相互吸引，形成四个离子络合的局面。随后活化络合物的环状电子转移，形成离子四点过渡状态，然后氯离子吸引氢离子成为氯化氢而脱除，同时在 PVC 链上产生双键。双键形成后，相邻氯原子上的电子云密度增大，更有利于进一步脱除氯化氢。按上述过程重复下去最终形成单键-双键相间隔的共轭体系，而显出各种颜色。

自由基机理、离子机理以及单分子机理三种理论从不同的角度解释了 PVC 的热降解机理，尽管都有某些局限性，但在一定程度上揭示了本质问题，一致认为降解时要脱出氯化氢，成为多烯结构。而氯化氢能加速 PVC 的降解，造成又产生氯化氢催化降解的恶性循环。因此，阻止或消去氯化氢的产生，将是 PVC 稳定化的基础。由于过程复杂，影响因素较多（树脂本身的结构、所含杂质以及外界条件的影响），PVC 热降解机理复杂，致使热稳定的机理也很复杂。

（2）高分子的稳定

综合目前的研究，认为要消除或避免 PVC 的降解，外加稳定剂的作用主要如下。

① 捕捉降解时放出的氯化氢，抑制其自动催化作用，生成非离子型产物；

② 置换 PVC 分子中不稳定的烯丙基氯原子或叔碳原子，抑制氯化氢的脱出；

③ 使多烯结构发生加成还原氧化或自由基反应，破坏其大共轭体系的形成，减少带色；

④ 捕获自由基，防止氧化；

⑤ 钝化具有催化作用的金属氯化物。

当加入的稳定剂不同时，其将以不同的机理对高分子进行稳定。

① 金属皂类。金属皂可与 PVC 的不稳定氯原子发生反应，从而抑制其脱氯化氢的反应。例如，以稳定的化学基团置换烯丙基氯原子，可增加大分子的稳定性，抑制其降解反应：

$$M(OCOR)_2 + \sim CH_2-CH=CH-CH\sim \longrightarrow \sim CH_2-CH=CH-CH\sim + ROCOMCl$$

金属皂也可与 PVC 降解产生的 HCl 反应，抑制对 PVC 降解的催化作用，反应可分两步：

$$M(OCOR)_2 + HCl \longrightarrow ROCOH + ROCOMCl$$
$$ROCOMCl + HCl \longrightarrow ROCOH + MCl_2$$

② 有机锡类。有机锡的稳定原理与金属皂稍有所不同。在有机锡的作用下，PVC 分子链中的不稳定氯原子与其形成了配位络合物。然后，氯原子与有机锡中的羧酸酯基进行置换反应：

R=烷基；y=酯基

在这一过程中，当有氯化氢存在时，配位键易发生断裂，将稳定的酯基留在 PVC 大分子链上，从而抑制了进一步脱氯化氢的降解反应。

③ 环氧化合物。环氧化合物可能与 PVC 链上的双键、烯丙基氯、降解产生的氯化氢等反应，如：

根据实验知，环氧化合物的稳定能力很高，但其作为 HCl 接受体的能力却较差，因此需与强的 HCl 接受体（如重金属羧酸盐等）结合使用，效果才更显著。

④ 亚磷酸酯。亚磷酸酯能防止 PVC 大分子初期带色，改善其热稳定性，这是因为亚磷酸酯能与 PVC 的烯丙基氯发生置换反应：

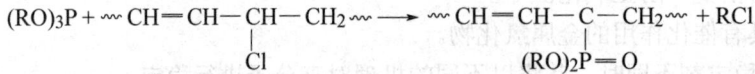

$$(RO)_3P + \text{\textasciitilde}CH{=}CH{-}\underset{\underset{Cl}{|}}{CH}{-}CH_2\text{\textasciitilde} \longrightarrow \text{\textasciitilde}CH{=}CH{-}\underset{\underset{(RO)_2P{=}O}{|}}{C}{-}CH_2\text{\textasciitilde} + RCl$$

另外，前述的金属皂类稳定剂在与稳定 PVC 时产生的 HCl 作用后，生成的金属氯化物与 PVC 相容性差，会影响制品的透明性。而亚磷酸酯可螯合这些金属离子，改善其透明性：

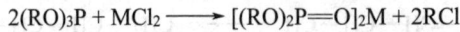

$$2(RO)_3P + MCl_2 \longrightarrow [(RO)_2P{=}O]_2M + 2RCl$$

除此之外，亚磷酸酯还具有可以与 PVC 降解产生的多烯结构及自由基作用的性能及抗氧性能等，可抑制 PVC 的降解，并可钝化 PVC 中的杂质。

⑤ 不饱和酸的盐或酯。由于这类稳定剂中含有双键，可与 PVC 降解产生的共轭双键发生双烯加成反应，从而破坏共轭结构，抑制变色等。

⑥ 钡镉复合稳定剂。镉皂、锌皂等虽有较强的置换不稳定的氯原子的能力，但生成的氯化镉、氯化锌等有活化 PVC 链上 C—Cl 键，促进其脱氯化氢的作用，这一点是不利的，应尽力除去。钡皂、钙皂、镁皂等情况则相反。为此，将两类皂搭配使用，可起协同效应，从而避免上述不利情形发生。

8.2.1.3 高分子材料的光氧化和稳定

（1）光稳定剂

高分子材料长期暴露在日光或短期置于强荧光下，吸收了紫外光能量，引发了自动氧化反应，导致塑料的主要组分降解，使得制品变色、发脆、性能下降，无法再用，这一过程称光氧化或光老化。凡能抑制或减缓这一过程进行的措施，称为光稳定。所加入的物质称光稳定剂或紫外光稳定剂。

光稳定剂对于防止或减缓塑料老化，延长其贮存和使用寿命是十分有效的。用极少量（0.01%～0.5%）就可达到目的。因此，光稳定剂在塑料农用薄膜、塑料建材、医用塑料等户外使用的制品中得到广泛应用，已成塑料中不可缺少的组分。

（2）高分子材料的光老化机理

从太阳发射出的辐射线，其电磁波谱是非常宽的，波长从 200nm 以下一直延续到 10000nm 以上。但在通过空间和高空大气层时，滤掉了 290nm 以下和 3000nm 以上的射线，实际照射到地球表面的为 290～3000nm 的光波，即波长较短的紫外线（290～400nm）和大部分可见光（400～800nm），以及波长较长的红外线（800～3000nm）。据统计，其组成大致为紫外线强度 68W/m²，比例为 6.1%；可见光强度累计 329W/m²，比例为 51.8%；红外线 42.1%。紫外线虽然只占很小，但其能量却是很大的。根据爱因斯坦光化学法则，光的吸收是以光量子为单位进行的，即以一个分子或一个原子一次吸收一个光量子的方式进行。为了实用方便，一般把 1mol 光量子的能量叫作 1 爱因斯坦：

$$E = Nh\nu = N(hc)/\lambda \tag{8-1}$$

式中，N 为阿伏加德罗常数，6.024×10^{23}；h 为普朗克常数，6.624×10^{-27}；ν 为光波的频率，s^{-1}；c 为光速，2.998×10^{10}cm/s；λ 为波长，nm。

根据公式（8-1）可算出日光中各种波长的能量（爱因斯坦值），见表 8-2。辐射线的能量与波长成反比，波长越短，射线的能量越大。紫外线的波长最短，其能量最高，它对聚合物的破坏性也大。

表 8-2　日光中各波长的能量

波长/nm	光线区域	能量/（kJ/mol）	波长/nm	光线区域	能量/（kJ/mol）
1000	红外线	119	400	可见光下线	297.9
800	可见光上线	148.8	300	紫外线	397.1
700	红	170.4	200	紫外线	595.8
600	黄	198.3	100	紫外线	1191.7

从表 8-1 和图 8-1 可看出有机化合物的键能通常为 293.1～418.7kJ/mol，故很容易为紫外线所破坏。但材料对紫外线是有选择性的，醛和酮 $C=O$ 吸收的波长范围是 280～300nm，双键 $C=C$ 吸收的波长是 230～250nm，羟基—OH 是 230nm，单键是 135nm。因而照射到地面的紫外光只能被含有羰基或双键的高聚物吸收，引起光氧化反应。此外，聚合物长期暴露在大气中，经常受到气温影响，日晒雨淋以及臭氧、氧气、二氧化碳、硫化氢等的作用，故老化更加迅速。各种塑料对光敏感的波长见表 8-3。

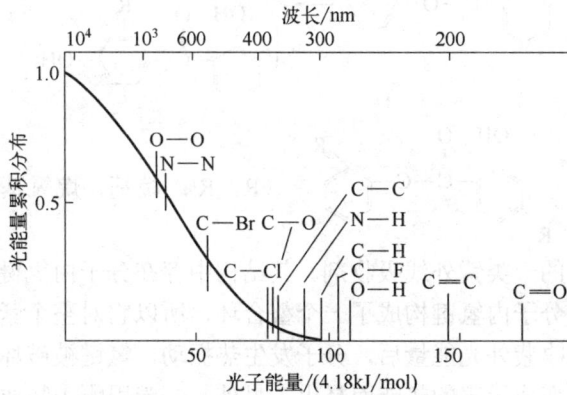

图 8-1　日光的能量分布与化学键的键强度

表 8-3　各种塑料对光敏感的波长

塑料名称	敏感波长/nm	塑料名称	敏感波长/nm
聚乙烯	300～310，340	聚氨酯	350～415
聚丙烯	290～300，330，370	聚甲醛	300～320
聚氯乙烯	320	聚碳酸酯	295
聚酯	325	聚甲基丙烯酸甲酯	290～315
氯乙烯-醋酸乙烯共聚物	322～364	聚苯乙烯	318
聚乙酸乙烯酯	280	硝酸纤维素	310
ABS（丙烯腈-丁二烯-苯乙烯三元共聚物）	300～310，370，385	醋酸、丁酸纤维素	295～298
聚丙烯酸酯	350	尼龙	280～315
聚酰胺	360～370，415		

（3）光稳定剂的分类及作用原理

常用的光稳定剂主要有紫外线吸收剂、猝灭剂、光屏蔽剂、自由基捕获剂等。

① 紫外线吸收剂。紫外线吸收剂是目前应用最广的一类光稳定剂，它能强烈地、选择性地吸收高能量的紫外光，并以能量转换的形式，将吸收的能量以热能或无害的低能辐射释放出来或消耗掉。具有这种作用的物质称为紫外线吸收剂。这类物质按其化学结构可分为如下几类：

（ⅰ）水杨酸酯类：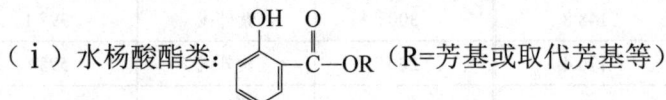（R=芳基或取代芳基等）

这是应用最早的一类紫外线吸收剂。它可在分子内形成氢键，它本身对紫外线吸收能力很低，而且吸收的波长范围极窄（小于 340nm）。但在吸收一定能量后，由于发生分子重排，形成了吸收紫外线能力强的二苯甲酮结构，从而产生较强的光稳定作用。因此，这类稳定剂又称为先驱型紫外线吸收剂。如：

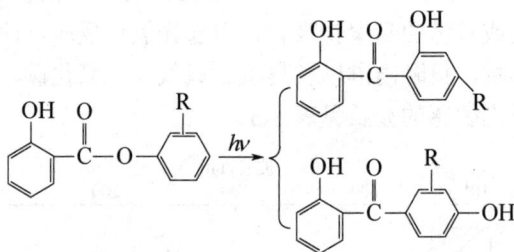

（ⅱ）二苯甲酮类：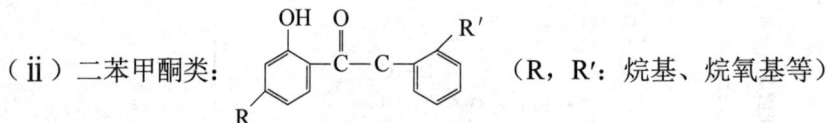（R，R′：烷基、烷氧基等）

这是目前应用最广的一类紫外线吸收剂。其结构中存在分子内氢键，由苯环上的羟基氢和相邻的羰基氧形成的分子内氢键构成了一个螯合环，所以它对整个紫外光区域几乎都有较强的吸收作用，而当吸收紫外光能量后，分子发生热振动，氢键被破坏，螯合环打开，这样就能把有害的紫外光能变成无害的热能而释出。另外，二苯甲酮类物质吸收了紫外光后，不但氢键被破坏，而且羰基会被激发，产生互变异构现象，生成烯醇式结构，这也是消耗一部分能量的有效途径。

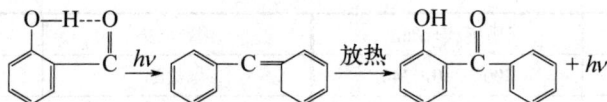

在这类光稳定剂中，分子内氢键的强度与其光稳定的效果有关，氢键越强，破坏它所需能量越大，耗去的紫外光能量就越多，效果则越好；反之亦然。另外，稳定效果还与苯环上烷氧基链的长短有关。如果键长，则与聚合物相容性好，稳定效果佳；键短，则相反。

二苯甲酮类紫外线吸收剂可吸收 290～380nm 的紫外光，几乎不吸收可见光，也不易着色，而且与聚合物相容性好，适用于浅色或透明制品。

（ⅲ）苯并三唑类：

苯并三唑类对紫外光的吸收范围较广，波长为 300～400nm，而对 400nm 以上的可见光几乎不吸收，因此制品不会带色。

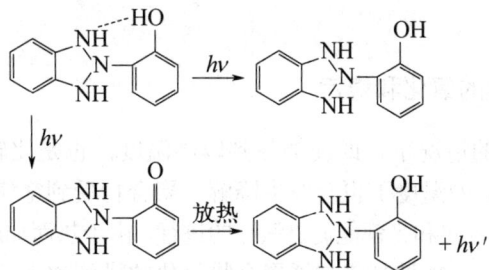

除上述三类紫外线吸收剂外，还有取代丙烯腈类、三嗪类等，其稳定机理可能是按顺-反异构化，使光能变成无害的其他形式的能量。取代丙烯腈类能吸收 290～320nm 的紫外光，不吸收可见光，不会使制品显黄色；三嗪类能吸收 300～400nm 的紫外光。大多数紫外线吸收剂，其结构中多含具有吸收波长在 400nm 以下的连接于芳香族衍生物的发色团（C═N、N═N、N═O、C═O 等基团）和助色团（—NH$_2$、—OH、—SO$_3$H、—COOH 等基团），故选用时应注意。

② 猝灭剂。猝灭剂又称减活剂。这类光稳定剂本身对紫外光的吸收能力很低（只有二苯甲酮类的 1/20～1/10），在稳定过程中不发生较大的化学变化，但它能转移聚合物分子因吸收紫外线后产生的激发态能，从而防止了聚合物因吸收紫外线而产生自由基。猝灭剂转移能量有以下几种方式。

（ⅰ）猝灭剂接受激发聚合物分子的能量后，本身成为非反应性的激发态，然后再将能量以无害的形式散失掉：

$$A^*(激发聚合物)+ Q(猝灭剂) \longrightarrow A + Q^* \sim \longrightarrow Q$$

（ⅱ）猝灭剂与受激聚合物分子形成一种激发态络合物，再通过光物理过程释出能量：

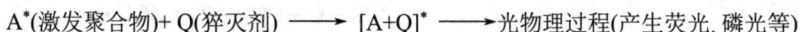

$$A^*(激发聚合物)+ Q(猝灭剂) \longrightarrow [A+Q]^* \longrightarrow 光物理过程(产生荧光、磷光等)$$

目前已工业生产的猝灭剂主要是金属络合物，如二价镍络合物等。猝灭剂很少用于塑料的厚制品，大多用于薄膜和纤维，在实际应用中常和紫外线吸收剂并用，以起协同作用。

③ 光屏蔽剂。光屏蔽剂又叫遮光剂，是一类能够吸收或反射紫外光的物质。它的存在像是在聚合物和光源之间设立的一道屏障，使光到达聚合物的表面时就被吸收或反射，阻碍了紫外线深入聚合物内部，从而有效地抑制了制品的老化。这类稳定剂主要有炭黑、二氧化钛、氧化锌、锌钡等。例如炭黑结构具有苯醌结构及多核芳烃结构，它具有光屏蔽作用。因为含有苯酚基团，故又具有抗氧化性能。氧化锌和二氧化钛等稳定剂为白色颜料，当光投射到其表面上时，大部分可被反射掉而呈现白色，并能完全吸收波长小于 410nm 的光。

④ 自由基捕获剂。具有空间位阻效应的哌啶衍生物类光稳定剂，简称为受阻胺类光稳定剂。其稳定效能比上述光稳定剂高几倍。但它的作用功能是能捕获自由基、分解过氧化物、传递激发能量等，其中最重要的功能是捕捉自由基。因为聚合物吸收紫外光后，会分解产生自由基，导致自动氧化的链式反应发生。为阻止其链式反应蔓延，可采用捕获剂将活性基抓获，使其成为稳定的分子化合物等。如受阻胺类即是按此以稳定的氮氧自由基形式产生稳定作用。

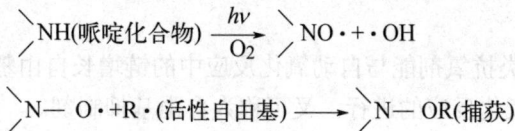

据研究，受阻胺类不仅具有捕获自由基的能力，而且还具有分解氢过氧化物、猝灭单线氧及生色团的多种功能。

8.2.1.4　高分子材料的氧化和稳定

许多聚合物在隔绝氧的情况下，即使加热到较高温度，也是比较稳定的。但在大气中，由于氧的存在，即使在较低的温度下也会发生降解。聚合物受到空气中氧气的作用而产生的氧化反应称为氧化。在大气中热和光都能促进氧化的进行，由于热而加速的氧化称为热氧化，由光加速的氧化称为光氧化。凡能抑制或减缓聚合物氧化的措施称为抗氧化。为完成抗氧化加入的物质称抗氧剂。高分子材料可因氧化而降解，以致制品的强度降低，外观等性能变坏，甚至不能使用，丧失商品价值。因此，研究高分子材料的防氧化是使其稳定化中的重要课题。

抗氧剂的品种繁多，有各种分类方法。按照功能不同，可将其分为链终止型抗氧剂和预防型抗氧剂。按分子量大小，可分为高分子量抗氧剂及低分子量抗氧剂等。按化学结构则可分为酚类、胺类、含硫化合物、含磷化合物、有机金属盐类等。一般按作用机理，又可分为链终止剂（氢给予体）、自由基捕获剂、电子给予体、过氧化物分解剂、金属离子钝化剂等。

（1）高分子材料的氧化机理

高分子材料的氧化是一自动氧化过程，反应会导致聚合物结构的变化，如有的分子链断裂（聚丙烯和天然橡胶）、有的发生交联（交联聚乙烯等）、有的侧链发生断裂（聚醋酸乙烯酯）等。根据研究可知，聚合物的自动氧化反应属自由基反应，反应历程大体经三个阶段。

在自由基形成过程中，可使大分子链断裂，还可以使分子链上带有自由基，进而增加了高分子链的反应性，在终止阶段又会产生大分子间的交联和高分子中多烯结构的形成，影响材料的性能。

无论是断链、交联还是羧基等化合物的形成，都会损坏材料，为此，需抑制聚合物的氧化。一是改变其化学结构，去除结构中对氧不稳定的基团，即合成具有内在抗氧性的聚合物，人们在这方面做了不少的工作，合成了一些抗氧性优异的聚合物。二是采用添加抗氧剂的方法，这种方法既能提高抗氧性，又不至于使其他性能损害太大，成本增加不多，而且还易于加工。

（2）抗氧剂的作用机理

抗氧剂的作用机理非常复杂，主要有终止链机理、氢过氧化物分解机理和金属离子钝化机理。

① 链终止机理。这类抗氧剂能与自动氧化反应中的链增长自由基（R·和ROO·）反应，使链式反应中断，抑制氧化反应的进行，又可称为自由基抑制剂。

② 氢过氧化物分解机理。凡能和氢过氧化物作用，使过氧化物分解成不活泼的产物，并

能抑制其自动催化氧化的物质，称过氧化物分解剂。主要包括硫酯类和亚磷酸酯类。

硫酯类：

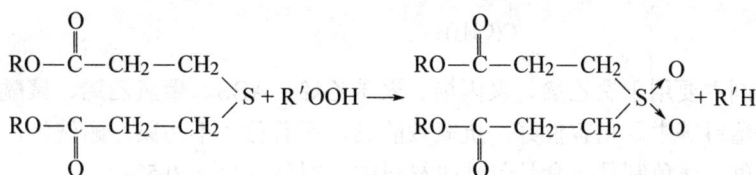

亚磷酸酯类：

③ 金属离子钝化机理。能够与变价金属离子络合，将其稳定于一个价态，从而消除这些金属离子对聚合物氧化的催化活性，这一类物质称金属离子钝化剂或金属螯合物，或"铜抑制剂"。其钝化机理如下。

变价金属的氧化作用：

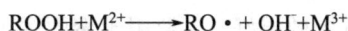

金属离子钝化剂的抗氧作用：

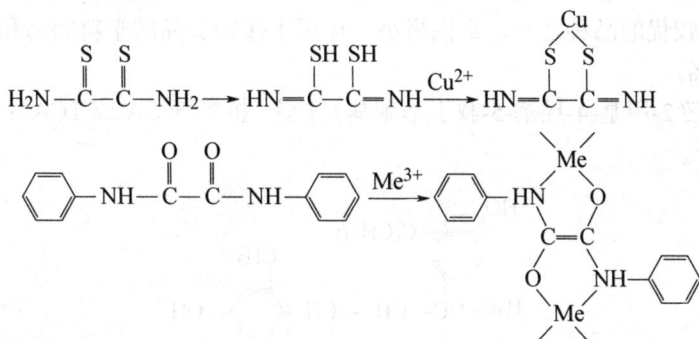

（3）主要的抗氧剂

主抗氧剂包括受阻酚和受阻胺两大类。受阻酚类多数不带色，适用于白色或浅色制品。受阻胺类本身多数带色，而且在氧和光作用下会变成深色，多用在深色制品中。

① 受阻酚类

（ⅰ）2,6-二叔丁基-4-甲基苯酚（BHT 或称抗氧剂 264）：白色结晶粉末，遇光变黄，熔点 70℃，易溶于苯、醇、丙醇、汽油、四氯化碳、脂肪，不溶于水。用量为 0.5%～2%。

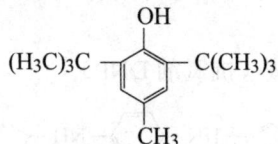

这是一类应用极其广泛的非污染性的抗氧剂之一，可作为聚氯乙烯、聚丙烯、聚酯、聚苯乙烯、ABS、纤维素及橡胶的抗氧剂。它能有效地抑制空气氧化、热降解及铜害等。无毒、无臭、不污染、不着色，在 70～80℃下熔化，易混炼，不喷霜等。适用于白色、浅色制品，泡沫塑料，仪器涂装等材料中。

（ⅱ）β-（3,5-二叔丁基-4-羟基苯基）丙酸正十八醇酯（抗氧剂 1076）：白色结晶，熔点 49～55℃。

$$\text{HO} - \begin{array}{c} C(CH_3)_3 \\ \big| \\ \big| \\ C(CH_3)_3 \end{array} - CH_2 - CH_2 - \overset{\overset{\displaystyle O}{\|}}{C} - OC_{18}H_{37}$$

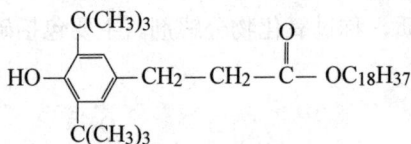

这类抗氧剂主要用于聚乙烯、聚丙烯、聚苯乙烯、ABS、聚氯乙烯、聚酰胺、聚酯、聚氨酯、纤维素塑料等中。相容性好，抗氧效能高，不着色，不污染，耐洗涤，挥发性小，无毒。可用于白色、浅色制品及食品包装等材料中。用量 0.1%～0.5%。

（ⅲ）四［β-(3,5-二叔丁基-4-羟基苯基)丙酸］季戊四醇酯（抗氧剂 1010）：白色粉末，熔点 119～123℃。

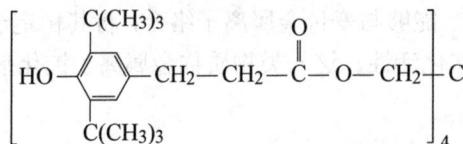

$$\left[\text{HO} - \begin{array}{c} C(CH_3)_3 \\ \big| \\ \big| \\ C(CH_3)_3 \end{array} - CH_2 - CH_2 - \overset{\overset{\displaystyle O}{\|}}{C} - O - CH_2 \right]_4 C$$

为高分子量酯类抗氧剂。抗氧效果好。主要用于聚丙烯（高温下耐抽出的制品中）、聚氯乙烯、聚氨酯、聚苯乙烯、ABS、尼龙、聚酯、纤维素塑料等。具有优良的耐热氧化性，也是目前抗氧效能较优的品种之一。毒性极小，可用于接触食品的塑料制品和包装材料中。用量为 0.1%～0.5%。

（ⅳ）1,1,3-三(2-甲基-4-羟基-5-叔丁基苯基)丁烷（抗氧剂 CA 或 TCA）：白色结晶粉末，熔点 185～188℃。

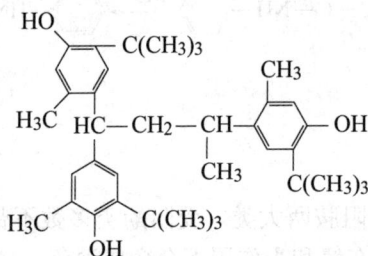

为高效的不着色的酚类抗氧剂，挥发性小，无臭，毒性低，不污染，具有优良的耐热氧化和抑制铜离子催化氧化的效能。适用于聚丙烯、聚乙烯、聚氯乙烯、聚酰胺、ABS、聚苯乙烯、纤维素等材料。与硫化二丙酸月桂酯并用有良好协同效应。用量为 0.1%～1%。

② 受阻胺类

（ⅰ）N, N′-二-β-萘基对苯二胺（抗氧剂 DNP）

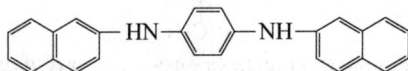

为通用型胺类抗氧剂，既有优良的抗氧性能，又有良好的热稳定性，还有抑制铜、锰等有害金属的功能。与紫外线吸收剂并用有协同作用，同时能发挥制品的耐候性。适用于聚乙烯、聚丙烯、抗冲聚苯乙烯、ABS 和其他多种塑料。污染性小，可用于浅色制品。

（ⅱ）N, N′-二苯基对苯二胺（防老剂 H）

这类抗氧剂是聚乙烯、聚丙烯、聚酰胺、聚甲醛、ABS 等的热氧稳定剂，可改善制品的耐候性，但易使制品污染而带色。

（ⅲ）N-苯基-α-萘胺（防老剂甲）

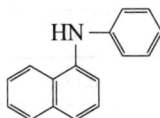

这类抗氧剂可作为聚乙烯的热稳定剂。常用于电线、电缆料中，与防老剂 H 合用有协同效应。也用于聚氯乙烯、聚丙烯、ABS 等的有色制品中。由于有毒性，使用时应注意。

（ⅳ）N-苯基-N′-环己基对苯二胺（抗氧剂 4010）

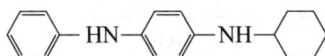

可作为优良的抗氧剂和抗臭氧剂，主要用于橡胶工业。在塑料工业中，主要用作聚丙烯、聚酰胺等的热氧稳定剂。

8.2.2　阻燃剂

8.2.2.1　概述

有机材料的最大缺点是易燃、可燃。有机聚合物的燃烧是一个非常复杂的热氧化过程，常伴有火焰、浓烟、毒气等产生。燃烧时聚合物剧烈分解，产生挥发性的可燃物质，该物质达到一定的温度和浓度时，又会着火燃烧，不断释出热量，使更多的聚合物或难以分解的物质分解，产生更多的可燃物。这样恶性循环的结果是燃烧继续扩展，从而造成火灾，危及人们的生命和财产。这给高分子材料在建筑、航空航天、交通、电器等工业上的使用带来不利的影响。近年来世界各地发生了几起重大火灾，都直接或间接与塑料的燃烧有关，因而限制了它更广泛的应用。于是塑料的阻燃性在某种程度上已成为它能否迅速发展的关键问题之一。

塑料的阻燃性是指塑料接触火源时能使燃烧速度减慢，离开火源时能停止燃烧而自行熄灭的性能。对塑料的阻燃性要求是严格的，一般均采用美国的 UL 规制，虽无法律约束力，但确为人们所接受，例如电视机外壳成型制品，其阻燃性要求达 UL94V-0 级。

材料的阻燃，就是在材料中加入一种物质（通称阻燃剂）而增加其阻燃性，以便阻止或延缓其可能燃烧的措施。

8.2.2.2　阻燃机理

（1）材料燃烧

众所周知，可燃物、氧、热是维持燃烧的三要素，燃烧就是在这三要素都具备的条件下进行的，燃烧过程大致可分为五个不同的阶段。

① 加热阶段：外部热源产生的热量给予材料，使材料的温度逐渐升高，达到一定程度后，材料变色、变软，甚至熔融。升温的速度、材料的变化，取决于外界供给热量的多少、接触塑料体积的大小、火焰温度的高低等，同时也取决于材料的比热容和热导率的大小。有关高分子材料的比热容和热导率见表 8-4。

表 8-4　各种高分子材料的比热容和热导率

塑料名称	比热容/×10⁴J/（kg·K）	热导率/×10W/（m·K）
酚醛塑料（无填料）	0.16～0.18	0.13～0.23
环氧树脂（玻纤填充）	0.08	0.29～0.42
聚苯乙烯	0.12	0.10～0.14
ABS	0.13～0.17	0.19～0.33
聚甲基丙烯酸甲酯	0.15/0.08～0.12（硬）	0.13～0.25/0.13～0.29（硬）
聚氯乙烯	0.13～0.21（软件）	0.13～0.17（软）
聚乙烯	高、低密度均0.23	0.46～0.50（高）/0.33（低）
尼龙6	0.19	0.22
尼龙66	0.19	0.22～0.24
尼龙610	0.17	0.22
聚丙烯	0.19	0.14
聚碳酸酯	0.13	0.19
聚苯醚	0.13	0.19
聚砜	0.13	0.26
氟化聚醚	0.12	0.13
聚四氟乙烯	0.105	0.25
PET	0.11	0.12
FBT（阻燃环氧树脂）	0.15～0.23	0.20
共聚甲醛	0.15	0.06
均聚甲醛	0.15	0.23

② 降解阶段：塑料被加热到一定温度以后，聚合物分子中最弱的键断裂并发生热降解，这取决于键的键能大小，见表 8-1。可以看出，O—O 键是最弱的键，极易断裂。C—F 键是最强的键，不易断裂。另外，如果此阶段所发生的反应是吸热反应，则可减缓温度的上升，对燃烧起一定的抑制作用。如果是放热反应，则加速燃烧。

③ 分解阶段：若温度继续上升，达一定程度时，除弱键已断裂外，主键也断裂，发生裂解，进一步分解产生小分子物质。（ⅰ）可燃性气体：H_2、CH_4、C_2H_6、CH_2O、CH_3COCH_3、CO 等；（ⅱ）不燃性气体：CO_2、HCl、HBr 等；（ⅲ）液态产物：分子量不太高的解聚物；（ⅳ）固态产物：聚合物可部分被焦化为焦炭，也可不完全燃烧产生烟尘粒子（可形成烟雾，危害很大）等。大多数塑料的分解产物多是可燃烃类，这是很多塑料易燃的原因。而且所产生的气体，较多有毒性或腐蚀性。

④ 点燃阶段：当分解阶段所产生的可燃性气体达到一定浓度，且温度达到其燃点或闪点，并有足够的氧或氧化剂存在时，开始出现火焰，这就是"点燃"，燃烧从此开始。

⑤ 燃烧阶段：燃烧释出的能量和活性自由基引起的链锁反应，不断提供可燃物质，使燃烧自动传播和扩展，火焰愈来愈大，致使整个塑料烧毁。

（2）塑料的燃烧性评定

各种塑料燃烧的难易不同，其燃烧性可用燃烧速度和氧指数来表示。燃烧速度是用水平燃烧法或垂直燃烧法等测定；氧指数指试样像蜡烛状持续燃烧时，在氮-氧混合气流中所必需的最低氧含量。一般认为氧指数 21 以下为可燃性材料，22～25 为自熄性材料，26 以上为阻燃材料。氧指数（OI）可按下式求出：

$$OI = \frac{Q_{O_2}}{Q_{O_2} + Q_{N_2}} \quad \text{或} \quad OI（\%）= \frac{Q_{O_2}}{Q_{O_2} + Q_{N_2}} \times 100\%$$

式中，Q_{O_2} 为氧气流量；Q_{N_2} 为氮气流量。

氧指数愈高，表示燃烧愈难。某些塑料的燃烧速度和氧指数见表 8-5。氧指数能很好地反映聚合物的燃烧性能，可用氧指数测定仪测定。它与塑料中聚合物本身及燃烧时的某些参数有关，因而已有较多的经验公式可供估算。

（3）塑料的阻燃

要控制住塑料的燃烧，必须对燃烧五个阶段中的某一个或某几个阶段的速度加以抑制，最好让燃烧在萌芽状态就被制止，即截断某一阶段来源或中断链锁反应，停止自由基产生。为此需在塑料中添加阻燃剂，不同的阻燃剂可起到不同的阻燃作用。

表 8-5　几种塑料的燃烧速度和氧指数

塑料名称	燃烧速度/（mm/min）	氧指数/%
聚乙烯	7.6～30.5	17.5
聚丙烯	17.8～40.6	17.4
聚苯乙烯	12.7～63.5	18.1
ABS	25.4～50.8	18.8
聚甲基丙烯酸甲酯	15.2～40.6	17.3
尼龙 66	缓燃	24.3
聚碳酸酯	缓燃	26.0
聚氯乙烯	自燃	46.0
聚四氟乙烯	不燃	95.0
环氧树脂		19.8

① 隔绝空气型。阻燃剂在燃烧温度下的分解产物，能形成不挥发、不氧化的玻璃状薄膜。其覆盖在塑料的表面上，可隔离空气（或氧），且能使热量反射出去，或具有低的热导率，从而达到阻燃的目的。如使用硼砂（硼酸混合物和卤化磷）作阻燃剂就是这种情况。反应式如下：

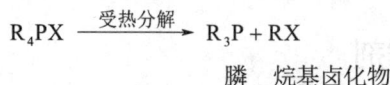

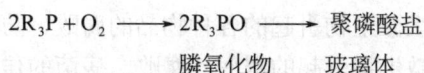

$$R_4PX \xrightarrow{\text{受热分解}} R_3P + RX$$

$$\text{膦} \quad \text{烷基卤化物}$$

$$2R_3P + O_2 \longrightarrow 2R_3PO \longrightarrow \text{聚磷酸盐}$$

$$\text{膦氧化物} \quad \text{玻璃体}$$

② 分解吸热型。阻燃剂能在塑料中于较低温度时熔化，吸收潜热，或发生吸热反应，大

量消耗掉热量，以阻止塑料温度进一步升高或燃烧继续进行，作为这类阻燃剂的典型物质为氢氧化铝。当温度在 200℃ 以内时，水合分子与氧化铝结合非常紧密，不易释出。当温度进一步升高，达到氢氧化铝的分解温度时，氢氧化铝发生分解，吸收大量热量，并生成水，可使塑料温度进一步升高或使燃烧反应减缓或停止。反应式：

$$2Al(OH)_3 \longrightarrow Al_2O_3 + 3H_2O$$

产生的水汽化，亦需吸收大量潜热，从而降低塑料温度，减缓和阻止燃烧。纤维水镁石、纤维级氢氧化镁和超细 $Mg(OH)_2$ 也具有同样的功效。

③ 隔热型。阻燃剂能促使塑料表面形成一层多孔性的隔热焦炭层，从而阻止热的传导和塑料的继续燃烧。如采用磷酸铵、偏磷酸铵等为阻燃剂，利用它们在燃烧温度下分解产生的五氧化二磷等，可使纤维素等迅速脱水和碳化，成为不燃性的多孔物，达到阻燃目的。反应式：

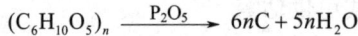

$$(C_6H_{10}O_5)_n \xrightarrow{P_2O_5} 6nC + 5nH_2O$$

④ 自由基捕获型。塑料燃烧时，一般分解为烃，烃在高温下进一步氧化分解成 HO·，HO· 的链锁反应，使烃的火焰燃烧持续下去。因此，如能将发生链锁反应的 HO· 除去，则能有效地防止燃烧。自由基捕获型阻燃剂的分解产物易与活性自由基作用，降低某种自由基的浓度，使作为燃烧支柱的链锁反应不能顺利进行。烃类的燃烧过程复杂，可产生 R·、H·、HO·、O· 等自由基。在这些自由基中，HO· 能量很高，反应速率很大，所以燃烧速度决定于它的浓度大小。当自由基捕获剂存在时可以消耗掉以上自由基，从而阻断燃烧反应的进一步进行。其中含卤阻燃剂由于在燃烧温度下分解产生卤化氢（HX），而卤化氢能捕捉高能量的 HO·，并生成 X· 和水，同时 X· 与烃反应生成 HX，又可用于除掉 HO·，如此循环下去，可将 HO· 促成的链锁反应切断，终止了烃的燃烧，效果较好。但是此类阻燃剂有可能产生卤化氢，对环境造成危害，为禁止使用的自由基捕获剂。

8.2.2.3　材料的阻燃

阻燃剂可分为两种。一种是添加型阻燃剂；另一种是反应型阻燃剂。常用第一种阻燃剂阻燃。

添加型阻燃剂是在塑料制品配料时添加一些阻燃剂使材料变为阻燃材料，如无机类阻燃剂，氢氧化铝、氢氧化镁、滑石粉、三氧化二锑等。

反应型阻燃剂是把阻燃剂添加于聚合物或预聚物中，进行化学结合，成为树脂成分的一部分，同时赋予聚合物自身阻燃性能。如四溴双酚 A，可作为环氧树脂、聚酯、聚碳酸酯中的反应型阻燃剂。二溴正丙醇、二溴丁二醇可作为硬质聚氨酯泡沫塑料的反应型阻燃剂。其他还有溴苯乙烯、四溴酞酸酐、含磷多元醇等。

无机阻燃剂的发展方向是超细化、表面处理精度化。有机阻燃剂是向低卤化、非卤化、低发烟、高效、低毒、廉价方面发展。

8.2.3　无机抗菌防霉剂

抗菌防霉剂主要用于防止微生物引起的各种物品的腐败、防治农作物的病害、疾病的传染以及净化环境，可避免由微生物引起的霉变、腐败、病菌的传染对人类的生产和生活带来的巨大损失。通常把杀死或抑制霉菌生长，防止物品霉变的药剂称为防霉剂；把杀死或抑制细菌、酵母菌生长，防止物品腐败的药品叫作防腐剂。杀菌剂则是指具有杀菌作用的物质。前两者主要以抑菌作用为主，但杀菌和抑菌作用常常不易严格区分。例如，同一物质浓度高时可杀菌，浓度低时只能抑菌；又如作用时间长可以杀菌，缩短作用时间则只能抑菌；还有由于各种微生物性质的不同，同一种物质对一种微生物具有杀菌作用，而对另一种微生物仅具有抑菌作用。所以防腐防霉剂和杀菌剂并没有绝对严格的界限，有时防腐剂及防霉剂也称为杀菌剂。

抗菌剂的种类繁多，性能各异，分类方法也不同。按抗菌材料的结构可分为无机、有机和生物抗菌剂三类。无机抗菌剂主要有 TiO_2、ZnO、沸石、磷灰石、磷酸锆等多孔性物质，以及银、铜、锌等金属及其离子化合物；有机抗菌剂主要包括有机酸、酯、醇、酚类物质；生物抗菌剂主要是指从动植物体内提取的以及微生物发酵生产的抗菌剂，如黄连素、四环素等大分子结构化合物和大蒜之类的植物。本章主要介绍用于陶瓷、玻璃及建材上的无机抗菌剂。

目前人们使用的陶瓷制品，如浴盆、便池、洗手池、碗、碟、盘以及各类建材，如内墙砖、地砖等在使用时经常接触带菌的人体，从而在这些陶瓷的表面可沾染和滋生各种致病菌。人们与之接触后很容易受到感染。因此，研究与开发无机材料抗菌对减少疾病传播、增强体质具有十分重要的现实意义。

（1）无机抗菌剂的种类

现今用于无机材料制品的抗菌剂主要是无机抗菌剂，大体上可分成两大类，分别是金属类和具有光催化性能的氧化物。其中金属类（银、铜、锌）无机抗菌剂是以无机化合物中含有抗菌性金属离子的试剂为主流，如银、铜、锌等金属离子，抗菌性最强的是 Ag^+，Ag^+ 的杀菌机理主要是活性氧杀菌。金属离子的种类不同，对各种菌种的抗菌和杀菌效果也不同。测试结果表明，各种离子的抗细菌及抗霉菌（真菌）作用强弱如下（元素符号代表金属离子）：

Ag＞Co＞Ni≥Al≥Zn≥Cu=Fe≥Mn≥Sn≥Ba≥Mg≥Ca 及

Ni＞Cu≥Co＞Zn=Ag＞Fe≥Al≥Sn=Mn≥Ba≥Mg≥Ca

综上所述，银离子与其他金属离子相比，有较强的抗菌和杀菌作用；铜离子效果也较好，这也是两种金属离子在无机抗菌剂中用作主要有效成分的重要原因。

氧化钛等半导体在光照射下，表面上的水分解生成氧和氢，这时产生活性氧杀菌，此为最近开发的氧化物光催化类抗菌剂，其特点是耐热性比其他无机抗菌剂高。与有机抗菌剂相比，无机抗菌剂的优点突出表现在以下几个方面：安全性高，缓释性、耐久性和耐热性好，具有广谱抗菌性，不易产生抗药性，制备简单等。

（2）无机抗菌剂的作用原理与机理

细菌和真菌等微生物的细胞外有葡萄糖几丁质，肽聚糖等的合成酶、甾醇及磷脂的合成酶，黑色素合成酶等；微生物细胞内则有电子传递系统酶、能量代谢酶、蛋白质和核酸的生物合成酶等，这些酶均为防菌防霉剂的作用点。微生物的细胞膜、细胞质及细胞核都可以成为杀菌和抑菌的作用处。也就是说，防菌防霉药剂通过阻碍氧化磷酸化和电子传递系统，抑制巯基和脱氧核酸的全合成，干扰细胞表层的机能和脂质代谢及破坏几丁质的形成，从而起到灭菌或抑菌的作用。简言之，就是破坏细胞的构造，影响有丝分裂，抑制染色体分裂，影响孢子萌发和生长，阻止代谢作用，抑制酶的合成等。

① 接触反应学说：银离子与细菌接触反应，当细微量银离子到达微生物细胞膜时，因细胞膜带有负电荷，银离子能依靠库仑引力牢固吸附在细胞膜上，而且银离子还能进一步穿透

细胞壁进入细菌内，并与细菌中的巯基反应，使细菌的蛋白质凝固，破坏细菌的细胞合成酶的活性，使细胞丧失分裂增殖能力而死亡。此外，银离子也能破坏微生物电子传输系统、呼吸系统、物质传输系统。当菌体失去活性后，银离子又会从菌体中游离出来，重复进行杀菌活动。因此，其抗菌效果持久。

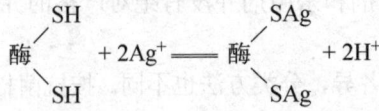

$$酶\genfrac{}{}{0pt}{}{SH}{SH} + 2Ag^+ \Longrightarrow 酶\genfrac{}{}{0pt}{}{SAg}{SAg} + 2H^+$$

② 催化反应假说：在光的作用下 TiO_2 及 Ag^+ 能起到催化活性中心的作用，激活水和空气中的氧，产生羟基自由基（·OH）及活性氧离子。活性氧离子具有很强的氧化能力，能在短时间内破坏细菌的增殖能力，致使细胞死亡，从而达到抗菌的目的。图 8-2 为 $Ag@TiO_2-Cu^{2+}$ 光催化材料的抗菌机理示意图。即催化剂形成的活性种能够降解细菌的组成物质。

（3）无机抗菌剂的抗菌性能评价

无机抗菌剂的抗菌性能目前尚未有统一的评价标准，主要通过以下几方面来对抗菌材料进行评价。

① 抗菌能力：可用最低抗菌浓度、最小杀菌浓度和杀菌率表示。低抗菌浓度（MIC）：在标准测试条件下，细菌终止发育或分裂的最低浓度。最低抗菌浓度越低，说明抗菌能力越强。最小杀菌浓度（MBC）：使抗菌剂均匀分布于菌液中，振动培养 1h，致使细菌死亡的抗菌剂的最低浓度。最小杀菌浓度越小，就说明杀菌效果越好。杀菌率：一定浓度（或体积、表面积、重量）的抗菌剂在一定浓度、体积的菌液中，在给定的时间内的杀菌率可评价抗菌剂的抗菌能力。其中杀菌率能较好地反映杀菌过程中抗菌离子的缓释过程对细菌的影响，对于缓释型抗菌剂来说是一种较好的评价指标。

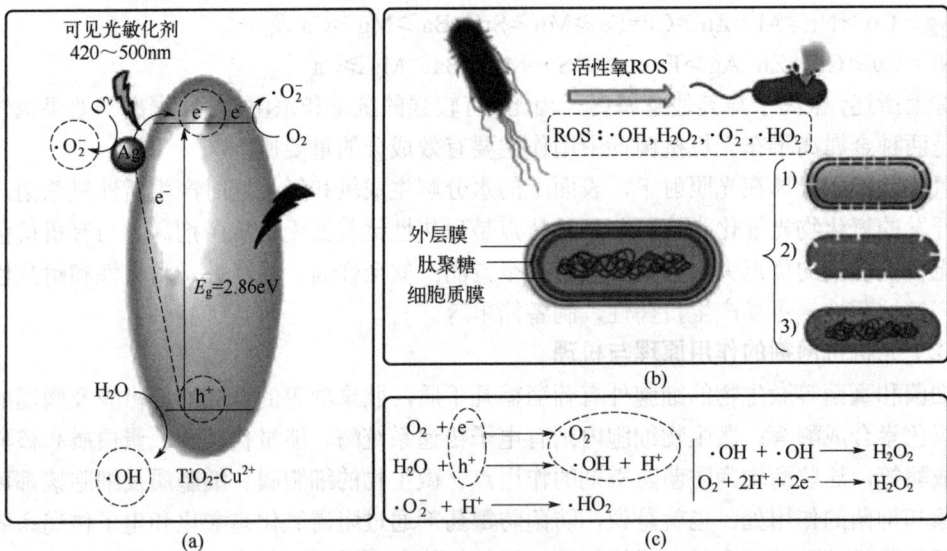

图 8-2　$Ag@TiO_2-Cu^{2+}$光催化抗菌机理示意图
（a）催化剂受光激发产生光生电子和空穴；（b）活性氧 ROS 杀菌机制；（c）产生活性氧的阶段

② 安全性：材料应对皮肤无刺激，急性毒性（半致死量 LD50）应大于 2000mg/kg，基

因突变呈阴性。《生活饮用水卫生标准》（GB 5749—2022）规定在饮用水中银离子浓度不应超过 0.05mg/L。在使用过程中，即使是工业用水，其银离子浓度也不应超过 0.05mg/L。

③ 细菌耐药性：以易获得耐药性的绿脓杆菌、金黄色葡萄球菌等为试验菌种，反复测定 MIC 值无明显提高，则表明抗菌剂无细菌耐药性。

④ 耐光、耐热性：由于在光照条件下，银离子易被还原成银，并随即被氧化成氧化银而降低了抗菌的效果。与此同时还会因氧化银的出现而导致抗菌剂的变色，这会影响抗菌制品的外观，因此要求在太阳光的长期照射下，抗菌剂不能发生变色。有时抗菌材料会添加到其他制品中去，与其他制品一起进行处理，此时应对抗菌剂耐热性有一定的要求。如塑料的加工温度在 100～300℃之间，添加到塑料中的抗菌剂就要求在此 100～300℃下不挥发和降解。

⑤ 缓释性能：抗菌剂的缓释性能主要通过抗菌材料中单位重量的抗菌剂不同时间里在水溶液中释出的量来表示，有时也通过单位表面积的抗菌材料在不同的时间里抗菌离子的析出量来表示。

（4）无机抗菌剂的使用方法

无机抗菌剂的使用方法可根据使用环境的不同以及制剂的差异分为四种，即添加法、浸渍法、涂布法、喷雾法。

① 添加法：也叫调入法，就是将一定比例的无机抗菌剂添加到材料或制品中去。可以与原料同时加入，也可以在生产的某一环节或最终成品中加入。

② 浸渍法：将预防腐或防霉的材料浸入一定浓度的无机抗菌剂溶剂中，在一定的时间和温度条件下处理，然后取出晾干或烘干。

③ 涂布法：在材料或制品的表面用一定浓度的制剂进行涂覆。

④ 喷雾法：将一定浓度的无机抗菌剂用喷雾器洒在材料或制品的表面，喷雾尽量注意均匀。

（5）无机抗菌剂的应用

无机抗菌剂应用领域非常广泛，如图 8-3 所示。

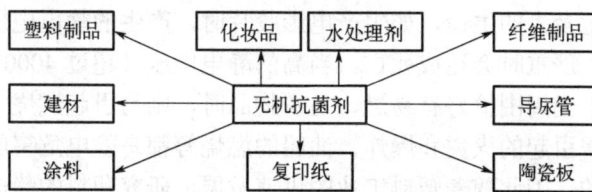

图 8-3　无机抗菌剂的应用领域

无机抗菌剂由于耐热性好，可与热塑性、热固性的塑料混炼，制成塑料制品。因此，除了氧化钛类外，沸石类、硅胶类、玻璃类、磷酸钙类、磷酸锆类、硅酸盐类和单晶短纤维类抗菌剂几乎都可应用于塑料中。实际制品有抗菌性涂料、抗菌性薄膜、抗菌性纤维织物、抗菌性卫生制品、抗菌性写字板、抗菌性厨房用品、抗菌性电话机壳等多品种。

例如食品包装盒、包装袋、卫生洁具、防水材料等日用品以及家电等，在一定的温度和湿度下，细菌容易生长附着在表面。使用抗菌塑料可以有效抑制细菌的生长及过度繁殖。抗菌剂通过渗入塑料或固定在塑料表面的方式进行添加，生产出来的抗菌塑料产品表面具有抗菌作用，对人们实现食品保鲜和食品安全提供了有效途径。如图 8-4 所示，采用紫外-臭氧（UVO）处理得到的 Ag NPs 涂层塑料，它对革兰氏阴性大肠杆菌和革兰氏阳性金黄色葡萄球菌的抑制率超过 99%。该涂层赋予塑料抗菌活性，还极大减少了化学试剂的使用，具有环保意义。

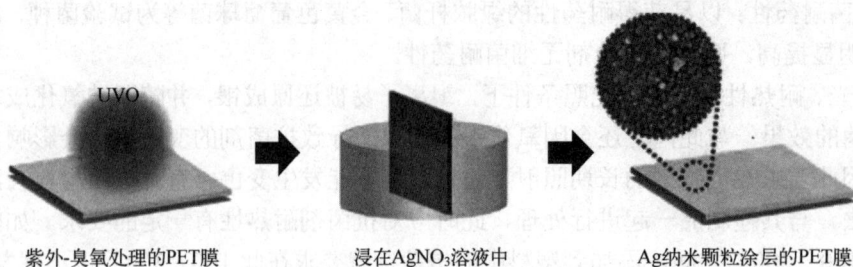

图 8-4　银纳米颗粒（Ag NPs）涂层 PET 薄膜的制备示意图

紫外-臭氧处理的PET膜　　　　浸在AgNO₃溶液中　　　　Ag纳米颗粒涂层的PET膜

由于这些塑料制品通常与增塑剂、稳定剂、抗氧化剂、着色剂、填充剂、填料等多种添加剂配合使用，与抗菌剂溶出的银、锌和铜离子反应而着色，使抗菌剂不能完全发挥作用。天然纤维（棉、麻、绢、羊毛等）中不能使用无机抗菌剂，化学合成纤维（聚酯、人造丝、丙烯酸类纤维、尼龙等）中可以使用，可用来制备抗菌防臭纤维制品。

8.2.4　材料的抗静电剂

8.2.4.1　概述

高分子材料和无机非金属材料都具有极其优良的电绝缘性，这是由于其主体聚合物的分子链大都由共价键组成，既不能电离，又不能传递电子。在其加工和制品的使用过程中，当同其他物体或自身相接触和摩擦时，会因电子的得失而带静电，并且很难通过传导而消失。特别是塑料制品带上静电后，吸尘严重，会影响制品的质量和外观。例如用塑料薄膜袋包装物品时，常受到静电干扰而难以分开和封口。电影胶片和唱片，由于静电吸尘而使清晰度和音质变劣。静电还会危及人的生命，如生产电影胶片时，产生的静电电压常会高达几千伏，人一接触，就会触电。严重时会造成死亡。当高的静电电压（超过 4000V）出现时，会导致火花放电及电晕放电，当周围恰好有易燃、易爆物品时，则易引起燃烧、爆炸等。如国外用塑料传送带运输煤时曾引起的火灾和爆炸、油船的燃烧等都是静电危害的结果。可见，塑料产生静电是不可避免的，因此随着塑料工业的迅速发展，研究塑料的静电防止是一个很迫切的任务。

塑料的静电防止，就是在塑料中或制品的表面上加入或涂布一种物质（通称静电防止剂），通过制品表面积的减少以泄漏掉塑料表面产生静电荷的方法。

8.2.4.2　材料的静电防止机理

（1）材料静电的产生

任何两种物质（固-固、固-液、固-气）在互相接触或摩擦后都会产生静电，只是静电量的大小不同，材料表面静电的产生主要是接触、分离、摩擦的结果。

① 接触生电：当两个物体接触的时候，在接触面上，由于电子的移动，在它的内表面上一个带正电，一个带负电，形成一正一负的双静电层，这样，夹持在该界面的正负电荷为对

立电荷，称为对立双重层电荷。

② 分离（剥离）生电：如果把互相接触的两个物体分离，分开的两面会因电荷移动，有时会带上高电位的静电。例如，当剥离 PVC 薄膜把薄膜卷打开时，会发生啪啪的响声，同时吸引尘埃。在注射成型或压缩成型等过程中，从模具中取出制品时也常发生这种现象。这种响音就是在制品分离出模具时因静电放电而产生的。

③ 摩擦生电：当两个物体相互摩擦时，能产生静电早已为人们所知。由于两物体在摩擦时发生相对位移，接触和分离反复进行，能使物体表面电量愈来愈大直至最大。许多物质两两相互摩擦，结果哪个物体表面带正电，哪个物体表面带负电是容易从带电序列看出来的。不同的实验者得出稍有不同的结果。常用高聚物及其纺织品的带电序列顺序如表 8-6 所示。

表8-6 某些聚合物带电序列

⊕	聚氨酯	尼龙	羊毛	蚕丝	黏胶纤维	棉	醋酸纤维素	维尼纶	聚丙烯	聚酯	聚丙烯酸酯	聚氯乙烯	聚四氯乙烯	⊖

在表 8-6 所示带电序列中的两种物质进行摩擦时，总是排在左面的物质表面产生正电，而排在右面的物质表面产生负电。在相同实验条件下，摩擦产生的电量与表中物质带电序列中间的距离有关。间距越大，则产生的电量也越大。人的皮肤则处在黏胶纤维（人造丝）和棉之间。

摩擦带电现象是大量产生静电的重要原因，它不仅发生在两种互相摩擦接触的固体表面，而且也发生在固体-液体、固体-气体的界面上，这就扩大了塑料制品产生静电的可能性，同时也给使用带来危害。

（2）材料的电阻

一个物体是电的导体、半导体还是绝缘体，可由它的体积电阻率的大小来决定。某物体中一个边长为 1cm 的立方体，从立方体对应两面之间流过电流的电阻值称为体积电阻系数或体积电阻率，用符号 ρ_v 表示（单位为 $\Omega \cdot cm$）。通常 $\rho_v = 0 \sim 10^6 \Omega \cdot cm$ 为导体，$\rho_v = 10^6 \sim 10^{12} \Omega \cdot cm$ 为半导体，$\rho_v = 10^{12} \sim \infty \Omega \cdot cm$ 为绝缘体。绝大部分塑料的体积电阻率 $> 10^{12} \Omega \cdot cm$，自然，它们属绝缘体（见表 8-7）。

聚合物自身或与其他物体相接触和摩擦时，一方面不断产生静电，一方面又不断漏泄，电荷的积聚是两个过程的动态平衡，这样，经过一段时间可达到某一稳定带电状态。因为静电漏泄的快慢，取决于材料的介电常数 ε 和 ρ_s（表面电阻），参见表 8-7。聚合物的 ρ_s 和 ρ_v 都很大，静电漏泄很慢，于是电荷会不断积聚，如表 8-8 所示（一些塑料在 20℃、65% 相对湿度下与不锈钢摩擦后产生的静电压）。这么大的电压，无论对生产的顺利进行，还是对制品的使用价值都会带来影响，而且还可能对人身造成伤害等。

表8-7 一些聚合物的表面电阻及体积电阻率

聚合物名称	表面电阻 ρ_s / Ω	体积电阻率 $\rho_v / (\Omega \cdot cm)$
聚苯乙烯	10^{14}	$10^{16} \sim 10^{17}$
ABS	$> 10^{15}$	$> 10^{16}$

聚合物名称	表面电阻ρ_s/Ω	体积电阻率ρ_v/(Ω·cm)
聚甲基丙烯酸甲酯	>10^{15}	>5·6*10^{15}
尼龙-1010	>10^{14}	>10^{14}
聚砜	>10^{16}	>10^{16}
聚甲醛	>10^{14}	>10^{14}
聚苯醚	10^{15}~10^{17}	10^{16}~10^{17}
聚氯乙烯	>10^{15}	10^{11}~10^{13}
聚乙烯	10^{14}~10^{17}	>10^{16}
聚丙烯		>10^{16}
聚四氟乙烯	>10^{16}	>10^{17}
氯化聚醚	>10^{15}	>10^{15}
聚碳酸酯	10^{15}	>10^{16}
PET	>10^{14}	>10^{16}

表 8-8　一些塑料与不锈钢摩擦后产生的静电压（20℃、65%相对湿度下）

塑料名称	静电压/V
硬聚氯乙烯	2000~4000
软聚氯乙烯	1000~3000
高压聚乙烯	400~800
低压聚乙烯	1000~2000
聚丙烯	2000~4000

综上所述，塑料很容易带上静电，给成型加工及制品的使用等带来很大危害，必须设法消除和防止。

（3）静电的消除和防止

抗静电剂的作用：一是尽量控制静电的发生；二是尽快将其漏泄掉。因此，在选择抗静电剂时，一般应考虑其具有润滑作用和吸湿作用，利用润滑性可减少塑料表面的摩擦，从而减少静电的发生。更重要的是抗静电剂分子能排布于材料表面，吸附大气中的水分子，形成一层"水膜"，这层膜在材料表面可形成一层导电的通路，增加了材料表面积聚的电荷通向大气的传导作用。因为水是极性物，纯水的体积电阻率ρ_v为10^8Ω·cm，一般水的ρ_v为10^5Ω·cm，比塑料的体积电阻率小10个数量级以上，故易于把塑料表面的静电漏泄于空气中。

抗静电剂常按化学结构分类，可分为两大类型。一种是导电性填料；另一种是表面活性剂，有阴离子、阳离子、两性离子、非离子等抗静电剂。

导电性填料品种有各种炭黑（如乙炔法、炉法、槽法）、碳纤维、天然或人造石墨、金属粉末、金属涂层、玻璃珠、金属氧化物粉末、金属纤维、镀锑的氧化锡、镀锑和氧化锡的二氧化钛、银包覆的玻璃丝、银包覆的玻璃箔、铜包覆的石墨纤维、不锈钢纤维、镍纤维、镍包覆碳纤维、铝纤维、银或铝或铜包覆的微珠、铜或不锈钢或铝包覆的云母、锌锡合金、锌铝合金、铝箔等。炭黑原材料易得、价格低廉、导电性能稳定持久，因此通过添加炭黑来改善泡沫塑料导电性的方法最为常见。对添加炭黑制备抗静电泡沫塑料的研究主要集中在降低炭黑的填充量，即降低渗流阈值。

目前使用的抗静电剂，绝大部分为表面活性剂，其使用方式一是用于表面处理，一是加入塑料内部。在塑料工业中多使用后一种方式。因此，要求抗静电剂分子都含有亲水基团和亲油（憎水）基团。

按其分子亲水基能否电离，抗静电剂可分为离子型和非离子型。离子型抗静电剂可直接利用本身离子导电漏泄电荷，故目前用得最多。当塑料熔融时，离子型抗静电剂在塑料熔体表面定向排列如图 8-5 所示。在塑料内部还分散有抗静电剂分子，塑料冷却硬化后，图 8-5 所示结构被固定下来，在塑料-空气（或金属）的界面稠密排列。抗静电剂的极性基（亲水基）都向着空气一侧排列，形成一个单分子导电层。抗静电剂的表面活性越强，越易在表面迅速形成强有力的单分子导电层。在加工、使用过程中，由拉伸、摩擦、洗涤等导致塑料表面抗静电剂单分子层缺损，使得抗静电性降低。但经过一段时间后，塑料内部的抗静电剂分子不断向表面迁移，使表面缺损的单分子层从内部得到补充，又恢复到图 8-5 的情况，继续发挥抗静电作用。抗静电剂恢复其作用的快慢，取决于抗静电剂的加入量和抗静电分子在塑料中的迁移速度。而迁移速度与聚合物的 T_g、相容性及抗静电剂分子的分子量大小有关。T_g 低的聚合物如聚乙烯、聚丙烯等分子链比较柔顺，抗静电剂分子在其中迁移比较容易，所以恢复其破损的单分子层比较快。相反，T_g 比较高的聚合物如聚苯乙烯、聚氯乙烯等分子链比较刚硬，抗静电剂分子在其中迁移困难，则需较长时间才能恢复。从相容性看，与聚合物相容性差的，迁移速度大。如果不相容，则会无限制地向表面喷出，这样，就会严重破坏塑料制品的表面性质。至于抗静电剂分子的分子量大小的影响，符合一般规律，即分子量小迁移速度大，恢复快；反之，相反。另外，抗静电剂的加入量可影响其持久性等。

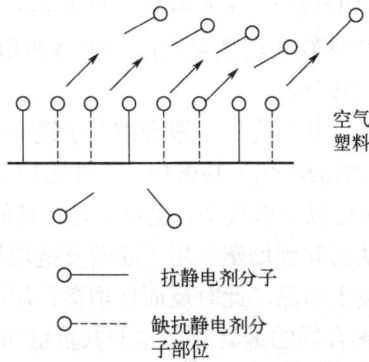

图 8-5 抗静电剂在高分子材料表面的排列示意图

外部涂层用的抗静电剂大都是高分子电解质和高分子表面活性剂，是通过刷涂、喷涂、浸涂等方法涂覆于制品表面，该法见效快，但易摩擦、洗涤而脱失。一般以水、醇或其他有机溶剂作为溶剂或分散剂使用，通常将抗静电剂涂布在塑料表面形成附着层，也可以单体或预聚体形式涂布在塑料表面，然后经热处理而形成高分子物的附着层。因为附着层与表面有较强的附着力，且坚韧而有一定厚度，故耐摩擦、洗涤，耐热，也不向塑料内部迁移，抗静电性较持久。它的抗静电作用，主要取决于自身的物理特性和化学结构，同时与环境的相对温度有关。

8.3 改善材料工程力学性能的助剂

8.3.1 增塑剂

8.3.1.1 概述

（1）增塑

增塑即聚合物增塑，是在树脂中加入一种物质（增塑剂）或在聚合物制备过程中采取一定措施（共聚、接枝）以改变聚合物的力学性能，降低玻璃化转变温度（T_g），增加塑性的方法。

（2）增塑剂概念

增塑剂是指对热和化学试剂都比较稳定的有机化合物，其在一定范围内与聚合物相容，沸点较高，不易挥发的常为液体，也可以是低熔点的固体。

增塑过程可看成是聚合物和低分子物互相"溶解"的过程。溶剂在加工过程中要挥发除去，而增塑剂则应长期留在聚合物中，增塑剂加入聚合物中（或增塑）后，可以增加柔韧性、耐寒性、可塑性；使塑料的 T_g、T_m（熔点）、T_f（黏流温度）降低，黏度减小，流动性增强，从而改善了塑料的某些加工性能；同时还降低了抗张强度、硬度模量等，提高了塑料的伸长率和抗冲击性。特别是那些对热敏感的聚合物，如 PVC，增塑剂更显示了特殊的作用。

（3）增塑方法

高分子的增塑方法主要有内增塑和外增塑两种，见表 8-9。

内增塑作用：其原理是将均聚物相转变温度高的单体和相转变温度低的单体进行共聚，内增塑剂实际已成为聚合物的一部分。

由于聚合物中引入第二单体，从而降低了聚合物分子链的规整性，降低了聚合物分子链的结晶度。如 VC/VAc（氯乙烯/醋酸乙烯）共聚物，柔性比均聚物 PVC 好得多。内增塑也可以在聚合物分子链上引入支链（可以是取代基，也可以是接枝的分枝），支链的存在，同样可降低聚合物分子间的作用力，从而起到增塑作用。随着支链增加，增塑效果也增加，但支链超过一定长度后，由于支链也发生结晶，此时反而使增塑作用降低。

内增塑优点：第二单体和聚合物的链具有稳定的共价键结合，所以不易被介质所抽出。但从工艺和成本上考虑，内增塑作用范围窄，而且必须在聚合过程中加入，一般只适用于略可挠曲的塑料制品中，此工艺方法只可以在树脂制备时加入。

表 8-9　高分子材料增塑方法

增塑方法	措施	目的
内增塑	加聚、接枝	降低聚合物的结晶性
外增塑	外加低熔点、高沸点化合物或高分子	形成"真溶液"

外增塑方法：早在合成树脂之前，人类应用增塑剂技术就已问世，早期人们用水作增塑

剂。如：中国古代用水和黏土拌和后，制陶瓷器皿、黏土板、塑像、穴居土房等。美洲印第安人用皮革作为生活用品，用水浸泡皮革，使之软化以便于加工。

外增塑方法是将分子量较低的化合物或聚合物在一定条件下添加到需增塑的聚合物中的一种增塑方法。

由于内增塑剂已经成为高分子的一部分，因而后面为主要介绍外增塑的增塑机理。

（4）外增塑剂的性质与分类方法

增塑剂主要用于聚氯乙烯，其用量占总消费量的80%以上。目前，除提高增塑剂的相容性、耐寒性、耐热性、耐抽出性、介电性、塑化性外，还要求向低挥发、低皂化性、低毒或无毒方向发展，开发新型功能性增塑剂，如邻苯二甲酸二异癸酯（DIDP）、脂肪族二羧酸酯、聚酯型增塑剂等。

增塑剂可使聚合物玻璃化转变温度降低，增加塑性，易于成型加工。其作用机理大致可分为两种。

一是非极性增塑剂，主要作用是：插入高分子链之间，增大高分子链间的距离，从而削弱它们之间的范德华力，故用量越多，隔离作用越大，而且小分子易活动，易使高聚物黏度降低。

二是极性增塑剂，主要作用是：增塑剂的极性基团与高聚物分子的极性基团相互作用，代替了高聚物极性分子间的作用，从而削弱了高聚物间的范德华力，因此增塑剂的效能与增塑剂的物质的量成正比。

8.3.1.2 增塑原理

增塑剂是在分子水平上起作用的。因此，要求聚合物和增塑剂必须能相容。这也就要求聚合物和增塑剂的结构相似，或者溶解度参数尽可能地相近。

（1）增塑剂选择原则

与树脂有良好的相容性；增塑效率高；耐寒性好；电绝缘性好；耐水、耐油及耐溶剂抽出；迁移性小；挥发性低；某些场合能阻燃（抑烟）；增塑剂本身热稳定性好；增塑剂本身无色、无臭，某些场合无毒、抗霉菌和抗白蚁；对制品的加工性好，易脱膜；价格能被接受。

（2）影响塑化主要因素

影响塑化的主要因素为分子间力和高分子的结晶度，分子间作用力越大，增塑越困难。分子间作用力又称范德华力，主要包括色散力、诱导力和取向力。此外，还有氢键。氢原子由于原子半径小，可同时和两个负电性很大但原子半径较小的原子（F、O、N）相结合，这种力叫氢键力。硝化纤维素，含—OH、—NH的聚合物PA（聚丙烯酸）、PVA（聚乙烯醇）能在分子间或分子内形成氢键，是比较强的分子间作用力，会妨碍增塑剂的插入。特别是氢键数目较多的聚合物分子很难增塑。

分子间作用力的大小，取决于聚合物分子链中各基团的性质。强极性基团分子间作用力大，非极性基团分子间作用力小。常用聚合物的顺序是：

PE（聚乙烯）<PP（聚丙烯）<PVC（聚氯乙烯）<PVAC（聚醋酸乙烯酯）<PVA

结晶度：增塑剂插入结晶区要比无定形区难得多，因为晶区自由空间小。

（3）增塑机理

现有三种机理：润滑理论、凝胶理论、自由体积理论。

① 润滑理论：认为增塑剂起到界面润滑剂的作用。聚合物能抵抗形变具有刚性，是因为聚合物大分子间具有摩擦力，增塑剂的加入能促进聚合物大分子或链段运动，甚至当大分子的某些部分缔结成凝胶网状时，增塑剂也能起到润滑作用而降低分子间的"摩擦力"，使大分子链能相互滑移。即增塑剂产生"内部润滑作用"。

此理论可以解释增塑剂的加入使聚合物黏度减小、流动性增加、易于加工成型以及聚合物性质不会明显改变的现象。但不能说明更复杂机理。

② 凝胶理论：认为聚合物（主要指无定形聚合物）的增塑过程是使组成聚合物的大分子相互分开，而大分子间的吸引力又尽量使其重新聚集在一起的过程。大分子间的"时开时集"的动态平衡在一定的温度和浓度下可造成分子间的若干"连续点"加入增塑剂，使"连接点"拆散或隔断。

③ 自由体积理论：认为增塑剂加入后会增加聚合物的自由体积。所有的聚合物在 T_g 时的自由体积是一定的，增塑剂的加入使大分子间距离增大，体系的自由体积增加，聚合物的黏度和 T_g 下降，塑性加大。

增塑效果与加入增塑剂的体积成正比，但无法解释许多聚合物在增塑剂含量低条件下发生的反增塑现象。

对上述润滑、凝胶、自由体积三种机理进行综合，增塑剂的增塑机理可以归纳为：具有溶剂化能力的极性或非极性增塑分子，掺入 PVC 分子链间，使分子链间的距离增大，吸引力降低以致链节在加工温度下的运动成为可能。

8.3.2　材料的增韧剂

材料增韧就是在脆性或韧性不够的材料中添加一种橡胶或弹性体物质（通称增韧剂），通过共混或化学方法而得到韧性材料或制品的过程。本章以脆性塑料增韧为主介绍材料增韧机理。

8.3.2.1　概述

一些高分子材料（如聚氯乙烯、聚苯乙烯等）在常温下显脆性，因而降低了使用价值。为此需要进行改性。高分子材料增塑后，脆性大大降低，韧性大大增加。然而，随着增塑的进行，带来了某些有价值性能（如刚性等）的下降。同时，制品在使用过程中，常常伴有增塑剂因挥发、迁移而损失，导致增塑作用降低和失效。因此，对脆性塑料来说，希望增加稳定的韧性，而又不明显降低刚性等。

材料的增韧就是在脆性或韧性不够的聚合物中，添加一种橡胶或橡胶类的物质（增韧剂），通过一定的方式（共混或与聚合物的单体共聚）而得到韧性材料的过程。所加入的增韧物质，需与被增韧物有一定的相容性，形成良好黏附性的两相系统的物质。

材料增韧技术在古代早有应用，如将稻草加入黏土中建土墙。高分子材料增韧的研究始于 1927 年，当时有人将溶有橡胶的苯乙烯溶液进行聚合，所得产物因交联过度，无法进行成型加工而未获应用，直到 1952 年才获得性能好、成本较低的抗冲击聚苯乙烯（HIPS）。后经人们改进，利用低温性能较好的顺丁橡胶代替丁苯橡胶，才使 HIPS 更趋完善。近二十年来，聚苯乙烯的增韧技术已迅速推广到丙烯腈-苯乙烯共聚物（SAN）等品种上。最早的 ABS 就是以丁腈橡胶和 SAN 进行熔体共混制得，目前已改用聚丁二烯溶于苯乙烯-丙烯腈中的不均匀性乳液接枝法和悬浮法制备。除了 HIPS、ABS 等作为典型的增韧塑料外，还有聚氯乙烯、聚丙烯、聚苯醚、环氧树脂等的增韧，都得到了很好的发展。20 世纪 80 年代，国外出现了以非弹性体代替橡胶增韧的新思想，相继出现 PC（聚碳酸酯）/ABS、PA/PPO（聚苯醚）等刚性有机体系，近年来又出现了无机填充增韧、增强的新途径。制备聚合物/无机矿物纳米复合材料也为材料的增韧带来新构思。

8.3.2.2 增韧的方法

高分子材料的增韧方法，主要有物理共混法和化学改性法两种。物理共混法有机械共混、溶液共混或乳液共混；化学改性法有单体共聚、聚合物接枝和交联等。增韧的目的就是在以刚性相作为基体的塑料母体中，分散一些一定粒度的微细橡胶相，同时要求在形成的两相之间的界面上有良好的黏结。

（1）物理共混法

① 机械共混。机械共混法是最早采用的方法，因为简单方便，效果好，所以沿用至今。最简单普遍使用的机械共混法为熔体共混，即借助于机械力（主要是剪切力）和热的作用，使增韧物（增韧剂）与被增韧物（聚合物）在软化或熔融状态下进行共混而增韧。一般是在挤出机、密炼机内和双辊筒机上完成共混的。通常是以双螺杆挤出机的共混效果最好，它能提供强大的剪切力，又能连续生产。共混时，既可选用普通橡胶或橡胶类物质，也可采用接枝橡胶或嵌段橡胶类物质，而以后者最为理想。还可以实现无机增韧剂与塑料的共混。例如采用双螺杆挤出机实现玄武岩纤维增韧 PBS（聚丁二酸丁二醇酯）树脂。在图 8-6 所示的料斗中加入 PBS 母料和玄武岩短纤维，在开动机器后，两个螺杆的反向转动带动物料顺着螺杆前行，在温度达到 PBS 塑化温度后，在螺杆混合下实现两种物质的均匀混合，达到增塑的目的。

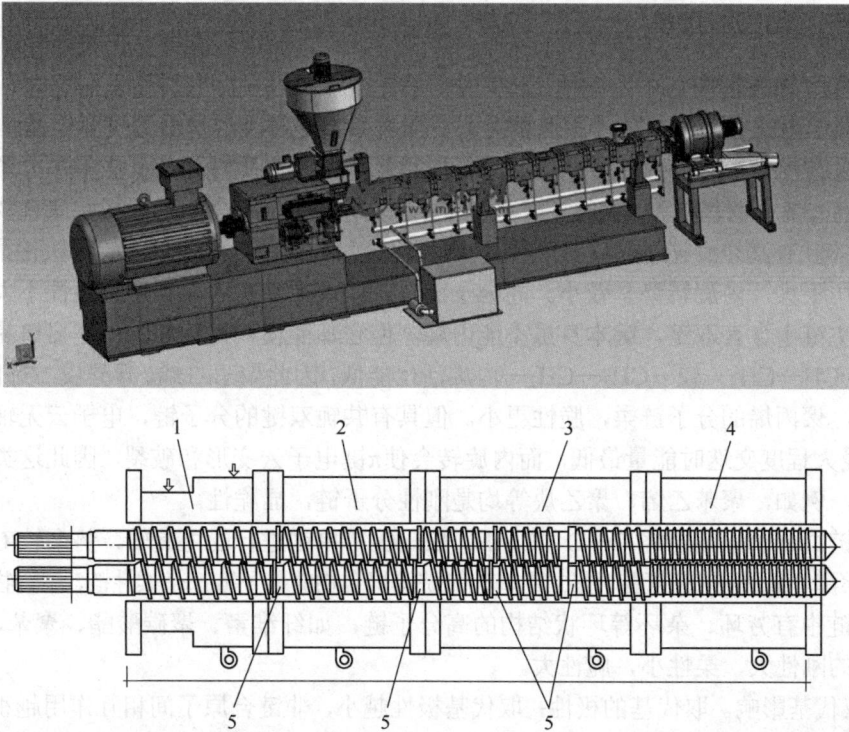

图 8-6 双螺杆挤出机和螺杆混合示意图（1、2、3、4 分别为不同的温度区间，5 为螺杆）

② 溶液共混。溶液共混是在溶剂存在下，借助机械搅拌实现两种物质均匀混合的方法。此方法需要混合结束后回收溶剂，故生产复杂，而且效率太低，无法在工业生产上推广，仅实验室里采用。

③ 乳液共混。乳液共混是在溶剂存在和机械搅拌辅助下，增韧剂和高分子基体及溶剂形成乳液体系，经凝聚后实现增韧剂和高分子基体均匀混合的一种方法。此法受原料形态的限制，效果也不理想。聚环氧乙烷和沙子在水中混合形成墙腻子的过程就是乳液共混的例子。

（2）化学改性法

① 单体共聚增韧。单体共聚增韧是内增韧常用的方法，即起增韧作用组分的单体和基体的单体共聚形成共聚物的方法，如 ABS 树脂的制备就是典型的单体共聚增韧实例。将丙烯腈、苯乙烯、丁二烯按一定比例加入反应器中，在特定温度和压力条件下共聚，即可得到 ABS 树脂。

② 接枝改性增韧。首先把橡胶类物质溶于另一需增韧的聚合物的单体中，使单体聚合，即得共混物。例如在采用自由基聚合时，聚合后期存在向大分子的链转移反应，因而所得的材料中含有橡胶类和被增韧物这两种均聚物及两者的接枝共聚物。接枝共聚物的存在促进了两种均聚物的相容，因而增韧效果好，产品性能优异。如丁二烯先聚合生成聚丁二烯橡胶，再与苯乙烯-丙烯腈共聚，生成 ABS 的方法就是接枝共聚增韧。因为此法所得的增韧塑料性能较好，故发展迅速，应用越来越广。

③ 聚合物交联增韧。向两种聚合物体系中加入交联剂，使反应物形成可相互贯穿的聚合物网络，一般可得弹性体，材料韧性增加，在涂膜增韧中此方法使用较多。在单体共聚增韧体系中加入交联剂是此方法和单体共聚增韧融合的结果。

8.3.2.3 增韧的机理

（1）聚合物的脆性

某些聚合物之所以在常温下显出脆性，主要是聚合物本身结构所决定的。聚合物的脆性主要和它的分子链柔性有关。分子链越柔，脆性越小，反之脆性越大。影响高分子链柔性的因素如主链结构、取代基、聚合度、交联程度、玻璃化转变温度等，均能影响聚合物的脆性。

① 主链结构影响。在碳链高分子中，碳氢化合物，如聚乙烯、聚丙烯等极性最小，分子内相互作用不大，内旋转势垒较小。高分子链具有较大柔性，因而聚合物脆性不大。双烯类聚合物的主链中含有双键，键本身虽不能内旋，但它却能使双键相邻的单键窗口易内旋转。如—CH═CH—CH$_2$—较—CH$_2$—CH$_2$—内旋活化能低，因此聚丁二烯、聚异戊二烯的分子链，较聚乙烯、聚丙烯的分子链柔，脆性更小。但具有共轭双键的分子链，电子云无轴对称，且π电子在最大程度交迭时能量最低，而内旋转会使π键电子云变形和破裂，因此这类分子链不能内旋转。例如，聚苯乙烯、聚乙炔等均是刚性分子链，显脆性。

在杂链高分子中，围绕 C—O、C—N、Si—O 等单键进行的内旋转，势垒较 C—C 单键低，因此聚酯、聚酰胺、聚氨酯、聚二甲基硅氧烷等聚合物的分子链都是柔性链，聚合物脆性小。

在主链中有芳环、杂环等环状结构的高分子链，如纤维素、聚碳酸酯、聚苯、聚砜等，其分子链的刚性大，柔性小，脆性大。

② 取代基影响。取代基的极性：取代基极性越小，非键合原子间相互作用越小，势垒也越小，分子越容易内旋转，故分子链柔性大，聚合物（如聚乙烯、聚丙烯等）显示的脆性小；而—Cl、—OH 等极性强，非键合原子间相互作用强，势垒大，分子内旋转困难，分子链柔顺

性小，聚合物（如聚氯乙烯、聚乙烯醇等）显示出脆性。

取代基的数量和体积：主链上若有较多极性大的和空间位阻大的基团，将使分子内旋转困难，柔性差，脆性变大。如氯化聚乙烯的极性取代基氯原子，在主链中数目比聚氯乙烯少，前者比后者脆性小；另外，聚苯乙烯的非极性取代基苯基，体积大，空间位阻大，内旋转活化能较大，难以内旋。所以聚苯乙烯分子链柔性小，聚合物脆性大。

取代基的位置：同一个碳原子上边有两个不同的取代基时，会使链的柔性降低，脆性增加。如聚甲基丙烯酸甲酯在同一碳原子上有—CH_3、—$COOCH_3$，其脆性比聚丙烯酸甲酯大。然而氟乙烯虽在一个碳原子上连有较多的氟原子，按理说，其分子极性应较强，但因为取代原子呈对称分布，极性互相抵消，故分子易于内旋转，分子链柔性好，聚合物脆性小。

③ 聚合度影响。聚合度会影响分子的内旋异构体数（构象总数），且随其增加而增加。即使是势垒较大的分子链，只要每一个单键上旋转一点，就使大分子无法维持其伸直锯齿形而呈一定卷曲状。因此聚合度（分子量）增加，大分子链柔性增加，脆性减小。

④ 交联程度影响。当交联程度较低时，两交联点之间的分子远大于链长，因而不妨碍分子内旋转，分子链柔性好。例如硫化程度低（含硫 2%～3%）的橡皮，仍保持与天然橡胶分子相似的柔性。若交联程度较大，就无孤立的线型大分子，因而形成整个聚集体（体型），即失去柔性，显出脆性，如固化后的酚醛树脂。

⑤ 玻璃化转变温度（T_g）的影响。T_g 愈高，室温下大分子链的分子内旋转愈困难，分子链的柔性就差，聚合物的脆性变大。为此需提高聚合物玻璃化转变温度，温度升高，分子的热运动能增强，分子的内旋自由度加大，构象数增多，分子链柔性也逐渐增加。反之，T_g 愈低，情况则相反。例如聚氯乙烯的 T_g 为 87℃，高于室温，在室温下为脆性聚合物；而氯化聚醚的 T_g 却为 10℃，低于室温，在室温下为柔性聚合物。

综上所述，聚合物的脆性是和它的结构分不开的。为了降低脆性，增加韧性，除了改变结构外，还可采用外加增韧剂进行聚合物的增韧。

（2）材料的增韧机理

材料的增韧原理有不少的理论解释，归纳起来有如下几种：橡胶吸收能量理论、剪切屈服理论、多重裂纹理论、银纹剪切带理论、空穴化理论和逾渗理论等。以下简要介绍其中几种。

① 橡胶吸收能量理论（rubber absorb energy theory）。此理论认为当材料应变时，其内部产生了很多极细的裂缝，此时必然有一部分橡胶粒子横跨在裂缝上，从而阻止了裂缝的迅速扩展，而橡胶物在其形变过程中消耗了能量，从而提高了材料的韧性。这样，大的张应变可以通过微裂缝的张开、橡胶粒子被拉长和聚苯乙烯层的弯曲来实现。

② 多重裂纹理论（multiple crazing theory）。该理论认为，应力泛白不是由裂缝而是由裂纹所引起的。橡胶粒子既引发裂纹，又控制裂纹的发展，在张应力作用下，裂纹沿着最大主应力的平面发展下去。当裂纹尖端上的应力集中降低至裂纹增长所需的临界水平以下时，或当遇到一个大的橡胶粒子，或其他障碍物时，裂纹的增长被终止。从而出现大量的小裂纹，这和不含橡胶粒子的同一聚合物形成少量的大裂纹相反。因此，材料在断裂前能达到高得多的应变能密度，材料在相当大体积内分布有密集裂纹。这一理论由光学显微实验证实，接着为金相技术所验证，而最重要的裂纹化研究手段是电子显微镜拍照。

在脆性材料中，张应力能在少数地方引发裂纹，这样会导致这些地方的应力高度集中，从而使材料很快断裂。混入橡胶增韧后，橡胶粒子只引发裂纹，而不促进其增长，最后裂纹终止于另一个橡胶粒子，或由于裂纹转向或交叉而终止，最多只出现微裂纹。橡胶粒子数很多，引发了大量裂纹，吸收了很多外加能量而被消耗，因而阻止或减缓了材料的断裂。

这一理论是在较为充分的实验基础上建立的，它成功地解释了 HIPS 的抗冲和抗张性质，包括应力泛白、密度下降和没有侧面收缩的伸长等。另外，橡胶的含量、粒子的大小和分布、橡胶与基体间的黏结情况和温度等对性能的影响，都可从这一理论得到解释。然而这一理论对有些现象也无法解释，如 ABS 和增韧的聚氯乙烯在拉伸屈服试验中，都会出现明显的细颈现象。而在聚氯乙烯为基材的增韧塑料中，这种现象会在不可觉察的应力泛白情况下发生。为此，需用剪切屈服的理论来解答。

③ 剪切屈服理论（shear yielding theory）。本理论认为橡胶粒子在其周围的塑料相中建立了静水张应力（hydrostatic tensile stress），使塑料相的自由体积增大，空穴增多，从而降低了 T_g，易产生塑性流动，使韧性增加。同时还认为橡胶的热膨胀温度系数比塑料大，会形成热收缩差，故当材料成型后，从高温冷却至室温时，橡胶的收缩比塑料大，很自然橡胶粒子会对周围的塑料相形成静水张应力。另外，橡胶的泊松比（约 0.5）比塑料的泊松比（约 0.35）大，橡胶的横向收缩也比塑料大，这也易形成静水张应力。这几种情况都是在两相间的黏结十分良好的条件下出现的。

虽然剪切屈服能解释橡胶增韧塑料的原因，但对其详尽的机理，现在还缺乏有力的证据。如对聚合物三轴拉伸而言，三轴拉伸能促进裂纹化和脆性断裂。同时，即使在非膨胀性的应力场中，剪切形变也能在 T_g 以下很好地发生。橡胶粒子使八面体剪切应力局部增大，引发了剪切形变，而不是改变了基体聚合物的松弛行为。剪切屈服理论的另一个问题是它不能解释橡胶增韧塑料的应力泛白、密度变化、不出现明显细颈的伸长和其他特性等。

④ 银纹剪切带理论（crazing with shear yielding）。材料的实际强度远小于由化学键计算所得的理论值，这是由材料在制造或成型时工艺条件控制不当，或制品、模具设计不合理等原因造成的，使其本身就存在很多内应力而产生不少裂纹、银纹等缺陷，当受外力冲击时，这些裂纹会继续发展，外能转化为产生新裂纹的表面能，且当裂纹超过一定长度时开裂速度加快，进而产生破坏。这就是脆性塑料如聚苯乙烯、聚氯乙烯、聚甲基丙烯酸甲酯等表现出脆性的原因。若材料内部含有橡胶颗粒，当外能传到橡胶粒子表面时，裂纹迅速产生分枝，从而产生更多的微小银纹，这样就消耗了很多外能，故材料本身因存在大量银纹而产生白化现象，但并不破碎，因为银纹内还含有聚合物分子，并非全部空气的裂纹。因此，橡胶粒子实际上起了一种蓄能作用——使外界的冲击能转化成它周围的银纹表面能，从而减少了断裂产生新表面所需的表面能。为此，要求塑料中的橡胶粒有一定大小，若颗粒太小，则银纹的分枝数少，吸收转移外能的机会也少，效果也差。所以，橡胶颗粒的大小必须适度，粒度分布均匀，与塑料基体结合要牢固，否则裂纹会在橡胶与基体间穿过，达不到应力分散、增韧的目的。

银纹剪切带理论实际是多重裂纹理论和剪切屈服理论的有机结合。其基本观点是，银纹和剪切带是材料在冲击过程中同时存在的消耗能量的两种方式，只是由于材料以及条件的差异而表现出不同的形式。以 HIPS 和 ABS 为例，在 HIPS 中银纹化起主导作用，剪切屈服贡献极小，所以宏观表现出应力发白；在 ABS 中两者的比例相当，于是 ABS 在破坏过程中同时存在应力发白和细颈现象。研究者认为银纹化和剪切屈服是两个相互竞争的机制。

银纹是由正应力引起的，剪切屈服是由剪应力引起的。银纹在 T_g 附近退火后会消失，剪切带不会消失；银纹化过程伴有体积增加，而剪切屈服过程不改变试样的体积。该理论还指出，剪切屈服是能量消耗的有效途径，只有剪切屈服机理存在，材料的韧性才会大幅度提高。

⑤ 空穴化理论。空穴化是指发生在橡胶粒子与基材界面间的空洞化现象。它是在外力作用下，分散相橡胶粒子由应力集中引起周围基体的三维张应力，橡胶粒子通过空化及界面脱黏释放其弹性应变能的过程。空化本身不能构成材料脆韧转变，它只是导致材料从平面应变向平面进一步扩展，消耗大量的能量，使材料的韧性得以提高。

这个观点是 Pearson 等在研究弹性体改性环氧树脂体系中提出的。后来 Okamoto 等在 HIPS 中也发现橡胶空穴化的现象，并指出橡胶粒子的空穴化发生在聚苯乙烯银纹化之后。我国漆宗能等在 PP/EPDM 共混体系中发现其破坏方式由银纹、空洞化转变为剪切屈服的过程。

8.3.3 材料的增强剂

8.3.3.1 概述

用纤维类材料及其织物或其他材料为增强物，填充于材料中，能显著地提高制品强度和模量的过程，称为材料的增强。所加入的增强物质称为增强剂，所制得的产品称增强材料。

塑料的增强研究和增强塑料的应用始于 1931 年玻璃纤维工业化生产之后，1932 年首先制出了热固性增强塑料（俗称玻璃钢），主要用作绝缘材料。由于它的重量轻、强度高，1941 年聚酯玻璃钢首先用于飞机和雷达罩上，随后用于飞机机身、机翼、结构部件等。以后转入民用，在船舶、汽车、建筑、管道、电子器材等行业成为重要结构材料。随着空间技术和国防工业发展的需要，碳纤维、硼纤维及其复合材料从 20 世纪 60 年开始发展起来，70 年代又出现了 Kevlar 等有机纤维及复合材料等。热塑性增强塑料出现比较晚，1951 年玻纤增强的聚苯乙烯才问世，此后十年间发展缓慢，直到 1965 年才得到迅速发展，现几乎所有热塑性塑料都有增强材料。特别值得一提的是，20 世纪 70 年代偶联剂钛酸酯的出现，把塑料的增强推向一个新阶段。20 世纪末，由于高新技术发展的需要，出现了聚合物/无机物纳米复合材料，新的增强方案也应运而生。

目前塑料的增强，除了继续进行机理（包括偶联机理）研究外，已转向耐高温、高强度、特种复合材料（高模量、耐烧蚀功能性复合材料等）的研制方面，增强剂已由玻璃纤维转向碳纤维、硼纤维、晶须、芳香聚酰胺纤维的制造和使用方面，以及新型的、廉价的偶联剂的研制等。此外还注意了增强剂的使用方式，把不同的增强填料以不同的比例和不同的形式进行混合交织。例如，玻纤-碳纤维交织布、碳纤维-金属纤维交织布、玻纤-碳纤维-金属纤维交织布、玻纤加晶须和硼纤维加晶须的复合增强塑料。另外，还有用各种纤维织成的三维织物，晶须在碳纤维表面生长而获得的新型混合纤维等。

8.3.3.2 塑料增强工艺

塑料增强的成型工艺，已由原始的手糊成型及层压成型逐渐转入挤出、注射成型。而大型制品则采用喷涂、对模、离心、拉出成型及原位聚合、互穿网络等新工艺。

塑料的增强方法因所用塑料和增强剂种类不同而有所不同，但大同小异，以玻纤增强为例，大致可分热塑性树脂增强和热固性树脂增强两种。但都经历以下过程。

增强剂的预处理→增强剂的改性→与基体的混合→干燥→成型料（成型品）

增强剂的预处理主要是指除去纤维及其织物吸附的水分以及在纺织过程中加入的润滑

剂。另外，为了提高玻纤等与树脂的结合强度，改善制品的性能，玻纤在使用时最好用偶联剂处理，进行表面改性。这是由于用玻纤增强的塑料，其增强剂（玻纤）与聚合物的分子结构及物理形态极不相同，彼此很难紧密结合在一起，加之玻纤中还分散着碱金属或碱土金属等氧化物微粒，这些微粒吸湿性较大，会使玻纤表面吸附水分，削弱其与聚合物界面间的黏结力，从而影响增强塑料的性能提高和使用。为此，需用一种物质作纽带，把复杂的无机物（玻纤）和聚合物最大限度地紧密结合起来；同时在玻纤表面形成所谓"阻挡层"，防止水分浸入界面，提高黏结强度。作为纽带的偶联剂是一类具有两性结构的物质，其分子中的一部分基团可与无机物表面的基团反应，形成牢固的化学键合；另一部分基团具有亲有机物的性能，可与有机分子反应或进行物理缠绕，从而把两种性质完全不同的材料牢固地连接起来。图 8-7 为碳纤维（CF）上浆增强过程示意图。把碳纳米管（CNT）添加到 PDA（聚多巴胺）中作为混合施胶剂（PDA-CNT），并对 CF 表面进行了施胶处理。经 PDA-CNT 处理的 CF/PEI（聚醚酰亚胺）的拉伸强度最大提高 12.5%。此外，PDA-CNT 施胶处理还提高了 CF 表面的粗糙度，从而增强了复合材料的界面黏结力，使 CF/PEI 复合材料的 ILSS（层间剪切强度）显著提高了 39.4%。

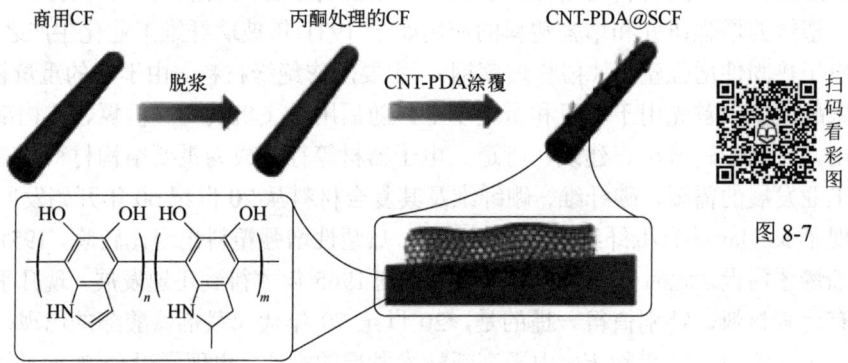

图 8-7　碳纤维表面上浆处理过程示意图

8.3.3.3　材料的增强机理

有关以玻纤、碳纤维和各种有机或无机纤维为增强剂的材料的增强机理认为增强剂是增强材料的骨架，是真正外力的承受者，而材料中的聚合物是一种传力介质，它有一定塑性，可把应力传递给增强剂。材料有一定柔性，可避免损伤增强剂引起裂纹，还可控制增强材料中裂纹的产生。现以玻纤单向纤维增强塑料为例，介绍材料增强机理。

当沿着纤维方向有外力作用时，由于基体聚合物的塑性滑移，应力将很快转移给与聚合物有着相同形变量的纤维，使纤维中的应力比聚合物中大许多倍，因而聚合物中承受的应力减至很小，几乎到可略不计的地步。

当纤维受到很大应力（τ）时，纤维可能产生裂纹，或已有裂纹的纤维发生断裂，但其余的纤维却不能同时断裂，因纤维是黏合在基体聚合物中的，即使断裂了，只要整个材料未破坏，仍然可以承受外力。纤维和基体一般都有一定的黏附力，若通过偶联剂的作用，则这种黏附力还会加大，因此断裂纤维上的力，可通过纤维与基体界面上的剪切力（σ）耗散，如图 8-8 所示。当纤维断裂时，要使裂纹扩展贯穿于整个塑料，就必须把纤维一根一根地从基体中剥离出来，只有这样，纤维才不能受力，剥离纤维的能量称剥离功。这需要消耗很大的能量，这就是玻纤增强塑料的增强本质。纤维增强塑料符合混合物定律，如图 8-9 所示。

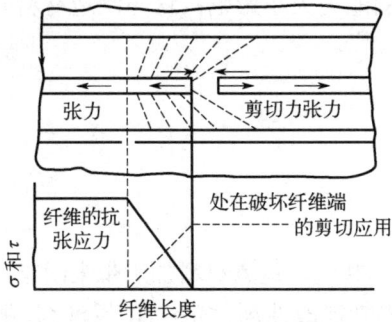

图 8-8　单向纤维增强塑料中纤维初期破坏情况　　　　图 8-9　混合物定律

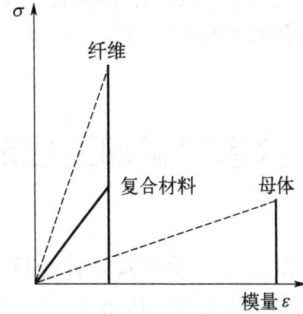

这种增强不能只归功于任一材料组分，这类材料之所以有高超的承载能力，不仅是有高强、高模量的玻纤，而且在很大程度上还取决于玻纤和特殊基材的黏结。

关于黏结机理也有许多论点，如吸附理论，它是把黏结力的产生归于基体和增强剂之间的物理吸附，即由次价力（范德华力和氢键等）的作用引起的。这种力只能在极短的距离内起作用，因此，需增加其真实接触面积，复合时要求基体最好为流体，且黏度低，易于铺展在增强剂的表面，充分流到微孔、亚微孔及空穴中去，同时要求浸润良好，浸润接触角小，界面处的力（表面张力 γ）要小。

化学键理论认为基体和增强剂的不同基团在界面间发生了反应，形成化学键（共价键、配位键、离子键），特别是采用偶联剂更甚，由此二者才能连接起来成为整体。

扩散理论认为基体与增强剂的表面分子相互扩散，相互深入对方内部，形成"交织的网络"，从而两者被黏结在一起。

静电理论认为基体和增强剂各具不同的电子亲和力，在黏结的界面上，由于静电的作用而产生接触电势，形成双电层，不同电荷的相互吸引，使其黏结起来。

机械理论是把黏结现象看成是基体和增强剂间的纯机械咬合或镶嵌。

上述的理论都可解释产生黏结现象的原因，只是当基体和增强剂不同时，各种理论对产生黏结现象的论述有所不同。总之，基体和增强剂之间的连接，是通过化学键力、分子间力、静力引力、吸附、镶嵌等作用实现的，从而使不同种类的材料黏结在一起，成为一整体，共同承担外力的作用，这样就大大提高了材料的强度。

8.3.3.4　增强材料强度影响因素

增强材料强度主要受下列因素影响。

① 基体聚合物的强度：可通过聚合物的选择和改性加以满足；

② 增强剂的强度：主要通过选择以达要求；

③ 增强剂和基体聚合物的表面黏结情况：界面黏结得好，可以改善应力集中情况，提高强度，就增强剂而言，主要与其比表面积、表面张力、表面的微孔及孔径分布等有关；对聚合物基体来说，则视其液态时的表面张力和黏度大小而定；同时在其复合固化后，因基体的体积收缩而产生的内应力以及基体和增强剂两者之间因膨胀系数不同而产生的热应力对它们的黏结均有影响；此外，还与基体和增强剂之间是否存在可反应能形成化学键的基团数量、

形成键的强弱和数量等有关；

④ 增强材料组织结构对阻止裂纹产生和扩展的能力大小影响：这与制造材料时的设计和成型等有着密切的关系。

8.4 改善材料加工性能的助剂

材料加工时，经常要设计不同类型的材料复合、共混，这为材料加工带来困难，或者达不到设计的性能要求，因此人们开发超细料及纳米多功能改性剂、相容剂、发泡剂、脱模机、加工改性剂等，以便加工容易进行，例如聚氯乙烯加工时的热稳定剂也可以称为加工助剂。加工助剂众多，现仅介绍相容剂和发泡剂。

8.4.1 相容剂

相容剂是近年发展起来的一种新型功能塑料助剂品种，也叫增容剂、高分子偶联剂、大分子有机聚合物相容剂。相容剂是指借助于分子间的键合力，促使不相容的两种聚合物结合在一体，进而得到稳定的共混物的助剂，其作用是降低界面张力。加入的第三组分可增大界面层厚度，阻止分散相凝聚，稳定已形成的相形态结构，以增加两种聚合物的相容性，使之相互间的黏结力增大，以形成稳定的（共混）结构。塑料共混、改性、合金的关键是解决不同聚合物的相容性，而加入适量的相容剂使其具有良好的相容性，可以改善复合材料分层、表面出现脱皮等现象，但具有材质强度低、易脆等缺陷。

人们在研究相容剂作用机理、提高相容剂效率的同时，也在不断发掘相容剂的其他作用，希望相容剂在增容的同时也能改善合金的综合性能，相容剂朝着功能化和复合化方向发展。功能化：人们试图赋予相容剂除增容以外的功能。例如，许多相容剂是具有核-壳结构的热塑性弹性体，人们开始关注如何在"壳"上引入反应基团，如采用熔融接枝法制备了 MAH-g-HDPE，并研究此种相容剂对 HDPE/PC 合金性能的影响，结果表明，合金的柔顺性变好，抗缺口冲击能力增强。复合化：不同的相容剂都有各自的优缺点，适当地同时使用不同的相容剂，可以实现相容剂之间的协同效应，目前复合增容的研究进展很快。例如用 PP-g-MAH 和 SEBS-g-MAH 增容 PP/EPDM/PLA 合金，当 PP-g-MAH 和 SEBS-g-MAH 用量各为 5% 时，合金的 G'（储能模量）和 G''（损耗模量）均大于采用 10% 的 PP-g-MAH 或 SEBS-g-MAH 的合金，当 PLA 降解后，由于相容剂的作用，合金的力学性能将继续保持。

相容剂能够提高高分子合金的某些性能，但是添加相容剂也会对合金产生潜在的负面影响，面临挑战。相容剂的添加改变了高分子合金的共混组成、分子间距离和分子间作用力，从而影响复合材料的外观质量和使用性能。比如关于相容剂对合金的拉伸强度的影响方面，以 PP/PA6/POE-g-MAH 和 PP/PA6/PP-g-MAH 复合增容 PP/PA6，发现增容剂用量增加时，合金的拉伸强度先上升后下降。因而不同的材料应该根据需求适当添加相容剂。

8.4.2 发泡剂

发泡剂是使对象物质成孔的物质，它可分为化学发泡剂和物理发泡剂两大类。化学发泡剂是经加热分解后能释放出二氧化碳和氮气等气体，并在聚合物组成中形成细孔的化合物；物理发泡剂是泡沫细孔通过某一种物质的物理形态的变化，即通过压缩气体的膨胀、液体的挥发或固体的溶解而形成的化合物。发泡剂均具有较高的表面活性，能有效降低液体的表面张力，并在液膜表面双电子层排列而包围空气，形成气泡，再由单个气泡组成泡沫。

8.4.2.1 物理发泡剂

常用的物理发泡剂在常温常压下是易挥发性液体，沸点低于 110℃，常用的有脂肪烃。另外，低沸点的醇、醚、酮和芳香烃也可作为发泡剂。如二氯二氟甲烷、三氯三氟乙烷、三氯氟甲烷、三氯乙烷、戊烷、庚烷、异庚烷、氯甲烷、二氯甲烷等。

物理发泡剂主要是指使用机械搅拌在浆料中产生气泡，随后通过凝结成型、干燥、高温烧结等方式将气泡形成的孔结构保存下来，得到多孔的材料。通过此方法进行发泡时，在浆料中会有大量气泡产生，体系中有许多气相与液相相互存在，根据热力学定理，此时体系中气泡非常不稳定，会彼此相互合并或产生消泡现象来降低体系中的界面能。为了使气泡尽可能留存在浆料体系中，一般会向体系中加入大分子等表面活性剂，来减少体系中气泡的表面张力，使其难以互相合并或无消泡现象，达到对气泡动态稳定的目的。如用 1,1-二氯-1-氟乙烷（HCFC-141b）为发泡剂制备硬质聚氨酯泡沫绝缘材料就是一种物理法制备发泡材料的方法，在喷涂过程中，1,1-二氯-1-氟乙烷（HCFC-141b）气化形成泡孔。

8.4.2.2 化学发泡剂

化学发泡剂在加热分解后会释放气体，并在聚合物中形成细孔。如采用 $NaHCO_3$ 为发泡剂制备聚丙烯发泡材料就是利用化学发泡法制备发泡材料的方法。先将 PP（聚丙烯）加入高速混合机，滴加 3~5 滴白油，高速搅拌 5min 后加入改性 $NaHCO_3$ 粒子，混合 5min 后出料。在 40℃干燥处理 12h，然后采用注塑发泡法进行微发泡制备发泡材料。在注塑成型过程中，当温度达到 $NaHCO_3$ 分解温度时，$NaHCO_3$ 分解形成 CO_2 和水蒸气，同时在此温度下，聚丙烯为黏稠流体，其会包裹稳定 $NaHCO_3$ 分解形成气体，材料冷却后就形成泡孔。图 8-10 为采用双氧水为发泡剂制备赤泥多孔保温材料的示意图。双氧水容易分解，因而在赤泥浆料中加

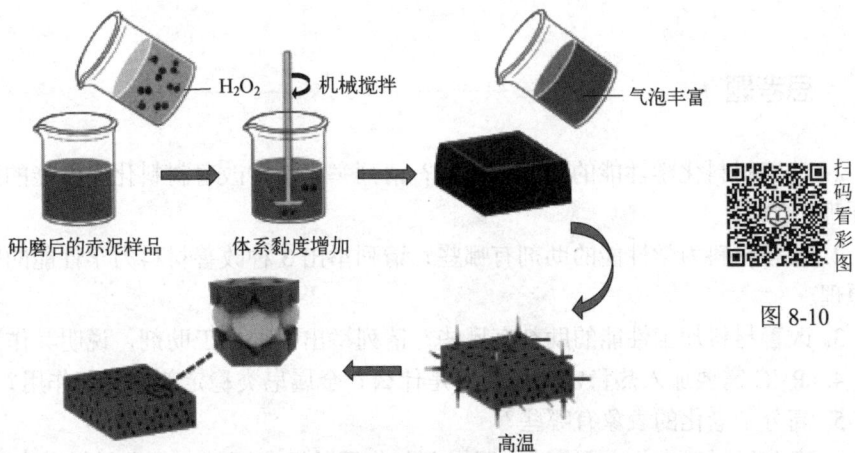

研磨后的赤泥样品　　体系黏度增加　　　　　气泡丰富

H₂O₂　机械搅拌　　　高温

扫码看彩图

图 8-10　以双氧水为发泡剂制备赤泥多孔保温材料的示意图

入双氧水，在发泡剂的存在下，搅拌过程中双氧水分解产生氧气，形成泡孔。进而把浆料倒入模具稳化并进一步发泡，就可以把泡孔保留下来。高温煅烧后就形成具有一定力学性能的赤泥多孔保温材料。

化学发泡剂品种繁多，包括有机的无机的，也有热分解型和反应型的。可根据材料的应用环境和性能要求选用不同的发泡剂。

📖 拓展阅读

助剂化学发展新趋势

随着全球环境保护和可持续发展的重视，助剂化学行业正逐步向绿色、环保方向发展。未来的助剂将更倾向于选用环保、无毒、无害的原材料，并尽可能降低生产和使用过程中对环境的污染。科研人员不断探索新的化学合成方法和路径，以开发出更加高效、环保的绿色助剂。例如，利用可再生资源（如植物油脂、淀粉等）为原料合成绿色表面活性剂，以及开发无甲醛、低VOC（挥发性有机化合物）的整理剂等。或者在助剂的生产过程中，采用更加环保的生产工艺和设备，减少废水、废气、废渣的排放；同时，通过优化生产流程和提高生产效率，降低生产过程中的能耗和物耗。此外，为了满足高强度、高韧性、耐高温等性能要求，助剂将向高性能化方向发展。高性能热稳定剂、抗氧剂等将有更广泛的应用领域，尤其是在汽车、电子、建筑等高端领域。这些高性能助剂不仅能提高产品的加工性能，还能显著提升产品的最终性能。复合化即一种助剂具备多种功能也将是未来助剂的发展趋势，例如，开发出既能防菌又能抗氧化的多功能助剂，以满足复杂应用场景的需求。这种复合化趋势将提高助剂的附加值，并降低生产成本。随着下游制品的多样化发展，对助剂的个性化需求也越来越高。未来的助剂市场将更加注重针对特定材料、产品和工艺环节开发出更加精细的助剂。随着人工智能和大数据技术的发展，助剂生产也将逐步实现智能化。通过智能监测、调整和控制生产过程中的各个环节，可以实现更高效、更稳定和更可靠的生产。这将有助于提高助剂产品的质量和一致性，降低生产成本。

✏️ 思考题

1. 改善材料化学性能的助剂有哪些？请列举出3种改善材料化学性能的助剂，说明其作用原理。

2. 改善材料力学性能的助剂有哪些？请列举出3种改善材料力学性能的助剂，说明其作用原理。

3. 改善材料加工性能的助剂有哪些？请列举出3种加工助剂，说明其作用原理。

4. PVC需要加入热稳定剂的原因是什么？金属皂类稳定剂如何起作用？

5. 高分子老化的表象有哪些？

6. 高分子材料中加入阻燃剂，阻燃剂起作用的温度区间一般在材料燃烧过程的哪些阶段为宜，设计和制备阻燃材料时阻燃剂选择的依据是什么？

7. 在什么区域应用的高分子材料需要考虑抗氧剂，试举例说明。

8. 什么是高分子材料的增塑、增韧和增强？

9. 高分子材料增塑、增韧和增强的联系和区别是怎样的？试从添加剂的结构类型、添加剂起作用的方式等方面介绍。

10. 内增塑和外增塑的区别是怎样的？在塑料餐具中使用外增塑会对我们的生活有什么样的影响？

11. 用作工程塑料的高分子材料中一般考虑加入什么助剂？

12. 请说明在居家客厅中用到的高分子材料中采用了哪些助剂。

13. 请说明应用在西藏和新疆等强光照区域的塑料中主要考虑加入哪种助剂。

14. 在 PVC 加工过程中主要考虑加入哪种助剂，为什么？

15. 现在用于制作衣服的纤维常常是多种纤维共混纺丝，说一说这种纺丝的优点是什么？设计理念用到了本章的哪些知识点？

参考文献

[1] 李玉龙. 高分子材料助剂 [M]. 北京：化学工业出版社，2008.

[2] 汪晓鹏，卢武. 绿色环保型聚氯乙烯热稳定剂的研究进展 [J]. 上海塑料，2023，51 (5)：28-31.

[3] 周维，陆锦成，张兴光. 无机纳米抗菌材料开发及其在家居产品中的应用进展 [J]. 化工进展，2023：18-28.

[4] 朱云燕，郭荣辉. 阻燃剂阻燃机理的研究进展 [J]. 纺织科学与工程学报，2023，40 (4)：115.

[5] 王菁，陈蕾，李圣军，等. 添加型阻燃剂的研究进展与发展趋势 [J]. 合成纤维工业，2022，45 (5)：69.

[6] 刘畅，段尊斌，汪建南，等. 新型无机磷基阻燃剂的研究进展 [J]. 无机盐工业，2022，54 (11)：8.

[7] 滕琴. 抗静电剂在高分子材料中的应用研究进展 [J]. 化工管理，2017：198-200.

[8] 蒋杰，孙连，强徐，等. 高分子材料用抗静电剂的研究进展 [J]. 塑料助剂，2016：1.

[9] 阳勇，王国军，郭增贤，等. 抗静电泡沫塑料研究进展 [J]. 材料导报，2023，37 (Z2)：23040204.

[10] 左晓玲，张道海，罗兴，等. 长玻纤增强复合材料老化研究进展及防老化研究 [J]. 塑料工业，2013，41 (1)，18-21，66.

[11] 谢亚杰，唐大丽，李青山. 高分子量塑料助剂研究进展 [J]. 塑料助剂，2000 (5)：1.

第9章

材料的腐蚀和防护

9.1 腐蚀概述

9.1.1 腐蚀及其危害

材料在应用过程中其物理化学等特性会发生相应的变化，进而影响其使用性能。因而我们需要关注材料在使用过程中的性能变化规律，可能发生的化学反应，即材料的腐蚀问题，使用过程中对材料的保护，以延长材料的使用寿命。腐蚀有狭义的腐蚀和广义腐蚀。传统腐蚀定义为金属与周围环境介质之间发生的化学或电化学作用而引起的破坏；广义腐蚀定义为材料和材料性质在与其所处的环境介质作用下发生退化变质的现象。环境包括水、大气、水蒸气、化学气体（氧气、氯气、氨气、二氧化硫、硫化氢、二氧化碳等）、土壤、化学介质（酸、碱、盐的溶液）。此外还包括电磁场（阳光、放射性辐射）、电流、应力、微生物等。

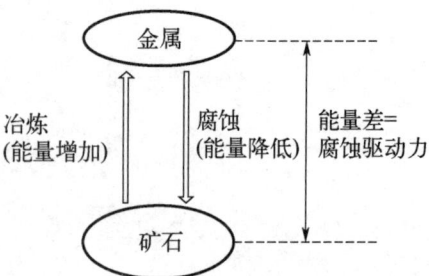

图 9-1 金属和金属矿间转化趋势图

腐蚀普遍存在，也是必然现象。可以说腐蚀现象无处不在，无时不有，十分普遍。此外从热力学角度看，一切材料在环境作用下，逐渐自发地腐蚀、变质、退化，是热力学自发过程，因为元素以化合态存在更稳定，以小分子形式存在更稳定，见图 9-1。因而金属由元素状态转变成金属化合物（铁的生锈），有机/无机材料经老化分解或降解为小分子是自发的过程，是不可避免的。

材料腐蚀问题遍及国民经济的各个领域。从日常生活到交通运输、机械、化工、冶金，从尖端科学技术到国防工业，凡是使用材料的地方，都不同程度地存在着腐蚀问题。腐蚀给社会带来巨大的经济损失，造成了灾难性事故，耗竭了宝贵的资源与能源，污染了环境，阻碍了高科技的正常发展。概括起来腐蚀包括直接经济损失和间接损失，主要体现在以下几方面。

① 材料腐蚀给国民经济带来巨大损失。直接损失为更换被腐蚀的结构、机器或其零部件所需的费用。还包括喷涂涂层等保护层额外费用、添加缓蚀剂的维护费用和合理储存保护零部件的费用等。以金属材料为例，据一些工业发达国家统计，每年由腐蚀而造成的净损失占国民经济生产总值的 2%~4%。据不完全统计，世界各国每年由海洋生物污损带来的直接经济损失高达 1500 亿美元。

② 腐蚀事故危及人身安全。腐蚀引起的灾难性事故屡见不鲜，损失极为严重。而且，由意外事故而引起的停工、停产所造成的间接经济损失，可能超过直接经济损失的若干倍。大的发电厂更换过滤或冷凝器，停工一天，损失 25000 美元。例如 1980 年我国一架直升机桨叶大梁因腐蚀疲劳断裂导致飞机在空中解体。

③ 腐蚀耗竭宝贵的资源和能源。据统计，全世界每年由于腐蚀而报废的金属设备和材料相当于金属年产量的 10%~40%，其中 2/3 可再生，而 1/3 的金属材料被腐蚀后无法回收。因而我们需要不断开采矿石，利用这些不可再生资源。

④ 腐蚀引起严重的环境污染。腐蚀增加了工业废水、废渣的排放量和处理难度，增多了直接进入大气、土壤、江河及海洋中的有害物质，因此造成了自然环境的污染，破坏了生态平衡，危害了人民健康，妨碍了国民经济的可持续发展。

9.1.2　腐蚀分类

（1）按材料类型分类

固体材料按组成可以分为高分子材料、金属材料、非金属材料和复合材料。高分子复合材料中填料占比相对较少，其腐蚀主要是高分子基体的腐蚀。因而高分子复合材料腐蚀特点与高分子材料大体相当。此外高分子材料在应用时也或多或少地加入填料，例如聚氯乙烯管材中大都含有碳酸钙填料，实质上已经可以被看成复合材料，单一组成的高分子材料实际上是很少的。基于此，固体材料腐蚀可以认为主要包括高分子材料的腐蚀，金属材料的腐蚀和无机非金属材料的腐蚀。高分子材料的腐蚀也叫高分子的老化。

（2）按腐蚀的形态分类

材料按腐蚀的形态可以分成两大类，全面腐蚀和局部腐蚀，结果是使材料整体变薄。局部腐蚀是腐蚀破坏发生在材料表面的特定局部位置，包括小孔腐蚀（点蚀）、间隙腐蚀、电偶腐蚀、选择腐蚀等。高分子材料则往往是全面腐蚀，即高分子材料大多是从里到外性能整体型改变，而金属腐蚀以点蚀居多。从工程意义上讲，全面腐蚀相较于局部腐蚀危害较小，局部腐蚀危害较大，往往在没有预兆的情况下材料发生断裂，产生事故。从各类腐蚀失效事故统计来看，全面腐蚀占 17.8%，而局部腐蚀占 82.2%，可见局部腐蚀的危害性。

（3）按材料应用的环境分类

材料根据应用环境的不同包括自然环境中的腐蚀、工业环境中的腐蚀和生物环境中的腐蚀。自然环境的腐蚀就是材料及其制品在生产、运输、储存和使用过程中受到大气环境、天然循环水、土壤作用发生的侵蚀而性能变差的过程。工业环境的腐蚀就是材料及其制品在含有化工介质如酸、碱、盐等环境中使用时在化工介质侵蚀下性能变差的过程。生物环境腐蚀是指材料及其制品在使用过程中被微生物分泌的化学物质侵蚀而性能变差的过程。

（4）按腐蚀的机理分类

材料按腐蚀的机理可以分为化学腐蚀、电化学腐蚀和物理腐蚀。化学腐蚀是材料表面与非电解质直接发生纯化学作用而引起的破坏。电化学腐蚀是材料表面与导电的介质因发生电化学反应而产生的破坏。物理腐蚀是材料由单纯的物理溶解作用所引起的破坏。像高分子在溶剂作用下溶胀而力学性能变差就是物理腐蚀。铁钉在空气中生锈氧化就是化学腐蚀。在海上航行的船舶当涂层破坏后就会形成电化学腐蚀。

（5）按造成腐蚀的因素分类

材料在应力（外加的、残余的、化学变化或相变引起的）因素单独作用下的破坏属于机械断裂（包括机械疲劳）；材料在腐蚀环境因素单独作用下的腐蚀破坏属于一般腐蚀破坏；当应力因素和环境因素协同作用于材料或结构时，即发生应力作用下的腐蚀断裂。图 9-2 给出了材料机械断裂、一般腐蚀和应力作用下的腐蚀断裂关系图。

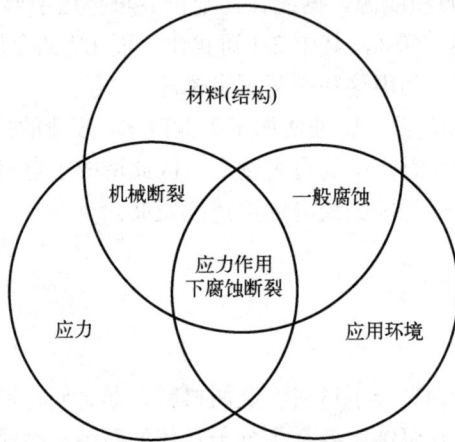

图 9-2　材料与结构破坏定义范畴示意图

9.2　材料腐蚀防护的原则

不同材料腐蚀的类型和机理各不相同，因而针对不同的材料需要采用针对性的防护措施，但总体可采用的措施如下。

① 提高材料本身的耐蚀性：可从材料的热力学稳定性和控制腐蚀动力学两个角度出发提高材料的耐蚀性，如提高无定形二氧化硅的结晶性就可提高其耐蚀性。

② 改变环境：降低环境的腐蚀性，如除去大气中的 SO_2，在水溶液中除 O_2，改变溶液的 pH 值，在环境中加入缓蚀剂等。

③ 采用涂镀层和表面改性对基体材料进行保护：采用金属镀层、非金属涂层和改变材料的表面结构，使材料表面具有耐蚀的特点。

④ 将材料和腐蚀介质隔开：采用衬里、防锈油、防锈纸等将基底材料与环境隔开。

⑤ 采用电化学保护：对于金属的电化学腐蚀，可通过阴极极化降低氧化反应速率，或通过实现阳极钝化来达到防腐目的。

⑥ 正确选择材料和合理设计：为了防止腐蚀发生，必须重视正确选材，设计时做到材料匹配和结构合理，结构间连接应尽量防止缝隙产生等。

9.2.1 金属材料的腐蚀和防护

9.2.1.1 金属材料的腐蚀

（1）电化学腐蚀

电化学腐蚀是指金属与电解质溶液（大多是水溶液）发生电化学反应引起的腐蚀。电化学腐蚀的特点是在腐蚀过程中同时存在两个相对独立的反应——阳极反应与阴极反应，在反应过程中有电流产生。阳极反应是金属溶解，阴极反应是溶液中去极化剂被还原。这两个电极在时间或空间上是分开的，独立进行的，中间依靠电解质溶液构成电的回路。腐蚀产物常常产生在阳极和阴极上，不能全部覆盖被腐蚀的区域，因而起不到保护作用。电化学腐蚀是最常见的腐蚀形式。自然条件下如大气、水、土壤以及化工、冶金生产中绝大多数介质中金属结构的腐蚀具有电化学腐蚀性质。下面分别介绍在不同环境中的电化学腐蚀。

① 大气腐蚀。大气腐蚀指金属原材料及其制品和金属构件在生产、运输、储存和使用过程中受到大气环境作用发生的腐蚀。大气中的水分在金属表面形成一层很薄的导电水膜。其中溶解有氧和其他杂质的水膜构成了电化学腐蚀的条件。在日常生活和工农业生产中大气腐蚀屡见不鲜。堆放在露天的钢材时间长了会生锈、粉化；家用的铝制品和铜制品时间放长了，表面会失去原有金属光泽，甚至像上海展览中心的标志性建筑——鎏金装饰塔尖，因长期暴露在城市大气中也会变色。尽管以上提到的腐蚀现象有些主要为化学腐蚀，但一旦腐蚀发生，金属变成离子，在大气中水的作用下就形成电解液，电化学腐蚀不可避免。有些情况下大气腐蚀能使金属结构遭受严重破坏。例如，工厂硫酸酸洗车间的行车架大气腐蚀深度每年达到 0.5mm，表面涂刷的漆膜使用三个月后就全部脱落。大气环境的腐蚀性会随着温度、湿度及污染情况发生明显的变化，因而世界上各地的大气腐蚀速率有很大的差异。

② 水环境腐蚀。水环境腐蚀指金属结构或者构件在海水、淡水、淡海水和盐湖水等环境中发生的腐蚀，其中海水腐蚀是长期以来研究的重点。海洋约占地球面积的十分之七，与人类生活有着密切的联系。船舶在海洋中航行，海上采油采气和其他海洋开发工程设施日益增多，海底电缆、光缆和海底输油管道不断被采用。近年来，为不使陆地能源资源枯竭，深海开发已提到议事日程上来。海水是天然的电解质，具有较强的腐蚀性。海水含盐分高，在3.3%～3.8%之间（$NaCl$、$MgCl_2$、$MgSO_4$、$CaSO_4\cdots$），电导率为（$2.3\sim3.0$）$\times10^{-2}$S/cm。海水腐蚀多为局部腐蚀。造船行业规定，海船航行两年后必须返回船厂，重新进行涂漆和安装牺牲阳极。沿海码头的钢管桩都有一定的使用寿命，一般为 30 年，同时还必须采取涂料和阴极保护。淡水的腐蚀性虽低于海水，但同样会发生电化学腐蚀，要加以重视。淡海水指靠近出海口附近的水域，每年都有一段时间发生海水倒流引起含盐量升高。上海不同地区的钢厂、电厂码头都受到淡海水腐蚀的危害，因而采取了相应的防腐蚀措施。

③ 土壤腐蚀。土壤腐蚀指埋设在地下的金属构筑物和构件，如大型储油罐、输油输气管线、城市地下管网、电缆等的腐蚀。土壤腐蚀引起管线穿孔而漏油、漏气或漏水，或使通信发生故障，给人民生活、工业生产带来很大危害。此外，水利建筑也是长期埋在土壤中，其钢筋混凝土结构同样受到土壤的腐蚀作用。土壤是一种特殊的电解质，由各种颗粒状的矿物质、水分、气体和微生物组成。各地区土壤的性质有很大不同，土壤腐蚀速率也有较大差异。

我国管道建设近三十年发展很快，仅西气东输的天然气管道全长达到 4122km，沿途既有湖泊、沼泽区、盐土区，又有戈壁滩、砂石区等。土壤环境十分复杂，土壤性质差别也很大。因此，研究土壤腐蚀机理及其防蚀技术对国民经济有着重大作用。土壤腐蚀有干环境的化学腐蚀和湿环境的电化学腐蚀，腐蚀种类较多。图 9-3 为土壤中电化学腐蚀的一个示意图。当填埋金属管线的土壤密实度不同时，就会在管线周围形成富氧区和缺氧区，浓度差使金属形成浓差电池，形成腐蚀。

④ 化工介质腐蚀。化工介质腐蚀指金属构件在酸、碱、盐溶液中发生的腐蚀，包括在石油开采和加工过程中的腐蚀。各类化工介质都是良好的电解质，具有很强的腐蚀性，因此金属构件是在恶劣的环境中服役的，腐蚀是相当严重的。针对不同的介质，必须采用合适的金属材料和适当的防蚀措施。图 9-4 为碳钢在 HNO_3 中的腐蚀速率与 HNO_3 浓度关系。可以看出当 HNO_3 浓度小于 30%时，主要发生碳对氢还原，腐蚀速率随 HNO_3 浓度的增加而加快；当 HNO_3 浓度大于 30%时，硝酸根的氧化作用体现出来，发生如下反应，腐蚀速率随 HNO_3 浓度的增加而下降。

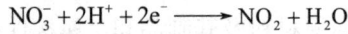

$$NO_3^- + 2H^+ + 2e^- \longrightarrow NO_2 + H_2O$$

当 HNO_3 浓度大于 85%时，表面具有保护层的高价氧化物溶解，腐蚀速率加剧。因而酸浓度不同，腐蚀速率不同，不锈钢在稀 HNO_3 耐蚀（钝化作用），在浓硝酸中腐蚀加剧，化工环境中的腐蚀更加复杂。

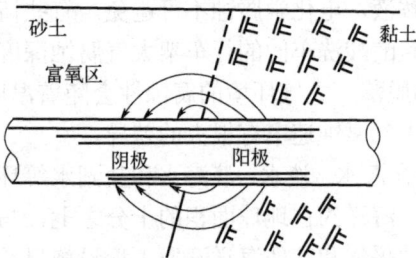

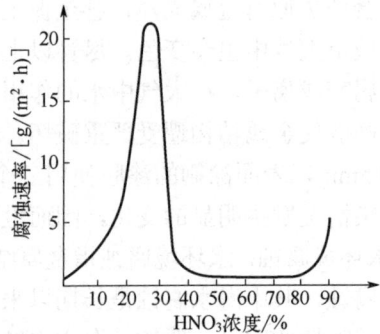

图 9-3　土壤中浓差电池形成机理图　　　图 9-4　碳钢在 HNO_3 中的腐蚀速率与 HNO_3 浓度关系

（2）化学腐蚀

化学腐蚀是指金属与腐蚀介质直接发生氧化还原反应，在反应过程中没有电流产生。金属原子的氧化和介质中氧化剂组分的还原同时在同一位置上发生。腐蚀产物覆盖在整个反应表面，形成表面保护膜。这层表面膜的性质将决定化学腐蚀的速率。如果膜的完整性、强度和塑性都较好，在膨胀系数与金属接近，膜与金属的亲和力较强等情况下，则有利于保护金属，降低腐蚀速率。最重要的化学腐蚀形式是干燥气体和高温气体腐蚀，如金属的氧化和高温腐蚀。化学腐蚀还包括金属在非电解质溶液中的腐蚀，如铝在四氯化碳、三氯甲烷或乙醇中的腐蚀，镁和钛在甲醇中的腐蚀等。

① 金属与合金的氧化。金属的氧化有狭义和广义两种含义。狭义的氧化指金属与氧作用生成相应的氧化物；广义的氧化则泛指金属失去电子而使其化合价增高的反应。广义氧化反应的产物不单是氧化物，还可以是硫化物、氮化物、碳化物、卤化物等。本节主要讨论狭义

的氧化，几乎所有暴露在大气中的金属的氧化反应自由能变化 ΔG 都小于零，说明氧化反应能自发进行。在高温下，金属的氧化反应更易进行。合金的氧化要比纯金属的氧化复杂，含有两种以上金属的合金氧化时通常是其中一个金属优先氧化。至于是否会生成新相，则要看组分的浓度和各种氧化物相的相对浓度。例如，FeCr 合金氧化时，优先在合金表面生成 Cr_2O_2 保护膜，从而阻止了合金的进一步氧化。除了选择性氧化，当合金的二组分对氧的亲和力差别较小，且环境中氧分压比两组分氧化物的分解压都大时，合金两组分可同时氧化。

② 高温热腐蚀。高温热腐蚀又称热腐蚀或燃气腐蚀。高温腐蚀主要指合金等在高温工作环境中，表面被沉积盐或液态金属氧化物或者工作环境气体发生综合作用所引起的加速腐蚀破坏，通常发生在燃气轮机叶片上。高温腐蚀作用的范围为 760～1000℃，比同温度下单纯氧化的后果要严重得多。沉积盐主要为 Na_2SO_4，还可以是 K、Mg、Cd 等的盐。当温度高于 884℃（纯 Na_2SO_4 的熔点）时，金属表面沉积的盐处于熔融状态，其中的硫穿透氧化物保护膜（Cr_2O_2），在合金内形成硫化物。此时，氧化物也开始溶解到熔盐中，并在氧化膜中产生很大的生长应力，破坏了氧化膜的完整性，使膜变得疏松多孔，腐蚀进一步加速。

③ 低温热腐蚀。低温热腐蚀指金属在温度低于硫酸钠熔点（884℃）以下发生的化学腐蚀。实践证明，最严重的低温热腐蚀发生在 700～750℃之间。在此温度下产生了液态的镍或钴的硫酸盐，从而破坏了保护性氧化膜。低温腐蚀是发生在锅炉尾部受热面的硫酸腐蚀，因为尾部受热面区段的烟气和管壁温度较低，所以称为低温腐蚀。

燃料中的硫燃烧生成二氧化硫（$S+O_2=\!\!=\!\!=SO_2$），二氧化硫在催化剂的作用下进一步氧化生成三氧化硫（$2SO_2+O_2=\!\!=\!\!=2SO_3$），$SO_3$ 与烟气中的水蒸气生成硫酸蒸气（$SO_3+H_2O=\!\!=\!\!=H_2SO_4$）。由于空预器中空气的温度较低，预热器区段的烟气温度不高，壁温常低于烟气露点，这样硫酸蒸气就会凝结在空预器受热面上，造成硫酸腐蚀。

（3）生物腐蚀

自然界中存在大量微生物，并且无处不在（空气、土壤和水中）。微生物参与的腐蚀被称为生物腐蚀，或更加具体化称为微生物腐蚀，指微生物引发、加速或促进阳极或阴极反应的电化学过程。在微生物腐蚀过程中，微生物往往起到催化剂的作用。微生物可以在各种条件（如有氧、缺氧、酸性、中性或碱性）下开始并持续发生。生物污垢是一个总称，指的是微生物与大型生物在水存在的环境下的结构表面黏附和积累。微生物或生物污垢的存在会导致许多问题。例如海洋工业中，船舶、声呐设备、浮标、支架、海上基础设施、水下电缆、海水冷却结构和码头通常都会受到生物污垢的侵蚀。当远洋船舶进入海水中时，生物污垢就开始形成了。首先，细菌和单细胞微生物沉降并开始形成黏质层，随后分泌出大量的化学分泌物，引起多细胞或大型微生物的附着，从而导致生物污垢的产生。生物污垢中微生物和大型生物分泌的化学物质有的可以直接溶解掉金属，如乙酸。有的和金属形成配合物，破坏金属材料的结构。此外，这些分泌物还会改变金属的存在环境，如氧气浓度、pH 等，使金属形成点蚀。点蚀进一步扩大，降低船舶的使用寿命。生物污垢还增加船舶燃料消耗，产生温室气体等，给环境带来危害。

9.2.1.2 金属材料腐蚀的基本原理

（1）电化学腐蚀

电化学腐蚀反应具有一般电化学反应的特征。

① 金属与电解质之间存在一个带电的界面层，与此界面层结构有关的因素都会显著地

影响腐蚀过程的进行。

② 金属失去电子与氧化剂获得电子这两个过程一般不在同一地点发生，在金属内和电解质中局部地区有电流通过。

③ 二次反应产物可以在近处或远离反应表面处生成。

电化学腐蚀现象是相当复杂的。电解质的化学性质、环境因素（温度、压力、流速等）、金属的特性表面状态、组织结构和成分的微观或宏观的不均匀性，以及腐蚀产物的物理化学性质等因素，都对腐蚀过程有错综复杂的影响。如铜在不含氧盐酸中是相当耐蚀的，但是一旦酸中含有氧或其他氧化剂，则铜的腐蚀就会迅速发生。而奥氏体不锈钢仅仅在含有氧或其他氧化剂的酸中才是不稳定的。

上述金属电化学腐蚀过程都离不开金属-电解质界面上的金属阳极溶解，同时伴随着溶液中某种物质在金属表面上的还原。因此，金属发生电化学腐蚀是一种自发的、短路的腐蚀原电池作用的结果。

按照电化学定义规定：电极电位较低的电极称为负极，电极电位较高的电极称为正极；发生氧化反应的电极称为阳极，发生还原反应的电极称为阴极。在金属腐蚀研究中，习惯上对电池的两个电极用阴极、阳极命名。由于负极上进行的是氧化反应，其负极是阳极；正极上进行的是还原反应，其正极是阴极。

我们已经知道原电池是一个可使化学能转变为电能的装置。丹尼尔（Daniell）电池是人们熟知的一种原电池。它可简单地表示为：

$$(-)Zn \mid ZnSO_4(水溶液) \parallel CuSO_4(水溶液) \mid Cu(+)$$

其中，"|"表示有界面电位存在；"||"表示两溶液之间的液体接界电位已消除。当用导线将铜片、锌片和电流表、负载串联起来接通，即有电流通过。由于锌极电位低于铜极电位，从外电路来看，电流从铜极流向锌极（电子则从锌极流向铜极），并发生如下电化学反应。

锌极作为阳极，发生氧化反应：

$$Zn \longrightarrow Zn^{2+} + 2e^-$$

锌极上锌原子放出电子变成 Zn^{2+}进入溶液，锌电极上积累的电子通过导线流到铜电极。

铜作为阴极，发生还原反应：

$$Cu^{2+} + 2e^- \longrightarrow Cu$$

整个电池反应是上述两个反应的相加，即：

$$Zn + Cu^{2+} \longrightarrow Zn^{2+} + Cu$$

在电池工作期间，作为阳极的锌片不断被腐蚀，而溶液中的 Cu^{2+}则不断被还原，做有用的电功。此时原电池中产生的电流是由两极之间电位差引起的，所以电池的电位差是电极反应的驱动力。

如果将图 9-5（a）中原电池的两个电极短路而不经过负载，如图 9-5（b）所示，则阴极和阳极之间的电位差为零。这时，尽管电路中仍有电流通过，但电功 $W = Q_E = 0$，Q_E 为散失热量，所以该原电池已不可能对外界做功，即电极反应所释放的化学能不再转变为电功，而只能以热的形式散发掉。由此可见，短路的原电池已失去了原电池的原有定义，仅仅是一个进行着氧化还原反应的电化学体系，其反应结果是作为阳极的金属材料被氧化而溶解（腐蚀）。我们把这种只能导致金属材料破坏而不能对外做有用功的短路原电池定义为腐蚀原电池或腐蚀电池，金属的电化学腐蚀过程就是腐蚀原电池反应的过程。

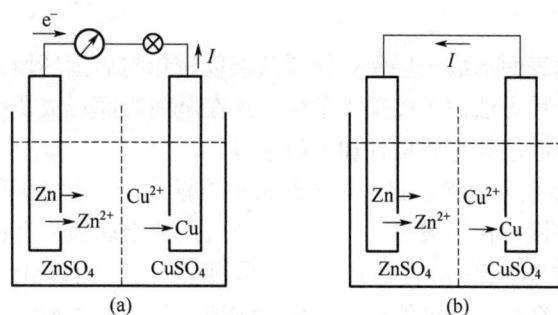

图 9-5　原电池和腐蚀原电池示意图

(a) 原电池；(b) 腐蚀原电池

金属腐蚀过程一般都是在恒温恒压的敞开体系中进行的。根据热力学原理，可以用吉布斯（Gibbs）自由能 ΔG 判断反应发生的方向和限度。对于电化学腐蚀，金属发生腐蚀的倾向也可以用腐蚀电池的电动势 E 来判别。在恒温恒压条件下，反应的自由能与电动势或电位之间可以依据下式转换：

$$\Delta G = -nFE$$

式中，n 为半反应得失电子数；F 为法拉第常数；E 为电动势。

电池反应的电动势越大，则其自发反应的趋势也越大。

（2）化学腐蚀原理

金属化学腐蚀实质上是金属和氧化剂发生氧化还原反应，金属被氧化。任何氧化还原反应都是由两个"半反应"组成的，一个是还原剂被氧化的半反应，一个是氧化剂被还原的半反应。和原电池反应不同的是两个半反应需在同一地点进行。氧化还原反应是争夺电子的反应，是强氧化剂和强还原剂反应生成弱氧化剂和弱还原剂。

$$强氧化剂（1）+强还原剂（2）\longrightarrow 弱还原剂（1）+弱氧化剂（2）$$

根据能斯特方程，还原剂和氧化剂形成的电对（氧化态/还原态）的电极电位为：

$$E_T = E_T^{\ominus} - \frac{RT}{zF} \ln J$$

式中，E_T 为温度 T 下的电极电位；$E_T^{\ominus}$ 为温度 T 下的标准电极电位；R 为摩尔气体常数；z 为半反应中得到（或失去）电子的数目；F 为 Faraday（法拉第）常数，$9.648531 \times 10^4 C/mol$；$J$ 为半反应的反应商。

当处于还原态物质形成电对的电极电位小于处于氧化态物质形成的电对的电极电位时，氧化还原反应就会自发进行，化学腐蚀就会发生。化学腐蚀和电化学腐蚀都是氧化还原反应的结果。

金属的化学腐蚀主要是金属和氧气的反应，因金属构件使用的环境、温度和气氛组成不同而有所差异。

9.2.1.3　金属材料的防护

金属腐蚀的防护方法从原理上可分为隔离控制法、热力学控制法和动力学控制法，下面分别加以简单叙述。

（1）隔离控制法

隔离控制法指金属表面形成一层保护性覆盖层以避免与周围环境介质直接接触，是防止金属腐蚀普遍采用的一种方法，可以采用多种方法在金属表面形成覆盖层，常用的有金属镀层、涂层、化学转化膜涂层和金属构件加入衬里等。

① 金属镀层。大多数金属镀层采用电或热浸的方法实现，也可采用化学热渗透等方法。包括电镀、热镀、扩散镀和化学镀等。工业上广泛应用的金属镀层有锌层、锡层、铬层和铝层等，能起到延长被保护金属使用寿命的作用。金属镀层在各个领域和行业有着广泛的应用，如汽车制造、建筑业、航空航天、电器电子、机械制造、化工等领域。其中电镀层在汽车制造和电器电子领域应用最为广泛，热镀层则特别适用于户外环境或者潮湿环境下的使用金属表面的镀层制备。如自行车轮毂上的铬镀层就是用来保护车轮不被腐蚀。

② 涂层。保护涂层包括金属涂层和非金属涂层。金属涂层用喷枪将被熔化或软化的金属以颗粒状高速射向器件，形成金属涂层，对内部结构起到保护作用。

非金属涂层绝大多数是隔离性涂层，涂层应该是无孔、致密、均匀覆盖在整个金属表面上，并与基材结合牢固。非金属涂层可分为无机涂层与有机涂层。无机涂层包括搪瓷涂层、玻璃涂层、陶瓷涂层和硅酸盐水泥涂层。有机涂层有涂料涂层、橡胶涂层、塑料涂层和防锈油涂层。许多涂层对酸、碱、盐等腐蚀介质显示化学惰性，且介电常数高，可阻止电路的形成，起到了屏蔽作用。涂层的抗渗性是涂层起屏蔽作用的关键。为了提高抗渗性，选择聚集态结构紧密、透气性小的成膜材料，屏蔽作用大的固体填料及挥发后不易留有孔隙的溶剂。这些保护措施在自行车上多处应用，自行车横梁常常采用高分子涂层保护金属骨架，车链采用防锈油涂层保护等，见图9-6。非金属涂层的厚度较厚，以涂料涂层为例，通常厚度达到几百皮米，硅酸盐水泥涂层厚度达到 0.5~2.5cm，使用寿命最高为 60 年。

图9-6　自行车和平衡车上采用高分子涂层、镀铬、加防锈油、加衬里等措施进行防腐

③ 化学转化膜涂层。化学转化膜涂层是金属表层原子与介质中阴离子发生反应后生成附着性良好、有耐蚀能力的薄膜。目前用于金属防腐蚀的主要有铬酸盐膜、磷酸盐膜、铁的氧化膜和铝的阳极氧化膜。铁的氧化膜和酸盐膜厚度都很薄，小于 1am（$1am=10^{-18}m$），因此在成膜后还要对膜进行浸油、涂蜡等封闭处理，铝的阳极氧化膜厚度可达几十至几百皮米（$1pm=10^{-12}m$），同样要进行封闭处理。有时在封闭前可给氧化膜表面染上各种颜色，形成彩色保护层。金属铝罐能用来装浓硫酸就是因为在浓硫酸作用下生成了化学稳定的三氧化二铝，对内层铝起到保护作用。

④ 金属构件加入衬里。为了防止金属与容易造成金属器件腐蚀的物质接触，可以在金属器件内部装上耐蚀的橡胶等材料以实现物理隔离的目的。很多埋于地下的运输管线在外表面包 PU（聚氨酯）既可以防冻又可以避免电化学腐蚀；在关键部位的内部加橡胶等

衬里（图9-7），可以隔离金属与内容物的接触避免腐蚀。

图9-7 采用氧化物保护层的装浓硫酸的金属铝罐（a）和
加橡胶衬里隔离内容物与金属接触而防腐的金属器件（b）

（2）热力学控制法

在大气和许多腐蚀介质中，除了个别贵金属（Au、Pt 等）外，绝大多数金属在热力学上是不稳定的，因此，它们都有自发腐蚀的倾向。金属腐蚀是一个电化学反应过程，因此腐蚀能否进行取决于热力学条件，可以用金属在腐蚀介质中的电极电位来表示。基于此，在防腐时可通过改变电极电位来防止或减缓金属的腐蚀。以铁为例，第5章图5-1为 Fe 电极电位随 pH 变化图，从图中可明显看出各组分稳定存在的区间和形成的条件。图中垂线表示发生反应与电子得失无关；离子浓度与 pH 有关，水平线表示反应有电子得失，但电动势与 pH 无关；斜线表示反应有电子得失和 pH 有关。从 E-pH 图上还可找到铁的腐蚀区、免蚀区和钝化区。阴极保护、阳极抑制和钝化处理都可使铁的电位离开腐蚀区进入免蚀区或钝化区，从而达到防止其腐蚀的目的。

① 阴极保护法。阴极保护是指通过牺牲阳极或外加电源向被保护金属施加一阴极电流，使其电位负移至免蚀区，达到保护目的。阴极保护分为牺牲阳极法和外加电流法，两者各有优缺点。牺牲阳极材料的电位要足够负，输出电量要高，自腐蚀电流要小，而且阳极溶解均匀，腐蚀产物松软易脱落。目前大量应用的阳极材料有铝合金、锌合金和镁合金。此外船舶外壁上常常悬挂 Zn 块，图9-8就是采用了牺牲阳极的阴极保护法。此种方法是1824年英国的戴维提出的，以后逐步推广到保护港湾设施、地下管道和化工机械设备

船身上装锌块

图9-8 牺牲阳极的阴极保护法进行
船舶的防腐

等。外加电流法由直流电源、辅助阳极和参比电极组成，能自动调节输出电流和电压，不受介质条件限制，适用范围广，在此方面最小电流密度和最小保护电位是人们关注的关键点。

② 阳极保护法。阳极保护是指通过外加电源对被保护金属加一阳极电流，促使阳极极化，使其电位正移到免蚀区，达到保护目的。阳极保护系统由直流电源、辅助阴极和参比电极组成。阳极保护发展较晚，其应用也有一定局限性，例如不能用于不易钝化的金属和含 Cl 离子的介质。阳极保护特别适用于不锈钢，主要应用于处理硫酸、发烟硫酸和磷酸的设备。

例如采用阳极保护防止碳钢在各种硫酸盐溶液中的腐蚀。

③ 钝化处理法。钝化处理指将金属放置在某特定环境中处理后，电极电位发生明显正移，因此其耐蚀性能明显提高，腐蚀速率下降10个数量级以上。例如，铁在硝酸溶液中处理，由于表面生成了钝化层，溶解速率将急剧下降。铝在空气中能自发钝化，而有些金属（Fe，Ni、Co 等）必须在化学试剂作用下才能钝化。钝化剂一般是一些强氧化性物质。

（3）动力学控制法

任何一个化学反应，包括电化学反应都存在热力学与动力学两方面的问题。热力学指出反应的方向，而动力学决定反应的速率。可以通过控制反应动力学的条件，使反应速率减缓或几乎不进行，达到防止或减缓金属腐蚀的目的。

① 转化为耐蚀材料。金属在腐蚀介质中发生阳极溶解。阻碍金属阳极溶解的有效方式是在其表面形成稳定而完整的保护膜（耐蚀材料一般都具有此性能）。不锈钢就是由于铁中添加了合金元素，在表面上能生成耐蚀性好的保护膜。这层保护膜给铁的阳极溶解增加了很大的阻力，腐蚀电流在开始时很大，随后急剧下降，反应速率大大降低。这时阳极电位朝正方向移动，减小了与阴极电位之间的电位差，即发生了阳极极化，耐蚀材料通常都具有较高的阳极极化性能。

② 加入缓释剂。缓蚀剂是具有阻滞腐蚀电池电极反应的一类无机物或有机物的总称。在腐蚀介质中加入少量缓蚀剂能促使金属表面上形成氧化膜或者吸附在表面上改变表面性质，或生成腐蚀产物的沉淀膜。缓蚀剂的使用不需要特殊的附加设备，也不需要改变技术设备或构件的材质或进行表面处理。缓蚀剂适用于密闭或半密闭系统，它是控制密闭式或敞开式冷却水系统中金属腐蚀的主要方法。还有北方供暖管线中加入铬酸盐或亚硝酸盐以在金属管线表面形成保护层，降低腐蚀。输油管线中常常加入喹啉、环己胺、吗啉及二乙胺等。

现在开发和研究的缓蚀剂种类较多，能用于冷却水系统的中性介质则需要具备一定的条件：低浓度时能有效抑制金属的腐蚀；能在不同操作条件下工作；经济上合理；它们在泄漏、排放到环境中是许可的；与水中加入的除垢剂、分散剂相容，或有协同作用；对冷却水系统中同时存在的不同金属都有缓释效果；不会造成换热金属表面传热系数的降低。

③ 对环境介质进行调整。从环境介质中除去有害物质，如氯离子、溶解氧、硫等，调整水溶液的 pH 值都是降低金属腐蚀速率的有效方法。可以概括为"三脱"，即脱水、脱氧和脱盐。以脱氧为例，氧是腐蚀电池阴极反应的去极化剂。氧的去除将使阴极过程受到阻滞，阴极化使电位向负方向移动，从而减小了阴阳极之间电位差，使金属的阳极溶解速度下降。

9.2.2 无机非金属材料的腐蚀和防护

无机非金属材料是指不含碳元素或化学性质不活泼的非金属元素的材料，如陶瓷、玻璃、石墨、硅酸盐等，是指除有机高分子材料和金属材料以外的固体材料，其中大多数为硅酸盐材料。所谓硅酸盐材料即指主要由硅和氧组成的含有硅氧四面体的材料，主要包括陶瓷、玻璃、水泥等。因为现代陶瓷作为结构材料和功能材料发挥的作用越来越大，无机非金属材料也往往称为陶瓷材料，但其是狭义的无机非金属材料。

无机非金属材料是以地球表层 20km 左右的地壳中的岩石及岩石风化而成的黏土、砂砾为原料，经加工而成，因而其主要成分为各种氧化物如 SiO_2、Al_2O_3、TiO_2、Fe_2O_3、CaO、MgO、K_2O、Na_2O、PbO 等。现代陶瓷材料对性能有很高的要求，可采用人工合成的碳化物、氮化物、硅化物等来制造。

无机非金属材料通常具有良好的耐腐蚀性能。但因其化学成分、结晶状态、结构以及腐蚀介质的性质等，在任何情况下都耐蚀的无机非金属材料是不存在的。无机非金属材料除石墨以外，在与电解质溶液接触时不像金属那样形成原电池，故其腐蚀不是由电化学过程引起的，而往往是由化学作用或物理作用引起的。

无机非金属材料作为结构和功能材料应用极其广泛。但对其腐蚀机理的研究还很不够，大力开展这方面研究极为必要。在陶瓷、玻璃和水泥中陶瓷材料耐蚀性相对较好，下面将以硅酸盐材料-水泥基胶凝材料为主介绍无机非金属材料的腐蚀和防护。

9.2.2.1 材料的化学成分和矿物组成

硅酸盐材料成分中以酸性氧化物 SiO_2 为主，它们耐酸而不耐碱，当 SiO_2 尤其是无定形 SiO_2 与碱液接触时会发生如下反应而受到腐蚀：

$$SiO_2 + 2NaOH \longrightarrow Na_2SiO_3 + H_2O$$

所生成的硅酸钠易溶于水及碱液中。

SiO_2 含量较高的耐酸材料，除氢氟酸和高温磷酸外，能耐所有无机酸的腐蚀。温度高于 300℃ 的磷酸、任何浓度的氢氟酸都会与 SiO_2 发生作用，发生作用过程中的方程式为：

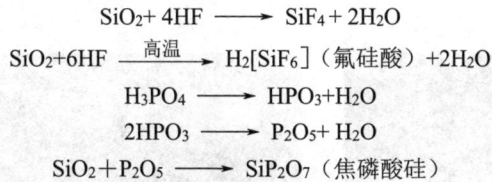

$$SiO_2 + 4HF \longrightarrow SiF_4 + 2H_2O$$
$$SiO_2 + 6HF \xrightarrow{\text{高温}} H_2[SiF_6]（氟硅酸）+ 2H_2O$$
$$H_3PO_4 \longrightarrow HPO_3 + H_2O$$
$$2HPO_3 \longrightarrow P_2O_5 + H_2O$$
$$SiO_2 + P_2O_5 \longrightarrow SiP_2O_7（焦磷酸硅）$$

一般来说，材料中 SiO_2 的含量越高耐酸性越强，SiO_2 质量分数低于 55% 的天然及人造硅酸盐材料是不耐酸的。但也有例外，例如铸石中只含质量分数为 55% 左右的 SiO_2，而它的耐蚀性却很好；红砖中 SiO_2 的含量很高，质量分数达 60%～80%，却没有耐酸性。这是因为硅酸盐材料的耐酸性不仅与化学组成有关，而且与矿物组成有关。铸石中的 SiO_2 与 Al_2O_3、FeO 等在高温下形成耐腐蚀性很强的矿物-普通辉石，虽然 SiO_2 的质量分数低于 55%，但有很强的耐腐蚀性。红砖中 SiO_2 的含量尽管很高，但是以无定形状态存在，没有耐酸性。如将红砖在较高的温度下煅烧，使之烧结，就具有较高的耐酸性。这是因为在高温下 SiO_2 与 Al_2O_3 形成具有高度耐酸性的新矿物——硅线石（$Al_2O_3 \cdot 2SiO_2$）与莫来石（$3Al_2O_3 \cdot 2SiO_2$），并且其密度也增大。

含有大量碱性氧化物（CaO、MgO）的材料属于耐碱材料。它们与耐酸材料相反，完全不能抵抗酸类的作用。

9.2.2.2 硅酸盐材料的腐蚀

硅酸盐在大气环境中通常认为是耐蚀的，但在实际使用过程中，由于受环境因素的影响，会形成多种腐蚀形式，根据腐蚀机理，其腐蚀形式可分为：物理腐蚀、化学腐蚀、微生物腐蚀。

（1）物理腐蚀

物理腐蚀是指在没有化学反应发生时，混凝土内的某些成分在各种环境因素的影响下，发生溶解或膨胀、应力开裂，引起混凝土强度降低，导致结构受到破坏。图 9-9（a）就是路面因为树根体积增大而使路面产生应力开裂。物理作用按照对混凝土影响的大小排序依次为：冻融循环、干湿循环和磨损破坏。

① 冻融循环：混凝土是多孔隙结构，在循环的冻融（冰冻侵蚀）作用下易于损坏。过冷的水在混凝土中迁移引起的水压力以及水结冰产生体积膨胀，对混凝土孔壁产生拉应力造成内部开裂。北方路面使用过程中冬夏交替更迭，混凝土路面就经历着冻融循环的破坏。

② 干湿循环：根据已有的金属腐蚀电化学理论，对于极为干燥的状态，混凝土内缺乏钢筋腐蚀电化学反应所必需的水分，因此腐蚀无法进行；对于极为湿润的状态，混凝土内部的孔隙充满了水，此时钢筋的腐蚀速度由氧气在水溶液中的极限扩散电流密度所控制；对于干湿交替状态，由于干燥和湿润的交替进行，混凝土内部既不非常干燥也不非常湿润，这样氧气的供应相对较为充裕，同时又能降低混凝土的电阻率，故将导致较高的钢筋腐蚀速度。

③ 磨损破坏：路面、桥墩等受到车辆、行人及水流夹带泥沙的磨损，使混凝土表面粗骨料突出，影响使用效果。当混凝土表面受到冲击、摩擦、切削等磨蚀破坏作用时，与混凝土耐磨相关的最大剪应力发生在表面以下的次表面层，磨蚀破坏的作用力首先破坏混凝土表面的水泥石，集料凸出程度增加，受磨蚀的作用力不断加大，磨蚀速度随之增加。由此可见，如果混凝土水泥石含量较大，混凝土中集料与水泥石的磨蚀破坏难以趋于平衡，水泥路面的磨耗也会持续下去。

扫码看彩图

图 9-9

(a) 树木根系生长　　　　　　　　　　　(b) 苔藓生长

图 9-9　路面因为树木的根系生长和苔藓生长而产生应力开裂

（2）化学腐蚀

化学腐蚀是指混凝土中的某些成分与外部环境中腐蚀性介质（如酸、碱、盐等）发生化学反应生成新的化学物质而引起混凝土结构的破坏。从破坏机理上来分，化学腐蚀可归纳为两大类：溶解性侵蚀和膨胀性侵蚀。常见的化学腐蚀有：硫酸盐腐蚀、碱骨料反应、碳化现象、氯离子侵蚀。

① 硫酸盐腐蚀：硫酸盐腐蚀是化学腐蚀中最广泛和最普遍的形式。含有硫酸盐的水与水泥石的氢氧化钙及水化铝酸钙（$3CaO \cdot Al_2O_3 \cdot 12H_2O$）发生反应，生成石膏和硫铝酸钙（$3CaO \cdot Al_2O_3 \cdot 3CaSO_4 \cdot 30 \sim 32H_2O$），产生体积膨胀，造成混凝土的开裂。

② 碱骨料反应：碱骨料反应是指来自混凝土中的水泥、外加剂、黏合剂或搅拌于水中的可溶性碱（钾、钠）溶于混凝土孔隙中，与骨料中的有害矿物质发生反应，体积变化，导致混凝土膨胀开裂破坏。

③ 碳化现象：空气中二氧化碳与水泥石中的碱性物质相互作用，降低混凝土的碱度，破坏钢筋表面的钝化膜，使混凝土失去对钢筋的保护作用。同时，混凝土碳化还会加剧混凝土

的收缩，这些都可能导致混凝土的裂缝和结构的破坏。

④ 氯离子侵蚀：氯离子到达混凝土钢筋表面，吸附于局部钝化膜上，降低了 pH 值，破坏了钢筋表面的钝化膜，使钢筋表面形成电位差。氯离子将促进腐蚀电池，但不会被消耗，降低阴阳极之间的欧姆电阻，加速电化学腐蚀过程。

（3）微生物腐蚀

微生物腐蚀有相当的普遍性，凡是与水、土壤或潮湿空气相接触的设施都可能遭受到微生物的腐蚀。生物对混凝土的腐蚀大致有两种形式。①生物力学作用。生长在基础设施周围的植物的根茎会钻入混凝土的孔隙中，破坏其密实度。②类似于混凝土的化学腐蚀。典型的是硫化细菌在它的生命过程中，能把环境中的硫元素转化成硫酸。反应方程如下：

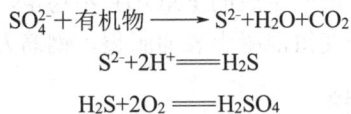

$$SO_4^{2-} + 有机物 \longrightarrow S^{2-} + H_2O + CO_2$$

$$S^{2-} + 2H^+ \Longrightarrow H_2S$$

$$H_2S + 2O_2 \Longrightarrow H_2SO_4$$

9.2.2.3 腐蚀的影响因素

（1）混凝土的组成

混凝土原材料中的水泥、外加剂、混合材料和水中的碱与骨料中的活性成分，如氧化硅、碳酸盐等可发生碱骨料反应。二氧化硅结晶度越差，活性越大，则碱活性的膨胀率也越大，对混凝土的破坏也越强；反之越小。因而混凝土的化学组成是影响其腐蚀的主要因素。

（2）混凝土的孔隙率

混凝土的孔隙率影响水、气、有害溶解物在空隙中的迁移速度、范围和程度。混凝土硬结后的强度、变形、收缩、形变、渗透、抗冻、迁移及各种侵蚀无不与孔隙密切相关，可以说混凝土的内部孔隙决定了混凝土的材料属性。在同一材料中，密实度不同，其耐腐性也不同，软密实的材料具有较少的孔隙率和吸水率，介质渗入量较少，介质与材料接触的表面积小，故其耐蚀性较好。渗透率随着孔隙率半径的增大而增加，随着有效孔隙率的增加而增加。减少及缩小孔源对于降低渗透率、增加寿命都是有好处的。

（3）环境因素

大气中的化学成分对混凝土的腐蚀有较大的影响，如 CO_2、SO_2 含量较高，将严重导致混凝土的腐蚀破坏。当大气中的 CO_2 含量超过 0.3%时，导致混凝土碳化。工业过程中排放的 SO_2 和进一步氧化生成的 SO_3，可使混凝土中性化和酸化，与氢氧化钙进一步反应生成的硫酸盐还会对混凝土发生膨胀侵蚀作用，因此较碳化更具有腐蚀破坏性。此外，环境相对湿度增加，气体对混凝土的腐蚀也会增强。

（4）钢筋在混凝土中的腐蚀

在通常情况下，钢筋表面的混凝土层对钢筋有保护作用，混凝土为钢筋提供的是一个高碱度的环境，能使钢筋表面形成一层致密的钝化膜，从而长期不锈蚀。当二氧化碳、氯离子等腐蚀介质侵入时，混凝土的碱性降低或者混凝土保护层受力开裂等都将全部或局部地破坏钢筋表面的钝化膜。在水和氧气的共同作用下，钢筋就开始锈蚀。锈蚀的钢筋不但截面积有所损失，材料的各项性能也会发生衰退，从而影响混凝土构件的承载能力和使用性能。混凝土中的钢筋锈蚀一般为电化学锈蚀。

阳极过程：

$$Fe \longrightarrow Fe^{2+}+2e^-$$

阴极过程：

$$4e^- + O_2 + 2H_2O \longrightarrow 4OH^-$$

阳极表面产生二次化学反应：

$$Fe^{2+} +2OH^- \longrightarrow Fe(OH)_2$$

通常在钢筋表面处于活化状态的非钝化区域，形成腐蚀电池的阳极，可以自由释放电子形成电子通路；在钝化区将形成腐蚀电池的大阴极，在该区域钢筋表面存在足够多的水和氧（电解质）。由于钢筋材质和表面的非均匀性，钢筋表面总有可能形成电位差。因此，在潮湿环境下就可以发生电化学反应，反应生成的 $Fe(OH)_2$ 不稳定，在氧气充足的情况下，会进一步氧化成铁锈，体积膨胀数倍，使得混凝土表面胀裂，钢筋力学性能下降。

9.2.2.4　硅酸盐材料的防护

（1）合理选用水泥品种

不同材料具有不同性能特点，水泥品种繁多，性能差异较大，可以根据应用环境的不同选择不同的水泥品种。如常用的粉煤灰硅酸盐水泥、火山灰质硅酸盐水泥、硅酸盐水泥、普通硅酸盐水泥、复合硅酸盐水泥、矿渣硅酸盐水泥等。硅酸盐水泥在其初期和晚期都具有较高的强度，其凝固硬化速度较快。低温下，其强度增长速度比其他混凝土快，其抗冻性、耐磨性好，但其水化热大，耐水性、抗腐蚀性较弱，因此而被广泛应用于要求早强、冬季施工，或要求抗冻、高强度、耐久性的混凝土中，不能在有海水、矿物水、高压水和大型混凝土建筑中使用。矿渣硅酸盐水泥（由硅酸盐水泥与 20%~70%的炉渣粉末和石灰混合制成），具有初期强度低、晚期强度增强迅速、硬化缓慢、水化热低，耐热、耐水性和耐蚀性好的特点，亦存在渗漏、抗冻性和耐磨性差、干燥收缩大的不足。其广泛应用于潮湿的环境下或水下混凝土、厚大体积混凝土或抗硫酸盐腐蚀的混凝土中。矿渣硅酸盐水泥亦可用于一般的抗渗环境或在正常的天气条件下，但并不适合在多次冻融循环的环境或有早强要求的地方使用。火山灰硅酸盐水泥（以 20%~50%的硅酸盐类矿物为原料，加入 20%~50%的火山碎石和石灰粉制成的硅酸盐类矿物），具有早期强度低、低温下强度增长缓慢、高温下强度增长迅速、水化热低，耐水、耐腐蚀的特点，但其存在抗冻和耐磨性能差、干燥收缩大、拌制混凝土耗水量大等问题。因此，这种水泥适合在大体积混凝土中使用，也适合在需要抗渗和抗硫酸盐的混凝土中使用，但不适合在干燥、反复冻融和干湿循环的地方使用，也不适合在有磨损和早期硬化现象的地方使用。

因而选材时需要明确产品的工作环境，兼顾经济性和耐用性，还要考虑加工性能。考虑加工过程是否给材料带来负面影响。

（2）提高水泥石的密实度

根据前期的分析可知，硅酸盐材料中因为有空隙，物理渗入其他物质或缝隙中发生化学反应而产生应力开裂是硅酸盐材料中一种常见的腐蚀形式，因而施工或材料制备过程中采用合适方法，合理提高水泥石的密度，减少缝隙的产生可以延长材料的使用寿命。例如对水泥原料进行不同粒径复配，提高微粒间的作用力，减少孔隙，提高强度。

（3）加做保护层

通过物理隔离的方法，在硅酸盐材料的表面加保护层，可以有效防止硅酸盐材料的破坏。例如化工厂生产车间中地面进行环氧树脂涂装（图9-10），可以避免一些盐水与硅酸盐材料接触，渗透到材料内部，降低材料腐蚀的概率。此种方法对于防止工业环境中硅酸盐材料的腐蚀效果较好。

扫码看彩图

图9-10

图9-10　化工厂中水泥地面铺设涂层保护地面

9.2.3　高分子材料的腐蚀和防护

高分子材料是由分子量大于 10^4 的分子组成的材料。有机高分子材料在成型、贮存、长期使用过程中，会因各种外界因素（如光、热、氧、射线、细菌、霉菌等）的作用，而引起主要组分-聚合物内部结构发生变化，从而导致降解或交联，性能变坏，并逐渐失去应用价值，这种现象在高分子领域称为材料的老化，也就是广义的腐蚀。本章用高分子的老化来阐述，老化是一种不可逆过程。从以上分析可知，影响高分子老化的因素主要为气温、光照、臭氧、渍水、强酸、强碱、霉菌等。这些影响因素会导致高分子材料在使用过程中的性能下降，甚至还会导致部分高分子材料在使用过程中出现分子量的下降，导致产品表面出现龟裂等恶性现象，高分子材料在 150～200℃会产生交联现象，而这种现象会导致高分子材料加速老化。

高分子材料主要可以用在塑料、橡胶和纤维领域。高分子材料有较小的密度、较高的力学性能、耐磨性、耐腐蚀性和电绝缘性性能，因而广泛应用在生活的方方面面。在使用过程中必须考虑高分子在应用中的老化，考虑防护措施，提高高分子的使用寿命。

9.2.3.1　高分子材料的老化

高分子材料按老化机理可分为物理老化、化学老化和应力开裂等形式，一般属于全面腐蚀。研究表明高分子材料和金属材料在一定的环境中还会受到细菌腐蚀，材料周围溶剂向材料内部的渗透扩散是腐蚀的主要原因。物理老化包括介质的渗透与扩散，高分子溶胀或溶解造成高分子聚集状态改变，进而性能改变，产生老化。化学老化则包括高分子的水解、降解氧化反应等使高分子的结构发生改变而造成老化。高分子老化的表象有内部结构和外部形态变化等，第6章中已详述，这里主要介绍老化类型。

（1）介质的渗透与扩散

高分子材料的腐蚀过程中，介质的渗透与扩散对腐蚀过程起到重要的作用，介质的渗透和扩散加速高分子材料的老化进程。这主要和高分子中的空隙有关。高分子材料中的孔隙主要来自两个方面，一是高分子材料是由大分子经次价键力相互吸引缠绕结合而成的，其聚集态受大分子结构的影响较大，当大分子链节上含有体积较大的侧链、支链时，大分子间的聚集态结构将变得松散，堆积密度降低，孔隙率增大，为介质分子的扩散提供了条件。二是高分子材料一般添加有各类功能性填料，若填料添加不当，使树脂不足以包覆所有填料的表面，就会使得材料孔隙率增加。

环境温度是影响介质在高分子材料内部扩散的重要因素，温度的增加一方面使得大分子及链段的热运动能量增大，体积膨胀，自由体积增大；另一方面温度的增加将加剧介质分子的热运动能，提高介质的扩散能力。温度的变化还可能造成材料内部产生热应力，热应力的产生可使得材料内部的孔径缺陷变大，加速渗透和扩散的进程。另外，高分子材料中的极性基团，可增大其与介质的亲和力，进一步增加渗透和扩散的概率。此外高分子的结构、介质的极性也是影响介质渗透和扩散的重要因素。高分子结构中凡是使高分子的聚集状态发生改变的都影响溶剂的扩散。如高分子支链多少、交联程度等都会影响其聚集状态，影响溶剂的扩散和渗透。介质分子的大小、形状、极性等都影响其在高分子中的扩散和渗透。在其他因素一定的情况下，介质的分子越小，与高分子极性越接近，则其扩散越快。

当高分子材料受介质侵蚀时，经常测定浸渍增重率来评定材料的耐腐蚀性能。增重率实质上是介质向材料内扩散与材料组成物质、腐蚀产物逆向溶出的总的表现。因此，在溶出量较大的情形下，仅凭增重率表征材料的腐蚀行为常导致错误的结论。由于在防腐蚀领域中用到的高分子材料耐腐蚀性能好，大多数情况下向介质溶出的量少，可以忽略。所以增重率可以作为介质向材料渗入多少的判据。

增重率是指渗入介质的质量 q 与样品原始质量的比值，其意义是单位质量的样品所吸收的介质量。介质是通过样品表面渗入的，渗入速度在很大程度上依赖于样品总表面积 A。使用单位表面积的渗入量 q/A 来描述高聚物的渗透规律。单位时间内通过单位面积渗透到材料内部介质的质量，被定义为渗透率，以 J 表示。

$$J = \frac{q}{At} \tag{9-1}$$

由浓度梯度引起的扩散运动，经历一定时间后，介质的浓度分布 C 只与介质渗入到高聚物内的距离 x 有关，而不随时间变化，即 $dC/dt = 0$，扩散达到了稳定扩散，此时扩散服从菲克第一定律：

$$J = \frac{dq}{dAdt} = D\frac{dC}{dx} \tag{9-2}$$

式中，J 为渗透率；D 为扩散系数；$\frac{dC}{dx}$ 为浓度梯度。

若 D 为定值，则有：
$$J = D(C_0 - C)/l \tag{9-3}$$

式中，l 为试样厚度；C 为介质浓度；C_0 为介质起始浓度。

因而对于稳定扩散过程，渗透率只与扩散系数、试样厚度以及浓度差有关，而与浓度分布形式无关。因此，只要测定了试样的厚度、面积、浓度差及一定时间内的渗透量，即可求得 J 和 D。

（2）溶胀和溶解

对于非晶态高聚物，其分子结构松散，分子间间距大，分子间的相互作用能力较弱，溶剂分子容易渗入到材料的内部。当溶剂与高分子的亲和力较大时，溶剂在高分子材料表面发生溶剂化作用，向大分子间渗透。渗入的溶剂进一步使内层的高分子溶剂化，使得链段间作用力减弱，间距增加。当高分子由被溶剂化的材料进入溶剂中，聚合物的表面发生材料的损失，这种现象称为溶解。但对于大多数高分子材料而言，由于其分子量大，又相互缠结，虽然被溶剂化，但仍难以扩散到溶剂中，只能在宏观上引起高分子材料的体积和重量增加，这种现象称为溶胀。

高分子材料发生溶胀后是否溶解，取决于其分子结构。若高分子为线型高分子，则溶胀可以一直进行下去，大分子充分溶剂化后，可以缓慢向溶剂中扩散形成均一的溶液，完成溶解。但是对于交联网状高分子，则只能溶胀，不能溶解。

判断高分子材料耐溶剂性的能力通常采用极性相似原则和溶度参数相似原则。所谓极性相似原则是指极性大的溶质易溶于极性大的溶剂，而极性小的溶质易溶于极性小的溶剂中。如天然橡胶、聚乙烯、聚丙烯等非极性高分子材料，能很好地溶解在汽油、苯、甲苯等非极性溶剂中，对酸、碱、盐、水、醇类等极性溶剂具有较好的耐蚀性能。溶度参数相似原则是以溶剂的溶度参数和高分子材料的溶度参数之间的差值（Δ）来表示两者的相容性。通常将溶剂腐蚀的级别分为三个等级：$\Delta < 3.5 J^{1/2}/cm^{3/2}$ 时为不耐蚀；$\Delta > 5.1 J^{1/2}/cm^{3/2}$ 时为耐蚀；$\Delta = 3.5 \sim 5.1 J^{1/2}/cm^{3/2}$ 时为有条件的腐蚀或有条件耐蚀。常见高分子和溶剂的溶度参数见表 9-1。

表 9-1　常见高分子和溶剂的溶度参数

物质	Δ的实验值/ $(J^{1/2}/cm^{3/2})$		物质	Δ的实验值/ $(J^{1/2}/cm^{3/2})$	
	下限值	上限值		下限值	上限值
聚乙烯	15.8	17.1	聚丙烯腈	25.6	31.5
聚丙烯	16.8	18.8	聚丁二烯	16.6	17.6
聚异丁烯	16.0	16.6	聚异戊二烯	16.2	20.5
苯乙烯	17.4	19.0	聚氯丁二烯	16.8	18.9
聚氯乙烯	19.2	22.1	聚甲醛	20.9	22.5
聚四氟乙烯	12.7		聚对苯二甲酸乙二酯甲醛	19.9	21.9
聚乙烯醇	25.8	29.1	聚己二酰乙二胺	27.8	
聚甲基丙烯酸甲酯	18.6	26.2	乙酸乙酯	18.6	
己烷	14.8	14.9	丙酮	20.0	20.5
环己烷	16.7		2-丁酮	19.0	
苯	18.5	18.8	环己酮	19.0	20.2
甲苯	18.2		苯甲醛	19.2	21.3
十氢化萘	18.0		甲醇	29.2	29.7
三氯甲烷	18.9	19.0	乙醇	26.0	26.5
四氯化碳	17.7		环己醇	22.4	23.3
乙醚	15.2	15.6	苯酚	25.6	
苯甲醚	19.5	20.3	二甲基甲酰胺	24.9	
四氢呋喃	19.5				

（3）水解和降解作用

杂链高分子因含有氧、氮、硅等杂原子，在碳原子与杂原子之间构成极性键，如酯键、醚键、胺键、硅氧键等，水与这类键发生作用而导致材料发生降解的过程称为高分子材料的水解。水解过程将生成小分子的物质，破坏了高分子材料的结构，因此使得高分子材料的性能大大降低。高分子材料水解难易程度与引起水解的活性基团的浓度和材料聚集态有关，活性基团浓度越高，越易发生水解，耐腐蚀的能力也将降低。聚甲基丙烯酸甲酯在酸催化下水解反应方程式如下。水解后材料结构发生变化，性能自然相应改变。

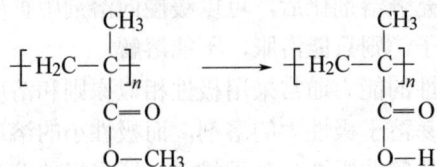

$$\begin{array}{c}CH_3\\ \left[\!\!\begin{array}{c}H_2C\!-\!C\end{array}\!\!\right]_n\\ \\ C\!=\!O\\ \\ O\!-\!CH_3\end{array}\qquad\longrightarrow\qquad\begin{array}{c}CH_3\\ \left[\!\!\begin{array}{c}H_2C\!-\!C\end{array}\!\!\right]_n\\ \\ C\!=\!O\\ \\ O\!-\!H\end{array}$$

降解是指高分子材料在使用过程中，在热、光、机械力、化学试剂、微生物等外界因素作用下，发生了分子链的无规则断裂，致使聚合度和分子量下降。含有相近极性基团的腐蚀介质易使该类型的高分子材料发生降解，如有机酸、有机胺、醇等都能使对应的高分子材料发生降解。

（4）氧化反应

高分子，尤其是聚烃类高分子材料，如天然橡胶、聚丁二烯等，在使用过程中与氧气接触，在辐射或紫外线等外界因素作用下，能与氧发生作用，使高分子材料发生氧化降解，出现泛黄、龟裂、表面失去光泽、机械强度下降等现象，最终失去使用价值。产生氧化降解的原因是这类高分子在其大分子链上存在着易被氧化的薄弱环节，如叔碳原子、双键、支链等。降解过程常常是自由基链式机理，即存在链引发、与氧气的作用生成超氧自由基、链终止等。反应通式如下。

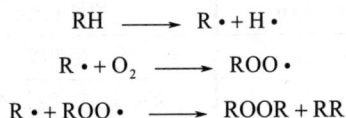

$$RH \longrightarrow R\cdot + H\cdot$$
$$R\cdot + O_2 \longrightarrow ROO\cdot$$
$$R\cdot + ROO\cdot \longrightarrow ROOR + RR$$

（5）应力开裂

与金属材料相似，高分子材料在一定的条件下也会产生应力腐性破裂，被称为环境应力开裂。当高分子材料处于某种环境介质中，往往会产生比在空气中的断裂应力或屈服应力低得多的应力下开裂，这种现象叫作高分子材料的环境应力开裂。这种感应力包括外加应力和材料内的残余应力。高分子材料的应力腐蚀开裂并不发生材料内部结合键的直接破坏，而是促进开裂物质在缺陷中吸附或溶解，改变了表面能，从而产生开裂。一般认为，拉应力可降低化学反应激活能，促进应力腐蚀开裂的发生，同时拉应力可使大分子距离拉开，增加了渗透或局部溶解。应力腐蚀作用的结果是在材料的表面产生银纹和裂纹，其形态既可能是网状结构，也可能呈规则排列。

高分子材料出现应力腐蚀的形态与介质的性质有关，按照介质的特性，可以将应力腐蚀分为以下几种类型。

① 介质是表面活性物质。表面活性物质具有很强的渗透性能，高分子材料与这类介质接触后，介质将通过潜透和溶解的方式进入高分子材料内部，从而使得材料发生溶胀，形成表面裂纹。如高分子材料与醇类和非离子表面活性剂接触时，在材料的表面出现较多的银纹，这些银纹经扩展后汇合形成大裂纹，最终造成材料的应力腐蚀破裂。这是一种典型的环境应力开裂。

② 介质是溶剂型物质。高分子材料与这类介质有相近的溶度参数，所以高分子材料受到较强的溶胀作用。介质进入大分子之间对材料起到增塑作用，使大分子链间易于相对滑动，降低材料强度，在较低的应力作用下，高分子材料就发生应力腐蚀破裂。

③ 介质是强氧化剂。高分子材料中大分子链发生裂解，在材料内部的应力集中部位产生银纹，银纹的出现加速了介质的渗入，继续发生氧化裂解，银纹不断扩大，形成大裂纹。

影响环境应力开裂的因素主要是高分子材料的性质和环境介质的性质。高分子材料的性质是主要的影响因素。分子量小、分布宽的高分子解缠容易，容易应力腐蚀；结晶度高的高分子容易产生应力集中，容易在晶区的交界处产生应力开裂；还有杂质、缺陷或因加工而形成变形不均匀和微裂纹的高分子材料易于腐蚀。介质对环境开裂的影响主要取决于它与材料间的表面性能、溶度参数差值。例如介质是浓硫酸、浓硝酸等。

（6）分子的存放效应与物理老化

玻璃态高分子多处于非平衡态，其聚集态结构是不稳定的。这种不稳定结构在 T_g 以下存放过程中会逐渐趋于稳定的平衡态，从而引起高分子材料物理力学性能随存放或使用时间而变化。这种现象被称为物理老化或"存放效应"。物理老化是玻璃态高分子通过小区域链段的微布朗运动使凝聚态结构从非平衡态向平衡态过渡的弛豫过程，因此与存放的温度有关。它发生在高分子玻璃化转变温度和次级转变温度之间，所以又称为 T_g 以下的退火效应。例如高分子熔体在通常冷却温度下冷却到 T_g 时，由于链段运动被冻结，高分子本体黏度增加 $3\sim5$ 个数量级，高分子熔体的热力学函数来不及弛豫到真玻璃态就被冻结下来，这样在存放过程中，高分子就通过微区布朗运动发生从冻结状态向真玻璃态的转变，即物理老化。物理老化不同于光、热、辐射等引起的老化，也不同于增塑剂、低分子添加剂迁移流失而引起的老化，物理老化后高分子的化学结构没有发生变化。但物理老化后高分子的自由体积减小，堆积密度增加，反映在宏观物理性能上就是模量和抗张强度增加，断裂伸长及冲击韧性下降，材料由延性转变为脆性。

9.2.3.2　高分子材料的老化防护

高分子材料种类繁多，不同分子结构的材料具有不同的抗腐蚀能力，研究高分子材料的耐腐蚀性同样应考虑环境因素。影响高分子材料的腐蚀环境大致可分为四类：化学环境、热、光照（主要是紫外线）和高能辐射。高分子材料的腐蚀防护方法主要考虑以下因素：

（1）选择合适的高分子材料或对高分子材料进行改性

高分子材料抗腐蚀能力主要决定于其分子结构，表 9-2 列出了常见高分子中的活性基团及易于发生的腐蚀类型，因而应用过程中需要考虑在不同环境中选择合适的高分子。不同的介质特性也将产生不同的腐蚀形式，在选择高分子材料时，除考虑材料本身的耐介质腐蚀性外，还需考虑材料内部填料的性能。例如：芳香族的聚氨酯很容易受到外界的影响从而老化变黄，因此在聚氨酯的生产过程中，可以用不易挥发的原材料替代易挥发的原材料，这样便可以得到较为稳定的聚氨酯材料，或者将高分子链上的易氧化基因摘除，从而重新添加不易氧化的功能基因，由此还可以赋予高分子材料优异的抗老化功能。

（2）加入抗老化剂

化学腐蚀是高分子材料主要的腐蚀形式，为了提高其耐腐蚀性可在高分子材料的生产过程中加入热稳定剂、抗氧化剂、光稳定剂、抗臭氧剂以及防霉剂。热稳定剂的最基本性能是热稳定性（包括静态、动态、初期、长期热稳定性）、耐候性和加工性（要求易塑化、不粘辊、易脱模、润滑性和流动性好）。其他重要性能有相容性、压析性、透明性、电绝缘性、耐硫化、污染性、卫生性等。

抗氧化剂是指用于阻断和延缓氧化过程的添加剂。在橡胶工业中，抗氧化剂等稳定化助剂习惯上称为防老剂。

表 9-2　高分子材料活性基团可能引起腐蚀的类型

反应类型	原子或基团	高分子材料	介质	腐蚀方式
消除	C—F	氟塑料	熔融碱金属	脱去氟原子，生成双键
	（聚氯乙烯结构式）	聚氯乙烯	热、光、氧可加速	脱 HCl，生成双键或交联键
加成	（天然橡胶结构式）	天然橡胶	盐酸	表面生成氯化橡胶，可防止 HCl 进一步渗透
氧化	碳链和杂链高分子物，特别是含双键和叔碳原子的杂链高分子	含双键的橡胶与树脂，含叔碳原子的塑料	氧化性介质	氧化
水解	（酯键结构式）	不饱和聚酯，酸固化的环氧树脂	碱类	酯键皂化
	—C—NH—	聚酰胺	酸性介质	酰（亚）胺键水解
	（聚酰亚胺结构式）	聚酰亚胺	强酸性介质	
	—O—C—NH—	聚氨酯	碱性介质	氨基甲酸酯键水解
	—C—O—C—	环氧树脂、氧化聚醚	强酸性介质	醚键水解
	—C≡N	ABS 树脂、丁腈橡胶	碱性介质	—C≡N 水解
	—C—NH	胺固化环氧	强酸	键水解
	—Si—O—	有机硅树脂	含酸高温水蒸气	硅氧键水解
成盐	（酚羟基结构式）OH	酚醛树脂	碱类	酚羟基成盐
	—NH₂	氨基树脂	酸类	氨基成盐
氯代（溴代）	（苯环结构式）	酚醛树脂、聚苯硫醚等	氯气	苯环氯化
	C—H	一般高分子物	氯气	—C—H 的氢键被氯取代

光稳定剂就是用于提高高分子材料光稳定性的助剂。由于大多数使用的光稳定剂，特别

是早期产品都能吸收紫外线，所以习惯上也将光稳定剂称为紫外线吸收剂。

抗臭氧剂一般分为物理抗臭氧剂和化学抗臭氧剂两类。物理抗臭氧剂主要是通过物理效应将聚合物与臭氧的接触面隔离开来，从而阻止了臭氧对聚合物的侵袭。化学抗臭氧剂实质上也是一种抗氧化剂，它主要是对臭氧比较敏感，起捕获臭氧的作用，能够迅速地与臭氧起化学反应，转移和延缓臭氧对聚合物的破坏作用，而且其反应产物能在聚合物表面形成一层保护膜，阻碍臭氧继续向内层渗透。

防霉抗菌剂是一种能杀死或抑制霉菌的生长和繁殖的添加剂。高分子材料及其制品大量使用在湿热带地区或各种各样的特殊环境下，为了防止微生物的侵害，必须采用一定的防护方法。防霉剂的作用机理是破坏微生物的细胞构造或酶的活性，从而杀死或抑制霉菌的生长和繁殖。

（3）采用有效的高分子加工工艺

高分子材料在生产的过程中也可能会受到加工过程中的热反应影响从而发生老化现象，例如，高分子加工过程中可能会受热从而发生聚合交联等现象，这样便会导致高分子材料在生产过程中出现热老化问题。对此，施工人员可以在生产高分子材料的过程中，往生产装置中增加除氧设备或是将生产装置改变成真空装置，以此避免高分子材料在生产的过程中受到氧化反应的影响，从而保证高分子材料在生产过程中的性能不会改变。

（4）合理使用高分子材料

材料的耐蚀性高低取决于工作环境，环境因素发生变化将影响到材料的耐腐蚀能力。因此，在实际使用过程中应保持环境的稳定，将环境的变化控制在设计的范围内。如对于不耐有机溶剂的材料（一般为线型高分子），使用过程中避免与有机溶剂接触；对不耐高温的材料避免环境温度的升高。

（5）高分子材料中的物理防护法

大部分高分子材料在使用过程中都容易受到光氧化现象，高分子材料在被氧化的过程中首先是从材料的表面开始老化，主要表现为高分子材料表面龟裂严重、光泽度下降等，然后老化现象依次往高分子材料内部转移。因此，在高分子材料的生产过程中，生产企业可以适当地将高分子材料加厚，这样在一定程度上可以延长高分子材料的使用寿命。同时在生产高分子材料的过程中，还可以在易氧化的材料表面涂一层防护涂漆或者在高分子材料外面复合一层性状不活跃的材料，这样便可以较好地延长高分子材料的使用寿命。除此之外，还可以加入防护层。例如，居家中木地板表面常常进行打蜡防护，橱柜表面用涂层或烤漆对木材进行保护，皮沙发进行打油保养等都属于物理防护，见图9-11。

扫码看彩图

图 9-11

图9-11　木地板打蜡防护和橱柜涂层防护

船舶用环保型涂层

船舶涂装中采用防腐涂料技术，主要是利用防腐涂料在船舶各个部位覆盖一层完整的涂层，使船舶各部位的金属表面和外界腐蚀环境隔离，重点防止海洋腐蚀对船舶造成的损害，防腐涂层技术在船舶运营中具有重要作用，可高效延长船舶的使用寿命，降低维护成本。

过去船舶上在采用防腐涂料技术时，可能会为了满足防腐的要求，忽略传统防腐涂料可能给海洋环境造成的污染。随着联合国和各国家各地区相继出台海洋环境保护相关法律条文，各国对船舶防腐涂料技术应用的环保性更加看重，这也使得水性防腐涂料在船舶涂装中有了更大的发展空间，环保型海运船舶涂装中采用的防腐涂料主要为水性防腐涂料，此类涂料有利于提高涂装施工的效率，并且还能支持交叉作业。水性防腐涂料的优势非常显著，能增强海运船舶航行时的防腐效果。目前，在船舶的居住舱、空舱等部位的腐蚀程度相对较弱，可以优先考虑采用水性防腐涂料替代传统重防腐的溶剂型防腐料。海洋中船舶在海水环境下的腐蚀，还需要同时考虑海洋微生物附着造成的腐蚀。

聚乙二醇（PEG）是一种安全无毒、高度亲水的中性高分子聚合物。PEG 的弱碱性醚键能够有效降低与水的界面能（低至 $5mJ/m^2$），因而基于 PEG 的纳米复合材料表现出优异的防污性能。此外，聚乙二醇复合材料因具有强烈的抗细胞和蛋白质凝聚功能而得到广泛应用。如何最大限度地提高 PEG 复合材料表面的亲水性、降低其与污损生物的吸引力是制备 PEG 纳米聚合物的关键。一般而言，长链 PEG 聚合物的防污效果要明显优于寡聚乙二醇（OEG）聚合物。例如，OEG 只能降低藻类孢子与其结合力，长链 PEG 则能够完全抑制藻类孢子的黏附。PEG-ZnO 纳米复合涂层能够将蛋白质吸附降低至 30%，经过 4h 的培养，PEG-ZnO 纳米复合涂层能够有效清除绝大多数附着于其表面的细菌，而经过 Ag-PVP 修饰的硅水凝胶涂层需要 8h 的培养才能完成。

思考题

1. 按材料种类分类，腐蚀主要有哪些类型？请分别指出生活用品中具有这些腐蚀类型的材料。

2. 按应用环境不同，腐蚀主要有哪些类型？

3. 按腐蚀的机理不同，腐蚀主要有哪些类型？

4. 金属材料的防腐手段主要有哪些？

5. 硅酸盐材料的防腐手段主要有哪些？

6. 硅酸盐材料的物理腐蚀主要是哪些因素造成的？

7. 高分子材料的腐蚀种类主要有哪些？防腐手段主要有哪些？

8. 何为溶解？何为溶胀？

9. 普通自行车和现在的轻便自行车主要用到了哪些材料？主要用到了哪些防腐技术？

10. 居家客厅中真皮沙发、木制橱柜、木地板等主要用到了什么防腐技术？

11. 化工厂的水泥地面主要用到什么防腐手段？

12. 拟埋在地下的金属管线主要考虑哪些腐蚀类型，可采用的防腐手段主要有哪些？
13. 暴露在高原上的塑料制品主要会发生哪些腐蚀类型，主要可采用什么防腐技术？

参考文献

[1] 沈佳威，罗廷星，罗林. 浅谈混凝土的特性及其应用 [J]. 四川水力发电，2024，43（1）：81.

[2] 彭晖，张白. 地聚物混凝土耐久性研究进展 [J]. 长沙理工大学学报（自然科学版），2023，20（5）：1.

[3] 杨世伟，常铁. 材料腐蚀与防护 [D]. 哈尔滨：哈尔滨工程大学，2007.

[4] 李宇春. 现代工业腐蚀与防护 [M]. 北京：化学工业出版社，2008.

[5] 孙齐磊，王志刚，蔡元兴. 材料腐蚀与防护 [M]. 北京：化学工业出版社，2015.

[6] 左晓玲，张道海，罗兴，等. 长玻纤增强复合材料老化研究进展及防老化研究 [J]. 塑料工业，2013，41（1）：18-21，66.

[7] 于良，于祝明. 高分子材料老化机理与防治措施分析 [J]. 化工管理，2021：100.

[8] 季哲. 高分子材料的抗老化措施分析 [J]. 材料制造和应用，2020（2）：29.

[9] 龚敏. 金属腐蚀理论及腐蚀控制 [M]. 北京：化学工业出版社，2022.

[10] 防腐工快速入门编委会. 防腐工快速入门 [M]. 北京：北京理工大学出版社，2011.

[11] 孙源，刘冰. 污损脱附型海洋防污材料研究进展 [J]. 电镀与涂饰，2019，38（14）：757.

[12] 梁彬. 环保型海运船舶的防腐涂料技术应用研究 [J]. 中国水运，2024（2）：61.

[13] 李卫平，刘慧丛，陈海宁，等. 材料腐蚀原理与防护技术 [M]. 北京：北京航空航天大学出版社，2021.

第10章

新材料化学

新材料是指新近发展或正在发展的具有优异性能的结构材料和有特殊性质的功能材料。结构材料主要是利用它们的强度、韧性、硬度、弹性等力学性能。如新型陶瓷材料、非晶态合金（金属玻璃）等。功能材料主要是利用其所具有的电、光、声、磁、热等功能和物理效应。新能源材料、环境材料、新型生物医用材料成了研究最活跃、发展最快、最为投资者所看好的新材料领域。

10.1 新能源材料化学

新能源包括太阳能、生物质能、核能、风能、地热能、海洋能等一次能源以及二次能源中的氢能等。新能源材料是指实现新能源的转化和利用以及发展新能源技术中所要用到的关键材料，主要有太阳能电池材料、储氢材料、固体氧化物电池材料等。它是发展新能源的核心和基础，在新能源系统中主要有以下作用。

① 把原来使用的能源变成新能源。例如，人类早就开始利用太阳能取暖、干燥等，而在现代社会，半导体材料则可直接把太阳能有效地转变为电能；过去人类利用氢燃料燃烧获得高温，现在靠燃料电池中电极材料的电化学催化作用，使氢与氧反应而直接产生电能。新材料使人类利用能源的方式发生了巨大的变化。

② 提高储能和能量转化效果。例如，镍氢电池、锂离子电池等都是靠电极材料的储能效果和能量转化功能而发展起来的新型二次电池。

新能源材料种类众多。现重点介绍二次电池材料和燃料电池材料。

10.1.1 二次电池材料

二次电池又称为充电电池或蓄电池，是指在电池放电后可通过充电的方式使活性物质激活而继续使用的电池，即利用化学反应的可逆性，可以组建一个新电池，即当一个化学反应转化为电能之后，还可以用电能使化学体系修复，再利用化学反应转化为电能。市场上主要的二次电池有镍氢电池、镍镉电池、铅酸（或铅蓄）电池、锂离子电池、聚合物锂离子电池等。

表 10-1 中列出了几种新型二次电池材料及原理，它们都是 20 世纪 90 年代一经问世便获得迅猛发展的新型二次电池，由于不含或少含有毒物质，又称绿色电池。

表 10-1　新型二次电池材料及原理

电池系列	负极活性物质	正极活性物质	电池反应	电压/V	比容量/（A·h/kg）	比能量/（W·h/kg）
					电性能（理论值）	
锌镍电池	Zn	NiOOH	$Zn + 2NiOOH + 2H_2O \Longrightarrow 2Ni(OH)_2 + Zn(OH)_2$	1.70	189	321.30
金属氢化物电池	MH	NiOOH	$2MH + 2NiOOH \Longrightarrow 2Ni(OH)_2 + 2M$	1.5	160	240.00
锂高温电池	Li（Al）	FeS	$2Li(Al) + FeS \Longrightarrow Li_2S + Fe + 2Al$	1.33	345	458.85
钠硫电池	Na	S	$2Na + 3S \Longrightarrow Na_2S_3$	2.1	377	791.70
锂离子电池	LiC_6	CoO_2	$LiC_6 + CoO_2 \Longrightarrow C_6 + LiCoO_2$	4.1	170	687.00

注：M 指金属元素。

10.1.1.1　锂离子电池材料

锂离子电池能量密度高，工作原理见图 10-1。电池充电时，锂离子从正极中脱嵌，通过电解质和隔膜，嵌入负极中；电池放电时，锂离子由负极中脱嵌，通过电解质和隔膜，重新嵌入正极中。上述正、负极反应是一种典型的嵌入反应，因此锂离子电池又称为摇椅电池，意指电池工作时锂离子在正、负极之间可以摇来摇去。在正常充放电过程中，在层状结构的碳材料和金属氧化物的层间嵌入和脱嵌，一般只引起层面间距变化，不破坏晶体结构。锂离子在正、负极中有相对固定的空间和位置，因此电池充放电反应的可逆性很好，从而保证电池的长循环寿命和工作安全性。

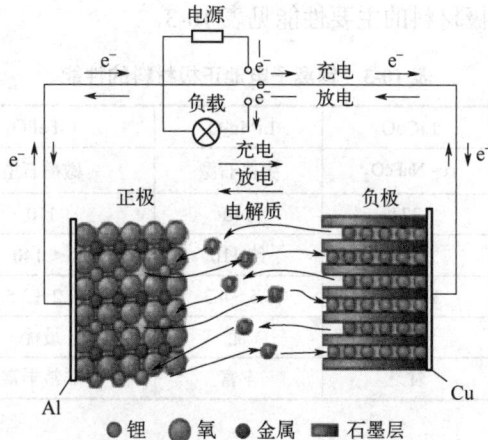

图 10-1　锂离子电池的工作原理

锂离子电池主要有圆柱形、方形、纽扣形等结构形式。锂离子电池的性能主要取决于所用电池内部材料的结构和性能（表10-2），其中正、负极材料的性能和质量直接决定锂离子电池的性能与成本。

表10-2　锂离子电池常用材料

组成部分	常用材料
正极	钴酸锂、锰酸锂、三元材料和磷酸亚铁锂
负极	天然石墨、合成石墨、碳纤维、石墨化中间相碳微珠、金属氧化物
电解质	乙烯碳酸酯（EC）、丙烯碳酸酯（PC）、碳酸二甲酯（DMC）、碳酸二乙酯（DEC）、二甲氧基乙烷（DME）
隔膜	聚乙烯或聚丙烯微孔膜

（1）正极材料

锂离子电池正极材料应满足如下要求：能提供较高输出电压并且输出电压稳定；相对于锂有较高电位；锂离子的扩散系数较大并且能够富集锂；电子导电性良好；材料物理、化学性质稳定且较轻；材料结构在电极反应过程中变化小；便宜、无毒等。目前常见的锂离子电池正极材料有钴酸锂（$LiCoO_2$）、锰酸锂（$LiMn_2O_4$）、磷酸亚铁锂（$LiFePO_4$）等。

① $LiCoO_2$正极材料。$LiCoO_2$有尖晶石结构、层状结构以及岩盐结构。$LiCoO_2$稳定的结构使得它作为正极材料有良好的循环稳定性，所以$LiCoO_2$（主要是二维层状结构）是目前广泛应用的一种正极材料。二维层状结构$LiCoO_2$，充放电过程的比容量约为140mA·h/g，小于274mA·h/g的理论比容量。

② 尖晶石结构$LiMn_2O_4$正极材料。尖晶石型$LiMn_2O_4$廉价、环境相容性好。对于$Li_xMn_2O_4$，当x为0～1时，体积膨胀/收缩对晶格常数影响较小，结构保持很好，具有4V的电压平台，理论放电比容量为148mA·h/g，实际放电比容量约为110mA·h/g。但该材料在使用过程中易发生Mn溶解从而导致电池正极材料容量损失。同时，其电导率远低于$LiCoO_2$。

③ 橄榄石结构$LiFePO_4$正极材料。$LiFePO_4$资源丰富，价格低廉，理论比容量可达170mA·h/g。相对于锂的电极电位为3.5V，脱嵌锂时结构保持稳定，循环性能良好，环境友好。唯一的不足就是$LiFePO_4$的本征电导率较低，仅为10^{-10}～10^{-9}S/cm，大电流放电能力比较差。几类锂离子电池正极材料的主要性能见表10-3。

表10-3　锂离子电池正极材料的性能

性能	$LiCoO_2$	$LiMn_2O_4$	$LiFePO_4$	三元材料
晶型	α-$NaFeO_2$	尖晶石型	橄榄石型	α-$NaFeO_2$
理论比容量/（mA·h/g）	274	148	170	274
实际比容量/（mA·h/g）	<140	约110	<140	>150
工作电压/V	3.0～4.3	3.5～4.3	3.2～3.5	4.1
循环性	优	优	最优	优
过渡金属资源	贫乏	丰富	非常丰富	贫乏

（2）负极材料

理想的锂离子电池负极材料应具有如下特点：在电极材料的内部和表面，锂离子具有较大的扩散速率，以确保电极过程的动力学因素，从而使电池能以较高倍率充放电；为保证电池具有较高的能量密度和较小的容量损失，要求负极材料有较高的电化学容量和较高的充放电效率；具有较高的结构稳定性、化学稳定性和热稳定性，同时与电解质和黏合剂的兼容性好；保证电池具有较高且平稳的输出电压，在锂离子嵌-脱反应过程中自由能变化小，电极电位低，并接近金属锂；具有良好的电导率；电极的成型性能好；资源丰富，价格低廉，在空气中稳定，无毒。目前锂离子电池负极材料主要有碳负极材料和非碳负极材料（包括硅基、锡基和过渡金属氧化物）。

① 碳材料。碳材料具有原料较丰富、成本低廉、良好的电化学性能等优势，所以成为开发最早、应用最多的负极材料。主要有天然石墨、软碳、硬碳等。石墨是锂离子电池碳材料中研究最多的一类。具有良好的层状结构，在较低电势下，锂离子能可逆地进入石墨层间形成石墨插层化合物。软碳（易石墨化碳）是石油沥青在液相进行热解、缩聚和馏出低沸点馏分的同时，进行环化与芳构化反应得到的中间产物。这类材料必须经过 2000℃以上的高温石墨化处理后才能用作负极材料。硬碳（难石墨化碳）在 2500℃以上的高温也难以石墨化，一般由前驱体经 500~1200℃热处理得来。常见的硬碳有树脂碳、有机聚合物热解碳、炭黑、生物质碳等四类。硬碳中较大的层间距有利于锂离子的脱嵌过程，但其也具有首次不可逆容量高、电压平台滞后、压实密度低等缺点。

② 非碳材料。非碳材料包括转化反应型、脱嵌反应型以及合金化反应型等负极材料。金属锂能和许多金属及非金属在室温下形成合金材料，使锂的存储方式从原子形式变成离子形式。同时，锂合金几乎不存在与有机溶剂共嵌的问题。考虑实际的体积比能量、比容量，锂合金不仅优于嵌锂的碳电极，而且优于纯锂金属二次电极。但合金负极体积变化大，有明显脆性，在充放电循环过程中电化学性能衰减较快。

转化反应型负极材料主要是过渡金属氧化物，包括锡基氧化物、钴基氧化物等。锡基氧化物是目前金属氧化物研究的主要方向，包括锡的氧化物和锡的复合氧化物两类。它们都具有较高的嵌锂比容量（>500mA·h/g），但是都存在充放电过程中容易发生形变、容易粉化的缺点。

脱嵌反应型负极材料代表有 $Li_4Ti_5O_{12}$，其具有尖晶石结构，是一种嵌入式化合物，作为负极材料时体积变化很小，是零应变材料。尽管 $Li_4Ti_5O_{12}$ 的充放电循环性能较好，且充放电的电压平稳性较理想，效率接近 100%，但 $Li_4Ti_5O_{12}$ 的比容量较低，并且它的可逆比容量都小于首次放电比容量。

（3）电池隔膜材料

电池隔膜是指在锂离子电池正极与负极中间的聚合物隔膜，是锂离子电池最关键的部件之一，对电池安全性和成本有直接影响。其主要作用有：①隔离正、负极并使电池内的电子不能自由穿过；②让电解质溶液中的离子在正、负极间自由通过；③防止电池短路引起的爆炸，具有微孔自闭保护作用，对电池使用者和设备起到安全保护的作用。

锂离子电池研究开发初期便采用聚乙烯、聚丙烯微孔膜作为其隔膜材料，这是因为其具有较高的孔隙率、较低的电阻、较高的撕裂强度、较好的抗酸碱能力、良好的弹性及对非质子溶剂的保持性能。

10.1.1.2　薄膜型全固态锂电池材料

薄膜型全固态锂电池是在传统锂离子电池的基础上发展起来的一种新型结构的锂离子

电池。其基本工作原理与传统锂离子电池类似，即在充电过程中 Li^+ 从正极薄膜脱出，经过电解质在负极薄膜发生还原反应；放电过程则相反。如表 10-4 所示，薄膜型全固态锂电池在结构上使用固态电解质层取代了传统锂离子电池原有的电解质溶液和隔膜，由致密的正极、电解质、负极薄膜在衬底上叠加而成，并且在加工制备、电化学特性等方面有着显著的差异。在加工制备方面，商用锂离子电池多采用涂布、喷涂等方法，而薄膜型全固态锂电池通常使用磁控溅射、脉冲激光沉积、热蒸发等镀膜方法或者化学气相沉积、溶胶-凝胶等合成方法成膜。

表 10-4 薄膜型全固态锂电池与传统锂离子电池的特性对比

类型	薄膜型全固态锂电池	传统锂离子电池
电解质	无机固态电解质	有机电解质溶液
电极形态	致密薄膜	多孔膜
加工制备方法	磁控溅射、脉冲激光沉积、热蒸发等镀膜方法	涂布、喷涂、印刷等
优点	固-固界面电阻小、安全性较高、循环寿命较长、体积比能量高、可快速充放电、高低温性能好、自放电率低、形状尺寸不受限、柔性高	体系较成熟、已广泛应用于储能产品
缺点	单体电池比容量有限	安全性差、能量密度受电压限制

基于以上制备工艺，薄膜型全固态锂电池的电极薄膜十分致密，电极材料的利用率更高。在性能方面，薄膜型全固态锂电池除具有提高电池能量密度、拓宽工作温度区间、延长使用寿命等固态电池的优点外，还具有以下特点：①电极材料更为致密，可实现更高的能量密度，更低的自放电率，并具有超长的循环寿命（最长达 40000 次，容量保持 95%）；②电池可设计性更强，体积小，与半导体生产工艺匹配，可在电子芯片内集成。然而，由于受镀膜工艺的限制，目前薄膜电极厚度通常为微米级，存在单位面积比容量较低的缺点。

电极和电解质材料是决定薄膜型全固态锂电池电化学性能的关键，这些关键材料和性能见表 10-5。

表 10-5 薄膜型全固态锂电池的关键材料和性能

出现顺序	正极薄膜名称	薄膜特征及性能	负极薄膜名称	薄膜特征及性能
↓	TiS_2、WO_3、MoO_3、V_2O_5、尖晶石型 $LiMn_2O_4$、橄榄石型 $LiFePO_4$	以无锂正极为主，制备简单，循环性能较差	金属 Li	工艺制备简单，比容量高、电位低，但在空气中不稳定
	层状结构，如 $LiCoO_2$、$LiNiO_2$	电压平台较高，能量密度有极大提升，应用最广泛	脱嵌反应型：TiO_2、Nb_2O_5、$Li_4Ti_5O_{12}$ 等	循环性能好；但比容量低，工作电位高
	高电压，如 $LiCoMnO_4$；高比容量，如富锂锰基材料	薄膜制备工艺复杂，电压平台更高，能量密度进一步提升	合金化反应型：Sn、Si 等	比容量高；但体积变化大，循环性能差
			转化反应型：SnO、Sn_3N_4 等	比容量高；但体积变化大，循环性能差

（1）电解质薄膜

在薄膜型全固态锂电池中，电解质直接影响电池的充放电倍率、循环寿命、安全性以及高低温性能。因此，电解质薄膜要求具有高的离子电导率、低的电子电导率、宽的电位窗口以及较好的化学和机械稳定性。

电解质材料主要有非晶薄膜电解质材料和结晶薄膜电解质材料。非晶薄膜电解质以锂磷氮氧化物（LiPON）为代表，主要是以 $LiPO_4$ 为靶材在氮气气氛下利用磁控溅射方法制备，室温离子电导率可达 6.4×10^{-6} S/cm，电位窗口可达 5.5V（相对于 Li/Li^+ 电极），可有效抑制锂枝晶的形成，并具有优良的循环稳定性。LiPON 薄膜同样具有较强的机械稳定性和致密性，不易造成短路，因此成为目前薄膜型全固态锂电池研究及应用的主要对象。结晶薄膜电解质材料主要包括钙钛矿型 $Li_{3x}La_{2/3-x}TiO_3$、反钙钛矿型 Li_3OCl、NASICON 型 $Li_{1+x}Al_xTi_{2-x}(PO_4)_3$、石榴石型 $Li_7La_3Zr_2O_{12}$ 等。结晶薄膜电解质的室温离子电导率较高，一般可达 $10^{-5} \sim 10^{-4}$ S/cm，但其镀膜过程通常需要高温，导致电极材料与电解质材料界面处易发生反应，影响薄膜型全固态锂电池的性能。

（2）电极薄膜

薄膜型全固态锂电池最早使用的正极材料主要是无锂正极，包括 TiS_2、MoO_3 和 V_2O_5 等。然而，这类正极薄膜电位较低、循环性能较差，随后逐渐被含锂层状化合物 $LiCoO_2$、橄榄石结构的 $LiFePO_4$ 以及尖晶石结构的 $LiMn_2O_4$ 等高性能正极材料所取代。最早应用在薄膜型全固态锂电池中的负极材料为金属 Li。金属 Li 具有电位低、理论比容量高（3860mA·h/g）、循环特性好等优点，因此大部分研究工作和电池开发均采用金属 Li 膜为负极。但是金属 Li 存在安全性差、熔点低（180℃）、对水汽和氧气敏感等问题。代替金属 Li 的负极材料按反应机理可分为脱嵌反应型负极材料（TiO_2、$Li_4Ti_5O_{12}$）、合金化反应型负极材料（Si、Sn）以及转化反应型负极材料（过渡金属氧化物类）。

基于其独特的制备工艺及电化学性能，薄膜型全固态锂电池可广泛地应用于智能卡、电子标签、集成电路等领域，被认为是微电子系统电源供应中唯一可用的能源器件以及可穿戴电子设备的理想电源，还可以应用于可植入医疗器件、航空航天等特殊领域。

10.1.2　燃料电池材料

燃料电池是以电化学方式直接将化学能转化为电能的发电装置。由于无须经过燃烧等过程，能量损失较少，与传统的火力发电对燃料的利用率（30%～40%）相比，其能量转换效率高达 60%。与此同时，在燃料电池工作过程中几乎不产生氮氧化物、硫氧化物排放。此外，燃料电池具备环境友好、结构稳定、燃料种类灵活多样等诸多优点，逐渐受到各国政府和产业部门的重视，被认为是 21 世纪最具潜力的新一代发电技术之一。

10.1.2.1　燃料电池的特点和分类

燃料电池的主要特点如下。

① 能量转换效率高。燃料电池基于电化学反应，直接将化学能转化为电能，在其工作过程中不经过燃烧过程，因此不受卡诺循环限制，具有较高的能量转换效率，为普通内燃机的 2～3 倍。

② 环境友好。燃料电池产物基本上都是 H_2O 和 CO_2，而且 CO_2 排放量相比于传统火力

发电要少，几乎不会产生 NO_x、SO_2 等有害气体，发电过程安静，无振动。

③ 工作温度较低，燃料灵活。燃料电池的温度相较于热机内燃料燃烧的温度要低得多，且可用碳氢化合物作为燃料发电。

④ 全固态结构，搬运安装灵活。全固态结构组装灵活，占地面积小，适合在各种场合应用。

⑤ 运行质量高。燃料电池在数秒内即可变换到额定功率，而且电厂离负荷可以很近，从而改善了地区频率偏移和电压波动，降低了现有变电设备和电流载波容量，减少了输变线路投资和线路损失。

根据电解质材料和工作温度范围，可将燃料电池分为六类，如表 10-6 所示。

表 10-6　燃料电池的分类

燃料电池	电解质	工作温度/℃	电化学反应	载流子
碱性燃料电池（AFC）	KOH、NaOH 等强碱性水溶液	80～250	阳极：$H_2+2OH^- \longrightarrow 2H_2O+2e^-$ 阴极：$1/2O_2+H_2O+2e^- \longrightarrow 2OH^-$	OH^-
质子交换膜燃料电池（PEMFC）	固体有机膜	60～100	阳极：$H_2 \longrightarrow 2H^++2e^-$ 阴极：$1/2O_2+2H^++2e^- \longrightarrow H_2O$	H^+
磷酸型燃料电池（PAFC）	H_3PO_4	175～200	阳极：$H_2 \longrightarrow 2H^++2e^-$ 阴极：$1/2O_2+2H^++2e^- \longrightarrow H_2O$	H^+
熔融碳酸盐燃料电池（MCFC）	$(Li, Na, K)_2CO_3$	600～700	阳极：$H_2+CO_3^{2-} \longrightarrow H_2O+CO_2+2e^-$ 阴极：$1/2O_2+CO_2+2e^- \longrightarrow CO_3^{2-}$	CO_3^{2-}
固体氧化物燃料电池（SOFC）	YSZ（用 Y_2O_3 稳定的 ZrO_2）	600～1000	阳极：$H_2+1/2O^{2-} \longrightarrow H_2O+2e^-$ 阴极：$1/2O_2+2e^- \longrightarrow O^{2-}$	O^{2-}
质子导体燃料电池（PCFC）	$BaZr_{0.1}Ce_{0.7}Y_{0.1}Yb_{0.1}O_{3-\delta}$ 等	300～700	阳极：$2H_2+4e^- \longrightarrow 4H^+$ 阴极：$4H^++O_2+4e^- \longrightarrow 2H_2O$	H^+

半个世纪以来，燃料电池经历了碱性、磷酸、熔融碳酸盐、质子交换膜和固体氧化物等类型的发展阶段。磷酸型燃料电池（PAFC）是第一代燃料电池，是以磷酸为电解液传导氢离子，以催化剂（Pt 或其合金）和载体（炭黑）组成的多孔材料作为燃料电极和空气电极。也是目前已经实现商业化和批量生产的燃料电池。其装机容量可达万千瓦级规模，电流密度超过 $200mA/cm^2$。质子交换膜燃料电池（PEMFC）具有比容量高、环境友好、工作温度低等优点，受到越来越多的人关注。PEMFC 其工作原理相当于水电解的逆装置。阳极为氢燃料发生氧化的场所，阴极为氧化剂还原的场所，两极都含有加速电极电化学反应的催化剂，质子交换膜燃料作为电解质，可实现零排放或低排放。其输出功率密度比目前的汽油发动机输出功率密度高得多，可达 1.4kW/kg 或 1.6kW/L。固体氧化物燃料电池（SOFC）以固体氧化物作为电解质得名，它目前最成熟的技术是使用氧离子导体 YSZ 作为固体电解质材料，钙钛矿型复合氧化物作为阴极材料，Ni 混合 YSZ 金属陶瓷（Ni-YSZ）为阳极材料。目前质子导体作为电解质的质子导体燃料电池（PCFC）也越来越被大家关注，质子具有较小的离子半径且具有高迁移率，因此质子传导活化能较低，可以在中低温燃料电池中得到应用。

10.1.2.2 质子交换膜燃料电池

质子交换膜燃料电池（proton exchange membrane fuel cell，PEMFC）能够将氢的化学能直接转化为电能，是一种先进的清洁高效发电技术。PEMFC具有发电效率高、无污染、无噪声、冷启动快以及比功率高等优点，在固定式发电、便携式移动电源和交通运输领域具有十分广泛的应用前景。

（1）PEMFC分类

根据所用燃料，PEMFC可分为氢-氧燃料电池、直接甲醇燃料电池、直接乙醇燃料电池、直接甲酸燃料电池。PEMFC的工作原理图如图10-2所示。

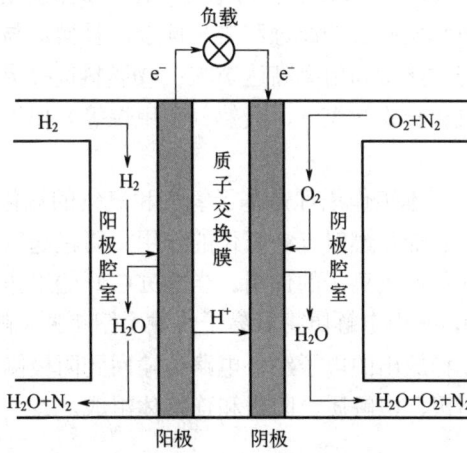

图 10-2 PEMFC 的工作原理

在氢-氧燃料电池中，阳极燃料为氢气，阳极催化层发生氢气氧化反应：

$$H_2 + 2e^- \longrightarrow 2H^+$$

氢气氧化产生的质子通过质子交换膜到达阴极催化层，与阴极的燃料（氧气或空气）发生氧还原反应生成水：

$$O_2 + 4H^+ + 4e^- \longrightarrow 2H_2O$$

总反应为：

$$2H_2 + O_2 \longrightarrow 2H_2O$$

由总反应可以看出，氢-氧燃料电池的产物为水，清洁、无污染。此外，在燃料电池系统中，生成的水可以通过循环的方式重复利用，实现膜电极和反应气体的增湿。

直接甲醇燃料电池（direct methanol fuel cell，DMFC）是以甲醇为阳极活性物质的燃料电池，通过与氧结合产生电流。直接甲醇燃料电池的工作原理与质子交换膜燃料电池的工作原理基本相同，不同之处在于直接甲醇燃料电池的燃料为甲醇（气态或液态），氧化剂仍为空气和纯氧。其阳极和阴极催化剂分别为Pt-Ru/C（或Pt-Ru黑）和Pt-C。乙醇燃料电池（DEFC），具有高效、环境友好的特点。甲酸也是一种较好的甲醇替代燃料，直接甲酸燃料电池（DFAFC）的研究备受瞩目。甲酸作为液体燃料的优势如下：无毒、不易燃烧，储存和运输方便、安全；

与甲醇相比，甲酸的电化学氧化催化活性更高等。

（2）PEMFC 结构

PEMFC 由膜电极（MEA）、双极板、端板等部件组成，其中膜电极是能量转换的多相物质传输和电化学反应场所，涉及三相界面反应、复杂的传质传热过程，直接决定了 PEMEC 的性能、寿命及成本。膜电极的结构主要包括质子交换膜、催化层和气体扩散层。

10.1.2.3　固体氧化物燃料电池

（1）固体氧化物燃料电池简介

固体氧化物燃料电池（SOFC）是第三代燃料电池，是可将化学能直接转换成电能的发电装置，其工作温度为 500～1000℃。与其他燃料电池相比，固体氧化物燃料电池有许多优势：①全固态结构，避免液体电解质引起的腐蚀和流失问题，且搬运与安装方便；②排出的高温余热可以用于热电联供系统，能量利用率高达 70%；③燃料选择灵活，不仅可使用氢气作为燃料，还可以直接使用碳氢化合物（煤气、天然气和甲烷等）作为燃料。

（2）SOFC 结构

固体氧化物燃料电池的基本工作原理是基于氢气和氧气的氧化还原反应，如图 10-3 所示。阳极又称为燃料电极，起催化燃料气被氧化的作用；阴极起氧还原的作用；电解质要求致密，起分隔氧气和氢气并传递氧离子的作用。当 SOFC 开始工作后，空气中的氧气在阴极部位被还原成氧离子（O^{2-}），并由电解质将氧离子传输至阳极侧，随后与燃料（H_2、CH_4）发生氧化反应并释放出电子，释放出的电子经外电路传输回到阴极侧，至此则形成了回路。固体氧化物燃料电池主要由阴极、电解质、阳极和连接体组成。

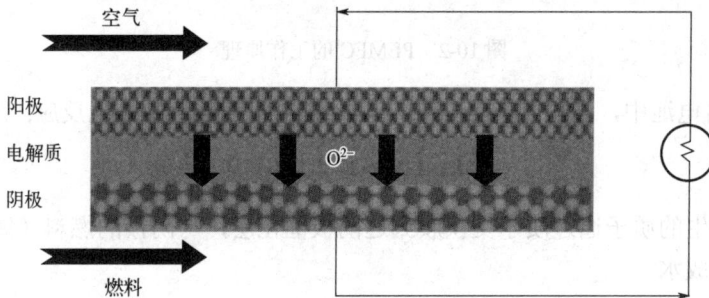

图 10-3　固体氧化物燃料电池的工作原理

① 电解质材料。目前，Y_2O_3 稳定 ZrO_2（YSZ）、Gd 或 Sm 掺杂的 CeO_2（GDC 或 SDC）以及 Sr 和 Mg 掺杂的 $LaGaO_3$ 电解质材料（LSGM）是传统 SOFC 使用较广泛的电解质材料。ZrO_2 基固体电解质在室温下为不稳定的单斜相结构，离子电导率低，需要掺杂二价或三价氧化物（如 CaO、MgO、Y_2O_3 和一些稀土元素氧化物等）来转变为稳定的立方相结构。一般来说，在较高温度下 YSZ 电解质具有良好的离子电导率，因此适用在 800～1000℃较高温度范围内。但在中低温条件下，其离子电导率显著下降。CeO_2 基固体电解质是萤石型结构，结构稳定。但其离子电导率较低，研究人员通常掺杂 Gd_2O_3 或 Sm_2O_3 等来提高其离子导电性。在较高温度下，CeO_2 基电解质中的 Ce^{4+} 极易被还原成 Ce^{3+}，从而产生电子，导致电池短路。$LaGaO_3$ 基电解质为钙钛矿型结构（ABO_3），其结构稳定，电导率较高（800℃下为 0.17S/cm）。

但 LaGaO$_3$ 在高温下极易与电极发生反应产生杂相，从而影响电池的稳定性，而且 LaGaO$_3$ 的制备过程中易产生 LaSrGaO$_4$ 等杂相，因此其发展也受到了一定的限制。

② 阳极材料。固体氧化物燃料电池的阳极一般也称为燃料电极，燃料的催化氧化、与 O^{2-} 发生的电化学反应产生电子等电化学反应过程都是在阳极发生的。因此，从燃料气体以及电极材料自身的性能分析，SOFC 阳极材料需满足以下要求：a. 催化活性高；b. 在保证电子电导率的同时也得有一定的离子电导率，以扩大三相界面的面积；c. 多孔结构，需保证燃料气体能扩散到反应界面；d. 结构稳定，在还原性气氛下仍能保持结构稳定，且在高温下不与电解质材料发生反应；e. 具有合适的热膨胀系数，在高温下与连接体和电解质不会出现开裂状况；f. 有较好的抗碳和硫毒化性能。目前应用最广的阳极材料有金属 Ni-陶瓷复合阳极和氧化物阳极。

金属 Ni-陶瓷复合阳极中的金属一般采用对 H$_2$ 等具有较高催化活性的贵金属及过渡金属，如 Ni、Fe、Co 等，阳极的陶瓷骨架一般选择与电解质材料相同的成分，如 YSZ、SDC 和 GDC 等，目前商业应用最广泛的就是 Ni-YSZ。NiO 与 YSZ 在高温下具有良好的化学相容性，因此可还原成多孔的金属陶瓷 Ni-YSZ。金属 Ni 可以为电子向外电路传输提供通道，而 YSZ 陶瓷材料主要起到支撑作用，也可阻止 Ni 在长期高温的工作条件下团聚。与此同时，大大提高该复合阴极与电解质的匹配性，增强了阳极在电解质上的附着性。但 Ni-YSZ 也存在一定的不足，其氧化还原的稳定性差，硫中毒和积碳效应明显，影响其长期使用。积碳问题出现的原因是 Ni 易与碳氢化合物发生反应，从而出现碳沉积。

③ 阴极材料。阴极材料又称空气电极，在阴极上发生氧还原反应（oxygen reduction reaction，ORR），即将氧气分子（O$_2$）分解为氧离子（O^{2-}），也接受阳极传递来的电子并传导至外部回路。因此作为固体氧化物燃料电池的重要的电化学反应场所之一，阴极材料需要满足以下要求：（ⅰ）多孔结构，要保证空气中的氧气容易扩散到三相界面；（ⅱ）高氧还原催化活性；（ⅲ）高电子导电性或者具有混合离子-电子导电性（MIEC）；（ⅳ）良好的物理与化学相容性以及与电解质匹配的热膨胀系数；（ⅴ）良好的长期稳定性。目前，常见的阴极材料主要为钙钛矿氧化物及其衍生结构材料。

a. ABO$_3$ 钙钛矿氧化物。钙钛矿氧化物可简记为 ABO$_3$，ABO$_3$ 由大半径的碱土金属阳离子 A、小半径的过渡金属阳离子 B$^{(6-n)+}$ 和氧离子 O^{2-} 组成。B 位阳离子处于 6 个氧离子中心（配位数=6），A 位阳离子周围有 12 个配位的氧离子（配位数=12）。ABO$_3$ 钙钛矿氧化物大都是混合离子-电子导体，离子导电性表现为变价阳离子或异价阳离子掺杂使其成为氧离子导体，而电子导电性表现为不同过渡金属离子价态变化。其中，Ln$_{1-x}$Sr$_x$Co$_{1-y}$Fe$_y$O$_3$（Ln=La、Pr、Nd、Sm、Gd，LSCF）在 800℃时电子电导率可达 10^2～10^{3}S/cm，氧离子电导率达到 10^{-1}S/cm，同时具有较高的催化活性，但 LSCF 热膨胀系数较大，与电解质材料（如 YSZ）等热膨胀匹配性不佳。

b. A$_{n+1}$B$_n$O$_{3n+1}$ 层状钙钛矿氧化物。A$_{n+1}$B$_n$O$_{3n+1}$ 层状钙钛矿结构通过钙钛矿层 ABO$_3$ 和岩盐层 AO 在 Z 轴方向堆叠而成，具有二维特征。其中大半径的 A 位离子是 9 配位，而小半径的 B 位离子是 6 配位。在这种二维结构下，氧传递是通过晶格氧而不是氧空位实现的，同时由于大量晶格氧存在，A$_{n+1}$B$_n$O$_{3n+1}$ 层状钙钛矿结构偏离了理想化学计量从而形成非化学计量的氧化物。该类钙钛矿材料在氧的扩散和表面交换以及电化学性能方面展现了突出优势，A$_{n+1}$B$_n$O$_{3n+1}$ 层状钙钛矿材料的氧扩散系数和表面交换系数比 ABO$_3$ 高出一个数量级，因此材料的电催化活性得到进一步提高。

c. AA′B₂O₅₊δ 双层钙钛矿结构氧化物。双层钙钛矿结构氧化物的结构式一般为 $AA'B_2O_6$ 或者 $A_2BB'O_6$，其中 A 为稀土元素（La、Pr、Sm 等），A 为碱土金属（Ba、Sr 等），B 为二价或三价（通常为 Co）的过渡金属。双层钙钛矿结构碱土金属与稀土元素交替排列，削弱了氧与其他阳离子结合的能力，从而提高了氧传输能力。

10.1.2.4 质子导体燃料电池

（1）质子导体燃料电池概述

掺杂铈酸钡的质子导体电解质材料在低于 600℃时的质子电导率（10^{-2}S/cm）高于 Y 掺杂 ZrO_2（YSZ），虽然仍低于掺杂的 CeO_2 电解质材料，但此时其电子电导率很低，几乎可以忽略不计，因此没有电子导电的问题。另外，质子传输的活化能（0.3～0.6eV）比氧离子传输的活化能（0.8eV）更低，因此，质子导体燃料电池更有希望在低温下获得更高的功率密度，实现固体氧化物燃料电池低温化的目标。

一般情况下，质子需要借助氧空位形成氢氧化物缺陷来进行传导。故而在湿润条件下钙钛矿材料会表现出更高的质子电导率。

质子传导的过程相对比较复杂，且目前有多种理论。其中普遍被人接受的是 Grotthuss（格罗萨斯）跳跃机制，该跳跃机制主要包括两个阶段：①重定向阶段，位于氧离子上的质子快速旋转和重新定向；②质子转移阶段，质子通过向相邻氧离子跳跃从而实现转移。重定向阶段比质子转移阶段更快更容易，该阶段表现出低活化势垒，甚至氧离子周围形成质子时就可以无阻碍传输。根据复合氧化物中的 Grotthuss 跳跃机制，质子跃迁构成了决速步骤，质子迁移主要取决于质子和氧离子之间的键能，由于质子转移发生在氧离子波动的背景下，它受到氧亚晶格局部动力学的影响。质子在晶格迁移的过程中，在两个平衡位置之间的传递速率取决于氧离子振动的难易程度。

（2）PCFC 结构

质子导体燃料电池（PCFC）以质子导体为电解质，在电池的内部，以质子作为电荷输运载体，因而该电池的工作机制与传统氧离子导体固体氧化物燃料电池有所差别。如图 10-4 所示，H_2 在阳极催化剂的作用下失去电子产生 H^+，H^+ 穿过电解质到达阴极与氧还原得到的 O^{2-} 结合产生水。在这个过程中，阳极失去的电子从外电路到达阴极完成循环，并对负载供电。水产生于阴极，即不存在稀释燃料的问题，因而可以进一步提高燃料的利用率。

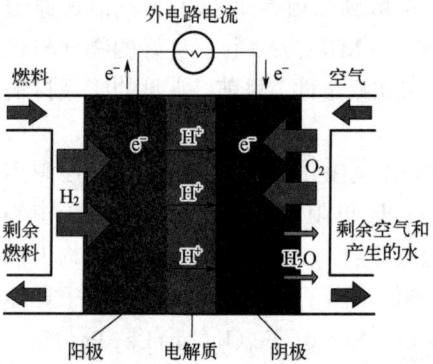

图 10-4 质子导体燃料电池工作原理

阳极：
$$2H_2 + 4e^- \longrightarrow 4H^+$$

阴极：
$$4H^+ + O_2 + 4e^- \longrightarrow 2H_2O$$

总反应：
$$2H_2 + O_2 \longrightarrow 2H_2O$$

当前质子导体燃料电池主要以 $BaZr_{0.1}Ce_{0.7}Y_{0.1}Yb_{0.1}O_{3-\delta}$（BZCYYb）为电解质，是以

BaCe$_{0.8}$Y$_{0.2}$O$_{3-\delta}$（BCY）和 BaZrY$_{0.8}$Y$_{0.2}$O$_{3-\delta}$（BZY）为基础发展而来的最新一代质子导体电解质，BaZr$_{0.5}$Ce$_{0.4}$Y$_{0.1}$O$_{3-\delta}$（BZCY）兼具 BCY 的高质子电导率和 BZY 的良好稳定性，而 Yb 的掺杂使 BZCY 的质子电导率和稳定性进一步加强。在阳极材料方面一般以 NiO+BZCYYb 为主，NiO 在高温 H$_2$ 条件下会被还原成金属 Ni，金属 Ni 具有较好的氢催化活性，BZCYYb 作为良好的质子传导载体将质子输运到电解质并穿过电解质到达阴极。PCFC 运行过程中水产生于阴极，其中涉及质子传导，相较于氧离子导体固体氧化物燃料电池，其内部反应及电荷转移机理更加复杂，因而对于阴极材料的选择提出了更高的要求。优秀的质子导体燃料电池阴极应同时具有 O^{2-}/e$^-$/H$^+$ 三重导电性，以最大化扩展阴极的反应活性区域，提高阴极材料的催化活性。目前广泛采用的具有三重导电性的阴极材料包括 ABO$_3$ 型钙钛矿 BaCo$_{0.4}$Fe$_{0.4}$Zr$_{0.1}$Y$_{0.1}$O$_{3-\delta}$ 和 AA′B$_2$O$_6$ 型钙钛矿 PrBa$_{0.5}$Sr$_{0.5}$Co$_{1.5}$Fe$_{0.5}$O$_{6-\delta}$、NdBa$_{0.5}$Sr$_{0.5}$Co$_{1.5}$Fe$_{0.5}$O$_{6-\delta}$ 等。

10.2 环境材料化学

环境问题是当今社会发展所面临的三大类主要问题之一，人们在创造空前巨大的物质财富和前所未有的社会文明的同时，也在不断破坏其赖以生存的环境。从资源、能源和环境的角度考虑，材料的提取、制备、生产、使用和废弃的过程实际上是一个资源和能源消耗及环境污染的过程。材料一方面推动着人类社会物质文明的发展，另一方面大量消耗资源和能源，并在生产、使用和废弃过程中排放大量的污染物，危害和恶化人类赖以生存的空间。一方面，材料产业成为环境污染的主要来源之一；另一方面，环境的净化与修复在很大程度上都依赖于更高性能材料的开发。

从原材料的开采、提炼、生产、加工、使用一直到废弃的过程，无不以资源、能源的极大消耗和生态环境的严重污染为代价（表 10-7）。在这种背景下，20 世纪 90 年代初，国际上提出了"环境材料"（ecomaterials）的概念，标志着材料科学与工程的发展迈入了一个新的历史时期。环境材料是指同时具有满意的使用性能和优良的环境协调性，或者能改善环境的材料。其中的环境协调性是指对资源和能源的消耗小，对环境的污染少。

对环境材料的研究分为理论研究和实用研究两大部分。理论研究包括如下内容。①对材料的环境性能的评价。其中生命周期评估（life cycle assessment，LCA）已经成为这一领域的主流方法。LCA 是指采用数理方法和实验量化方法，评价某种过程、产品和事件的资源、能源消耗，废物排放等环境影响，并寻求改善的可能。②材料的可持续发展理论。研究资源的使用效率、生态设计理论。③材料流（materials flow）理论，生态加工、清洁生产理论，再循环、降解、废物处理理论。实用研究包括如下内容。①环境协调材料、传统材料的环境材料化。这是从人本的角度强调材料与环境的兼容与协调，使材料在完成特定使用功能的同时，减少资源和能源的用量，降低环境污染。例如，开发天然材料、绿色包装材料和绿色建筑材料等。②环境净化和修复材料，指各种积极地防止污染的材料，如分离、吸附、转化污染物的材料。③降解材料。指通过自身的分解减小对环境的污染的材料。

表 10-7 部分材料生产过程对环境的影响

材料	对大气的影响	对水资源的影响	对土壤/土地的影响
纸、纸浆	排放含 SO_2、NO、CH_4、CO_2、CO、H_2S、硫醇、氯化物、二噁英的废气	①水资源消耗；②排放悬浮性固体物、有机物、有机氯、二噁英	—
水泥、玻璃、陶瓷	排放含砷、钒、铅、铬、硅、碱、氟化物的粉尘及 NO、CO_2、SO_2、CO 等废气	排放含油、重金属离子的废水	①矿物资源及土地消耗；②排放固体废弃物
金属及矿物开采	排放各种粉尘及有害气体	排放含金属离子及有毒化学品的废水	①矿物资源及土地消耗；②土地退化
钢铁	①排放含铅、砷、镉、铬、铜、汞、镍、硒、锌的粉尘，以及含有机物、酸雾、H_2S、HCl 的废气；②紫外线辐射	①水资源消耗；②排放含无机物、有机物、油、悬浮性固体物、金属离子的废水	①矿物资源及土地消耗；②排放固体废弃物
有色金属	排放含铝、砷、镉、铜、锌、汞、镍、铅、镁、锰、炭黑、气溶胶、SiO_2 的粉尘，以及含 SO_2、NO、CO、H_2S、氯化物、氟化物、有机物的废气	排放含重金属离子及有害化学品的废水	①排放固体废弃物；②土地退化

10.2.1　环境净化材料

环境净化材料就是能净化或吸附环境中有害物质的材料，主要起到环境中污染物去除的作用。环境净化材料研究体现了多学科的前沿交叉，其主要内容是开发高性能、低能耗、低污染的新材料，并对现有的材料进行环境协调性的改性。常见的环境净化材料有大气污染控制材料、水污染控制材料以及其他污染控制材料等。大气污染控制材料一般有吸附、吸收和催化转化材料，水污染控制材料有沉淀、中和以及氧化还原材料，还有减少噪声污染的防噪、吸声材料，以及减少电磁波污染的防护材料等。现代的废水处理技术按照废水处理的工艺过程一般可分为三级处理。

一级处理主要是去除废水中悬浮固体和漂浮物质，主要包括筛滤、沉淀等处理方法。同时通过中和、均衡等预处理对废水进行调节，以便排放进入二级处理装置。通过一级处理，一般废水的生化需氧量可降低 30%。

二级处理主要采用各种生物处理法，利用微生物的新陈代谢作用，将水中的有机物转化为无机物或细胞物质，从而去除废水中胶体和溶解状态的有机污染物。这种方法可将废水的生化需氧量降低 90% 以上，经过处理的水可以达到排放标准。

三级处理的对象是残留的污染物和富营养物质以及其他溶解物质，是在一级、二级处理的基础上，对难降解的有机物、磷、氮等富营养物质进一步处理。采用的方法有混凝、过滤、离子交换、反渗透、超滤、消毒等。

现介绍大气和水中都涉及的吸附和催化材料中的化学问题。

10.2.1.1　吸附材料

吸附剂是能有效地从气体或液体中吸附某些成分的固体物质。吸附剂一般有以下特点：①大的比表面积、适宜的孔结构及表面结构；②对吸附质有强烈的吸附能力；③一般不与吸附质和介质发生化学反应；④制造方便，容易再生；⑤有良好的机械强度等。吸附剂的种类很多，可分为无机吸附剂和有机吸附剂、天然吸附剂和合成吸附剂。天然矿产品如活性白土和硅藻土等经过适当的加工，就可以形成多孔结构，可直接作为吸附剂使用。合成无机吸附剂主要有活性炭、活性炭纤维、硅胶、活性氧化铝及沸石分子筛等。近年来研制出多种大孔吸附树脂，与活性炭相比，它具有选择性好、性能稳定、易于再生等优点。目前，工业上广泛采用的吸附剂主要有活性炭、活性氧化铝、硅胶、沸石分子筛等。活性炭是应用面较广的吸附材料，其又称活性炭黑，是黑色粉末状或颗粒状的无定形碳。在结构上，微晶碳不规则排列，在交叉连接之间有细孔，在活化时会产生组织缺陷，因此活性炭是一种多孔碳，堆积密度低，比表面积大。活性炭颗粒（GAC）作为碳含量高，同时耐酸、耐碱、疏水性的多孔物质，是一种应用广泛的吸附剂。大的比表面积和分布广泛的孔洞使活性炭能够吸附各种物质，但其选择性吸附较差。

活性炭能有效地去除色度、臭味，可去除二级处理出水中大多数有机污染物和某些无机物，包含某些有毒的重金属。活性炭也能有效吸附氯代烃、有机磷和氨基甲酸酯类杀虫剂，还能吸附苯醚、乙烯、二甲苯酚、苯酚、DDT（双对氯苯基三氯乙烷）、艾氏剂、烷基苯磺酸及许多酯类和芳烃化合物。

活性炭对污染物的去除主要依赖于其大的比表面积和表面官能团对污染物进行物理或化学吸附。为了提高吸附效果，人们采用不同的原料、不同的工艺制备不同基质的活性炭，例如采用木质、煤质、石油焦等为原料，此外还采用不同的制备工艺提高其孔隙率。活性炭是经过对原料热解、活化加工制备而成。化学活化法是通过含碳原料与化学药品均匀混合后，一定温度下，经历炭化、活化、回收化学药品、漂洗、烘干等过程制备，其中磷酸、氯化锌、氢氧化钾是应用较多的活化剂。这些活化剂具有促进原料分解炭化，促进分解形成小分子逸出，从而产生大量孔隙，此外活化剂能够抑制焦油副产物的形成，避免焦油堵塞热解过程中形成细孔，从而提高活性炭的收率。

有些污染物为极性物质，为了提高活性炭对这些物质的吸附，同时提高特异选择性，对活性炭的改性研究也在广泛开展，例如通过负载多羟基和胺基化合物来对活性炭表面进行官能团修饰，可提高活性炭在大风量和高空速下对甲醛污染物的吸附速率。当采用空气干燥负载量为 8%，吸附温度为 100℃时，改性活性炭对甲醛的吸附速率由未改性时的每分钟 0.0238 增加到 0.0337，可见吸附效率的提高。

10.2.1.2 催化降解材料

（1）TiO_2 光催化降解机理

通过紫外线、放射线等高能射线，在催化剂的辅助作用下对污染物进行光催化降解是处理污染物的一种有效方法。如图 10-5 所示，一些半导体光催化剂能利用太阳能形成激发态，实现对有机物的去除，研究较多的是 TiO_2 光催化剂，它已在处理污水、净化空气、杀菌抗菌等研究领域得到了广泛应用。图 10-6 为 TiO_2 的锐钛矿、金红石、板钛矿结构，其中锐钛矿型 TiO_2 展现了更高的催化性能。

当太阳光中的紫外线照射到 TiO_2 上，导带（VB）上的电子吸收光能后，被激发迁移至禁带（CB）上，这样，使得 CB 上生成激发态电子（e^-），而在 VB 上生成空穴（h^+）。TiO_2 为了能保持本身的稳定性，它将释放出外来的能量，这叫能量弛豫。TiO_2 的能量弛豫过程包括 4 个过程：①体相复合，即电子与空穴在 TiO_2 的内部复合；②表面复合，即电子与空穴在 TiO_2

的表面复合；③还原过程，即迁移到 TiO_2 面的电子与吸附在 TiO_2 表面的电子受体发生反应；④氧化过程，即迁移到 TiO_2 表面的空穴与吸附在 TiO_2 表面的电子给予体发生反应。

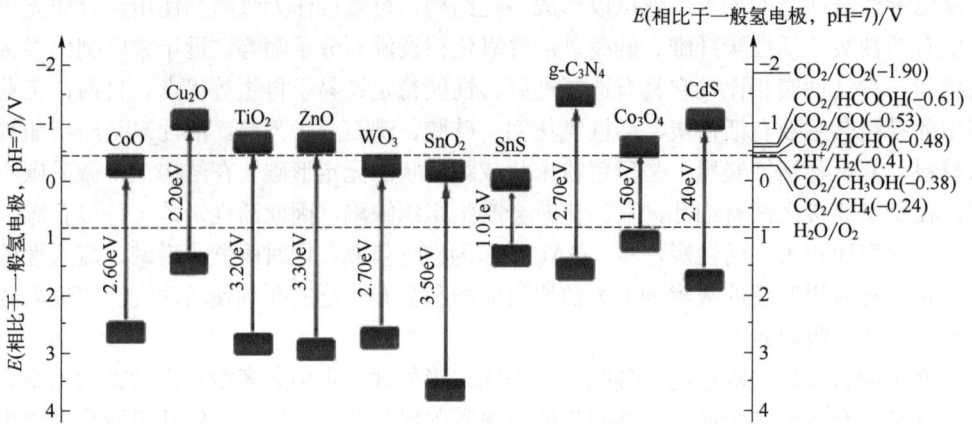

图 10-5　常见半导体光催化剂能级结构示意图

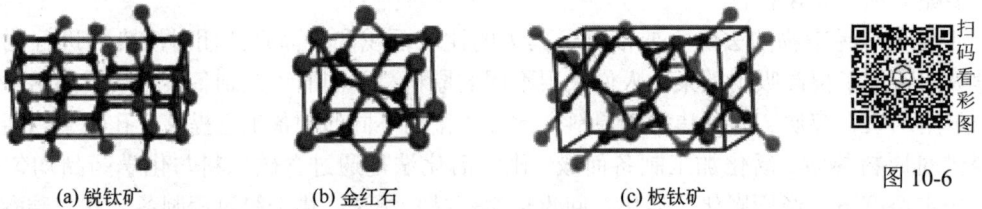

(a) 锐钛矿　　　　　(b) 金红石　　　　　(c) 板钛矿

图 10-6　TiO_2 的三种晶型

在光催化降解反应动力学研究过程中，TiO_2 光催化降解过程包括光吸收反应（即光催化反应初级过程）与光催化氧化/还原反应（即光催化反应次级过程）。光催化反应初级过程如下。①空穴-电子对的产生：$TiO_2 \xrightarrow{h\nu} e^- + h^+$。②空穴-电子对的俘获：光诱导所产生的空穴-电子对，在电场作用下，分别向 TiO_2 表面迁移，并被吸附在 TiO_2 表面的羟基（$Ti^{IV}OH$）捕获，即生成表面俘获空穴（$[Ti^{IV}OH]^+$）及表面俘获电子（$[Ti^{III}OH]^-$）。③空穴-电子对的复合。④界面电荷的转移：激发态电子（e^-）与吸附在 TiO_2 表面上的 O_2 分子发生还原反应，产生超氧自由基（$\cdot O_2^-$），$\cdot O_2^-$ 与 H^+ 进一步反应生成 H_2O_2；与此同时，h^+ 与 H_2O、OH^- 发生氧化反应，产生活性很强的羟基自由基（$HO\cdot$）。

光催化反应次级过程　TiO_2 表面俘获的电子和空穴分别与 O_2、H_2O 等发生反应，生成了 $HO\cdot$、$\cdot O_2^-$、H_2O_2 等活性物种，这些活性物种具有寿命短、含量低、稳定性差、化学性质活泼等特点，它们将有机物降解为 CO_2 和 H_2O，因此推测 TiO_2 光催化降解二级反应过程如图 10-7 所示。

（2）TiO_2 光催化性能提高策略

为了提高 TiO_2 光催化剂的活性，除了考虑半导体催化剂自身的性质（晶型、粒径和表面状态）对催化活性的影响外，人们通过改进制备工艺（形貌、尺寸和表面结构控制）和改性手段以延缓光生电子-空穴复合，从而延长光生电子和空穴存在的寿命。改性的基本策略包括能带调控和表界面结构修饰两大类，前者从物质结构的微观角度改变半导体的组成，从而调控催化活性；而后者则是通过表面修饰改变光生载流子的存活寿命，从而调控活性（图 10-8）。

$TiO_2 + h\nu$ →

e_{CB}^- $\xrightarrow{O_2}$ $\cdot O_2^-$

$\xrightarrow{H^+}$ $HO_2 \cdot$ $\xrightarrow{HO_2^-}{e^-}$ → $O_2 + H_2O_2$ → $HO \cdot + HO^-$

→ H_2O_2 → $HO \cdot + HO^- + O_2$

$\xrightarrow{H_2O}$ $O_2 + HO_2^- + OH^-$

h_{VB}^+ $\xrightarrow{H_2O}$ $\cdot O_2^-$、$HOO \cdot$、H_2O_2、HOO^-、$HO \cdot$(活性物种)

$\xrightarrow{R}$ ··· → 矿化物CO_2、H_2O等

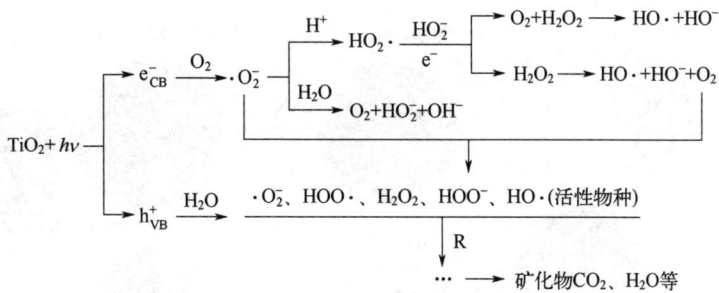

图 10-7　TiO_2 光催化剂催化过程

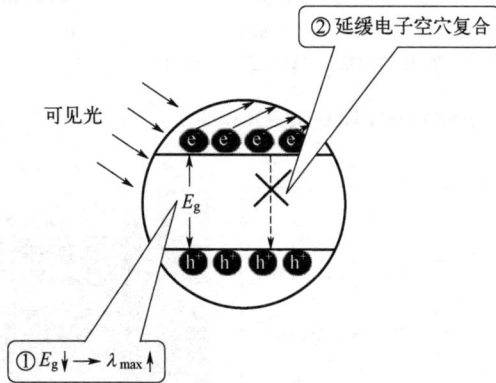

②延缓电子空穴复合

可见光

E_g

①$E_g \downarrow$ → $\lambda_{max} \uparrow$

图 10-8　提高光催化剂性能的基本思路

① 能带调控。半导体的能带结构决定其光吸收特性和氧化还原电位，能带调控是设计构筑可见光响应光催化剂、提高其光能利用效率的一种有效策略。催化剂的带隙可通过降低导带、提高价带来实现，也可同时调控价带和导带来实现。例如元素掺杂，通过掺杂金属离子、非金属离子和过渡金属离子可以引起催化剂的带边"红移"，这是由掺杂元素的 d 轨道和 TiO_2 的导带或价带电子之间发生电荷转移引起的。

② 表面修饰。对 TiO_2 半导体的表面进行有机敏化剂敏化，与其他类型导体复合构建异质结或在其表面沉积贵金属可以降低载流子和空穴的复合，提高光催化效率。例如对紫外光有响应的 TiO_2 与对可见光有响应的 Bi 系光催化剂复合形成异质结是研究的一个热点。

（3）基于 TiO_2 的光催化剂制备和性能研究实例

如图 10-9 所示，以 CTAB 为模板，采用分步溶胶-凝胶法制备 TiO_2 包裹的介孔 CTAB-$SiO_2@TiO_2$，通过煅烧和酸洗两种方法去除模板 CTAB 后，通过连续的离子层吸附法将 BiOI 嵌入 $SiO_2@TiO_2$ 表面，制备两种介孔 $SiO_2@(cTiO_2/BiOI)$ 和 $SiO_2@(TiO_2/BiOI)$ 异质结。对其光催化性能的测试表明与中间体和 $SiO_2@(TiO_2/BiOI)$ 相比，$SiO_2@(cTiO_2/BiOI)$ 对甲基橙（MO）的光催化效果最高 [图 10-10（a）]，12mg $SiO_2@(cTiO_2/BiOI)$ 在 60min 内，对 MO 的降解程度达到 95% 以上。图 10-10（b）显示了不同时间经光催化降解后 MO 溶液的颜色变化，可以看出随着时间的增加，溶液的颜色在逐渐变浅，光催化达到 50min 时溶液颜色几乎透明。

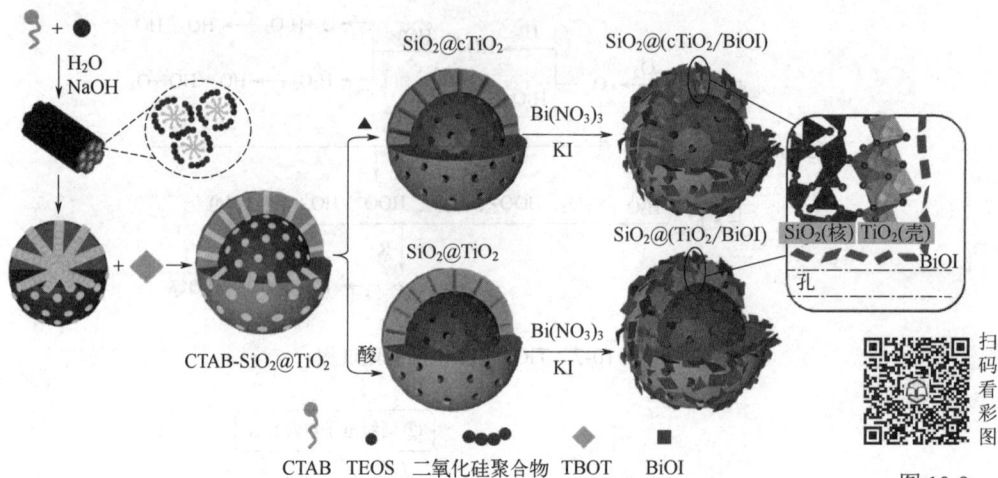

图 10-9

图 10-9 介孔 $SiO_2@（cTiO_2/BiOI）$ 和 $SiO_2@（TiO_2/BiOI）$ 的制备流程

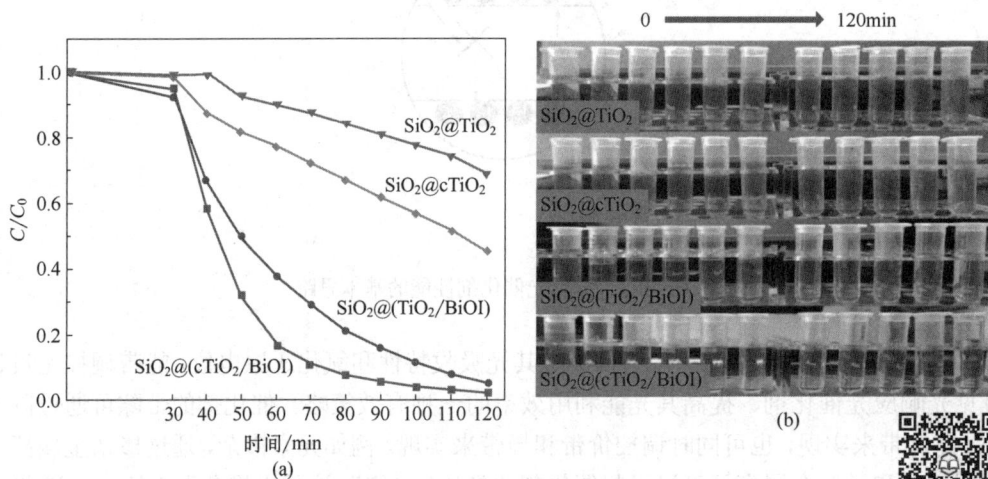

图 10-10

图 10-10 $SiO_2@（cTiO_2/BiOI）$、$SiO_2@（TiO_2/BiOI）$ 及其中间体对 MO 溶液的降解曲线图（a）和及不同时间 MO 光催化后溶液颜色变化（b）

光催化材料的研究不仅关注开发高效的光催化剂，还需要考虑光催化剂的应用性能，例如如何解决二次污染，如何提高光催化剂的再生，提高重复利用性能等。

（4）膜分离材料

在水处理中，利用膜分离可以去除水中各种悬浮物、细菌、有毒金属和有害有机物等。利用膜过滤技术可净化饮用水。膜分离法的主要优点如下。①在膜分离过程中，不发生相变化，能量的转化效率高；②一般不需要投加其他物质，可以节省原材料和化学药剂；③在膜分离过程中，分离和浓缩同时进行，能回收有价值的原料；④根据膜的选择性和膜孔径，既可将不同粒径的物质分开，也可使物质得到纯化，且不改变其原有的属性；⑤膜分离过程不会破坏对热敏感和对热不稳定的物质，可在常温下得到分离；⑥膜分离法适应性强，操作和维护方便，易于实现自动化控制。

但是膜分离法处理能力较小，除扩散渗析外，需要消耗相当大的能量。图 10-11 是几种常见膜分离示意图，其中微滤可脱除悬浮颗粒；超滤可滤除大分子有机物；纳滤可截留糖类等小分子有机物及二价盐和多价盐，截留率都在 90%以上；反渗透可截留几乎所有的离子，对离子的截留无选择性，其操作压力较高，膜通量受到限制，由此造成设备投资成本、操作和维持的费用等都较高。

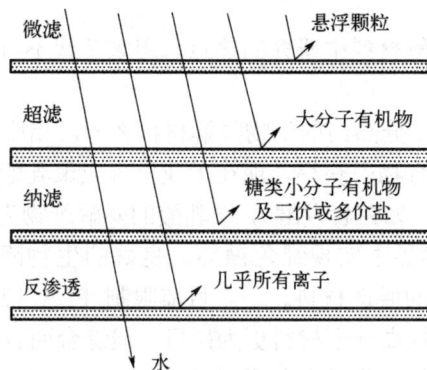

图 10-11　几种常见的膜分离示意图

10.2.2　环境降解高分子材料

近年来，高分子材料的应用得到了极快的增长。应用于包装领域的高分子材料由于用量巨大、应用广泛但使用周期非常短，产生了相当规模的生活垃圾，对人类生存的环境造成了难以恢复的破坏。这些高分子废弃物的回收处理成为巨大的难题，被随意丢弃在环境中的高分子材料严重污染了海洋、河流等水环境，给水中生物带来了巨大的影响，又通过食物链影响了人类的生存发展。人类对环境问题也愈加重视，更多的科学家聚焦于环境降解材料，用来代替目前许多的不可降解材料。

环境降解材料一般是指在适当且一定期限的自然环境条件下，可以被环境自然吸收、消化、分解，不产生固体废弃物的材料。一些天然材料及其提取物往往属于环境降解材料。人工合成的环境降解材料目前主要有两大类：一类是生物降解磷酸盐陶瓷材料；另一类是生物降解塑料。其中降解塑料减少了"白色污染"，有着显著的经济效益和环保意义。

10.2.2.1　降解塑料的分类与特性

降解塑料主要包括光降解塑料、生物降解塑料、化学降解塑料和组合降解塑料。具有完全降解特性的生物降解塑料和光-生物降解塑料是目前的重点研究和发展方向。光降解塑料主要由光敏剂、光降解聚合物、光降解调节剂组成，在一定的光照条件下会发生裂化分解反应，塑料失去物理强度脆化，再受到自然界的剥蚀（风、雨）变为粉末进入土壤被分解。光降解塑料的研究应用已经较为成熟，具有工艺简单、低成本的优点，缺点则是受环境因素影响较大，失去光照降解过程就会中止。生物降解塑料是指能在自然界微生物或酶的作用下分解成二氧化碳、水及其他低分子化合物的塑料。目前研究的热点是微生物聚酯。生物降解塑料可分为完全生物降解塑料和生物破坏性塑料。完全生物降解塑料包括微生物合成材料（如聚 3-羟基丁酸酯和某些水溶性多糖）、人工合成材料（如聚乙内酯和聚乳酸）、天然高分子（如纤维素、甲壳素、淀粉、蛋白质等）。生物破坏性塑料包括淀粉基塑料、纤维素基塑料和蛋白质基塑料。光-生物降解塑料属于组合降解塑料的一种，是利用光降解机理和生物降解机理相结合生产的一种较为理想的塑料，规避了受环境限制大、降解不彻底、加工复杂、成本高等问题，是近些年发展较快的热门方向。

10.2.2.2 典型生物降解塑料-聚乳酸及其合成

生物降解材料是目前降解材料中研究的热点，用来替代不可降解材料。本节介绍典型的全降解材料聚乳酸（PLA）。

聚乳酸（PLA）是目前十分热门的生物降解材料之一，相比于传统塑料，PLA 可从可再生资源如玉米或其他碳水化合物中获得。现在工业上合成聚乳酸主要的原料是乳酸，而乳酸又可以从大自然中直接获得（如粮食发酵），聚乳酸的降解产物为无污染的二氧化碳和水，能够通过植物光合作用在自然界中实现绿色循环。良好的生物降解性和可再生性使 PLA 被看作替代石油基高分子材料的候选材料之一。目前限制 PLA 应用的是其热稳定性和韧性还不够优秀，成本也较其他常规高分子材料更为昂贵。但综合而言，PLA 具备良好的力学性能和热塑性，是一种用途广泛的可降解高分子材料。

（1）直接聚合法

$$n\ HO-\underset{\underset{O}{\|}}{C}-\underset{\overset{CH_3}{|}}{CH}-OH \rightleftharpoons H\left[O-\underset{\underset{O}{\|}}{C}-\underset{\overset{CH_3}{|}}{CH}\right]_n OH + (n-1)H_2O$$

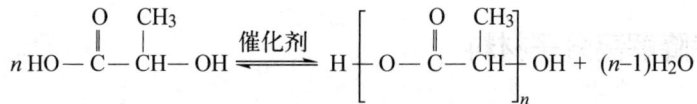

采用直接聚合法获得高分子量产物需要排除小分子水，使反应正向进行，但随着反应的进行，分子量逐渐增高，脱水愈发困难导致反应无法继续进行，只能提高温度和真空度来提高聚乳酸分子量。但在这种情况下聚乳酸也会发生解聚和带色反应导致产品的性能下降。采取的策略是利用高沸点溶剂（如二甲醚、甲苯、二甲苯等）与水共沸，从而将水排出反应体系，该溶剂能够溶解聚合物但不参与反应。副产物丙交酯通过溶剂回流带回反应体系，避免了 PLA 分解现象，获得含水量低、分子量较高的 PLA。另一种策略是采用熔融缩聚法，指熔融缩聚形成的低聚物经过造粒和结晶干燥后，再将该低聚物处于合适的温度条件下进行进一步聚合，从而将小的聚乳酸链连接起来，这样得到的聚乳酸具有很高的分子量。

（2）丙交酯开环聚合法

目前全世界范围内使用最多的是"二步法"合成高分子量的聚乳酸的工艺。其将原料乳酸先环化合成出丙交酯，再由丙交酯在不同条件下开环聚合成聚乳酸。开环聚合法的一般步骤为：以乳酸为原料合成丙交酯，再在不同条件下将丙交酯开环聚合成聚乳酸，具体工艺流程一共有三个步骤，其分别为：丙交酯的制备，纯化及开环。丙交酯的纯化是开环聚合中非常重要的一环，工业上一般采用精馏法提纯丙交酯，实验室一般采用萃取法和重结晶法。丙交酯开环聚合根据引发剂、反应条件、反应机理等的不同可分为以下三种方法，分别为：阳离子、阴离子、配位开环聚合法。

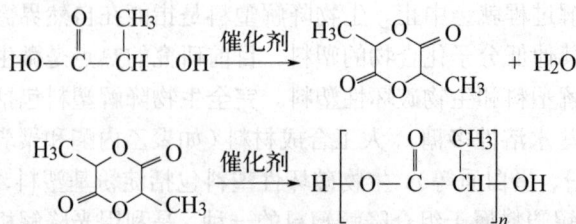

$$HO-\underset{\underset{O}{\|}}{C}-\underset{\overset{CH_3}{|}}{CH}-OH \xrightarrow{\text{催化剂}} \text{(丙交酯)} + H_2O$$

$$\text{(丙交酯)} \xrightarrow{\text{催化剂}} H\left[O-\underset{\underset{O}{\|}}{C}-\underset{\overset{CH_3}{|}}{CH}\right]_n OH$$

（3）PLA 降解性能研究

自然环境中，PLA 降解可通过生物降解、水解、光解、辐射降解以及热降解等多种形式实现，其中，生物降解发挥着主要的作用，但由于环境因素对微生物种群和不同微生物本身的活性具有重要影响，所以 PLA 的降解与环境因素有关，如温度、湿度、pH、氧气的存在以及不同营养因素的供应等对 PLA 降解都具有重要影响。

生物堆肥法是评价塑料生物降解性能的常用方法，其本质是依靠自然界广泛存在的细菌、放线菌和真菌等微生物，促进有机物向稳定的腐殖质转化的生物化学过程。生物堆肥法评价塑料的生物降解性能快速有效且简单直观，并能在一定程度上反映塑料高分子材料在自然条件下的生物降解性。PLA 的生物堆肥降解一般利用 PLA 本身的生物可降解性，可用 PLA 薄膜实现，并以薄膜降解前后的失重率作为降解性能的评判标准。实际土壤环境中埋藏数月的 PLA 薄膜的生物降解行为研究发现，PLA 薄膜在掩埋 1 个月后，PLA 膜被破坏，4 个月后，只剩下少量的残留碎片。通过元素分析发现，降解后 PLA 分子结构中碳原子含量减少，氧原子含量增加。

PLA 生物降解的本质是微生物分泌的解聚酶作用的结果。PLA 被微生物降解的过程如图 10-12 所示。具备 PLA 降解能力的微生物会分泌相应的胞外解聚酶，这些解聚酶受到一些诱导剂如丝素蛋白、弹性蛋白、明胶以及一些肽和氨基酸的刺激而加速 PLA 的降解。这些诱导剂大多数具有类似 L-丙氨酸结构，其结构与手性碳的立体化学位置中 PLA 的 L-乳酸单元类似。解聚酶不能穿透 PLA 基质，酶促降解仅通过表面腐蚀和重量损失在 PLA 表面进行，解聚酶选择性地降解使酶扩散进入 PLA 的无定形或较少有序的区域，随后，PLA 的结晶区域最终被降解。解聚酶的降解使 PLA 分子的酯键断裂，产生了寡聚体、二聚体和单体，由于降解产物非常小，并可以通过半透性细菌膜，作为碳源和能源被吸收利用，最终分解成 CO_2 和 H_2O。

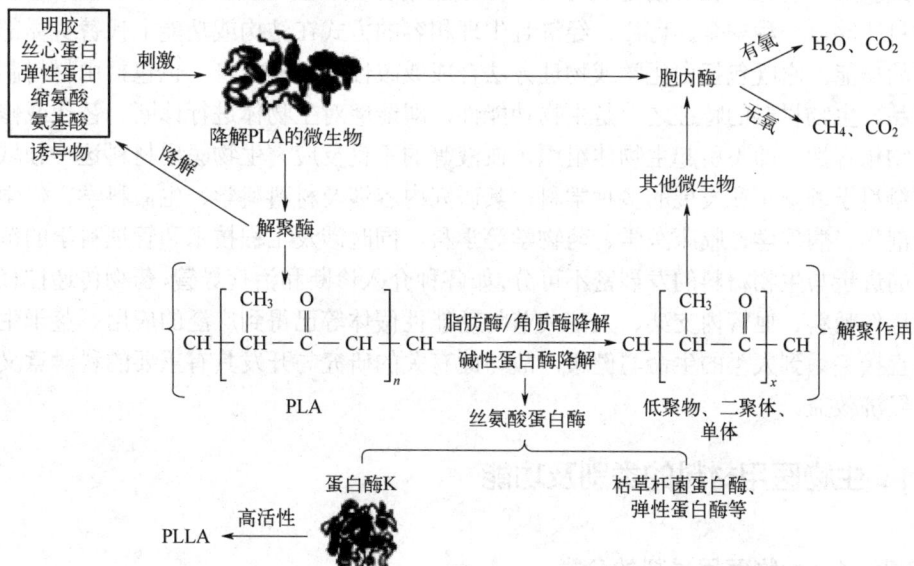

图 10-12　PLA 降解生化过程示意图

10.2.2.3　降解材料的应用与发展

降解塑料在北美洲以每年 17% 的速度增长，在欧洲则以每年 59% 的速度增长。其中光降解塑料应用广泛，且产品成本增加较少，因而显著增长。光-生物降解塑料由于具有双重功能，对于解决环境污染问题有较佳的适应性，故近年来增长速度最快。生物降解塑料成本较高且使用有一定条件，售价较高，产品性能受限，需要进一步对降低成本、提高性价比等问题进行研究方能更广泛地应用。如今降解材料的应用十分广泛，在医学、农业、包装等许多领域都有长足的发展。例如工农业生产方面，降解材料涉及农用薄膜、林业用材、土壤/沙漠绿化保水材料；水产用材，如渔具、渔网；建筑薄膜；纸代用品，如纸张薄膜；农药、化肥缓释性材料。

根据有关资料的报道，目前全世界降解塑料的生产规模已经超过 25 万吨。降解塑料的应用已经扩大到卫生用品、日用杂货、户外用品、农林业用材和医用材料等。但是降解塑料的综合性能不及如今广泛使用的塑料，还不能得到大面积推广使用，且完全生物降解高分子材料价格过高。未来材料的降解工作将会集中在以下方面：①利用分子设计、精细合成技术合成生物降解塑料；②采用生物基因工程，利用绿色天然物质（如纤维素、菜油、桐油、松香等）制造降解高分子材料；③通过对微生物的培养获得生物降解塑料；④提高材料生物降解性和降低材料的成本，并拓宽应用；⑤建立降解高分子材料的统一评价方法，明晰降解机理；⑥控制降解速度。

10.3 新型生物医用材料化学

生物医用材料可用于生物系统的疾病诊断、治疗、修复，或替换生物体组织或器官，增进或恢复其功能，其又称生物材料。这里所说的生物系统既包括体内的生理环境，如血液、组织和细胞等，也包括体外的生理环境，如细胞培养盘和生物反应器中的细胞/培养液系统。生物材料能够以一种安全、可靠、经济且生理相容的方式在结构或功能上代替身体部分组织或器官的功能。它既包括由化学或物理方法合成或改性的材料本身，也包括由材料制作加工成的制品。生物材料的特征之一是生物功能性，即能够对生物体进行诊断、替代或修复；其二是生物相容性，即不引起生物体组织、血液等的不良反应。生物医用材料这一领域交叉渗透了材料科学领域正在发展的多种学科，其研究内容涉及材料科学、生命科学、化学、生物学、解剖学、病理学、临床医学、药物学等学科，同时涉及工程技术和管理科学的范畴。现代医学的进步与生物材料的发展密不可分,如各种介入诊断和治疗导管、药物传递控释系统、创伤和烧伤敷料、血管内支架、人工关节与功能性假体等已得到广泛的应用。鉴于生物材料的发展直接关系到人类的生命与健康，故与此有关的研究与开发具有重要的科学意义和巨大的社会经济效益。

10.3.1 生物医用材料的类别及功能

10.3.1.1 生物医用材料的分类

生物材料及其制品种类繁多，通常情况下可根据材料属性、功能、来源、使用部位、使用要求进行分类。

（1）按材料属性分类

① 医用金属材料。金属材料是最早应用在医学领域的材料之一，主要包括不锈钢、钴基

合金、钛及其合金、钽及其合金等，广泛应用于人工假体、人工关节、医疗器械、内固定材料等。金属材料在组成上与人体组织成分相距甚远，因此其与生物组织的亲和力较差，通常情况下植入生物组织后，会以异物的形式被生物组织所包裹，使之与正常组织隔绝。

② 医用无机材料。无机材料虽然发展历史久远，但还是在近 30 年才广泛应用在医学领域，也称生物陶瓷材料，主要包括氧化物陶瓷、磷酸盐陶瓷、生物玻璃、碳等。根据在生物机体中引起的组织反应和材料反应，分为生物惰性陶瓷（如氧化铝生物陶瓷）、生物活性陶瓷（如羟基磷灰石生物陶瓷）、可降解生物陶瓷（如 β-磷酸三钙陶瓷等）。

③ 医用高分子材料。高分子材料是生物材料领域发展最为活跃的领域，自 20 世纪 40 年代高分子材料得到迅速发展，并以其优良的物理化学性能应用到医学的各个领域。按其来源分为天然高分子材料和合成高分子材料，天然高分子材料如多糖类、蛋白类等，合成高分子材料如聚氨酯、聚乙烯、聚乳酸、聚四氟乙烯、聚甲基丙烯酸系列等，主要用于制作人体器官、组织、关节、药物载体等。

④ 医用复合材料。复合材料是将不同种材料混合或结合，克服单一材料的缺点，以获得更优性能的材料。

⑤ 生物衍生材料。生物衍生材料是由经过特殊处理的天然生物组织形成的生物材料，也称为生物再生材料。所用生物组织主要取自动物体，经过的特殊处理维持组织原有构型，仅消除其免疫排斥反应，如经戊二醛处理定型的猪心脏瓣膜、牛心包、牛颈动脉、人脐动脉及冻干的骨片等。经过处理的生物组织已失去生命力，因此生物衍生材料是一类无生命的材料。

（2）按材料功能分类

① 硬组织相容性材料。硬组织相容性材料即主要用于生物机体的关节、牙齿及其他骨组织的置换和修复的材料，包括钛及其合金、钴铬合金、生物陶瓷、生物玻璃、碳纤维、聚乙烯等。

② 软组织相容材料。软组织相容性材料主要用于软组织的替代与修复，如隆鼻丰胸材料、人工肌肉(硅橡胶和涤纶织物)与韧带材料等。这类材料往往要求具有适当的强度和弹性以及软组织相容性，在发挥其功能的同时，不对邻近软组织(如肌肉、皮肤、皮下等)产生不良影响，不引起严重的组织病变。

③ 血液相容性材料。血液相容性材料主要包括聚氨酯/聚二甲基硅氧烷、聚苯乙烯/聚甲基丙烯酸羟乙酯、含聚氧乙烯链的聚合物、肝素化材料、尿酶固定化材料、骨胶原材料等，应用于人工血管、人工心脏、血浆分离膜、血液灌流用吸附剂、细胞培养基材等。

④ 生物降解材料。生物降解材料是一类植入在生物机体中，在体液及其酸、核酸作用下，不断降解被机体吸收或排出体外，最终完全被新生组织取代的天然或合成的生物材料，包括多肽、聚氨基酸、聚酯、聚乳酸、甲壳素、骨胶原/明胶等高分子材料和 β-磷酸三钙等可降解陶瓷材料，主要用于吸收型缝合线、药物载体、愈合材料、黏合剂以及组织缺损用修复材料。

⑤ 高分子药物。高分子药物是一类本身具有药理活性的高分子化合物，如多肽、多糖类免疫增强剂、胰岛素、人工合成疫苗等，用于治疗糖尿病、心血管病、癌症以及炎症等疾病。

（3）按材料来源分类

按材料来源可以分为自体组织；同种异体器官及组织（如不同人体之间的器官移植）；异种器官及组织（如动物骨、肾替换人体器官）；天然生物材料（如动物骨胶原、甲壳素、纤维素、珊瑚等）和人工合成材料，如聚乳酸、聚己内酯、聚乙二醇、聚甲基丙烯酸甲酯等。

10.3.1.2　生物医用材料的性能

由于生物医用材料直接作用于人体组织，其必须满足使用时的各种要求，具有不同于一般材料的物理、化学和生物学性能。

（1）人体组织的生物力学性能

人体各组织以及器官间存在多种相互作用，植入生物体内的材料要满足力学性能要求。例如胫骨的拉伸强度为174MP左右，最大拉伸百分比为1.5%，拉伸时弹性模量为18.4GPa。因而用作不同器官的材料应具有不同的力学性能。

（2）生物医用材料的生物相容性

任何一种生物医用材料除了应具有必要的物理化学性能，还需要满足在生理环境下工作的生物学要求，即有良好的生物相容性。这也是生物医用材料区别于其他材料的基本特征。

生物医用材料的生物相容性是指在生理环境中，生物体对植入的生物材料产生有效作用的能力，用以表征材料在特定应用中与生物机体相互作用的生物学行为。生物材料的生物相容性取决于材料及生物系统两个方面：在材料方面，影响因素有材料的类型、制品的形态及表面状态、材料的组成、物理化学性质以及力学性质、使用环境等；在生物系统方面，影响因素有生物机体种类、植入部位、生理环境、材料存留时间、材料对生物机体免疫系统的作用等。生物相容性主要表现为宿主反应和材料反应。宿主反应是生物机体对植入材料的反应。宿主反应的发生是生理环境的作用导致构成材料的组分原子、分子以及颗粒、碎片等代谢产物进入机体组织。材料反应是材料对生物机体作用产生的反应，材料反应的结果可导致材料结构破坏和性质改变，主要包括生理腐蚀、吸收、降解与失效等反应。

一种理想的生物材料要求引起的宿主反应能够被机体接受，且材料不发生破坏，即保持良好的生物相容性。生物相容性评价试验包括体外试验和动物体内试验。体外试验包括材料溶出物测定、溶血试验、细胞毒性试验等；体外试验的结果用于分析、研究材料性能以便筛选。动物体内试验包括急性全身毒性试验、刺激试验、致突变试验、肌肉埋植试验、致敏试验、长期体内试验等。

10.3.2　硬组织相容性材料

用于硬组织修复与替换的材料首推金属与合金，其次是生物陶瓷、聚合物、复合材料及人和动物的骨骼衍生物等。在骨和关节系统复杂的应力条件下，不仅要求修复材料无毒副作用、有生物安全性，还要求其必须有足够的力学强度并能与原骨牢固地结合。硬组织相容性材料是生物医用材料中发展最早、最成熟的领域。这不仅表现在临床上被广泛接受与使用，更表现在形成了"生物活性"的核心概念，即有利于植入体与活体组织形成键合的特性，而非生物活性的材料在植入体与活体组织界面处则会形成非黏附的纤维组织层。硬组织相容性材料的需求量大，它的应用研究发展较快，下面主要介绍几种常用的硬组织相容性材料。

10.3.2.1　医用金属材料

医用金属材料常作为受力器件在人体内"服役"，如人工关节、人工椎体、骨折内固定钢板、螺钉、骨钉、骨针、牙种植体等。某些受力状态是相当恶劣的，如人工髋关节，在静止状态承受体重的1/2，水平步行时承受的重量为静止时的3.3倍，跑步时承受的重量为静止时的 4 倍以上。此外，每年要经受约 2.5×10^7 次（以每日 1 万步计）可能数倍于体重的载荷冲击和磨损。人体骨的强度虽然并不是很高，如股骨头的抗压强度仅为 143MPa，但具有较低的弹性模量，股骨头纵向弹性模量约为 13.8GPa，径向弹性模量为纵向的 1/3，因此允许较大的应变，其断裂韧性较高。此外，健康骨骼还具有自行调节能力，不易损坏或断裂。与人体骨相反，医用金属材料通常具有较高的弹性模量，一般高出人体骨一个数量级，即使模量较低的钛合金也高出人体骨的 4～5 倍，为了弥补因材料不能自行调节而可能在冲击载荷下发生断裂，通常要求材料的强度高于人体骨的 3 倍以上。此外，还应有较高的疲劳强度和断裂韧性。

不锈钢按其组织相的特点可分为马氏体不锈钢、铁素体不锈钢、沉淀硬化不锈钢和奥氏体不锈钢，后者因具有良好的耐腐蚀性能和综合力学性能而得到广泛的临床应用。常用的医用奥氏体不锈钢的组成与性能见表 10-8。其中应用最多的是 316L 和 317L 奥氏体超低碳不锈钢。

表 10-8　几种主要医用奥氏体不锈钢的组成与性能

名称	Cr 含量/%	Ni 含量/%	Mo 含量/%	C 含量/%	Fe 含量/%	σ_b（抗拉强度）/MPa	δ（断面收缩率）/%
AISI 302	17～19	8～10	—	≤ 0.15	余量	530	68
AISI 304	18～29	8～10.5	—	≤ 0.08	余量	590	65
AISI 316	16～18	10～14	2～3	≤ 0.08	余量	590	65
AISI 317	18～20	11～13	3～4	≤ 0.08	余量	620	65
AISI 316L	16～18	12～15	2～3	≤ 0.03	余量	590	50
AISI 317L	18～20	12～15	3～4	≤ 0.03	余量	620	60

通常采用两种工艺生产医用不锈钢。低纯度医用不锈钢一般采用惰性气体保护，真空或非真空熔炼工艺生产。高纯度医用不锈钢一般先通过真空熔炼再用真空电弧炉重熔或电渣重熔除去杂质，使其纯化。临床应用较多的高纯度医用不锈钢通常先后经热加工、冷加工和机械加工制作成各种医疗器件。冷加工可大幅度提高医用不锈钢的强度，但并不引起塑性、韧性的明显降低。采用机械抛光或电解抛光，可提高器件表面光洁度，有助于消除材料表面易腐蚀及应力集中隐患，提高不锈钢植入器件的使用寿命。

不锈钢中的铬（Cr）可形成氧化铬钝化膜，改善抗腐蚀能力；镍（Ni）和 Cr 可起到稳定奥氏体结构的作用，不锈钢中镍含量为 12%～14% 时，可得到单相奥氏体组织，以防形成其他性能不佳的结构。此外，降低不锈钢中的 Si、Mn 等杂质元素及非金属杂质含量，可进一步提高材料的抗腐蚀能力。不锈钢器件植入体内后，其合金元素会通过生理腐蚀和磨蚀而导致金属离子溶出，后者进入组织液会引起机体的一些不良反应。在一般情况下，人体组织只能容忍微量金属离子存在，因此必须严格控制医用不锈钢在体内的金属离子溶出。医用不锈钢的合金元素种类较多，且有强的负电性，其电子价态能够变化，并与体内的有机和无机物质形成复杂的化合物。在铁、镍、铬、钼、钒等主要合金元素中，对机体组织影响比较明显的是铁，它与血红蛋白结合可形成含铁血黄素；铬能与机体内的丝蛋白结合；过量富集镍有可能诱发肿瘤的形成；钒具有很强的细胞毒性早已被试验所证实。通常医用不锈钢的小量腐蚀不会引起组织的明显变化，但腐蚀量较大时会引起水肿、感染、组织坏死或过敏反应。

医用不锈钢的临床应用比较广泛。在骨科中常用来制作各种人工关节和骨折内固定器，如人工髋关节、膝关节、肩关节、肘关节、腕关节、踝关节与指关节；各种规格的截骨连接器、加压板、鹅头骨螺钉；各种规格的皮质骨与松质骨加压螺钉、行椎钉、哈氏棒、鲁氏棒、人工椎体和颅骨板等，亦用于骨折修复、关节置换、脊椎矫形等。在口腔科中医用不锈钢广泛应用于镶牙、矫形和牙根种植等各种器件的制造，如各种牙冠、牙桥、固定器、卡环、基托、正畸丝、义齿、颌面修复件等。

10.3.2.2 生物陶瓷材料

生物陶瓷材料根据其化学稳定性（活性），可分为生物惰性陶瓷、生物活性陶瓷、可吸收和可降解生物陶瓷（图10-13）。生物惰性陶瓷在生理环境下能长期保持化学稳定性，包括氧化铝、氧化锆等氧化物生物陶瓷，以及 Si_3N_4、钛酸钡等非氧化物生物陶瓷等。生物活性陶瓷在生理环境中可通过其表面发生的生物化学反应与组织形成化学键性结合，起到适合新生骨沉积的生理支架作用，也就是骨引导和骨传导作用，包括羟基磷灰石等磷酸钙基生物陶瓷和 SiO_2-CaO-MgO-P_2O_5 生物微晶玻璃等材料。可吸收和可降解生物陶瓷是一类在生理环境作用下能逐渐被降解和吸收的生物陶瓷。

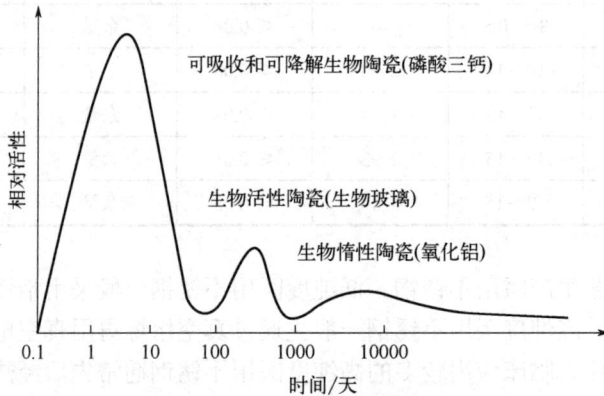

图 10-13　生物陶瓷材料按活性分类

羟基磷灰石（HAp）是人体和动物骨骼的主要无机成分，它能与机体组织在界面上实现化学键性结合，其在体内有一定的溶解度，会释放对机体无害的离子，能参与体内代谢，对骨质增生有刺激或诱导作用，能促进缺损组织的修复，显示出生物活性。

羟基磷灰石的化学式为 $Ca_{10}(PO_4)_6(OH)_2$，简称 HAp，其晶体结构属于六方晶系，Ca 与 P 原子比为 1.67。HAp 生物活性陶瓷在 1250℃以上稳定，易溶于酸，难溶于水、醇，是构成骨与牙齿的主要无机质，具有良好的生物相容性。HAp 生物活性陶瓷的制备通常是将 Ca 与 P 原子比为 1.67 的 HAp 粉成型（发泡）后，在 1250℃左右和含水的氧气氛中烧结而成。HAp 生物活性陶瓷可分为致密 HAp 生物活性陶瓷与多孔 HAp 生物活性陶瓷两种，致密 HAp 生物活性陶瓷的抗压强度可达 400~917MPa，但抗弯强度较低，仅 80~195MPa。多孔 HAp 生物活性陶瓷的力学性能与孔隙率有关，其强度随孔隙率的提高而呈指数下降。致密 HAp 生物活性陶瓷在体内能保持化学稳定，而多孔 HAp 生物活性陶瓷在体内则呈现出一定程度的溶解。HAp 生物活性陶瓷具有传导成骨功能，能与新生骨形成骨键合，植入肌肉、韧带和皮下后能与组织密合，无明显炎症或其他不良反应。

10.3.3　软组织相容性材料

软组织修复与重建是指应用生命科学与工程原理及方法构建一个生物装置来维护、增进人体细胞和组织的生长，以恢复受损组织或器官的功能。在这一多学科交叉的新领域中，人们梦寐以求的组织与器官的修复和再建有了实现的可能，其基本原理和方法是：将体外培养的组织细胞吸附扩增于一种生物相容性良好并可被人体逐步降解吸收的生物材料上，形成细胞-生物材料复合物。该生物材料为细胞提供一个生存的三维空间，有利于细胞获得足够的营养物质，进行营养物交换，并且能排出废物，使细胞能按照预制设计的二维形状支架生长。然后将此细胞-生物材料复合体植入机体组织病损部位。种植的细胞在生物支架逐步降解吸收过程中继续增殖并分泌基质，形成新的与自身功能和形态相对应的组织和器官。这种具有生命力的活体组织能对病损组织进行形态、结构和功能的重建并达到永久性替代。软组织相容性材料有两类：一类是非结合性的，如接触式镜片材料，要求材料对周围组织无刺激性和毒副作用；另一类是结合性的，如人工皮肤、人工心脏等，要求材料与周围组织有一定黏结性，并且不产生毒副反应。

皮肤是人身体上最大的器官，人工皮肤作为一种皮肤创伤修复材料和损伤皮肤的替代品，可以使皮肤大面积和深度烧伤的患者在自体皮不够的情况下，进行修复治疗并使之恢复因皮肤创伤丧失的生理功能。根据对皮肤在人体中作用的认识，理想的皮肤修复材料应具有如下特性：无毒、无刺激、不会引起免疫反应；具有相容性以及类似天然皮肤的透湿性、柔软性和润湿性；既能与创面组织紧贴，起到防止创面的水分、体液损失和吸收创面渗出液的作用，又易于在皮肤愈合后自动脱落，并且易于消毒。

在创伤敷料的基础上发展出一种可替代损伤皮肤的材料，用于大面积烧伤的皮肤修复。其主要使用的材料有合成高分子材料和生物高分子材料。实际上临床应用效果较好的人工皮肤大多是复合结构，外层材料多选用硅橡胶、聚氨酯、聚乙烯醇等薄膜，其表面微孔较小，具有屏障作用，可防止蛋白质、电解质的丢失和细菌的侵入，并可控制水分的蒸发；内层材料多选用各种胶原蛋白薄膜或绒片、尼龙或涤纶纤维织物，其表面较粗糙，微孔较大，有利于创面肉芽组织、成纤维细胞的长入，可增加贴附力，防止皮下积液。胶原蛋白能增加对组织的贴附性，又可降解吸收。

随着组织工程学科的出现和发展，人工皮肤的研究已从原来单纯的创伤敷料和人工皮肤向活性人工皮肤的方向发展。活性人工皮肤不仅包覆在创伤表面，保护创面，防毒、杀菌，促进皮肤的恢复和生长，而且组织支架材料中的活性细胞能诱导分化细胞，使活性人工皮肤能完全永久地代替已损伤和丧失的皮肤。现已研究出可以永久真正替代人皮肤的活性人工皮肤，并已应用到临床。

10.3.4　血液相容性材料

一切在应用中与血液接触的材料，除具备特定用途所要求的性能外，还必须有良好的血液相容性。血液相容性材料主要包括聚氨酯/聚二甲基硅氧烷、聚苯乙烯/聚甲基丙烯酸羟乙酯、含聚氧乙烯链的聚合物、肝素化材料、尿酶固定化材料、骨胶原材料等。这类材料主要应用于人工血管、人工心脏、血浆分离膜、血液灌流用吸附剂、细胞培养基材等。

$$\left[\begin{array}{c} F \\ | \\ -C- \\ | \\ F \end{array}\begin{array}{c} F \\ | \\ -C- \\ | \\ F \end{array}\right]_n$$

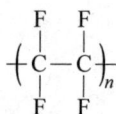

聚四氟乙烯中 C—F 键结合能高，在聚合中不易发生大分子链转移，因而聚四氟乙烯为线型高分子，结晶度高达 98%，其结晶熔点为 327℃，晶体密度为 $2.30g/cm^2$，数均分子量为 150000～900000，分子对称性高，链节之间碳氟原子的结合力和氟原子间的作用力大，分子链段之间密集接触，分子链僵硬。聚四氟乙烯加热时流动阻力大，加热到 415℃也不会从高弹状态转变为黏流态。聚四氟乙烯的膜塑制品具有较高的抗拉强度，14.1～21.1MPa，在其弹性回复点以上很容易发生应变。其刚性和硬度较一般塑料稍差，在外力的作用下，冷流性（蠕变）较大。聚合物的摩擦系数很小，具有自润滑性，因而可以制作人工血管。

聚四氟乙烯的细粉与液体的成形辅助剂进行混合，在加热的条件下挤出成形。挤出时的剪切力会使细粉粒子间原纤维发生缠绕，将除去成形辅助剂后的纯聚四氟乙烯的挤出成形物进行加热，然后再延伸成膜。如果进行一维延伸变形，则会得到多孔性材料，原纤维平行排列。如果进行二维或三维延伸变形，则会得到原纤维呈放射性排列的多孔性材料，其空隙率、原纤维的长度、空隙的大小等可由延伸程度来进行调节。空隙率可在 5%～95%的范围内进行任意调节。经特殊延伸加工，补强处理后的聚四氟乙烯多孔性材料可用于制造人工血管。聚四氟乙烯人工血管有以下几个特点。

① 良好的抗血栓和人体适合性。

② 能长期使用，不会因扩张而引起动脉瘤。

③ 不漏血。

④ 易弯曲，但不会出现折弯现象。

⑤ 易缝合，不会出现裂口。

⑥ 可自由选择大小。

10.3.5　医用生物降解材料

在医学领域，基于某些特定用途，要求生物医用材料在体内的存在是暂时性的，于是人们便研制了许多生物降解材料，多种聚酯、聚氨基酸、交联白蛋白、骨胶原、明胶等已经商品化。生物降解材料可用作药物缓释基材、导向药物载体、吸收型缝合线、黏合剂以及愈合材料等。最近，关于诱导组织自修复的材料的研究正引人瞩目。组织器官重建过程中使用生物降解材料，在损伤部位得到修复之前，可使材料保持一定的强度和功能。随着组织的逐渐生长，材料不断降解并被机体吸收，最终所植入的材料完全被新生组织取代。因此，要求材料的降解速度必须与组织生长速度一致，同时材料本身及其降解碎片对机体无毒副作用。这也是当前人们全力研究的目标。

10.3.5.1　生物降解支架

支架与模板材料为细胞的增殖提供了赖以附着的物质基础，同时支持和促进细胞与组织的生长，调控和诱导细胞与组织的分化等，并可控制组织工程化，组织或器官在宏观上按要求的形状再生。随着干细胞生物学、分子生物学和基因工程的发展，新一代生物医用材料的设计理念已逐渐浮现，即从分子水平上控制材料与细胞间的相互作用，从而引发特异性的细胞反应，如实现可控的细胞黏附、增殖、分化、凋亡及细胞外基质的重建。

近年来组织工程支架制备研究关注。①不同材料间的复合，以期模拟细胞外基质的结构。天然的组织和器官均不是由单一的化学物质构成，而是一个由蛋白质、多糖、水、无机盐以及细胞等构成的复杂而有序的整体。有机材料/无机材料、天然材料/合成材料、天然材料/天然材料的相互复合，以及对复合物微观结构的控制，是组织工程材料的一个发展趋势。②生长因子的引入。在人工合成的高分子和大部分天然高分子材料中缺乏这些生长因子或者在材料制备过程中大部分生长因子遭到了破坏。将生长因子负载到组织工程支架上，或将表达生长因子的基因片段负载到支架上进行基因治疗将是非常有意义的工作。③物理结构上的仿生化。作为细胞外基质的模拟物，组装工程支架首先必须保证易于成型加工，以便形成与天然组织相类似的解剖学外形；其次要求具备适当的孔径和良好的连通性，以保证细胞的长入、营养物质的进入和代谢产物的交换。

可吸收生物陶瓷是一类在生理环境作用下能逐渐被降解和吸收的生物陶瓷。可吸收生物陶瓷材料植入骨组织后，材料通过体液溶解吸收或被代谢系统排出体外，最终使缺损的部位完全被新生的骨组织所取代，而植入的生物降解材料只起到临时支架作用，在体内通过系列的生化反应一部分排出体外，另一部分参与新骨的形成。β-TCP（磷酸三钙）是组织工程中很好的支架材料，成为可吸收生物陶瓷的典型代表。

根据使用要求，β-TCP材料可制成多孔型和致密型两种产品，而β-TCP可吸收生物陶瓷主要是指多孔型与颗粒状陶瓷制品。β-TCP可吸收生物陶瓷具有良好的生物相容性，植入体内后血液中的钙与磷能保持正常水平，且无明显的毒副作用，其强度取决于孔隙度、晶粒度与杂质等因素。致密型β-TCP可吸收生物陶瓷的抗弯强度与断裂韧性虽略高于HA生物活性陶瓷，但仅为Al_2O_3陶瓷的1/5～1/3，钛合金的1/70～1/40，故不适用于承力体位的修复，在临床中主要用于骨缺损修复、牙槽嵴增高、耳听骨替换和药物运达与缓释载体。

多孔型β-TCP可吸收生物陶瓷在体内的降解主要有两个途径：体液的溶解和细胞（主要是破骨细胞和巨噬细胞）的吞噬和吸收。溶解过程是指材料在体液作用下，黏合剂发生水解，使材料分离成颗粒、分子或离子。解体形成的小颗粒不断地被细胞吞噬、吸收，其代谢产物可参与新骨形成，从而完成了由无生命材料转变为有生命组织的一部分的过程。图10-14图为β-TCP陶瓷的体内降解模型。

10.3.5.2　水凝胶

医用可降解水凝胶基体材料丰富多样，主要包括天然高分子和合成高分子。这两类材料各有优缺点，通常天然高分子的细胞相容性较好，而合成高分子的力学性能较好。

天然高分子是由生物体内提取或自然环境中直接得到的一类大分子，具有良好的生物相容性和可降解性。天然高分子一般不具备足够的力学性能和加工性能，某些蛋白类材料还会在体内引起异体免疫反应，因而在医学中应用更多的是经过化学改性的衍生物或与其他材料的复合物。天然高分子材料往往具有良好的生物安全性和生物相容性，但是天然高分子材料的降解速率一般都太快，而且因其来源不同，结构与性能存在批次间的差异。

用于制备水凝胶的天然高分子材料为动物体的细胞外基质的主要成分以及其他一些生物体的提取物，主要为多聚糖和蛋白类材料，此外还包括一些生物合成聚酯。多聚糖材料主要包括甲壳素、壳聚糖、海藻酸盐、透明质酸、肝素、硫酸软骨素、改性纤维素、琼脂、淀粉及葡聚糖衍生物等。蛋白类材料主要包括胶原、明胶、血纤蛋白和蚕丝蛋白。合成高分子中研究最多的是聚乙二醇（PEG），常见的还有聚环氧乙烷（PEO）、聚乳酸和聚己内酯等的嵌段共聚物。

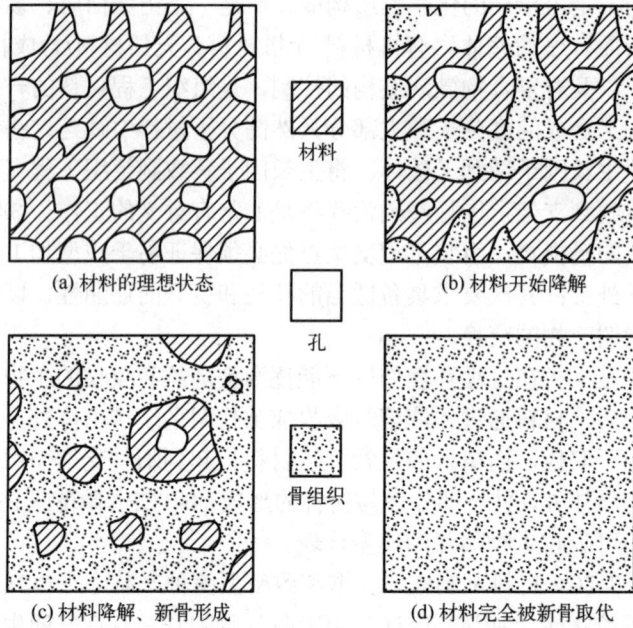

图 10-14　β-TCP 陶瓷的体内降解模型

水凝胶是采用合适的物理或化学方法，将前驱体或大分子单体在较短的时间内交联固化成的三维材料。表 10-9 中列举了部分近来报道较多的医用可降解水凝胶材料。

表 10-9　医用可降解水凝胶材料的交联机制

交联类型	固化机理	基体材料
物理交联	离子交联	海藻酸钠
	碱基配对（氢键作用）	壳聚糖、海藻酸钠、纤维素、聚乙二醇
	热致相转变	明胶、琼脂糖、聚乙二醇-聚乳酸嵌段共聚物
	分子特异性识别	海藻酸钠、葡聚糖、透明质酸、肝素、聚乙二醇
化学（共价）交联	希夫碱反应	海藻酸钠、透明质酸、葡聚糖、硫酸软骨素、纤维素
	第尔斯-阿尔德反应	壳聚糖、透明质酸、聚乙二醇
	迈克尔加成反应	透明质酸、肝素、聚乙二醇
	点击化学	壳聚糖、透明质酸、硫酸软骨素、海藻酸钠、聚乙二醇
	自由基聚合（光、热引发）	明胶、海藻酸钠、透明质酸、壳聚糖、硫酸软骨素、聚乙二醇
	酶交联	血纤蛋白原、明胶、肝素、壳聚糖
	化学交联（戊二醛、京尼平）	明胶、壳聚糖、聚乙二醇

用于临床治疗时，水凝胶既可以直接植入体内作为组织的替代材料，也可在水凝胶交联之前将细胞悬浮于液态前驱体组分中，混合后直接注射到缺损部位，然后在体温下快速原位交联成型。所需营养由体液交换提供，细胞可渗透其中进行生长，最终修复受损的组织。

图 10-15 为可注射水凝胶材料作为细胞支架在组织工程中的应用示意图。

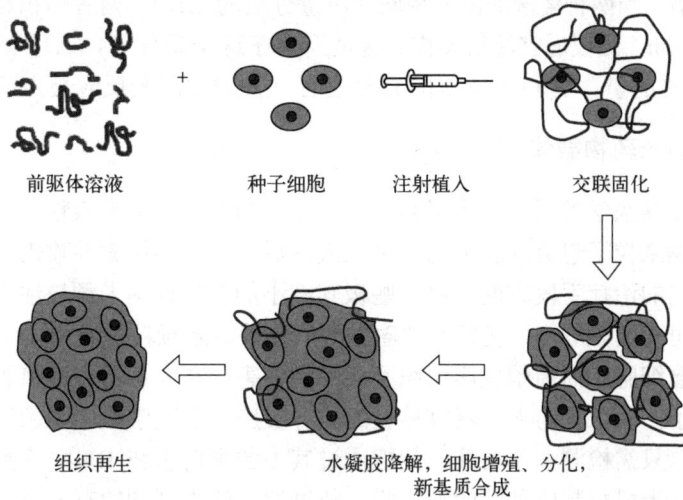

图 10-15　可注射水凝胶在组织工程中的应用示意图

　　海藻酸钠是一种天然的带负电基团的（—COOH—）亲水多聚糖，是由 α-L-甘露糖醛酸（M 单元）与 β-D-古罗糖醛酸（G 单元）依靠 1,4-糖苷键连接而形成的共聚物。海藻酸钠低热、无毒、无臭，无免疫原性，吸湿性强，具有良好的生物相容性和生物降解性，已被广泛应用于伤口敷料、牙齿修复、药物传递和组织工程等方面。在众多的海藻酸钠水凝胶制备方法中，离子交联形成的水凝胶具有反应条件温和、操作简单、可注射和可原位形成凝胶等优点。海藻酸钠易与二价阳离子如 Ca^{2+}、Mg^{2+}、Fe^{2+}、Ba^{2+}、Sr^{2+} 等离子交联形成水凝胶，属于离子包埋型水凝胶，其中 Ca^{2+} 是最常用的一种，一般由氯化钙提供。

　　海藻酸钠水凝胶简单易得，是最早应用于药物传递和组织工程的可注射型支架，也是最早用于骨和软骨组织工程的水凝胶材料。例如，用 Ca^{2+} 交联的海藻酸钠水凝胶起到三维可降解支架作用，作为鼠骨髓细胞增殖的基质，体内软骨细胞试验表明包覆软骨细胞的快速降解水凝胶在 12 周后形成具一定强度和弹性的新生组织，并存在大量的 Ⅱ 型胶原和硫酸黏多糖（GAG）。将软骨细胞与海藻酸钠复合注射到裸鼠背部皮下，在 $CaCl_2$ 作用下交联凝胶，体系有 Ⅱ 型胶原和硫酸黏多糖的分泌，证明透明软骨的生成。动物实验结果显示，包埋软骨细胞的海藻酸钠水凝胶在移植四周后，软骨细胞能够成活并合成与天然软骨一致的细胞外基质蛋白。

　　骨和软骨组织工程支架要求水凝胶具有良好的生物活性和生物相容性，同时必须具备较好的力学强度，以保障材料在治愈过程中承受压力而不被破坏。羟基磷灰石（HAp）和海藻酸钠结合制备不同比例的海藻酸钠/羟基磷灰石（Alg/HAp）复合水凝胶，满足需要。

　　基于自由基引发的叠氮-二烯点击环加成反应是一类很有前途的无铜催化电极交联技术。例如，以多功能团的壳聚糖和透明质酸为基体材料，通过接枝改性技术，分别在壳聚糖和透明质酸侧链发生搅拌反应，透析冻干后即得到反应前驱体——二烯化壳聚糖和叠氮化海藻酸钠。这两种前驱体溶液可在生理条件下发生叠氮-二烯点击环加成反应，且无须添加 Cu^+ 催化，非常适用于活性蛋白药物与细胞的包埋。这种叠氮-二烯点击环加成反应是典型的耦合反应，因此二烯化壳聚糖与叠氮化透明质酸的配比对水凝胶的形成及性能具有重要影响。37℃下的实验结果表明，当两种溶液的浓度相同（质量分数为 2%），两者体积比相等时凝胶时间最短，大约为 23min，比较适宜注射操作。这是因为在这个条件下，二环庚二烯的量与叠氮量达到理论等物质的量，有利于反应的充分进行，此时水凝胶反应最为迅速。

10.3.5.3　纳米药物载体

纳米药物载体在医学领域的应用极为广泛。在医药领域，纳米级粒子使药物在人体内的传输更为方便，纳米粒子包裹的智能药物进入人体后，可主动搜索并攻击癌细胞或修补损伤组织。例如在抗癌的治疗手段方面，将一些极其细小的氧化铁纳米颗粒注入患者的肿瘤里，然后将患者置于可变的磁场中，使患者肿瘤里的氧化铁纳米颗粒升温到 $45\sim47℃$，这么高的温度足以烧毁肿瘤细胞，而周围健康组织不会受到伤害。在人工器官移植领域，在人工器官外面涂上纳米粒子，就可预防人工器官移植的排异反应。在医学检验学领域，使用纳米技术的新型诊断仪器，只需检测少量血液，就能通过其中的蛋白质和 DNA 诊断出各种疾病。在膜技术方面，用纳米材料制成独特的纳米膜，能过滤、筛去制剂的有害成分，消除因药剂产生的污染，从而保护人体。

理想的纳米药物载体应具备的性质：①具有较高的载药量；②具有较高的包封率；③有适宜的制备及提纯方法；④载体材料可生物降解，毒性较低或没有毒性；⑤具有适当的粒径与粒形；⑥具有较长的体内循环时间。延长纳米粒子在体内的循环时间，能使所载的有效成分在中央室的浓度增大且循环时间延长，这样药物能更好地发挥全身治疗或诊断作用，增强药物在病灶部位的疗效。例如，肿瘤等病变部位的上皮细胞处于一种渗漏状态，由于纳米粒在体内长时间循环，其装载的药物进入肿瘤等病变部位的机会增多。因此，长时间循环纳米粒降低了药物对网状内皮系统（RES）的靶向性，实际上增加了对病变部位的靶向性，可在宏观上明显改善疗效。

📖 **拓展阅读**

锂资源开发的关键产业——盐湖提锂

锂是最轻的金属元素，化学性质非常活泼，作为一种战略资源，在军工、民用、航天航空领域的应用十分广泛，被誉为"推动世界前进的金属"。随着新能源行业的迅速发展，锂的需求量逐年递增，锂的提取分离技术也受到越来越多的关注。锂资源的存在形式主要有三种：封闭盆地内的盐湖卤水锂矿、伟晶岩型的硬岩锂矿、沉积岩型的黏土锂矿。其中盐湖卤水锂矿占全球锂资源总量的 62.6%，是锂资源最为普遍的存在形式，但其开发程度要远低于矿山锂。我国盐湖锂资源丰富，但因镁锂比高、分离难度大，目前尚未有效开发利用。开发适用于我国高镁锂比盐湖卤水的提锂分离技术，具有重要的研究价值和战略意义。目前，盐湖提锂的主要方法有以下几种。

沉淀法：通常将卤水经过自然蒸发浓缩至锂含量到一定浓度，然后经酸化或萃取除硼、钙镁离子，最后加入纯碱使锂以 Li_2CO_3 的形式沉淀出来，主要以碳酸盐沉淀法、铝酸盐沉淀法和硼镁共沉淀法为主。其优势在于能够充分利用西藏地区光照充足、昼夜温差大、有适宜修建盐田的黏土层等地理条件，缺点在于蒸发沉淀的过程时间长，需要 12～24 个月才能完成提取。

吸附法：通过高锂离子选择性的吸附剂捕获锂离子，再使用一定溶剂将锂离子解吸下来，达到锂离子与其他杂质离子分离的目的。吸附法提锂生产效率高，无环境污染，工艺成熟可靠。缺点是在碳酸型盐湖使用过程中有一定局限性。

纳滤和电析法：膜法卤水提锂技术主要是纳滤法和电渗析法。纳滤是一种以压力差为推动力的膜分离过程，在膜两侧施加一定的压力差可使一部分溶剂及小于膜孔径的组分透过膜，大于膜孔径的微粒、大分子、盐等被膜截留下来而实现分离的目的。此外，由于 Donnan 效应，纳滤膜对不同价态的离子具有不同的选择性，有助于盐湖卤水中镁离子与锂离子的分离。电渗析技术利用离子交换膜对阴、阳离子的选择透过性，在外加直流电场的作用下使阴、阳离子发生定向迁移，使电解质得到分离、浓缩，配有单价选择性离子交换膜的电渗析系统可分离浓缩得到富锂卤水。膜法可用于高镁锂比盐湖，镁锂分离效果好，绿色环保无污染。但是滤膜研发和生产成本高，工艺成熟度不够。

萃取法指利用与卤水不互溶且密度不小于水的有机溶剂，通过萃取与反萃取得到纯锂溶液的过程。这种方法生产成本低、提锂效率高，适用于较高镁锂比的盐湖卤水提锂。但此法的生产过程易腐蚀设备管道，萃取剂的排放也会对周围环境造成一定程度的污染。

我国盐湖卤水资源丰富，可开发利用性强。就现阶段而言，从高 Mg／Li 比盐湖卤水中提锂的大规模生产难度相对较大，工艺技术尚不成熟，目前工业化提锂技术中并没有一种技术能够适应所有的盐湖卤水类型，提锂技术适用性单一，所以工业化提锂发展可以将综合法作为日后关注的研究热点，将不同提锂技术进行综合应用，才能更高效地回收盐湖中锂资源。随着盐湖的提锂工艺的不断突破，未来产量高增可期。

思考题

1. 新能源材料主要包括哪些材料？和传统能源相比利用能源的方式发生了什么变化？
2. 锂离子电池工作原理是怎样的？
3. 燃料电池工作原理是怎样的？
4. 锂离子电池主要需要关注什么化学问题？
5. 在处理水污染时常用的净化材料有哪几种？它们分别有什么特点？
6. 结合本章，谈谈你对环境净化材料的了解。
7. 环境材料的定义是什么？它有什么实际意义？
8. TiO_2 催化性能提高的策略有哪些？主要指导思想是怎样的？
9. 简述降解塑料的主要分类和特点，列举几种典型降解塑料。
10. 什么是生物医用材料的生物相容性？它主要表现在哪些方面？
11. 生物医用材料是如何分类的？
12. 生物陶瓷材料依据其化学稳定性可分为哪几类？
13. 结合实例说明羟基磷灰石的应用。
14. 理想的纳米药物载体应具备哪些性质？并举例说明典型纳米药物载体的作用。
15. 可降解水凝胶的交联方式有哪些？

参考文献

[1] 陈光，徐锋，张士华，等. 新材料概论 [M]. 北京：科学出版社，2022.

[2] 赵兵涛，苏亚欣. 新能源与可再生能源工程 [M]. 北京：化学工业出版社，2022.

[3] 赵长生，孙树东. 生物医用高分子材料 [M]. 北京：化学工业出版社，2016.

[4] 杨斌. 绿色塑料-聚乳酸 [M]. 北京：化学工业出版社，2022.

[5] 朱永法，姚文清，宗瑞隆. 光催化环境净化与冷茶色能源应用探索 [M]. 北京：化学工业出版社，2015.

[6] 万冰洁，刘小雪，齐林光，等. TiO_2 基光催化 CO_2 还原研究进展 [J]. 应用化学，2024，41：637.

[7] 韩月，柳旭，曲建华. 炭基材料吸附水体重金属污染物的研究进展 [J]. 山东化工，2024，53：46.

[8] 刘丰颉，李伟，彭新洋，等. 聚乳酸的制备、改性及应用进展研究 [J]. 塑料科技 2024（5）：156.

[9] 邢璐，李博宁，肖本好，等. 医用聚乳酸材料性能及加工方法研究进展 [J]. 高分子材料科学与工程，2023，39（6）：167.

[10] 马喜峰. 聚乳酸复合材料在生物医学领域的应用研究 [J]. 化学与粘合，2022，44（5）：436.